183	開明高 (大阪市城東区)	70, 120
186	香ヶ丘リベルテ高 (堺市堺区)	3, 12, 33, 50, 53, 68, 134
226	橿原学院高 (橿原市)	6, 49, 64, 74, 85, 143
175	華頂女高 (京都市東山区)	4, 10, 42, 69, 97
103	関西大倉高 (茨木市)	17, 28, 40, 73, 112
283	関西創価高 (交野市)	21, 24, 53, 61, 68, 72, 123, 148
281	関西大学高 (高槻市)	67, 95
135	関西大学北陽高 (大阪市東淀川区)	18, 36, 143
129	関大第一高 (吹田市)	11, 13, 15, 43, 152
191	関西福祉科学大学高 (柏原市)	3, 24, 45, 89
149	関西学院高 (西宮市)	13, 53, 71, 73, 131
214	京都外大西高 (京都市右京区)	6, 52, 64, 100
274	京都教大附高 (京都市伏見区)	48, 65
176	京都光華高 (京都市右京区)	4, 10, 31, 55, 62, 69, 99, 108
251	京都廣学館高 (京都府相楽郡)	12, 19, 64, 65, 69, 72, 81, 116
177	京都産業大附高 (京都市下京区)	12, 18, 20, 44, 96, 123, 136
141	京都女高 (京都市東山区)	16, 33, 64, 91, 115, 125, 135
287	京都翔英高 (宇治市)	
171	京都精華学園高 (京都市左京区)	23, 72
250	京都成章高 (京都市西京区)	17, 23, 55, 71, 90
174	京都先端科学大附高 (京都市右京区)	9, 54, 137
213	京都橘高 (京都市伏見区)	12, 21, 43, 113, 114, 132
215	京都西山高 (向日市)	17, 61, 149
170	京都文教高 (京都市左京区)	32, 87
172	京都明徳高 (京都市西京区)	3, 4, 11, 19, 61, 64, 114
265	京都両洋高 (京都市中京区)	22, 64, 141, 148
264	近畿大泉州高 (岸和田市)	94, 104
106	近大附高 (東大阪市)	24, 26, 63, 78, 108

234		45, 102,
150		42, 50, 103, 138
245		110
109	興國高 (大阪市天王寺区)	3, 4, 11, 13, 14, 32, 73, 147
190	甲子園学院高 (西宮市)	3, 5, 131, 150
263	光泉カトリック高 (草津市)	69, 148
162	好文学園女高 (大阪市西淀川区)	10, 12, 23, 24, 34, 44, 55, 68, 72
203	神戸学院大附高 (神戸市中央区)	4, 6, 12, 57, 66, 68, 69
128	神戸弘陵学園高 (神戸市北区)	3, 4, 11, 14, 17, 61, 62, 64
207	神戸国際大附高 (神戸市垂水区)	5, 10, 14, 64
5002	神戸市立工業高専 (神戸市西区)	6, 79, 82, 108
202	神戸星城高 (神戸市須磨区)	10, 11, 28, 34, 72
201	神戸第一高 (神戸市中央区)	27, 84
222	神戸常盤女高 (神戸市長田区)	3, 11, 38, 54, 95, 113
205	神戸野田高 (神戸市長田区)	3, 22, 68
276	神戸山手グローバル高 (神戸市中央区)	7, 19, 123
206	神戸龍谷高 (神戸市中央区)	5, 6, 7, 11, 12, 18, 57, 65
277	香里ヌヴェール学院高 (寝屋川市)	4, 64
235	金光大阪高 (高槻市)	5, 12, 73, 96, 127
228	金光藤蔭高 (大阪市生野区)	39, 51, 61, 65
254	金光八尾高 (八尾市)	17, 33, 51, 78, 142
180	彩星工科高 (神戸市長田区)	3, 4, 7, 14, 17, 29, 50, 61, 68
232	三田学園高 (三田市)	5, 67, 122
208	三田松聖高 (三田市)	18, 78, 88, 149
267	滋賀学園高 (東近江市)	64, 68, 81, 96
240	滋賀短期大学附高 (大津市)	5, 45, 47, 56, 65
125	四條畷学園高 (大東市)	12, 33, 50, 86, 94, 119
114	四天王寺高 (大阪市天王寺区)	70, 126, 146, 152

[サ行]

ウラ表紙側へ続く→

□ こ の 本 の 特 長 □

2023年・2024年に実施された近畿の各高校の入学試験問題・学力検査問題を中心に，分野別・単元別に分類し，出題頻度や重要度を考慮して厳選した問題を収録しました。

出題のレベルを分析して，標準内容の問題から応用・発展内容の問題へと配列してあります。特に難易度の高い問題・応用的な問題などは『発展問題』としてとりあげています。

別冊解答編では，紙面の許す限り【解説】をつけ，学習の手助けとなるように配慮してあります。

も く じ

1 正負の数

§1．正負の数

1 次の計算をしなさい。

(1) $4 - 10$ （　　　） （奈良県—特色）

(2) $-15 + 7$ （　　　） （神戸常盤女高）

(3) $-12 - 23$ （　　　） （香ヶ丘リベルテ高）

(4) $-6 + (-2)$ （　　　） （神戸野田高）

(5) $13 - (-9)$ （　　　） （芦屋学園高）

(6) $-9 - (-15)$ （　　　） （大阪夕陽丘学園高）

(7) $15 - 2 - (-5)$ （　　　）

（大阪電気通信大高）

(8) $4 - 6 - (-2) + (-8)$ （　　　）

（大阪成蹊女高）

(9) $-8 - \{(-6) - (-2)\}$ （　　　） （市川高）

(10) $7 - \{5 - (4 - 6)\}$ （　　　）

（大阪電気通信大高）

2 次の計算をしなさい。

(1) $-\dfrac{7}{4} + 3$ （　　　） （神港学園高）

(2) $\dfrac{1}{3} - \dfrac{3}{4}$ （　　　） （星翔高）

(3) $\dfrac{1}{3} - \dfrac{3}{7}$ （　　　） （神戸野田高）

(4) $\dfrac{3}{8} - \left(-\dfrac{2}{3}\right) - \dfrac{3}{4}$ （　　　）

（関西福祉科学大学高）

(5) $\dfrac{9}{5} + \dfrac{4}{3} - \left(\dfrac{4}{5} - \dfrac{2}{3}\right)$ （　　　）

（甲子園学院高）

(6) $3.4 - (-2.5)$ （　　　） （大阪府—一般）

(7) $0.7 - (-0.2) - 0.3 + 1.5$ （　　　）

（洛陽総合高）

(8) $0.75 - \dfrac{1}{8} - (-2)$ （　　　） （興國高）

3 次の計算をしなさい。

(1) $12 \times (-7)$ （　　　） （彩星工科高）

(2) $4 \times (-2^2)$ （　　　） （初芝富田林高）

(3) $-3^2 \times (-2)^2$ （　　　） （東洋大附姫路高）

(4) $(-4)^2 \div (-2)^3$ （　　　） （英真学園高）

(5) $8 \div (-2)^2 \times (-3)$ （　　　） （京都明徳高）

(6) $(-6)^2 \div (-3)^3 \times 2^3$ （　　　）

（神戸弘陵学園高）

4 　次の計算をしなさい。

(1)　$-\dfrac{1}{2} \times \dfrac{2}{3} \times \dfrac{3}{4} \times \dfrac{4}{5}$　（　　　）

（神戸弘陵学園高）

(2)　$\dfrac{1}{3} \times \left(-\dfrac{1}{2}\right) \times 6$　（　　　）　（興國高）

(3)　$\left(-\dfrac{5}{6}\right) \div \left(-\dfrac{2}{3}\right)$　（　　　）

（明浄学院高）

(4)　$\dfrac{5}{9} \div \left(-\dfrac{1}{6}\right) \times \left(-\dfrac{3}{20}\right)$　（　　　）

（開智高）

(5)　$0.23 \times 25 \times (-4)$　（　　　）　（洛陽総合高）

(6)　$0.25 \times 8 \div \left(-\dfrac{1}{3}\right)$　（　　　）　（浪速高）

(7)　$(-2)^3 \times \left(-\dfrac{3}{2}\right)^2$　（　　　）（報徳学園高）

(8)　$-\dfrac{14}{9} \div \left(\dfrac{2}{3}\right)^3 \times (-2)^2$　（　　　）

（上宮太子高）

5 　次の計算をしなさい。

(1)　$2 \times (-4) + 5$　（　　　）　（京都明徳高）

(2)　$-18 \div (-6) - 4$　（　　　）

（東洋大附姫路高）

(3)　$9 \times 3 - 15 \div (-5)$　（　　　）

（兵庫大附須磨ノ浦高）

(4)　$32 \div (-8) - (-13) \times (-1)$　（　　　）

（奈良育英高）

(5)　$5 - 3 \times (-8) \div 2$　（　　　）　（園田学園高）

(6)　$77 - 7 \times 7 + (-77) \div 7$　（　　　）

（大商学園高）

(7)　$4 + 8 \div 2 - (5 \times 3 - 1)$　（　　　）

（華頂女高）

(8)　$(6 + 4 \div 2 - 1 \times 3) \div 5$　（　　　）

（香里ヌヴェール学院高）

6 　次の計算をしなさい。

(1)　$-11 + 2^2$　（　　　）　（東山高）

(2)　$(-4)^2 + 14$　（　　　）　（昇陽高）

(3)　$-2^3 + (-3)^2$　（　　　）　（彩星工科高）

(4)　$(-3)^3 + (-4)^2$　（　　　）　（奈良大附高）

(5)　$-3 + (-2) - (-2)^3$　（　　　）

（清明学院高）

(6)　$-3^2 + (-2)^3 - 6$　（　　　）

（大阪薫英女高）

(7)　$(-4)^3 + (-3)^2 + (-2)^3$　（　　　）

（神戸学院大附高）

(8)　$-2^3 - \{5 - (-3)^2\}$　（　　　）

（京都光華高）

7　次の計算をしなさい。

(1)　$-2 + 4 \times (-3)^2$ （　　　）

(神戸国際大附高)

(2)　$3 - (-4)^2 \div 8$ （　　　）　　（比叡山高）

(3)　$(-2)^3 \times 3 - 2^3 \div (-8)$ （　　　）

(大阪電気通信大高)

(4)　$3^2 \times (-2)^3 \div (-4^2) - (-6) \div 2^2$

（　　　）（三田学園高）

(5)　$(-2)^2 - 3^2 \times (5 - 2^2)$ （　　　）

(甲子園学院高)

(6)　$(4-9)^2 + (-3)^3$ （　　　）（大阪国際高）

(7)　$\{(-3)^4 - 3^2\} \times 5^2 \div (-2)$ （　　　）

(早稲田大阪高)

(8)　$81 \div (-9^2) - \{(-5) \times 3 + (11-3)\}$

（　　　）（滋賀短期大学附高）

(9)　$\{(-1)^2 + (-2)^3 - (-3)^4 - (-4)^3\} \div (-6)$ （　　　）

(神戸龍谷高)

8　次の計算をしなさい。

(1)　$4 - \dfrac{2}{3} \times \left(-\dfrac{9}{2}\right)$ （　　　）

(近江兄弟社高)

(2)　$\dfrac{3}{2} + \dfrac{2}{3} \div \left(-\dfrac{2}{5}\right)$ （　　　）（宣真高）

(3)　$\dfrac{1}{2} \times \dfrac{1}{3} + \left(-\dfrac{3}{4}\right) \div \dfrac{1}{2}$ （　　　）

(英真学園高)

(4)　$0.6 - \dfrac{8}{15} \times \left(-\dfrac{3}{4}\right)$ （　　　）

(金光大阪高)

(5)　$\dfrac{3}{5} \div \dfrac{6}{5} - \left(-\dfrac{5}{2}\right) \times 1.4$ （　　　）

(大阪夕陽丘学園高)

(6)　$0.4 \times \dfrac{1}{2} - \dfrac{3}{5} \div 0.3$ （　　　）

(大阪体育大学浪商高)

9　次の計算をしなさい。

(1)　$-6^2 + 4 \div \left(-\dfrac{2}{3}\right)$ （　　　）

(京都府―中期)

(2)　$-3^2 + \dfrac{17}{2} + (-2)^3$ （　　　）

(武庫川女子大附高)

(3)　$-\dfrac{7}{3} \div (-3)^2 - \dfrac{9}{4} \times \left(-\dfrac{2}{3}\right)^3$

（　　　）（滝川高）

(4)　$\left(-\dfrac{3}{5^2}\right) \div \left(-\dfrac{3}{2}\right) - 40 \times \left(-\dfrac{1}{5}\right)^3$

（　　　）（花園高）

(5)　$\dfrac{11}{15} - (-0.21) \div \left(-\dfrac{3^2}{4}\right)$ （　　　）

(平安女学院高)

(6)　$(-0.5)^2 \div \dfrac{3}{4} - 0.25 \times (-2^2)$ （　　　）

(育英西高)

(7)　$0.75^2 \times \left(-\dfrac{2}{3}\right)^3 - 2.4 \div (-3^2)$　　（　　　）（明星高）

(8)　$(-0.4)^2 \times \left(-\dfrac{15}{8}\right) + (-3^2) \div (-5)$　　（　　　）（立命館守山高）

10　次の計算をしなさい。

(1)　$24 \times \left(\dfrac{1}{3} - \dfrac{3}{8}\right)$　（　　　）（洛陽総合高）

(2)　$\left(\dfrac{1}{6} - \dfrac{3}{4}\right) \div \dfrac{7}{9}$　（　　　）（京都外大西高）

(3)　$\dfrac{3}{4} - \left(\dfrac{1}{2} + \dfrac{3}{8}\right) \div \dfrac{7}{10}$　（　　　）

（橿原学院高）

(4)　$\left(\dfrac{3}{5}\right)^2 \div \left(\dfrac{7}{2} - \dfrac{7}{5}\right) + \dfrac{10}{7}$　（　　　）

（追手門学院高）

(5)　$\left(\dfrac{1}{2} - \dfrac{1}{3}\right) \div \dfrac{5}{6} + \left(-\dfrac{2}{5}\right)^3$　（　　　）

（立命館宇治高）

(6)　$6^2 \div \left(-\dfrac{3}{2}\right)^2 - 64 \times \left(\dfrac{17}{16} - \dfrac{7}{4} \div 2\right)$

（　　　）（帝塚山高）

(7)　$\{13^2 - (-7)^2\} \div \left(-\dfrac{2}{3}\right)^2$　（　　　）

（大谷高）

(8)　$-6 \times \{(-2)^4 + 4 \times 5\} \div \left(-\dfrac{3}{2}\right)^3$

（　　　）（須磨学園高）

(9)　$\left\{1 - \dfrac{7}{20} \div \left(-\dfrac{14}{5}\right)\right\} \times (-2)^4$　（　　　）

（奈良育英高）

(10)　$-3 + 2 \times \left\{\left(3 - \dfrac{1}{2}\right)^2 - \dfrac{1}{4}\right\}$　（　　　）

（国立高専）

11　次の計算をしなさい。

(1)　$\dfrac{2}{5} \div \left\{(0.6)^2 - \dfrac{11}{25}\right\} \times 0.2$　（　　　）

（神戸龍谷高）

(2)　$(-0.6)^2 \times \dfrac{5}{3} + \left(\dfrac{1}{3} - 7\right) \div \left(\dfrac{5}{6}\right)^2$

（　　　）（立命館高）

(3)　$4 \times \left\{(0.25)^3 + \dfrac{63}{64}\right\} - \left\{(-0.75)^2 + \dfrac{1}{16}\right\}$　（　　　）

（神戸学院大附高）

(4)　$\dfrac{4}{3} \times \left\{(-0.75)^2 - \dfrac{1}{36} \div \left(-\dfrac{2}{3}\right)^3\right\} + \left(\dfrac{1}{2}\right)^2$　（　　　）

（雲雀丘学園高）

12 次の問いに答えなさい。

(1) $-\dfrac{2}{3}$，$-\dfrac{2}{7}$，$-\dfrac{2}{5}$ のうち，2番目に小さい数を答えなさい。（　　　）　　　　（太成学院大高）

(2) $-2.5 < n < \dfrac{7}{5}$ をみたす整数 n の個数を求めなさい。（　　個）　　　　（大阪暁光高）

13 次の問いに答えなさい。

(1) 絶対値が4以下の整数はいくつあるか，求めなさい。（　　個）　　　　（和歌山県）

(2) 絶対値が 0.3 以上 5.7 以下の整数は全部で何個あるか答えなさい。（　　個）　　　　（神戸龍谷高）

14 次の問いに答えなさい。

(1) 次のことがらが成り立たないような a の値を一つ答えなさい。（　　　）
    「正の数 a について，2つの数 a，a^2 の大小関係は，$a < a^2$ である。」　　　　（武庫川女子大附高）

(2) $a < 0$，$b < 0$ のとき，$a + b$，$a - b$，ab，$\dfrac{a}{b}$ のうちで，式の値が最も小さいものはどれか。

　　　　　　　　　　　　　　　　　　　　　　　　　　　　　　　（　　　）（奈良県——一般）

15 次の問いに答えなさい。

(1) 国語，英語，社会，理科の4つのテストの平均点は74点で，数学のテストが82点だったとき，この5つのテストの平均点を求めなさい。（　　点）　　　　（箕面学園高）

(2) 次の表は，5回行われた数学のテストについて，Aさんの点数が80点より何点高いかを表したものです。5回のテストの平均点を求めなさい。（　　点）　　　　（神戸山手グローバル高）

回	1	2	3	4	5
ちがい(点)	+3	-8	+10	-9	-1

§2．数の性質

☆☆☆　標準問題　☆☆☆

1 次の問いに答えなさい。

(1) 60 を素因数分解しなさい。（　　　）　　　　（利晶学園大阪立命館高）

(2) 1001 を素因数分解したとき，その素因数の和を求めなさい。（　　　）　　　　（彩星工科高）

2 次の問いに答えなさい。

(1) 264 と 198 の最大公約数を求めなさい。(　　　　) （大阪商大高）

(2) $\dfrac{2023}{n}$ が素数となるような自然数 n をすべて求めなさい。(　　　　) （履正社高）

3 次の問いに答えなさい。

(1) $12 \times 24 + 1 = n^2$ を満たす正の整数 n を求めなさい。(　　　　) （神港学園高）

(2) $430 - 15n$ の値が，ある自然数の 2 乗となるような自然数 n のうち，最も大きな数を答えなさい。(　　　　) （宣真高）

(3) $\dfrac{360}{7}$ に自然数 n をかけて，ある自然数の 2 乗にする。このとき，最も小さい n の値を求めよ。

(　　　　) （雲雀丘学園高）

4 次の問いに答えなさい。

(1) 2^{2023} の一の位の数を求めよ。(　　　　) （立命館宇治高）

(2) $3 + 3^2 + 3^3 + \cdots\cdots + 3^{10}$ を計算したとき，1 の位の数を求めなさい。(　　　　) （開智高）

5 $12 = 2 \times 2 \times 3 = 2^2 \times 3$ のように，ある自然数を素数の積で表すことを素因数分解という。素因数分解について次の問題に答えなさい。 （アサンプション国際高）

(1) 360 を素因数分解しなさい。(　　　　)

(2) 360 にできるだけ小さい自然数をかけて，ある自然数の 2 乗になるようにするには何をかければよいか求めなさい。(　　　　)

(3) 360 をできるだけ小さい自然数で割って，ある自然数の 2 乗になるようにするには何で割ればよいか求めなさい。(　　　　)

★★★　発展問題　★★★

1 1 から 20 までの自然数のうち，素数であるものの積を A，素数でないものの積を B とする。A と B の最大公約数を求めなさい。(　　　　) （大阪教大附高池田）

2 自然数 N に対し，《N》は自然数 N の桁数を表す。

例えば，《3776》= 4，《4 × 30》=《120》= 3 である。 （京都市立堀川高）

(1) 《x^3》= 2 を満たす自然数 x をすべて求めなさい。（　　　）

(2) 《x^2》×《x^3》= 6 を満たす自然数 x をすべて求めなさい。（　　　）

3 次の空欄に当てはまる数を 0〜9 から選び，その数を答えなさい。 （京都先端科学大附高）

ある自然数に対して，次の操作を行う。

・ある自然数が偶数ならば，その数に 3 を加える。

・ある自然数が奇数ならば，その数を 3 で割って余りが 1，もしくは割り切れるときは，その数に 1 を加える。その数を 3 で割って余りが 2 のときは，その数に 2 を加える。

例えば，1 を 3 で割ると商が 0，余りが 1 となるので，1 に 1 を加えて 2 となる。そして，新しくできた数字に対して同じ操作を繰り返す。

(1) 最初に 1 を選び，この操作を 5 回行ったときにできる数字は $\boxed{\text{アイ}}$ である。また，操作を 100 回行ったときにできる数字は $\boxed{\text{ウエオ}}$ である。

ア（　　）　イ（　　）　ウ（　　）　エ（　　）　オ（　　）

(2) 最初に 1 を選び，この操作を $\boxed{\text{カキクケ}}$ 回行うと 2023 となる。

カ（　　）　キ（　　）　ク（　　）　ケ（　　）

(3) 最初に $\boxed{\text{コサ}}$ を選び，この操作を 4 回行うと 20 となる。コ（　　）　サ（　　）

4 2 以上の整数 n に対して，次のような数をかっこ⟨　　⟩を用いて⟨n⟩と表す。

> n が偶数のときは，n を 2 で割った数
> n が奇数のときは，$n - 1$ を 2 で割った数

例えば，4 は偶数であるから，4 ÷ 2 = 2 より⟨4⟩= 2，7 は奇数であるから，(7 − 1) ÷ 2 = 3 より⟨7⟩= 3 である。

また，かっこが⟨⟨n⟩⟩のように 2 個重なっているときや，⟨⟨⟨n⟩⟩⟩のように 3 個重なっているときなど，かっこが複数個重なっているときは内側のかっこから計算する。

例えば，⟨⟨4⟩⟩=⟨2⟩= 1 である。 （清風南海高）

(1) ⟨⟨13⟩⟩の値を求めなさい。（　　　）

(2) ⟨⟨n⟩⟩= 1 となる整数 n をすべて答えなさい。（　　　）

(3) ⟨…⟨⟨n⟩⟩…⟩のようにかっこが複数個重なっているときを考える。

⟨…⟨⟨n⟩⟩…⟩= 1 となる整数 n の個数がはじめて 30 個を超えるのは，かっこが何個重なっているときか答えなさい。（　　　個）

(4) かっこの個数を (3) で求めた数とする。⟨…⟨⟨n⟩⟩…⟩= 1 となる整数 n のうち最小のものを k とするとき，⟨2⟩+⟨3⟩+⟨4⟩+…+⟨k⟩の値を求めなさい。（　　　）

2 文字と式

§1．文字と式

1　次の問いに答えなさい。

(1)　7で割ると商が x であまりが5である整数を式で表しなさい。（　　　）　　　（初芝橋本高）

(2)　「1個の重さが a g のビー玉2個と，1個の重さが b g のビー玉7個の重さの合計」を a, b を用いて表しなさい。（　　　g）　　　（大阪府―一般）

(3)　家から学校まで行くのに，はじめは分速80m の速さで x 分歩き，途中から分速160m の速さで走ったところ，全体で15分かかった。分速160m の速さで走った道のりを表す式を書きなさい。

（　　　m）（奈良県―特色）

(4)　3％の食塩水 a g（グラム）に含まれる食塩の重さを，a を用いて表しなさい。（　　　g）

（神戸星城高）

(5)　数学のテストの平均点が60点であるクラスで男子16人の平均点が x 点であるとき，女子14人の平均点を x を用いて表しなさい。（　　　点）　　　（平安女学院高）

2　次の計算をしなさい。

(1)　$7y - 16y$　（　　　）　　　（昇陽高）　　(2)　$(3x - 1) - (2x - 4)$　（　　　）

（奈良県―特色）

(3)　$-2(x + 3) + 1$　（　　　）（洛陽総合高）　(4)　$4(x - 3) - 5(2 - x)$　（　　　）

（好文学園女高）

(5)　$5(3a + 2) - 3(4a + 6)$　（　　　）　　(6)　$2(-3 + 5x) + 3(-x + 2)$　（　　　）

（明浄学院高）　　　　　　　　　　　　　　　　　　　　　（神戸国際大附高）

3　次の計算をしなさい。

(1)　$4a - \dfrac{1}{3}(15a - 24)$　（　　　）　　(2)　$5(x + 3) - \dfrac{2}{3}(6x + 15)$　（　　　）

（東大阪大柏原高）　　　　　　　　　　　　　　　　　　　（京都光華高）

(3)　$12\left(\dfrac{3}{4}x - \dfrac{5}{6}\right) - 7x + 8$　（　　　）　　(4)　$12\left(\dfrac{4a - 5}{3} + \dfrac{7a - 1}{6}\right)$　（　　　）（綾羽高）

（華頂女高）

(5) $\dfrac{1}{3}a - \dfrac{5}{4}a$ （　　　）　　　　（滋賀県）　　　(6) $\dfrac{3}{2}(a-4) + 3(a-2)$ （　　　）（綾羽高）

(7) $x - \dfrac{x-1}{2}$ （　　　）　　　　（大阪暁光高）　　　(8) $\dfrac{x-1}{3} + \dfrac{x+1}{2}$ （　　　）（京都明徳高）

(9) $\dfrac{2x-5}{3} + \dfrac{3x+1}{4}$ （　　　）　　　　（綾羽高）　　　(10) $\dfrac{-3x+5}{3} - \dfrac{4x-3}{6} + x - 2$ （　　　）

（帝塚山高）

(11) $\dfrac{x-4}{3} - \dfrac{3(x+1)}{4} + 2x$ （　　　）　　　　(12) $\dfrac{2-3x}{2} - \dfrac{4-3x}{4} + \dfrac{8-3x}{8}$ （　　　）

（関大第一高）　　　　　　　　　　　　　　　　　　　（大商学園高）

---

4 次の問いに答えなさい。

(1) 定価 x 円の 7 ％引きは y 円である。y を x の式で表しなさい。（　　　）　　　（神戸龍谷高）

(2) 1 個 80 円のおにぎりを x 個，1 本 120 円のお茶を y 本購入し，1000 円支払うと，おつりが z 円でした。このとき，z を x，y を用いて表しなさい。（　　　）　　　（大阪電気通信大高）

§2．式の計算

1 次の計算をしなさい。

(1) $5x - 2y - (9y - 3x)$ （　　　）　　　　(2) $(3a - 4b) - (2a - 5b)$ （　　　）

（兵庫大附須磨ノ浦高）　　　　　　　　　　　　　　　（神戸弘陵学園高）

(3) $3(2a + b) - (a + 5b)$ （　　　）（和歌山県）　　　(4) $3(2a - 3b) - 7(a + 3b)$ （　　　）

（興國高）

(5) $2(3x - 4y) - 3(2x + y)$ （　　　）　　　　(6) $2(a - 3b + 4) - (2a - b - 3)$ （　　　）

（神戸常盤女高）　　　　　　　　　　　　　　　　　（大阪学院大高）

2 次の計算をしなさい。

(1) $6\left(2a - \dfrac{1}{3}b\right) - 4(3a - b)$ （　　　）　　　(2) $\dfrac{1}{4}(16x - 24y) + \dfrac{1}{5}(15x + 35y)$

（大阪桐蔭高）　　　　　　　　　　　　　　　　（　　　）（太成学院大高）

(3) $\dfrac{2x - 5y}{3} \times 12$ （　　　）　　　（初芝富田林高）　　　(4) $\left(\dfrac{3x + 2y}{4} - \dfrac{x - y}{3}\right) \times \dfrac{12}{5}$ （　　　）

（神戸星城高）

(5) $\dfrac{7a - 5b}{6} - \dfrac{4a + 3b}{9}$ （　　　）

（平安女学院高）

(6) $\dfrac{2x - y}{3} - \left(\dfrac{x}{2} - \dfrac{y}{6}\right)$ （　　　）

（比叡山高）

(7) $3x + \dfrac{1}{2}y - \dfrac{6x - 3y}{2}$ （　　　）

（神戸龍谷高）

(8) $\dfrac{x - 2y}{3} - \dfrac{3(-2x + y)}{3} + y$ （　　　）

（香ヶ丘リベルテ高）

(9) $\dfrac{x + y + 1}{2} - \dfrac{x - 2y - 2}{3}$ （　　　）

（神戸学院大附高）

(10) $\dfrac{x - 2y + 1}{4} - \dfrac{2x - 3y - 3}{6} - \dfrac{3x + 1}{12}$

（　　　）（京都産業大附高）

(11) $0.7x - (x - 0.2y) - 0.2y$ （　　　）

（好文学園女高）

(12) $-1.25(8x - 4y) - 0.8(-5x + 15y)$

（　　　）（神戸学院大附高）

3　次の計算をしなさい。

(1) $24a^3 \div 6a \div 2a$ （　　　）　（羽衣学園高）

(2) $(-3a^2) \div ab \times 2ab^2$ （　　　）

（大阪暁光高）

(3) $(-54x^3y^2) \div (-18x^2y^4) \times 9xy^3$

（　　　）（大阪成蹊女高）

(4) $-6abx^2y \times a^2x^3y^4 \div (-8bxy^5)$

（　　　）（清明学院高）

(5) $8ab^3 \div \dfrac{2ab}{3}$ （　　　）　（箕面学園高）

(6) $12x^5y^3 \times \dfrac{1}{4}y \div (-3x^2y)$ （　　　）

（京都廣学館高）

(7) $3ab^2 \div \left(-\dfrac{9}{4}a^2b\right) \times 6a^3$ （　　　）

（近江高）

(8) $-\dfrac{3}{20}a^3b^2 \times \dfrac{15}{4}ab \div \left(-\dfrac{3}{5}a^2b^3\right)$

（　　　）（金光大阪高）

4　次の計算をしなさい。

(1) $(3a)^2 \div (9a)^2$ （　　　）　（大阪緑涼高）

(2) $36x^3y \div (-3x)^2$ （　　　）　（芦屋学園高）

(3) $(-x^3y)^2 \div x^2y^2$ （　　　）

（ノートルダム女学院高）

(4) $(-6x^3y^2)^3 \div (-3x^2y)^2$ （　　　）

（京都橘高）

(5) $(-3ab)^2 \div 4a^3b^2 \times (-8a^2b)$ （　　　）

（城南学園高）

(6) $x^2y^4 \div (-x^2y)^4 \times (-2x^3y^2)^3$ （　　　）

（四條畷学園高）

5 次の計算をしなさい。

(1) $(-4xy)^2 \div \dfrac{4}{5}xy^2$ （　　　） （興國高）　(2) $-\dfrac{1}{2}x^5y^3 \div (-2x)^2$ （　　　）

（大阪商大堺高）

(3) $\dfrac{(-2xy)^2}{(ab)^3} \div \dfrac{(-xy^2)^3}{a^4b^2}$ （　　　） (4) $9x^5y^4 \div (-3x^2y)^2 \div \dfrac{1}{6}x^2y$ （　　　）

（太成学院大高）　　　　　　　　　　　　　　（関大第一高）

(5) $(x^2y^3)^2 \div \left(\dfrac{3y^2}{2x}\right)^2 \times \dfrac{9y}{2x^2}$ （　　） (6) $\left(-\dfrac{2}{3}x^2y\right)^3 \div \left(\dfrac{4}{3}xy^2\right)^2 \times 6x^3y$

（大阪高）　　　　　　　　　　　　　　（　　　）（桃山学院高）

(7) $\left(\dfrac{3}{2}a^2b\right)^3 \times \left(-\dfrac{1}{9}ab\right)^2 \div \left(-\dfrac{5}{12}a^6b^4\right)$ (8) $\left(\dfrac{xy}{z^2}\right)^2 \times \left(-\dfrac{3xz^2}{y}\right)^3 \div \dfrac{9z^3}{xy}$ （　　　）

（　　　）（京都府立桃山高）　　　　　　　　　（関西学院高）

(9) $\dfrac{7}{6}x^2y^3 \div \left\{\dfrac{14}{9}xy^5 \div \left(-\dfrac{2}{3}y\right)^3\right\}$ (10) $\left(-\dfrac{3}{4}x^3y^4\right)^3 \times 1.2x \div \left(-\dfrac{3}{8}x^2y^3\right)^2$

（　　　）（大阪女学院高）　　　　　　　　　（　　　）（立命館高）

6 次の問いに答えなさい。

(1) $a = -2$, $b = \dfrac{1}{3}$ のとき，$2a + 9b$ の値を求めなさい。（　　　） （明浄学院高）

(2) $a = -2$ のとき，$4a^3 - 3a^2$ の値を求めなさい。（　　　） （太成学院大高）

(3) $x = -\dfrac{21}{130}$ のとき，$\dfrac{x + 2(3x - 8)}{5} + \dfrac{x}{3} + \dfrac{7}{2}$ の値を求めなさい。（　　　） （立命館高）

(4) $x = -2$, $y = 4$ のとき，$\dfrac{3x - 4y}{2} - \dfrac{4x - 7y}{3}$ の値を求めなさい。（　　　） （花園高）

(5) $x = \dfrac{1}{6}$, $y = 15$ のとき，$8x^2y \div (-6xy) \times \dfrac{3}{2}y$ の値を求めなさい。（　　　） （報徳学園高）

(6) $x = \dfrac{1}{2}$, $y = \dfrac{2}{3}$ のとき $\dfrac{4x^3}{9y^2} \times \left(-\dfrac{3}{2}\right)^3 \div \left(-\dfrac{x}{y}\right)^4$ の値を求めなさい。（　　　）

（西大和学園高）

§3．文字式の利用

☆☆☆　標準問題　☆☆☆

1　次の問いに答えなさい。

(1)　$2a + 3b = 7$ を b について解きなさい。(　　　)　　　　　　　　　　　　　　　　（興國高）

(2)　$\dfrac{1}{4}(a + 3b) = 8$ を a について解きなさい。(　　　　)　　　　　　　　　　（神戸国際大附高）

(3)　$V = 2h(3 - r)$ を r について解きなさい。(　　　　)　　　　　　　　　　　　（彩星工科高）

(4)　$\dfrac{a(b + 5)}{2} = c$ を b について解きなさい。(　　　)　　　　　　　　　　　（樟蔭高）

2　次の問いに答えなさい。

(1)　あるクラスで行ったテストの男子 15 人の平均点は a 点，女子 13 人の平均点は b 点だったので
クラス全体の平均点は r 点だった。このとき，r を a，b の式で表しなさい。(　　　)（金蘭会高）

(2)　ある数を 7 で割ると商が a，余りが 5 であり，b で割ると商が 3，余りが 6 であった。a を b の
式で表しなさい。(　　　)　　　　　　　　　　　　　　　　　　　　　　（帝塚山学院泉ヶ丘高）

(3)　$\dfrac{9}{2}x - y = 3x + \dfrac{5}{3}y$ のとき，$x : y$ を最も簡単な整数の比で表しなさい。(　　　)　　（洛南高）

3　次の問いに答えなさい。

(1)　対角線の長さがそれぞれ a cm，b cm のひし形があります。対角線の一方の長さを 3 倍にし，他
方の長さを半分にしたひし形の面積は，もとのひし形の面積の何倍になるか答えなさい。

(　　　倍)（武庫川女子大附高）

(2)　ある水槽を満タンにするのに A 管は 20 分，B 管は 30 分かかる。A，B の両方の管を使うと何
分で満タンになるか答えなさい。(　　　分)　　　　　　　　　　　　　　（神戸弘陵学園高）

4　右の図のような時計がある。長針の先が通った跡を線でつなぐと円 A
のようになった。また短針の先が通った跡を線でつなぐと円 B のように
なった。長針と短針の長さの差が 2 cm のとき，円 A と円 B の円周の長
さの差は何 cm になるか求めなさい。ただし，円周率を π とする。

(　　　cm)（東大谷高）

5 あかりさんとはるなさんの会話文を読んで, 次の問いに答えなさい。　　　　（武庫川女子大附高）

あかり 「昨日, 学校で数学の先生がこんな話をしていたよ。例えば3つの数字1, 3, 4を使って, 3桁の自然数を作ると, 134, 143, 314, 341, 413, 431の全部で6個できるよね。」

はるな 「でも5, 5, 5のように, 3つとも同じ数字を使うと, 3桁の自然数は1つしかできないね。」

あかり 「3, 7, 7のように, 2つの数字が同じ場合はどう？」

はるな 「2つの数字が同じ場合は, ア 個できるよ。だから, 3つの数字を使って作られた3桁の自然数が6個できるのは, それら3つの数字がすべて異なる場合だね。」

あかり 「そうだね。じゃあ, さっきの1, 3, 4を使ってできた6個の自然数を足してみてくれる？」

はるな 「 イ だね。」

あかり 「 イ は, 使った3つの数の和1 + 3 + 4の8で割り切れるんだ。」

はるな 「本当？ イ ÷ 8をすると… ウ だから, 割り切れた！」

あかり 「これって, 3つの異なる数字を使うと, いつでも同じことが成り立つのかな。」

(1) 会話文中の ア ～ ウ に入る数を答えなさい。ア（　　　）イ（　　　）ウ（　　　）

(2) 異なる3つの数字を, a, b, cとして6個の3桁の自然数を作ると, その6個の自然数の和は, 3つの数の和$a + b + c$で割り切れることを説明しなさい。

6 各位の数の和が9の倍数になる3桁の自然数は9の倍数です。このことを次のように説明しました。空欄ア～エには式を, 空欄オには言葉を補って説明を完成させなさい。　　　　（関大第一高）

ア（　　　）イ（　　　）ウ（　　　）エ（　　　）オ（　　　）

［説明］

　3桁の自然数の百の位, 十の位, 一の位の数をそれぞれa, b, cとすると, この自然数は ア と表される。

　また, 各位の数の和が9の倍数だから, nを自然数として, イ = $9n$と表せる。

　このとき, ア = イ + ウ

　　　　　　 = $9n$ + ウ

　　　　　　 = 9（ エ ）

　 エ は オ だから, 9（ エ ）は9の倍数である。

　よって, 各位の数の和が9の倍数である3桁の自然数は9の倍数である。

★★★　発展問題　★★★

1 右の表 A のように，1列，3列，5列，7列に，それぞれ次の手順に従って数字を並べていきます。 (京都女高)

手順1
　　1列には，自然数を1から小さい順に並べていきます。

手順2
　　3列には，3からはじめて，2ずつ加えた数を並べていきます。

手順3
　　5列には，5からはじめて，3ずつ加えた数を並べていきます。

手順4
　　7列には，7からはじめて，4ずつ加えた数を並べていきます。

　次に，2列，4列，6列には，その両隣にある数の和を並べていきます。右の表 B は，その一部を示したものです。

表A

	1列	2列	3列	4列	5列	6列	7列
1行	1		3		5		7
2行	2		5		8		11
3行	3		7		11		15
4行	4		9		14		19
5行	・		・		・		・
	・		・		・		・
	・		・		・		・

表B

	1列	2列	3列	4列	5列	6列	7列
1行	1	4	3		5		7
2行	2		5	13	8		11
3行	3		7		11	26	15
4行	4	13	9		14		19
5行	・						
	・						
	・						

(1) 表 B において，7行4列に入る数を求めなさい。(　　　　)

(2) 表 B において，m 行6列に入る数を m を用いて表しなさい。
　　(　　　　)

(3) 表 B において，a 行2列と b 行6列に入る数が等しい2桁の数であるとき，a の値をすべて求めなさい。(　　　　)

2 n は2桁以上の自然数で，一の位が0でないものとする。n に対して，n の各桁の数の並びを逆にするという作業を「n の鏡数を作る」ということとする。例えば，25 の鏡数を作ると 52 となり，852 の鏡数を作ると 258 となり，1347 の鏡数を作ると 7431 となる。

　また，n の鏡数と n を足し合わせた数を「n のペアリング数」といい，n のペアリング数を $\langle n \rangle$ と表すこととする。例えば，25 のペアリング数は $52 + 25 = 77$ であるから $\langle 25 \rangle = 77$ となり，852 のペアリング数は $258 + 852 = 1110$ であるから $\langle 852 \rangle = 1110$ となる。次の問いに答えよ。

(京都市立西京高)

(1) $\langle \langle 13 \rangle + 1 \rangle$ の値を求めよ。(　　　　)

(2) m は2桁の自然数で，一の位が0でないものとする。$\langle \langle m \rangle \rangle = 88$ となるような m をすべて求めよ。ただし，$\langle m \rangle$ の一の位は0でないものとする。(　　　　)

(3) m は2桁の自然数で，一の位が0でないものとする。まず，m のペアリング数をノートに記録する。さらにその数のペアリング数をノートに記録するという作業を繰り返す。記録される数が初めて 1000 を超えるまでこの作業を繰り返す。ただし，ペアリング数の一の位が0のときは，その数をノートに記録し，そこで作業を終了する。例えば，$m = 25$ のときはノートに「77，154，605，1111」と記録され，$m = 14$ のときはノートに「55，110」と記録される。作業を終えたとき，ノートに記録されたペアリング数の中に 363 が出てくるような m は全部で何個あるか答えよ。(　　　　個)

3 1次方程式

☆☆☆　標準問題　☆☆☆

1　次の方程式を解きなさい。

(1)　$4x - 5 = 19$　（　　　）　　　　　（星翔高）

(2)　$2x - 5 = 5x + 2$　（　　　）　（英真学園高）

(3)　$-(x + 1) = 5$　（　　　）　　　（大阪緑涼高）

(4)　$2x - 5 = 3(2 - x) + 4$　（　　　）

（アナン学園高）

(5)　$5(x - 2) = 2(x + 1)$　（　　　）

（城南学園高）

(6)　$2(-x + 1) - 1 = -3(x + 3)$　（　　　）

（箕面自由学園高）

(7)　$2(x - 3) - 7 = 3(1 - 2x)$　（　　　）

（彩星工科高）

(8)　$5x - 3(3x + 4) = 2(7x - 3) - 6(2x + 7)$

（　　　）（神戸弘陵学園高）

2　次の方程式を解きなさい。

(1)　$0.4x + 0.2 = -1$　（　　　）　（奈良大附高）

(2)　$0.8x - 2 = 1.2(x - 1)$　（　　　）

（大阪体育大学浪商高）

(3)　$1.44 - 0.63x = -0.6(x + 0.5)$　（　　　）

（関西大倉高）

(4)　$0.02(4x + 11) = 0.11(x - 1)$　（　　　）

（奈良育英高）

3　次の方程式を解きなさい。

(1)　$\dfrac{1}{4}x = 3$　（　　　）　　　　（洛陽総合高）

(2)　$\dfrac{1}{3}x + 2 = \dfrac{1}{2}x + 4$　（　　　）

（京都西山高）

(3)　$x - \dfrac{5 - 2x}{3} = 2$　（　　　）　（比叡山高）

(4)　$\dfrac{x - 7}{2} - \dfrac{5x - 3}{6} = -7$　（　　　）

（京都成章高）

(5)　$\dfrac{2x + 5}{3} - \dfrac{x - 2}{5} = 10$　（　　　）

（初芝富田林高）

(6)　$\dfrac{1}{3}x - 1 = \dfrac{3x - 1}{5}$　（　　　）（大阪商大高）

(7)　$\dfrac{2x + 5}{3} - \dfrac{5x - 3}{6} = x - \dfrac{7 - x}{3}$　（　　　）

（大阪女学院高）

(8)　$\dfrac{3}{5}\left(\dfrac{x}{2} - 1\right) = 0.5x$　（　　　）

（金光八尾高）

4　次の問いに答えなさい。

(1)　$3 : (x + 2) = 4 : 5$ を満たす x の値を求めなさい。（　　　）　　　　　　　　　　　（宣真高）

(2)　比例式 $(x + 2) : 4 = (2x - 1) : 3$ で，x の値を求めなさい。（　　　）　　　　（園田学園高）

5　次の問いに答えなさい。

(1)　x の 1 次方程式 $(3 - 2a)\,x - 9 = 3x + 7a$ の解が -8 であるとき，a の値を求めなさい。

（　　　）（神戸龍谷高）

(2)　x についての方程式 $\dfrac{14}{3}x + \dfrac{8}{3} = 4x + a$ の解が，方程式 $3x - 1 = 7x - 9$ の解と一致すると

き，a の値を求めなさい。（　　　）　　　　　　　　　　　　　　　　　　（常翔啓光学園高）

6　次の問いに答えなさい。

(1)　ある数の 6 倍から 22 を引いた数が -5 となるとき，ある数は　　　　　　である。　（三田松聖高）

(2)　ある整数 n を 4 倍して 3 を加える計算をしようとしたところ，間違えて n に 4 を加えて 3 倍し
たために計算結果が 8 小さくなりました。整数 n の値を求めなさい。（　　　）　（京都産業大附高）

(3)　2 けたの自然数がある。十の位の数と一の位の数の和は 12 で，十の位の数と一の位の数を入れ
かえてできる数は，もとの数より 18 大きいという。もとの自然数を求めなさい。（　　　）

（あべの翔学高）

7　次の問いに答えなさい。

(1)　ノート 3 冊と消しゴム 2 個の代金の合計は 570 円で，ノート 1 冊の値段は消しゴム 1 個の値段
より 40 円高くなっています。ノート 1 冊の値段を求めなさい。（　　　円）　　　（大阪薫英女高）

(2)　1 個 130 円のアイスと 1 個 80 円のお菓子を，お菓子がアイスより 5 個多くなるように買ったと
ころ，代金の合計が 1030 円になった。このとき，お菓子を何個買ったか答えなさい。（　　　個）

（関西大学北陽高）

(3)　原価 1200 円の商品に定価をつけて，数日後その定価の 20 ％引きで商品を売ったら原価の 4
％の利益があった。このとき，定価はいくらか求めなさい。（　　　円）　　　（大阪産業大附高）

8 次の問いに答えなさい。

(1) 何人かの生徒に，1人に12個ずつお菓子を配ると20個余り，1人に14個ずつ配ると4個余る
とき，生徒の人数を求めなさい。（　　　人）　　　　　　　　　　　　　　　　　（京都明徳高）

(2) あるお菓子とお菓子を入れる箱が何個かある。箱にお菓子を50個ずつ詰めるとお菓子が21個
あまり，60個ずつ詰めると最後の箱には21個しか入らなかった。このとき，お菓子は全部で何
個あるのか答えなさい。（　　　個）　　　　　　　　　　　　　　　　　　　　　（京都廣学館高）

(3) ある学年の生徒全員が校庭にある長いすに座っていくとき，1脚あたり6人ずつ座ると3人が座
れなくなる。また，1脚あたり7人ずつ座るようにすると，ちょうど7人ずつ座ることができ，誰
も座っていない長いすが1脚余った。このとき，この学年の生徒の人数を求めなさい。（　　　人）
（羽衣学園高）

9 次の問いに答えなさい。

(1) 現在，Aさんは15才，Aさんのお父さんは41才である。お父さんの年齢がAさんの年齢の
ちょうど2倍になるのは□□□□□年後である。　　　　　　　　　　　　　　　　　（奈良女高）

(2) ある会場の昨年度の入場者数は大人と子供を合わせて300人であった。今年度の入場者数は，
昨年度と比べて大人は10％減り，子供は15％増えたので合計は20人増えた。このとき，今年度
の大人の入場者数は□□□□□人である。　　　　　　　　　　　　　　　　　　　　　（大谷高）

(3) ある町内でのマラソン大会の参加人数について，男性の参加者のうち，成人と未成年の人数の比
は2：5であった。また，成人の女性の人数は14人で，未成年の女性の人数は成人の総人数より4
人多くて，成人の総人数と未成年の総人数の比は1：3であった。参加者の総人数を求めなさい。
（　　　人）（神戸山手グローバル高）

(4) ある店で，みかんを何個か仕入れたところ，1日目は仕入れた個数の$\frac{2}{7}$が売れ，2日目は45
個売れた。また，3日目は，1日目に売れた個数より15個多く売れ，3日間で仕入れたみかんは
すべて売れた。このとき，仕入れたみかんの個数を求めなさい。（　　　個）　　（立命館守山高）

10 次の問いに答えなさい。

(1) 家から学校まで行くのに，分速150mで走ると，分速60mで歩くより16分早く着く。家から
学校までの道のりは何mであるか答えなさい。（　　　m）　　　　　　　　　（近大附和歌山高）

(2) A地点からB地点を経てC地点まで，92kmの道のりを自動車で行くのに，A，B間を時速
40km，B，C間を時速50kmで進むと2時間かかった。このとき，A，B間の道のりを求めなさ
い。（　　　km）　　　　　　　　　　　　　　　　　　　　　　　　　　　　　　　（天理高）

(3) 自宅から1500m離れた駅まで行くのに，はじめは分速40mの速さで歩きました。途中で，本
屋に7分立ち寄りました。このままでは電車の発車時刻に間に合わないと思い，本屋を出てから
分速80mで走ったところ，自宅を出てから合計で40分かかって駅に着き，電車に乗ることがで
きました。このとき，自宅から本屋までの道のりを求めなさい。（　　　m）　　　（報徳学園高）

⑷　2つの地点 P，Q は 1 本の道で結ばれており，その距離は 1200m です。A さんは P 地点から
時速 4.2km の速さで Q 地点に向かって歩き，B さんは Q 地点から時速 4.8km の速さで P 地点に
向かって歩きます。2 人が同時に出発したとき，2 人が出会うのは出発してから何分後ですか。

（　　　　分後）（京都産業大附高）

11　次の問いに答えなさい。

⑴　8 ％の食塩水に x ％の食塩水を 200g 入れると 12 ％の食塩水が 500g できました。x の値を求
めなさい。（　　　）

（園田学園高）

⑵　8 ％の食塩水 300g に水を混ぜて，2 ％の食塩水を作りたい。水を何 g 混ぜればよいか求めなさ
い。（　　　g）

（常翔啓光学園高）

⑶　7 ％の食塩水と 15 ％の食塩水を混ぜて，10 ％の食塩水を 400g つくります。7 ％の食塩水を何
g 混ぜればよいか求めなさい。（　　　g）

（滝川第二高）

⑷　濃度 15 ％の食塩水が x g ある。ここに水を 1 kg 加えたところ濃度が 5 ％になった。このとき
の x の値を求めなさい。（　　　）

（あべの翔学高）

12　容器 A，B，C，D があり，容器 A と B に合わせて 200g，容器 C と D に合わせて 200g の食塩
水が入っている。また，容器 A，B，C，D の食塩水の濃度はそれぞれ 5 ％，20 ％，10 ％，15 ％で
ある。次の問いに答えよ。

（近大附和歌山高）

⑴　容器 A，B，C，D に入っている食塩水の量が同じであるとき，容器 A，B，C，D を全て混ぜ
て作った食塩水の濃度は何％か。（　　　％）

⑵　容器 A と容器 C の食塩水の量の和が 70g であり，容器 A，B，C，D を全て混ぜて作った食塩
水の濃度が 16 ％であるとき，容器 A，B，C，D に入っている食塩水の量を求めよ。

A（　　　g）　B（　　　g）　C（　　　g）　D（　　　g）

13　修学旅行の事前学習として，2 年生 141 人全員で名所，旧跡，名産品など 20 カ所を紹介するパ
ンフレットを作ることにした。紹介したい場所のアンケートを取り，各グループの人数が 6 人，7
人，8 人のいずれかになるように，20 のグループに分けた結果，7 人と 8 人のグループの数が同じ
になった。このとき，次の問いに答えなさい。

（大阪体育大学浪商高）

⑴　7 人のグループ数を x とするとき，6 人のグループ数を x を使って表しなさい。（　　　　）

⑵　6 人のグループ数を求めなさい。（　　　グループ）

14 2つの整数 a, b に関して，

$$a ☆ b = a + b + ab$$

という計算をすることにする。このとき，次の問いに答えよ。 （京都橘高）

(1) $(-1) ☆ (-2)$ を計算せよ。（　　　　）

(2) $4 ☆ (x ☆ 2) = -16$ となるとき，x の値を求めよ。（　　　　）

15 右の〔図〕のように，同じ大きさの正三角形を，1段目から順に1 〔図〕

個，3個，5個，…とすきまなく並べ，大きな正三角形をつくる。正義

さんと希望さんの会話を読み，あとの問いに答えなさい。 （関西創価高）

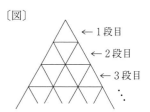

正義さん：このように並べていくと，4段目に並ぶ正三角形は7個で，5段目は ア 個だね。

　　　　　このように考えると，n 段目に並ぶ正三角形の数は イ 個になるね。

希望さん：じゃあ次は，正三角形が全部で何枚使われているのかを調べたいね。3段目までの

　　　　　合計が9個，4段目までの合計が16個，5段目までの合計で ウ 個が使われてい

　　　　　るね。

正義さん：この数の並びには，何か規則性がありそうだなぁ…。

　　　　　そうか！　n 段目までに並べられた正三角形の個数は エ 個になるのか。

希望さん：これって，段ごとに並ぶ正三角形の個数の和だから，

　　　　　1段目から n 段目までの和は $1 + 3 + 5 + 7 + \cdots +$ イ になるね。

正義さん：この式は，1から n 番目までの奇数の和を表しているね。

希望さん：つまり，$1 + 3 + 5 + 7 + \cdots +$ イ ＝ エ になるのか！

　　　　　すごい！　数学っておもしろいね！！

(1) 会話文の ア ～ エ に適する数または式を答えなさい。

　　ア（　　　　）イ（　　　　）ウ（　　　　）エ（　　　　）

(2) 会話文を参考にして，1から89までのすべての奇数の和を求めなさい。（　　　　）

(3) 正三角形を1000個使って，〔図〕のように1段目から並べていく。このとき，最大で何段目ま

　　でを完全に並べ終えることができるか求めなさい。（　　　　段目）

16　下の図のように1辺が4cmの正三角形を，となり合う三角形どうしの底辺が2cmずつ重なるように配置して図形をつくる。このとき，つくられた図形の頂点の個数と周囲の長さについて考える。例えば3個の三角形を重ねたときの頂点の個数は7個，周囲の長さは24cmである。次の問いに答えなさい。

(京都両洋高)

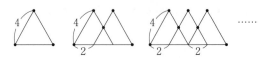

(1)　10個の三角形を重ねたとき，頂点の個数と周囲の長さをそれぞれ求めなさい。

頂点の個数(　　　個)　周囲の長さ(　　　cm)

(2)　n個の三角形を重ねたとき，周囲の長さをnを使って表わしなさい。(　　　cm)

(3)　n枚の三角形を重ねたときの頂点の個数をa個，周囲の長さを$b$cmとする。$a + b = 2023$となるとき，nの値を求めなさい。(　　　)

★★★　発展問題　★★★

1　図のように，マス目の中に，1行目の1列目から縦に1から順に4つずつの数字を書いていき，1列増えるごとに1行ずつ下げた位置から数字を書いていく。また，数字を書かなかったマス目は0とする。このとき，あとの問いに答えなさい。　(神戸野田高)

	1列目	2列目	3列目	4列目	5列目	6列目	…
1行目	1	0	0	0	0	0	…
2行目	2	5	0	0	0	0	…
3行目	3	6	9	0	0	0	…
4行目	4	7	10	13	0	0	…
5行目	0	8	11	14	17	0	…
6行目	0	0	12	15	18	21	…
7行目	0	0	0	16	19	22	…
8行目	0	0	0	0	20	23	…
9行目	0	0	0	0	0	24	…
⋮	⋮	⋮	⋮	⋮	⋮	⋮	⋱

(1)　36は何行目の何列目にあるか求めなさい。

(　　行目の　　列目)

(2)　ある列の数の和が314になった。この列が何列目か求めなさい。(　　　列目)

(3)　n行目のn列目の数をnを用いた式で表しなさい。(　　　)

(4)　図に示した [　　　　] のように，横に並ぶ3つの数の和を考える。

例えば，| 7 | 10 | 13 | であれば，和は$7 + 10 + 13 = 30$

| 0 | 16 | 19 | であれば，和は$0 + 16 + 19 = 35$　である。

このように考えた和が215になるとき，3つの数を左から順に答えなさい。

(　　　)(　　　)(　　　)

4 連立方程式

☆☆☆　**標準問題**　☆☆☆

1 次の方程式を解きなさい。

(1) $\begin{cases} 6x - y = 17 \\ y = x - 2 \end{cases}$ （　　　　　）

（大阪電気通信大高）

(2) $\begin{cases} 6x + y = 18 \\ 3x - y = 9 \end{cases}$ （　　　　　）

（好文学園女高）

(3) $\begin{cases} 2x + y = 5 \\ x - 3y = 6 \end{cases}$ （　　　　）（大阪暁光高）

(4) $\begin{cases} 5x + 2y = 5 \\ 4x + 3y = -3 \end{cases}$ （　　　　　）

（同志社高）

(5) $\begin{cases} 2(x + y) - y = 9 \\ x - 3(x - y) = -5 \end{cases}$ （　　　　）

（奈良大附高）

(6) $\begin{cases} 3x - 2(x - y) = 10 \\ 2(4x - 3y) - 3x + 5y = 6 \end{cases}$

（　　　　）（京都成章高）

(7) $2x - 3y = 5x - 4y - 7 = -4x + 2y - 1$ （　　　　）（雲雀丘学園高）

2 次の方程式を解きなさい。

(1) $\begin{cases} 3x + 4y = 15 \\ 0.2x + 0.8y = 2.6 \end{cases}$ （　　　　　）

（明浄学院高）

(2) $\begin{cases} \dfrac{2x - 3}{3} = \dfrac{3y + 1}{2} \\ 4 - 2x + 3y = 0 \end{cases}$ （　　　　　）

（大阪教大附高池田）

(3) $\begin{cases} \dfrac{x + 5}{5} - \dfrac{x + y - 1}{2} = 1 \\ \dfrac{x + 1}{2} - \dfrac{-y + 2}{3} = \dfrac{x - y}{6} \end{cases}$

（　　　　）（奈良学園高）

(4) $\begin{cases} 0.3(2x - 4y) = 7.2 \\ \dfrac{1}{2}(x - 2y) + \dfrac{2}{3}y = 4 \end{cases}$ （　　　　　）

（京都精華学園高）

(5) $\begin{cases} x : \left(-\dfrac{1}{4}y + 2\right) = 4 : 5 \\ \dfrac{1}{2}x + \dfrac{1}{3}y = \dfrac{3}{2} \end{cases}$

（　　　　）（賢明学院高）

(6) $\begin{cases} \dfrac{3}{x} + \dfrac{2}{y} = 7 \\ \dfrac{5}{x} - \dfrac{4}{y} = 8 \end{cases}$ （　　　　）（洛南高）

③　次の問いに答えなさい。

(1) $\begin{cases} x + 4y = -1 \\ -2x + y = a \end{cases}$ の解が $x = 1$, $y = b$ であるとき，a, b の値を求めよ。

$a = ($　　　$)$　$b = ($　　　$)$　　　　　　　　　　　　　　　　　　　　　　　（開智高）

(2) $\begin{cases} x + y = 1 \\ 2x - y = a \end{cases}$ の解が方程式 $x - y = 7$ をみたすとき，a の値を求めよ。（　　　）（近大附高）

(3) x, y についての 3 つの二元一次方程式 $\begin{cases} 2x + y = -1 \\ x - 2y = -13 \\ 3x - ay = 1 \end{cases}$ のすべてにあてはまる解があるとき，

a の値を求めよ。（　　　）　　　　　　　　　　　　　　　　　　　　　　　　　（同志社国際高）

④　次の問いに答えなさい。

(1) 2 桁の正の整数がある。この数の一の位と十の位の数を足すと 9 となる。また，一の位と十の位の数を入れ替えた数は，元の数より 45 大きくなる。元の数はいくらか求めなさい。（　　　）

（関西福祉科学大学高）

(2) 十の位の数が 4 である 3 桁の自然数があります。この 3 桁の自然数を，上 2 桁と下 1 桁に分けて，それぞれを 2 桁の数と 1 桁の数とすると，2 桁の数は，1 桁の数の 9 倍より 2 大きい数になります。また，上 1 桁と下 2 桁に分けて，それぞれを 1 桁の数と 2 桁の数とすると，2 桁の数は，1 桁の数の 7 倍より 1 小さい数になります。この 3 桁の自然数を求めなさい。（　　　）（立命館高）

⑤　次の問いに答えなさい。

(1) ノート 2 冊とボールペン 1 本を合わせた金額は 330 円，ノート 1 冊とボールペン 3 本を合わせた金額は 390 円になります。このとき，ノート 1 冊の値段は何円になりますか。（　　　円）

（宣真高）

(2) 1 個 170 円の菓子と 1 本 130 円のジュースをあわせて 11 個買い，合計金額は 1710 円になりました。菓子とジュースの買った個数をそれぞれ求めなさい。ただし，消費税は考えないものとします。菓子（　　　個）ジュース（　　　本）　　　　　　　　　（好文学園女高）

(3) A さんは所持金の 5 割を，B さんは所持金の 3 割を出し合って，500 円の商品を購入した。このとき，お釣りはなく，購入後の残りの所持金は 2 人とも同じになった。A さんの最初の所持金を求めなさい。（　　　円）　　　　　　　　　　　　　　　　　　　　（関西創価高）

6 ある店では次のような2枚のクーポン券を発行しています。 （上宮高）

10％引き
全品を10％引きいたします。 ただし，他のクーポンの割引きが 適用された商品は除外いたします。

20％引き
ご購入商品の中で最も値段が高い商品のうち， 1点のみを20％引きいたします。 商品を2点以上ご購入の際にご利用になれます。

これらのクーポン券は併用できます。例えば，200円と500円の商品を1点ずつ購入するとき，この2枚のクーポン券を利用すると，200円の商品は10％引き，500円の商品は20％引きになり，代金の合計は580円になります。次の問いに答えなさい。ただし，消費税は考えないものとします。

(1) 2枚のクーポン券を利用して930円，1500円，670円の商品を1点ずつ購入するときの代金の合計を求めなさい。（　　　円）

(2) Aさんは，この店で同じ歯ブラシを2点，洗剤を1点，風邪薬を1点購入しました。2枚のクーポン券を利用しないときの代金の合計は2700円ですが，2枚のクーポン券を利用したので，代金の合計は2300円になりました。洗剤1点の値段は歯ブラシ1点の値段の2倍で，風邪薬の値段が最も高いとき，次の問いに答えなさい。

① 歯ブラシ1点の値段を x 円，風邪薬1点の値段を y 円とします。2枚のクーポン券を利用しないときの代金の合計を，x，y を用いたもっとも簡単な式で表しなさい。（　　　　）

② 風邪薬の値段を求めなさい。（　　　円）

7 A社とB社はそれぞれ基本プランとプレミアムプランの2種類の月額プランを展開している。A社のプレミアムプランの料金は基本プランより2割高く，B社のプレミアムプランの料金は基本プランよりひと月あたり200円高い。A社，B社のひと月あたりの基本プランの料金をそれぞれ x 円，y 円として，次の問いに答えなさい。

（大商学園高）

(1) アキラさんはA社とB社の基本プランを利用した。2社ともその月はセールのため10％引きで利用することができたので，その月の支払額の合計は1350円であった。次の　　　　に当てはまる x，y の式を求めなさい。

$\boxed{}$ = 1350

(2) ヒロシくんはA社とB社のプレミアムプランを利用しており，ひと月の支払額の合計は1800円であった。次の　　　　に当てはまる x，y の式を求めなさい。

$\boxed{}$ = 1600

(3) (1)と(2)の式から x，y の値を求めなさい。x = （　　　　）　y = （　　　　）

8　ある市における，昨年の家庭生活から出るごみ(家庭系ごみ)と事業活動により出るごみ（事業系ごみ）の排出量の合計は 17 万トンであった。今年は昨年に比べて，家庭系ごみが 8 ％，事業系ごみが 2 ％減少したので，合計は 1 万トン減少した。今年の家庭系ごみと事業系ごみの排出量はそれぞれ何万トンか。家庭系ごみ(　　　　万トン)　事業系ごみ(　　　　万トン)　　　　　　　　(近大附高)

9　ある学校の昨年のオーケストラ部と茶道部と剣道部の部員は，合わせて 120 人であった。今年の各部の部員の数は，昨年と比べてオーケストラ部が 20 ％増え，茶道部が 20 ％減り，剣道部は，昨年と変わらなかったので，合わせて 130 人になった。剣道部の部員が 30 人いるとき，以下の問いに答えよ。ただし，2 つ以上の部活に入っている人はいないものとする。　　　(ノートルダム女学院高)

(1)　昨年のオーケストラ部と茶道部の部員数をそれぞれ x 人，y 人として連立方程式をたてよ。

(　　　　　　　　　)

(2)　昨年のオーケストラ部の人数を答えよ。(　　　　)

10　右表は，ある高校の入学試験の数学の平均点および英語の平均点の対前年比を示したものです。

「対前年比」とは前年度を 100 としたときのその年の数値のことです。例えば，2021 年度数学の平均点の欄にある

	2021 年度	2022 年度
数学の平均点	125	96
英語の平均点	80	110

125 という数値は，その前年 2020 年度数学の平均点を 100 としたとき，2021 年度数学の平均点が 125 であったことを示しています。

2021 年度の数学の平均点を x 点，英語の平均点を y 点とするとき，次の問いに答えなさい。

(初芝富田林高)

(1)　2022 年度の数学の平均点を x を用いて表しなさい。(　　　　点)

(2)　2020 年度の英語の平均点を y を用いて表しなさい。(　　　　点)

(3)　数学と英語の平均点について，2022 年度では数学は英語より 12 点高く，2020 年度では数学は英語より 6 点低かった。2020 年度の英語の平均点を求めなさい。(　　　　点)

11 ある生徒が図のような的にボールを投げて点数を競うゲームを行った。ボールは全ていずれかの的に当たった。3点の的と2点の的には合計12球当たり，1点の的には3点の的に当たった数の3倍の数のボールが当たった。合計点数は36点であった。下の□□□にあてはまる式や値を答えなさい。

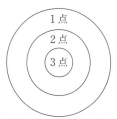

（神戸第一高）

図：ボール投げの的

3点の的に当たった数を x 球，2点の的に当たった数を y 球として連立方程式をつくる。

まず，ボールを投げた数について条件式をつくると，□(1)□□□ = 12……①

次に，点数について条件式をつくると，□(2)□ = 36……②

①，②の式を解いて x，y を求めることにより，3点の的に当たった数は□(3)□□球，2点の的に当たった数は□(4)□□球となる。

12 O さんは親戚のおじさんの蔵で「高さ：一尺五寸」と書いてある日本人形を何体か見つけた。このことをきっかけに総合の時間で長さや重さの単位について調べてみたところ，普段私たちが使用している「メートル法」の他に「尺貫法」や「ヤード・ポンド法」という長さや重さを表す方法があり，メートル法との関係もおおむね次の表のような関係にあることがわかった。この表をもとに，次の(1)～(4)の問いに答えなさい。

（大阪学院大高）

尺貫法	メートル法
一尺（しゃく）	30cm
一寸（すん）	3cm
一斤（きん）	600g
一匁（もんめ）	3.75g

ヤード・ポンド法	メートル法
1ヤード	90cm
1フィート	30cm
1インチ	2.5cm
1ポンド	450g
1ドラム	1.75g

(1) O さんが見つけた日本人形の高さは何 cm であるか答えなさい。（　　　cm）

(2) 一斤は何ドラムであるか，小数第一位を四捨五入して整数で答えなさい。（約　　　ドラム）

(3) 長さ二寸の釘と長さ2インチのチョークが合わせて50本あり，すべての長さの合計は278cmになった。このとき，チョークは何本あるか求めなさい。（　　　本）

(4) O さんのおじさんの蔵にある日本人形は全て重さが0.9斤である。また，G さんのおばさんの倉庫には高さ2フィート，重さ2.2ポンドのテディベアが何体かある。すべての日本人形とテディベアの高さの合計は19.65mになった。また，重さの合計は28.17kgであった。このとき，日本人形は何体あるか求めなさい。（　　　体）

13　下の〈文章〉は，〈条件1〉から〈条件4〉をもとにして，母と長男，二男，三男の年齢を求めたときのものである。〈文章〉の中の（ ア ）から（ カ ）にあてはまる数を求めなさい。　(神戸星城高)

　　(ア)(　　　)　(イ)(　　　)　(ウ)(　　　)　(エ)(　　　)　(オ)(　　　)　(カ)(　　　)

〈条件1〉　二男と三男の年齢の差は5(歳)である。

〈条件2〉　現在，長男と三男の年齢の和と二男の年齢の比は2：1である。

〈条件3〉　現在，母の年齢は長男と二男と三男の年齢の和より10(歳)小さい。

〈条件4〉　5年後，長男と二男の年齢の和は母の年齢と同じになる。

〈文章〉

> 　現在の母の年齢を x(歳)，三男の年齢を y(歳)とする。
>
> 　条件をもとに連立方程式を立てると，
>
> $$\begin{cases} x - (\ ア\ )y = 5 \\ x - 2y = (\ イ\ ) \end{cases}$$
>
> となる。これを解くことにより，x と y の値が求められ，母は（ ウ ）歳，長男は（ エ ）歳，二男は（ オ ）歳，三男は（ カ ）歳であることがわかる。

14　容器 A には濃度 x ％の食塩水が 600g，容器 B には濃度 y ％の食塩水が 800g 入っている。このとき，次の問いに答えなさい。　(大阪桐蔭高)

(1)　容器 A から食塩水 100g を取り出して容器 B に入れてよくかき混ぜた。このとき，容器 B に含まれる食塩の量を x，y を用いて表しなさい。(　　　)

(2)　(1)のあと，容器 B から食塩水 300g を取り出して容器 A に入れてよくかき混ぜると，容器 A の食塩水の濃度は 6 ％，容器 B の食塩水の濃度は 8 ％になった。x，y の値をそれぞれ求めなさい。

　　$x =$ (　　　)　　$y =$ (　　　)

15　次の問いに答えなさい。

(1)　周囲 220m の池のまわりを，A さんと B さんがそれぞれ一定の速さで歩いた。同時に同じ場所を出発して，反対の方向に回ると 2 分後にはじめて出会い，同じ方向に回ると 22 分後に A さんが B さんよりも 1 周多く歩き，追い着いた。A さんと B さんの歩く速さは，それぞれ分速何 m となるか求めなさい。A さん(分速　　　m)　B さん(分速　　　m)　(洛陽総合高)

(2)　秒速 x m で走行する長さ 120m の普通電車と，秒速 y m で走行する長さ 160m の急行電車がある。あるトンネルを通るとき，普通電車がトンネルに完全に隠れていたのは 52 秒間，急行電車がトンネルに完全に隠れていたのは 40 秒間であった。また，急行電車が普通電車を追い越すとき，急行電車の先頭が普通電車の最後尾に追いついてから，急行電車の最後尾が普通電車の先頭を追い越すまでにかかった時間は 56 秒間であった。次の問いに答えよ。　(関西大倉高)

　　①　x，y の連立方程式を作れ。(　　　　　　)

　　②　x，y の値を求めよ。$x =$ (　　　)　$y =$ (　　　)

16　地点 A から地点 B を通って地点 C へ自転車で行く。地点 A から地点 B は平坦な道で，地点 B から峠を越えると地点 C がある。上り坂と下り坂での自転車の速度はそれぞれ平坦な道での速度の $\dfrac{2}{3}$ 倍，2 倍である。

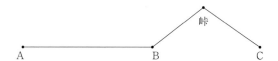

　　行きは 9:00 に地点 A を出て 3.3km 離れた地点 B を 9:11 に通過し，地点 C に到着したのは 9:21 であった。帰りは 11:30 に地点 C を出発し，11:44 に地点 B を通過して地点 A に着いた。このとき，行きに地点 B から峠の頂上までにかかった時間を x 分，帰りに峠の頂上から地点 B までにかかった時間を y 分とする。　　　　　　　　　　　　　　　　　　　　　（箕面自由学園高）

(1)　x，y の連立方程式をつくれ。$\left\{\begin{array}{l}(\qquad\quad) \\ (\qquad\quad)\end{array}\right.$

(2)　x，y の値をそれぞれ求めよ。（　　　　　　）

17　図 I のように，ある規則で並べられた数がある。同じ規則で並べられた図 II について次の問いに答えなさい。　　　　　　　　　　　　　　　　　　　　　　　　　　　　　　　　　（彩星工科高）

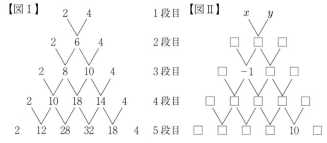

(1)　3 段目の－1 について x と y を用いて式で表した。□□□□にあてはまる整理された式を答えなさい。

　　　$\boxed{} = -1$

(2)　5 段目の 10 について x と y を用いて式で表した。□□□□にあてはまる整理された式を答えなさい。

　　　$\boxed{} = 10$

(3)　x と y の値を求めなさい。$x = ($　　　　$)$　$y = ($　　　　$)$

★★★　発展問題　★★★

1 次の問いに答えなさい。

(1) a を定数とする。x, y についての連立方程式 $\begin{cases} 4y - 3x = a \\ 2x - 3y = 4 \end{cases}$ の解が $x + y = a$ を満たすとき，

定数 a の値を求めよ。（　　　）　　　　　　　　　　　　　　　　　　　　（西大和学園高）

(2) a, b を正の数とする。x と y の連立方程式 $\begin{cases} ax - y = 4 \\ x + by = 7 \end{cases}$ の解を a と b を用いて表すと，

$x = \boxed{}$, $y = \boxed{}$ である。　　　　　　　　　　　（大阪星光学院高）

2 500円硬貨と100円硬貨が合わせて22枚あり，総額は5000円であった。次の問いに答えよ。

（大阪女学院高）

(1) 500円硬貨の枚数を x 枚，100円硬貨の枚数を y 枚として，x と y の関係を表す式を2つ作れ。

（　　　）（　　　）

(2) 100円硬貨の枚数は，何枚か答えよ。（　　　）

(3) 500円硬貨をすべて，100円硬貨と50円硬貨に両替した。そして，100円硬貨のうちの $\dfrac{3}{5}$ を

使うと，残った硬貨は全部で36枚だった。

① 500円硬貨のうち，a 枚を100円硬貨に，b 枚を50円硬貨に両替したとする。a と b の関係
を表す式を2つ作れ。（　　　）（　　　）

② 残った硬貨の総額を求めよ。（　　　）

3 100人の生徒が円形に並んでおり，時計回りに1から順番に100までの番号札を1人1枚ずつ
持っている。さらに，その円の内側に100人の生徒が円形に並んでおり，反時計回りに1から順番
に100までの番号札を1人1枚ずつ持っている。

外側の生徒と内側の生徒が向き合い，正面にいる生徒とペアを組む。そのペアで会話を1分間行
う。その後，内側の生徒が反時計回りに1人分ずつ移動するという活動を繰り返す。いま，この活
動を開始して何分か経ち，ペアでの会話が行われている状態とする。ペアは次のように表す。

外側の1番の生徒と会話している内側の生徒が a 番であることを $\langle a \rangle$ と表す。また，外側の x 番
の生徒と内側の y 番の生徒のペアを $[x,\ y]$ と表す。

例えば，$\langle 10 \rangle$ のときは，$[1,\ 10]$, $[2,\ 9]$, $\cdots$, $[10,\ 1]$, $[11,\ 100]$, $[12,\ 99]$, $\cdots$, $[100,\ 11]$
となる。このとき，次の問いに答えなさい。　　　　　　　　　　　　　　　（京都市立堀川高）

(1) $\langle 25 \rangle$ であるとき，$3x - 4y = 0$ を満たす $[x,\ y]$ を答えなさい。（　　　）

(2) $\langle a \rangle$ であるとき，$xy = 3445$ となる $[x,\ y]$ が存在するような a の値を求めなさい。（　　　）

(3) $\langle 36 \rangle$ であり，x の値より y の値の方が大きいとき，xy が17で割り切れるような $[x,\ y]$ が何組
あるか答えなさい。（　　　組）

5 関 数

§1. 比例・反比例

1　次の問いに答えなさい。

(1)　次の(ア)～(エ)のうち，y が x に比例するものを記号ですべて答えなさい。(　　　　)

（東大阪大敬愛高）

(ア)　1個 x 円のノートを3冊買うと，合計金額は y 円である。

(イ)　1個 x 円の消しゴムを4個買い，3円の袋に入れてもらったときの合計金額は y 円である。

(ウ)　車が時速 x km で1時間20分走ると，走行距離は y km である。

(エ)　出席番号 x 番の生徒の身長は y cm である。

(2)　次の(ア)から(エ)のうち，y が x に反比例するものをすべて選びなさい。(　　　　)　（京都光華高）

(ア)　1辺の長さが x cm である正方形の面積 y cm^2

(イ)　空の容器に毎分 x L だけ水を入れたとき，y 分間でたまる水の量が 20L

(ウ)　x 歳の女性の身長 y cm

(エ)　時速 5 km で x 時間で進むときの道のり y km

2　次の問いに答えなさい。

(1)　y は x に比例し，$x = -3$ のとき，$y = 27$ です。$y = 15$ のときの x の値を求めなさい。

(　　　　)（園田学園高）

(2)　y は x に反比例し，$x = 4$ のとき $y = -9$ です。$x = -6$ のときの y の値を求めなさい。

(　　　　)（育英高）

(3)　y は x に反比例し，$x = -\dfrac{3}{4}$ のとき，$y = 8$ である。$x = \dfrac{2}{5}$ のときの y の値を求めなさい。

(　　　　)（育英西高）

(4)　y は $x + 3$ に比例し，$x = 1$ のとき $y = -\dfrac{1}{2}$ である。$x = -1$ のときの y の値を求めなさい。

(　　　　)（初芝橋本高）

3 次の問いに答えなさい。

(1) 関数 $y = \dfrac{6}{x}$ について，x の値が 2 から 6 まで増加するときの変化の割合を求めなさい。

（　　　）（天理高）

(2) 関数 $y = -3x$ について x の変域が $-3 \leqq x < 2$ のときの y の変域を求めなさい。（　　　）

（アサンプション国際高）

(3) 関数 $y = \dfrac{4}{x}$ について，x の変域が $1 \leqq x \leqq 8$ のとき，y の変域を求めなさい。（　　　）

（興國高）

(4) 関数 $y = \dfrac{a}{x}$ で，x の変域が $2 \leqq x \leqq 6$ のとき，y の変域は $\dfrac{4}{3} \leqq y \leqq b$ である。定数 a，b の値を求めなさい。$a = ($　　　$)$　　$b = ($　　　$)$（奈良学園高）

4 次の問いに答えなさい。

(1) 次の問いの答えとして適切なものを 1 つ選びなさい。　　　　　　　　　（大阪夕陽丘学園高）

グラフが点 $(-3, 2)$ を通る反比例の式はどれか。（　　　）

① $y = 6x$　　② $y = \dfrac{6}{x}$　　③ $y = -6x$　　④ $y = -\dfrac{6}{x}$

(2) 右の図は，反比例のグラフである。点 P の座標が $(-2, 2)$ であるとき，グラフの式として，最も適当なものを(ア)～(エ)から 1 つ選びなさい。（　　　）　　　　　　　　（大阪産業大附高）

(ア) $y = \dfrac{2}{x}$　　(イ) $y = \dfrac{5}{x}$　　(ウ) $y = -\dfrac{5}{x}$

(エ) $y = -\dfrac{2}{x}$

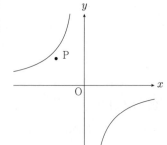

5 次の問いに答えなさい。

(1) $y = \dfrac{6}{x}$ のグラフ上の点で，x 座標，y 座標ともに整数となる点の個数を求めなさい。

（　　　個）（和歌山信愛高）

(2) 関数 $y = \dfrac{a}{x}$ のグラフは，点 $\left(\dfrac{2}{3},\ 18 \right)$ を通る。　　　　　　　　（京都文教高）

① $a = \boxed{}$ である。

② グラフ上の点で x 座標，y 座標がともに自然数である点は，$\boxed{}$ 個ある。

§2. 1次関数とグラフ

1　下の図のア～エのグラフは，いずれも $y = ax + b$ の形で表される関数のグラフです。$-1 < a$ < 0 のとき，この関数のグラフを，ア～エから選び，記号で答えなさい。ただし，x 軸，y 軸の1目盛りの長さは同じとします。（　　　）

（京都女高）

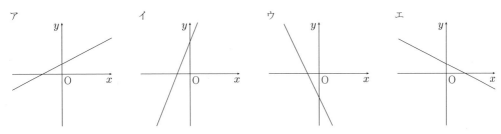

2　次の問いに答えなさい。

(1)　傾きが2で，$x = 3$ のとき $y = 10$ である直線の式を求めなさい。（　　　）　　　（四條畷学園高）

(2)　グラフが点$(3, -7)$を通り，切片が8の直線の式を求めなさい（　　　）　　　（東大阪大柏原高）

(3)　グラフが2点$(-3, 2)$, $(4, -5)$を通る直線の式を求めなさい。（　　　）

（ノートルダム女学院高）

3　1次関数 $y = -\dfrac{7}{3}x + 5$ について，x の増加量が6のときの y の増加量を求めなさい。

（　　　）（京都府─前期）

4　次の問いに答えなさい。

(1)　関数 $y = -2x + 5$ について，x の変域が $-2 \leqq x \leqq 2$ であるとき，y の変域を求めなさい。

（　　$\leqq y \leqq$　　）（香ヶ丘リベルテ高）

(2)　一次関数 $y = 2x + 1$ について，x の変域が $-1 \leqq x \leqq a$ であるとき，y の変域は $b \leqq y \leqq 11$ であった。このとき a と b の値を求めなさい。$a = ($　　　$)$　$b = ($　　　$)$　（アサンプション国際高）

(3)　1次関数 $y = ax + b$ $(a, b$ は定数$)$ について，x の変域 $-1 \leqq x \leqq 2$ に対して，y の変域が -7 $\leqq y \leqq 8$ である。a を負の数とすると $a = \boxed{}$, $b = \boxed{}$ である。　（金光八尾高）

5 次の問いに答えなさい。

(1) 関数 $y = ax - 6$ のグラフと関数 $y = 4x + 8$ のグラフが x 軸上で交わるとき，a の値を求めなさい。（　　　）　　　　　　　　　　　　　　　　　　　（報徳学園高）

(2) 3 点 $(-2, -2)$, $(3, a)$, $(0, 6)$ が一直線上にあるとき，a の値を求めなさい。（　　　）

（好文学園女高）

(3) 2 点 $(-3, 4)$, $(5, -6)$ を通る直線に平行で，点 $(4, 2)$ を通る直線の式を求めなさい。

（　　　）（金蘭会高）

(4) 直線 $y = -2x + 3$ と点 $(2, -1)$ で直角に交わる直線の式を求めなさい。（　　　）（神戸星城高）

(5) 座標平面上に 2 点 A $(3, 4)$, B $(6, 8)$ があり，y 軸上に点 P をとります。AP ＋ PB が最小となるとき，点 P の y 座標を求めなさい。（　　　）　　　　　　　　　　（初芝橋本高）

6 $y = ax + b$ のグラフが右の図のようになっているとき，次の等式，不等式を満たす整数 k, ℓ, m, n の値を求めなさい。

（大阪教大附高平野）

(1) $k < b < k + 1$ （　　　）

(2) $\ell < a < \ell + 1$ （　　　）

(3) $a + b = m$ （　　　）

(4) $n < -a + b < n + 1$ （　　　）

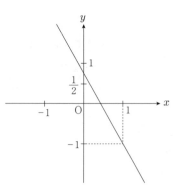

7 右の図のように，直線 $y = -\dfrac{1}{2}x + 5$ と直線 ℓ があります。2 本の直線の交点を A とし，点 A の y 座標を 3 とします。また，それぞれの直線と y 軸との交点を B，C とします。△ABC の面積が 16 のとき，次の問いに答えなさい。

（精華高）

(1) 点 A の x 座標を求めなさい。（　　　）

(2) 点 C の y 座標を求めなさい。（　　　）

(3) 直線 ℓ の方程式を求めなさい。（　　　）

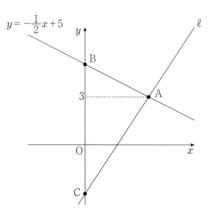

8 右の図のように，2直線 $y = x - 1 \cdots\cdots$① ，$y = ax + 8 \cdots\cdots$② が点 A で交わっている。また，直線①と x 軸との交点を B，直線 ②と y 軸との交点を C とする。点 A の x 座標が 3 のとき，次の 各問いに答えなさい。　　　　　　　　　　　　　（奈良大附高）

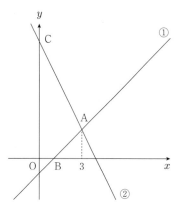

(1) a の値を求めなさい。（　　　）

(2) 四角形 OBAC の面積を求めなさい。（　　　　）

(3) 右の図に $y = bx + 3 \cdots\cdots$③をかき入れるとき，①，②，③の グラフによって囲まれる三角形ができないときの b の値をすべ て求めなさい。（　　　）

9 右の図のように，直線 $\ell : y = 3x$ と直線 $m : y = -x + b$ が点 A $(1, a)$ で交わっています。また，直線 $y = 1$ と ℓ，m との交点を点 P，Q とするとき，次の問いに答えなさい。

（芦屋学園高）

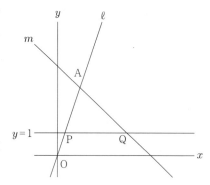

(1) a，b の値を求めなさい。$a = ($　　　$)$　　$b = ($　　　$)$

(2) △APQ の面積を求めなさい。（　　　）

(3) 点 A を通り，△APQ の面積を二等分する直線の式を求 めなさい。（　　　）

10 右の図のように，長方形 OABC があり，点 B の座標は $(6, 9)$ であ る。また，直線 ℓ は傾きが $\dfrac{4}{3}$ で，切片が b であり，辺 BC と交わって いる。直線 ℓ と x 軸，および辺 BC の交点をそれぞれ P，Q とすると き，次の各問いに答えなさい。　　　　　　（東海大付大阪仰星高）

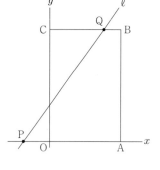

(1) 切片 b の値の範囲を，不等号を使って表しなさい。

（　　　　　）

(2) 直線 ℓ が点 B を通るとき，△ABP の面積を求めなさい。

（　　　）

(3) OP ＋ BQ ＝ 9 のとき，b の値を求めなさい。（　　　）

11 $a > 0$ とする。右図において，関数 $y = \dfrac{a}{x}$ のグラフと原点 O を 通る直線の交点を A，B とし，直線 AC と直線 BD は x 軸に平行で， 直線 AD と直線 BC は y 軸に平行である。

長方形 ACBD の面積が 20 であるとき，a の値を求めなさい。

（　　　　）（京都市立堀川高）

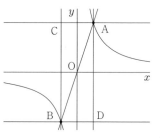

12 座標平面において，直線 $y = -x + k$ と x 軸，y 軸の交点をそれぞれ A，B とします。また，△OAB の周上にある x 座標も y 座標も整数となる点の個数を c とします。ただし，k は自然数とします。

　次の各問いに答えなさい。 (賢明学院高)

(1)　$k = 1$ のとき，c の値を求めなさい。(　　　　)

(2)　$c = 15$ のとき，k の値を求めなさい。(　　　　)

(3)　c を k の式で表しなさい。(　　　　)

13 原点を O とする座標平面において，「ある点から x 座標が 3 大きく，y 座標が 2 大きい点への移動」を操作 A，「ある点から x 座標が 2 大きく，y 座標が 1 小さい点への移動」を操作 B とする。また，直線 $6x + 5y = 84$ を L とする。このとき，次の問いに答えなさい。 (関西大学北陽高)

(1)　原点 O から操作 A のみを k 回繰り返したところ，直線 L 上の点 P にたどり着いた。k の値を求めなさい。(　　　　)

(2)　原点 O から操作 A を m 回，操作 B を n 回行ったところ，直線 L 上にあり，点 P と y 座標の絶対値が等しい点 Q にたどり着いた。このとき，m，n の値を求めなさい。ただし，点 P，Q は異なる点とする。$m = ($　　　　$)$　$n = ($　　　　$)$

(3)　点 Q から操作 A を k 回繰り返したところ，点 R にたどり着いた。このとき，四角形 OPRQ の面積を求めなさい。ただし，k は(1)で求めた値とする。(　　　　)

14 右の図で，直線 ℓ は関数 $y = 6x$ のグラフであり，直線 m は関数 $y = -2x + 8$ のグラフである。2 点 A，B は，それぞれ直線 m と x 軸，y 軸との交点であり，点 C は，2 直線 ℓ，m の交点である。また，直線 n は関数 $y = ax$ のグラフであり，点 D は，2 直線 m，n の交点である。原点を O として，各問いに答えよ。 (奈良県—特色)

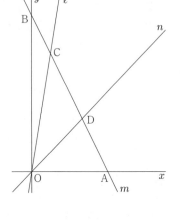

(1)　点 C の座標を求めよ。(　　　　)

(2)　a の値をいろいろな値に変えて，直線 n を右の図にかき入れるとき，直線 n が線分 AC と交わる a の値を，次のア～オから全て選び，その記号を書け。(　　　　)

　ア　$a = 7$　　イ　$a = 3$　　ウ　$a = 1$　　エ　$a = -2$
　オ　$a = -6$

(3)　$a = 2$ のとき，△OAD を，x 軸を軸として 1 回転させてできる立体の体積を求めよ。ただし，円周率は π とする。(　　　　)

§3. いろいろな関数

1　A さんと B さんは，水泳，自転車，長距離走の 3 種目を，この
順に連続して行うトライアスロンの大会に参加した。スタート地点
から地点 P までが水泳，地点 P から地点 Q までが自転車，地点 Q
からゴール地点までが長距離走で，スタート地点からゴール地点ま
での道のりは 14300m であった。

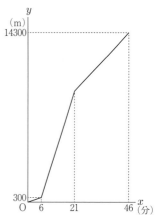

　A さんと B さんは同時にスタートし，どちらも同じ速さで泳ぎ，
6 分後に地点 P に到着した。地点 P から地点 Q まで，A さんは分
速 600m，B さんは分速 500m でそれぞれ走り，A さんは B さんよ
り早く地点 Q に到着した。A さんは，地点 Q からゴール地点まで
走っている途中で，B さんに追いつかれ，その後，B さんより遅れ
てゴールした。地点 Q からゴール地点までにおいて，A さんが走る速さは，B さんが走る速さの
$\frac{4}{5}$ 倍であった。右の図は，A さんがスタートしてから x 分後の，A さんがスタート地点から進んだ
道のりを ym として，x と y の関係をグラフに表したものである。ただし，A さん，B さんともに，
各種目で進む速さはそれぞれ一定であり，種目の切り替えにかかる時間は考えないものとする。

　このとき，次の問い(1)・(2)に答えよ。　　　　　　　　　　　　　　　　　　（京都府一中期）

(1)　地点 P から地点 Q までの道のりは何 m か求めよ。また，$21 \leqq x \leqq 46$ のときの y を x の式で
　　表せ。（　　　　m）　$y =$（　　　　　）

(2)　地点 Q からゴール地点までにおいて，A さんが走っている途中で，B さんに追いつかれたとき
　　の，A さんがスタート地点から進んだ道のりは何 m か求めよ。（　　　　m）

2　右の図のような長方形 ABCD があります。いま，点 P が頂点 A を出
発して，毎秒 1 cm の速さで長方形 ABCD の辺上を A → B → C → D の順
に頂点 D まで動くとき，点 P が動き始めてから x 秒後の △APD の面積を
y cm^2 とします。このとき，次の問いに答えなさい。　　（大阪暁光高）

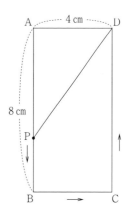

(1)　$0 \leqq x \leqq 8$ のとき，y を x の式で表しなさい。（　　　　）

(2)　$12 \leqq x \leqq 20$ のとき，y を x の式で表しなさい。（　　　　）

(3)　$y = 6$ となるような x の値をすべて求めなさい。（　　　　）

3 右の図のような長方形 ABCD で，点 P は点 A を出発して点 B まで秒速 2 cm で辺 AB 上を移動する。点 Q は点 P が出発してから 2 秒後に点 B を出発して，点 C まで秒速 2 cm で辺 BC 上を移動する。次の各問に答えなさい。 （神戸常盤女高）

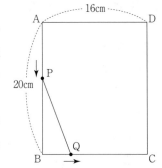

(1) 点 Q が出発してから 1 秒後の△PBQ の面積を求めなさい。

（　　　　）

(2) 点 Q が出発してから x 秒後，△PBQ の面積が 24cm^2 になった。このとき，x を用いて関係式をつくりなさい。（　　　）

(3) (2)の関係式を解いて，x の値を求めなさい。（　　　）

4 下の図の①〜④は，4 本の列車 A，B，C，D の 11 時から 11 時 50 分までの運行状況を示しています。列車 A，B，C，D はそれぞれ時速 35km，50km，60km，84km で走ります。次の問いに答えなさい。 （利晶学園大阪立命館高）

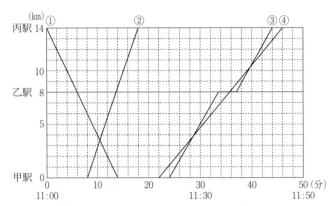

(1) 上の図の①〜④から，列車 C の運行状況を表したものを選びなさい。（　　　）

(2) 列車 C と列車 D がすれちがうのは何時何分何秒かを求めなさい。（　　時　　分　　秒）

(3) 列車 B が乙駅に停車している時間は何分何秒かを求めなさい。（　　分　　秒）

(4) 列車 B が列車 A を最初に追い越すのは何時何分何秒かを求めなさい。（　　時　　分　　秒）

(5) 列車 B が列車 A を二度目に追い越すのは何時何分何秒かを求めなさい。（　　時　　分　　秒）

5 　右図は，AC = 6 cm，BC = 12cm，∠ACB = 90°の直
角三角形 ABC である。点 P は頂点 B を出発して，秒速
2 cm で，辺上を C を通って A まで移動する。

　　点 P が頂点 B を出発してから x 秒後の△ABP の面積を
y cm^2 とする。ただし，点 P が頂点 A，B にあるときの y
の値は 0 とする。

　　次の問いに答えなさい。

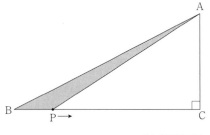

（大阪学芸高）

(1) 　次の表は，x と y の関係を示した表の一部である。表中の(ア)，(イ)に当てはまる数をそれぞれ書
きなさい。(ア)(　　　　) (イ)(　　　　)

x	0	1	⋯	3	⋯	7	⋯
y	0	6	⋯	(ア)	⋯	(イ)	⋯

(2) 　x の変域が $6 \leqq x \leqq 9$ のとき，y を x の式で表しなさい。(　　　　)

(3) 　x の変域が $6 \leqq x \leqq 9$ のとき，$y = 12$ となる x の値を求めなさい。(　　　　)

(4) 　点 Q は，頂点 C を点 P と同時に出発して，辺 BC 上を秒速 3 cm で 1 往復する。このとき，
△ABP の面積と△ABQ の面積が等しくなるのは，点 P，Q が出発してから何秒後か，すべて求
めなさい。ただし，x の変域が $8 \leqq x \leqq 9$ のとき，点 Q は頂点 C に着いて止まっているものとす
る。(　　　　秒後)

6 　以下の図 1 の四角形 ABCD は，∠ADC = ∠DAB = 90°，AD = 12cm の台形である。点 P が
毎秒 4 cm の速さで A を出発し，B，C を通って D まで動くとき，点 P が A を出発してから x 秒後
の△ADP の面積を y cm^2 とする。図 2 は，そのときの x と y の関係を表したグラフである。これ
について，次の問いに答えなさい。

（金光藤蔭高）

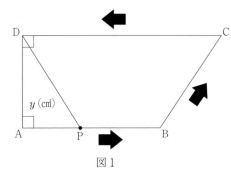

図1

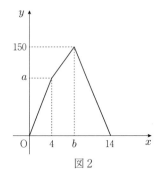

図2

(1) 　辺 AB の長さを求めなさい。(　　　　cm)

(2) 　図 2 の a，b の値を求めなさい。$a = ($　　　　$)$ 　$b = ($　　　　$)$

(3) 　点 P が辺 AB 上にあるときの x と y の関係を式で表しなさい。(　　　　)

(4) 　点 P が辺 CD 上にあるときの x と y の関係を式で表しなさい。(　　　　)

(5) 　△ADP の面積が 48cm^2 となるのは，何秒後か答えなさい。(　　　　秒後)(　　　　秒後)

7 同じ性能のスマートフォン（以下，スマホ）が2台あり，スマホの画面には％を単位としてバッテリー残量が表示されている。これらのスマホでアプリAを使用するとバッテリー残量は2分あたり1％減少し，アプリBを使用するとバッテリー残量は3分あたり2％減少する。また，これらのスマホを充電するとバッテリー残量は1分あたり1％増加する。なお，アプリの使用以外によるバッテリー残量の減少は考えないものとする。はじめ，2台のスマホのバッテリー残量はいずれも60％であった。この状態から，1台のスマホで次の(a)を，もう1台のスマホで(b)を行った。

(a)　「アプリAを50分間使用した後，10分間充電する」という操作を繰り返す。

(b)　バッテリー残量が20％になるまでアプリBを使用する。その後しばらく充電し，再びアプリBを使用する。

　2台のスマホで(a)，(b)を同時に開始すると，2台のバッテリー残量は同時に0％になった。次のグラフは，(a)，(b)それぞれについて，開始から x 分後のバッテリー残量を y ％として，x と y の関係を表したものである。以下の問いに答えよ。　　　　　　　　　　　　　（関西大倉高）

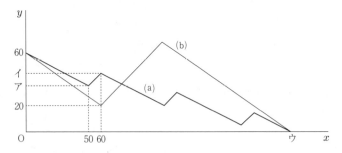

(1)　グラフ中のア，イ，ウの値をそれぞれ求めよ。ア（　　　　）　イ（　　　　）　ウ（　　　　）

(2)　(b)において，充電した時間は何分間か，求めなさい。（　　　　分間）

8　$[n]$ は，n を超えない最大の整数を表す記号とする。例えば，$[3.14] = 3$ である。

（大阪教大附高池田）

(1)　$[-2.5]$ の値を求めなさい。（　　　　）

(2)　$[a] = 4$ のとき，$[2a]$ の値をすべて求めなさい。（　　　　）

(3)　関数 $y = [2x]$ のグラフをかきなさい。ただし，端の点を含む場合は●で，端の点を含まない場合は○で表しなさい。

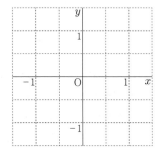

9　深さが3mのプールに水を入れる。このプールは水道の蛇口を開くと一定の水量で水が入り，満水にするのには12時間かかる。また，水道料金は時間帯によって異なり，以下の通りである。

時間帯A：0時から8時までは1時間当たり500円

時間帯B：8時から16時までは1時間当たり1000円

時間帯C：16時から24時までは1時間当たり1200円

ただし，連続で水を入れても，数回に分けて水を入れてもよいものとする。このとき，次の各問いに答えなさい。

(東大谷高)

(1)　水深0.5mまで水を入れるとき，何時間かかるか求めなさい。（　　　　時間）

(2)　0時から12時まで12時間連続で水を入れたときにかかる料金の合計はいくらか求めなさい。

（　　　　円）

(3)　次のア〜エを，満水にするまでにかかる料金が**安くなる**順に左から並べなさい。

（　　　→　　　→　　　→　　　）

ア　時間帯Aのみで水深1.5mまで，時間帯Bのみで水深1.5mから3mまで入れる。

イ　時間帯Bのみで水深1.5mまで，時間帯Cのみで水深1.5mから3mまで入れる。

ウ　時間帯Cのみで水深1.5mまで，時間帯Aのみで水深1.5mから3mまで入れる。

エ　時間帯Bのみで入れる。

(4)　16時から水を入れていたが，途中できちんと排水口の栓が閉まっていなかったことに気づき，すぐに栓を閉めた。このとき，時刻は22時で，栓が閉まっていれば，その時刻に入っているはずの水の量の $\frac{1}{3}$ しか入っていなかった。その後，満水になるまで水を入れるとき，次の方法①，②の料金の差を求めなさい。（　　　　円）

方法①　そのまま22時から続けて入れる。

方法②　時間帯Aのみで入れる。

6 図形の性質

（注）　特に指示がない場合は，円周率は π とします。

§1. 平面図形

1　次の問いに答えなさい。

(1)　多角形の内角の和が 1080° の図形は何角形か。（　　　）　　　　　　　　　（華頂女高）

(2)　正六角形の 1 つの外角は ▢° である。　　　　　　　　　　　　　　　　（奈良女高）

(3)　正多角形がある。この正多角形の 1 つの内角は，その隣りの外角の 7 倍の大きさである。この
　　多角形は，正 ▢ 角形である。　　　　　　　　　　　　　　　　　　　　（白陵高）

2　次の問いに答えなさい。

(1)　右の図において，∠x の大きさを求めなさい。（　　　）

　　　　　　　　　　　　　　　　　　　　　　　　（大阪薫英女高）

(2)　右の図の ∠x の大きさを求めなさい。（　　　）　　　　　　　　（育英高）

(3)　右の図の ∠x，∠y の大きさを求めなさい。

　　　∠x =（　　　）　∠y =（　　　）　　　　（金蘭会高）

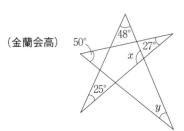

3 次の問いに答えなさい。

(1) 右図において，∠x の大きさを求めなさい。ただし，点 O
    は円の中心で，円は点 A で直線 ℓ と接している。（　　　）

    （京都橘高）

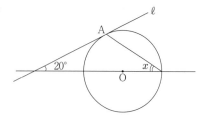

(2) 右の図において，円は∠B ＝ 90°，AB ＝ 3，BC ＝ 4，CA ＝ 5 の直角
    三角形 ABC に内接しています。この円の半径を求めなさい。（　　　）

    （利晶学園大阪立命館高）

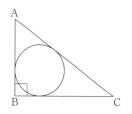

4 次の問いに答えなさい。

(1) 右の図の 2 つの円 A，C は接していて，四角形 ABCD は正方
    形です。このとき，色のついた部分の面積を求めなさい。

    （　　　 cm²）（関大第一高）

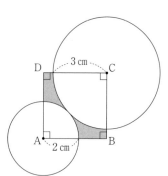

(2) 右の図のように，半径 r の 2 つの円が円 O の内側で接している。ま
    た，この 2 つの円は円 O の中心で互いに接している。円 O の円周が
    8π のとき，r の値と，斜線部の面積を求めなさい。ただし，円周率は
    π とする。r ＝（　　　）　斜線部の面積（　　　）　　（大阪偕星学園高）

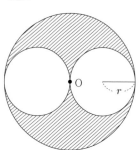

5 次の問いに答えなさい。

(1) 右の図で，∠x の大きさを求めなさい。ただし，同じ印の角の大きさは等
    しいものとする。（　　　）　　　　　　　　　　　　　　　　　（清風高）

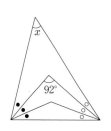

(2)　右の図のように，正三角形 ABC と正五角形 DEFGH があり，頂点 E は辺 AB 上に，頂点 G は辺 BC 上に，頂点 H は辺 CA 上にある。このとき，∠x の大きさを求めなさい。（　　　）（京都府一前期）

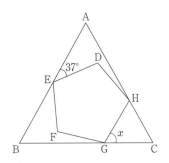

6　右の図の△ABC において，点 D，E，F，G をそれぞれ BC，AD，AB，BE を 3 等分する点とします。このとき，△ABC の面積が 27cm² ならば，△EFG の面積はいくらになるか求めなさい。（　　　cm²）　　　　　　（好文学園女高）

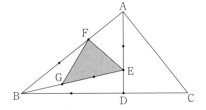

7　右の図において，△ABC があります。辺 AB の中点を点 D とします。また，辺 AC の長さを 3 等分する点をそれぞれ点 E，F とします。△DEF の面積は 1cm² です。このとき，△ABC の面積を求めなさい。（　　　cm²）　　　　　（早稲田大阪高）

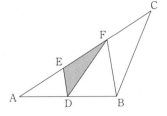

8　右の図のような正方形 ABCD で，対角線の交点を O とします。点 O を通る 5 本の線分によって，正方形の面積を 5 等分します。

次の比を最も簡単な整数の比で求めなさい。　　（京都産業大附高）

(1)　AF：FD（　　　）

(2)　DE：EC（　　　）

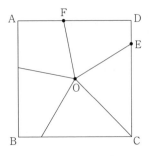

9　図のように，CD = 8cm の平行四辺形 ABCD があり，対角線 AC，BD の交点を E とします。∠BAC = 90°，∠ACB = 45° のとき，△EBC の面積を求めなさい。（　　　cm²）　　　　　（報徳学園高）

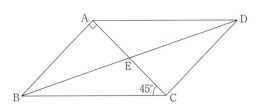

10 右図のように，線分 AB と点 C がある。次の条件①，②を満たす円の中心 O を，定規とコンパスを使って解答欄の枠内に作図せよ。なお，作図に使った線は消さずに残しておくこと。　　　　　　　　　（奈良県―特色）

> ［条件］
> ① 線分 AB は円 O の弦である。
> ② 円 O は点 C を通る。

［作図］

C

A ——————— B

11 右の三角形 ABC において，辺 BC を 1 辺にもつ長方形 BCQP を作図しなさい。

　　ただし，長方形 BCQP は次の条件を満たしています。

条件：長方形 BCQP の面積が三角形 ABC の面積と等しい。　　　　　　　　（滋賀短期大学附高）

A

B　　　　　　　　C

12 次の問いに答えなさい。

(1) 右の図において $\ell \parallel m$ である。∠x の大きさを求めなさい。

（　　　　）（宣真高）

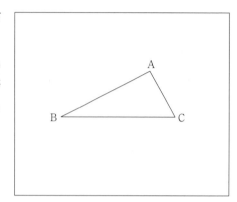

ℓ 　54°

112°

x

m

(2) 右の図で，∠x の大きさを求めなさい。（　　　　）

（関西福祉科学大学高）

27°

102°

x

22°

(3) 右の図において，$\ell \parallel m$ のとき，∠x の大きさを求めなさい。

（　　　　）（近大附和歌山高）

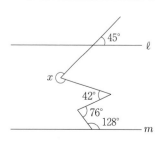

45°　ℓ

x

42°

76°

128°　m

13　次の問いに答えなさい。

(1)　右の図で，$\ell \parallel m$ のとき，$\angle x$，$\angle y$ の大きさを求めなさい。$\angle x =$（　　　　）　$\angle y =$（　　　　）

（芦屋学園高）

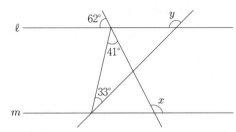

(2)　右の図で，$\ell \parallel m$ のとき，$\angle x$ の大きさを求めなさい。

（　　　　）（智辯学園高）

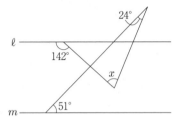

(3)　右の図において，△ABC は正三角形です。$\ell \parallel m$ のとき，$\angle x$ の大きさを求めなさい。（　　　　）　　　　　　　（プール学院高）

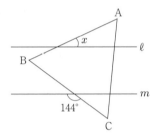

§2．図形の証明・平行四辺形

1　次の問いに答えなさい。

(1)　四角形 ABCD が平行四辺形であるとき，$\angle x$ の大きさを求めなさい。（　　　　）　　　　　　　　（明浄学院高）

(2)　右の図のように，長方形を折り返したとき，$\angle x$，$\angle y$ の大きさをそれぞれ求めなさい。$\angle x$（　　　　）　$\angle y$（　　　　）（樟蔭高）

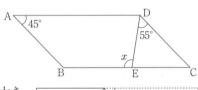

2 右の図のように，直角三角形 ABC と，辺 AC，CB をそれぞれ 1 辺とする正方形 ACFG，CBDE がある。このとき，FB = AE を示すために，△CFB ともう 1 つの三角形が合同であることを証明したい。この証明に用いる三角形の合同条件を次の(ア)～(オ)の中から 1 つ選び，記号で答えなさい。

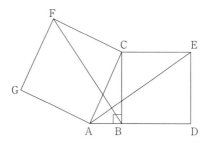

（   ）（天理高）

(ア) 3 組の辺が，それぞれ等しい。

(イ) 2 組の辺とその間の角が，それぞれ等しい。

(ウ) 1 組の辺とその両端の角が，それぞれ等しい。

(エ) 直角三角形の斜辺と他の 1 辺が，それぞれ等しい。

(オ) 直角三角形の斜辺と 1 つの鋭角が，それぞれ等しい。

3 右の四角形 ABCD は，AB = AD，BC = DC を満たしています。このとき，線分 AC と線分 BD の交点を E としたとき，∠AEB = 90° であることを次のように証明しました。ア～キに当てはまる式または文を答えなさい。

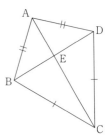

（滋賀短期大学附高）

ア(   ) イ(   ) ウ(   ) エ(   )
オ(   ) カ(   ) キ(   )

証明

　　△ABC と△ADC において

　　仮定より，

　　AB = ｜ ア ｜……①　BC = ｜ イ ｜……②

　　共通な辺より，AC = AC……③

　　①，②，③より，｜ ウ ｜ので，△ABC ≡ △ADC……④

　　△ABE と△ADE において

　　④より，対応する角は等しいので，∠BAE = ｜ エ ｜……⑤

　　共通な辺より，AE = AE……⑥

　　①，⑤，⑥より，｜ オ ｜ので，△ABE ≡ △ADE

　　対応する角は等しいので，∠AEB = ∠AED

　　また，∠AEB + ∠AED = ｜ カ ｜なので，∠AEB = ｜ キ ｜となる。終

4 △ABCの∠Aの二等分線と辺BCとの交点をDとすると，BD：DC＝AB：ACが成り立つことを次のように証明した。□に当てはまる文字，記号，または，ことばを入れなさい。ただし，同じカタカナには同じものが入る。　　　　　　　　　　　　　　　　　　　　　　　　（奈良育英高）

ア（　　　）イ（　　　）ウ（　　　）エ（　　　）オ（　　　）

カ（　　　）キ（　　　）ク（　　　）ケ（　　　）コ（　　　）

【証明】　仮定より

　　　　∠BAD ＝ ∠ ア ……①

　　頂点 C を通り直線 AD に平行な直線を引き，

　　辺 AB の A を越える延長との交点を E とすると，

　　　　AD イ EC……☆から

　　 ウ は等しいので

　　　　∠BAD ＝ ∠ エ ……②

　　 オ は等しいので

　　　　∠ ア ＝ ∠ カ ……③

　　①，②，③から，

　　　　∠ エ ＝ ∠ カ

　　△ACE において， キ から

　　　　△ACE は ク 三角形である。

　　ゆえに AC ＝ ケ ……④

　　また，☆から BD：DC ＝ コ ： ケ ……⑤

　　したがって，④，⑤より

　　　　BD：DC ＝ AB：AC

【証明終わり】

5 △ABCに対して，AB，BC，CAをそれぞれ1辺とする3つの正三角形PBA，QBC，RACを右の図のようにとる。

（京都教大附高）

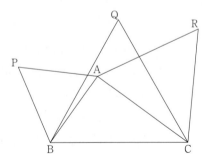

(1) △ABC ≡ △PBQ であることを証明せよ。

(2) 四角形 PARQ は平行四辺形であることを証明せよ。

§3．空間図形

1　次の問いに答えなさい。

(1)　正四面体の面の数と辺の数と頂点の数の和を求めなさい。（　　　　）　　　　　　（橿原学院高）

(2)　立方体の辺の本数は　ア　本であり，頂点の数は　イ　個である。また，正八面体の面の数をを a，頂点の数を b，辺の本数を c とすると，$a + b - c =$　ウ　である。　ア　～　ウ　にあてはまる数を答えなさい。ア（　　　　）　イ（　　　　）　ウ（　　　　）　　　　　（四天王寺東高）

(3)　次の(ア)～(エ)のうち，正多面体の説明として誤っているものをひとつ選びなさい。（　　　　）

（東大阪大敬愛高）

(ア)　正多面体は 5 種類しか存在しない。

(イ)　すべての面が合同な多角形で，どの頂点に集まる面の数も等しい多面体はすべて正多面体である。

(ウ)　正十二面体の面は正五角形である。

(エ)　正六面体は立方体とも呼ばれ，辺の数は 12，頂点の数は 8 である。

(4)　図の直方体において，辺 AB とねじれの位置にある辺は何本か。

（　　　　本）（奈良県—特色）

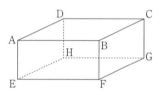

(5)　図の四角すいについて，辺 AB とねじれの位置にある辺の本数を答えなさい。（　　　　本）　　　　　　　　　　　　　　　（姫路女学院高）

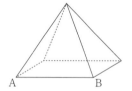

2　紙でふたのない容器をつくるとき，次の問いに答えなさい。ただし，紙の厚さは考えないものとする。

　図 1 のような紙コップを参考に，容器をつくります。紙コップをひらいたら，図 2 のような展開図になります。図 2 において，側面にあたる辺 AB と辺 A′B′ をそれぞれ延ばし，交わった点を O とすると，弧 BB′，線分 OB，線分 OB′ で囲まれる図形が中心角 45° のおうぎ形になります。このとき，弧 AA′ の長さを求めなさい。（　　　　cm）

（滋賀県）

図 1

図 2

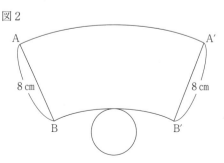

3　次の問いに答えなさい。

(1)　半径が 2 cm の球の表面積と体積を求めなさい。表面積(　　　cm^2)　体積(　　　cm^3)

(金蘭会高)

(2)　半径 3 の半球の表面積を求めなさい。(ただし，円周率は π とする。)

(　　　)(香ヶ丘リベルテ高)

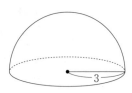

4　次の問いに答えなさい。

(1)　図はある立体の投影図である。立面図は底辺の長さが 10，斜辺の長さが 6 の二等辺三角形であり平面図は円である。この立体の表面積を求めなさい。(　　　)　　(彩星工科高)

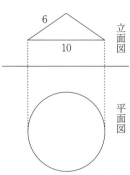

(2)　右の投影図で表される立体の体積を求めなさい。(　　　)(大阪青凌高)

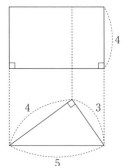

5　右の図のように，半径が 3 cm，高さが 5 cm の円柱 A がある。次の各問いに答えなさい。ただし，円周率は π とする。　　　(四條畷学園高)

(1)　円柱 A の体積を求めよ。(　　　cm^3)

円柱 A

(2)　円柱 A を上から見たとき，右の図のように，4 つの頂点がすべて円の内側に接している正方形を作る。この正方形の面積を求めよ。(　　　cm^2)

(3)　(2)の正方形の中に，4 つの辺に接している円を作り，円柱 A と同じ高さの円柱 B を作る。円柱 A と円柱 B の体積の比を最も簡単な整数の比で表せ。

(　　　)

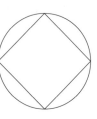

6 右の図の直方体 ABCD—EFGH について, AB = BC = 4, AE = 7 である。次の問いに答えなさい。 (金光藤蔭高)

(1) 辺 BC と平行, ねじれの位置にある辺の本数をそれぞれ求めなさい。平行(　　本) ねじれ(　　本)

(2) 直方体 ABCD—EFGH の表面積および体積を求めなさい。
表面積(　　　) 体積(　　　)

(3) 四面体 ABCF の体積を求めなさい。(　　　　)

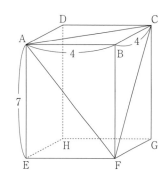

7 一辺の長さが 6 cm の立方体 ABCD—EFGH がある。I, J, K, L はそれぞれ辺 AB, BC, CD, DA の中点で点 M は IK と JL の交点である。右の図のように, 四角錐 E—AIML, F—BJMI, G—CKMJ, H—DLMK を切り取った残りの立体の体積を求めよ。

(　　　　 cm³) (智辯学園和歌山高)

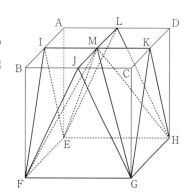

8 図のように, 1 辺 6 cm の正方形 ABCD の辺 AB, BC の中点をそれぞれ P, Q とする。DP, PQ, QD を折り目とし, 3 点 A, B, C を 1 点で重ねて三角錐を作るとき, 次の問いに答えなさい。

(和歌山信愛高)

(1) △PQD の面積を求めなさい。(　　　 cm²)

(2) 三角錐の体積を求めなさい。(　　　 cm³)

(3) 3 点 A, B, C が重なってできた頂点から面 PQD に引いた垂線の長さを求めなさい。(　　　 cm)

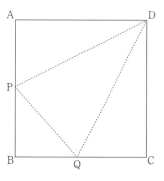

9 下の図のような, 容器 A, 円錐 B, 球 C があり, A は底面の半径が 5 cm, 高さが 12 cm の円柱, B は底面の半径が 4 cm, 高さが 12 cm, C は半径が 4 cm である。容器 A を水で満たし, その中に円錐 B をすべて沈めると, ①　　　　 cm³ の水があふれる。その後, 円錐 B を取り出して球 C をすべて沈めると, ②　　　　 cm³ の水があふれる。 (金光八尾高)

容器 A 　　　円錐 B 　　　球 C

10　次の問いに答えなさい。

(1)　右の平面図形を直線 m を軸として 1 回転させてできる回転体の体積を求めなさい。ただし，円周率は π とする。（　　　　cm^3）　　　　（綾羽高）

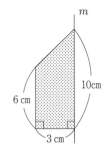

(2)　右の図で，△OAB を直線 XY の周りに 1 回転させてできる立体の体積を求めなさい。（　　　　cm^3）　　　（常翔啓光学園高）

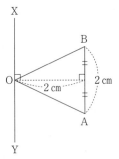

(3)　右の図形 ABCDEF を，直線 ℓ を軸として 1 回転させてできる立体の体積を求めなさい。（　　　　cm^3）　　　（初芝富田林高）

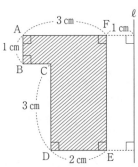

(4)　右図のように，半径 4 cm，中心角 90° の扇形 OAB がある。
　このとき，$\overset{\frown}{AB}$ と弦 AB で囲まれた部分を直線 OB を軸として 1 回転させてできる立体の体積を求めなさい。ただし，円周率は π とする。

（　　　　cm^3）（京都外大西高）

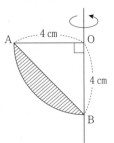

11　右の図のような，AB = AC の二等辺三角形 ABC がある。辺 BC の中点を H とし，AB = 10，BC = 12，AH = 8 であるとき，次の問いに答えなさい。ただし，円周率は π とする。（城南学園高）

(1)　二等辺三角形 ABC を，線分 AH を軸として 1 回転させてできる立体の体積を求めなさい。（　　　　）

(2)　(1)の立体の表面積を求めなさい。（　　　　）

(3)　(1)の立体に球が内接しているとき，この球の表面積を求めなさい。（　　　　）

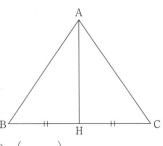

7 確　率

☆☆☆　標準問題　☆☆☆

1 次の問いに答えなさい。

(1) 0から3までの数字を書いた4枚のカードがあります。この4枚のカードの中から異なる3枚を使って，3けたの整数は何個できますか。（　　個）　　　　　　　　　　（精華高）

(2) 4個の数字1，2，3，4の中から異なる2個の数字を選んで2けたの整数をつくるとき，偶数は全部で何個できるか求めなさい。（　　個）　　　　　　　　　（香ヶ丘リベルテ高）

(3) 4個の数字1，2，3，4のうち異なる3個の数字を並べて3桁の整数をつくります。このとき，320より大きい整数は何個ありますか。（　　個）　　　　　　　　　（報徳学園高）

2 次の問いに答えなさい。

(1) A，B，Cの3人が1回だけじゃんけんをします。Aが負けない手の出し方は何通りありますか。
（　　通り）（初芝橋本高）

(2) 大小2個のサイコロを同時に投げるとき，小さいサイコロの目をa，大きいサイコロの目をbとすると，$\dfrac{a}{b}$ が自然数となるのは何通りあるか求めなさい。（　　通り）　　（洛陽総合高）

(3) 4人の生徒の中から委員長，副委員長を一人ずつ選ぶ選び方は全部で何通りか求めなさい。
（　　通り）（和歌山信愛高）

(4) リレーの走順を決めるために，A，B，C，Dの4人でくじ引きを行った。このとき，第1走者がAとなる走順は何通りあるか求めなさい。（　　通り）　　　　　　　（関西創価高）

3 右図のような階段を，P君はAを出発し，次の3通りの方法を用いてDまで移動する。

① 1段ずつ上る。

② 1段とばしで上る。

③ 2段とばしで上る。

　③は連続で用いることはできず，3通りの方法の中で用いないものがあっても構わない。このとき，1歩目に③を用いた上り方は何通りあるか。ただし，Bの位置に来たときは③を用いることはできず，Cの位置に来たときは必ず①を用いることとする。（　　　）　　　　　　　　　　　　　　（関西学院高）

4　次の空欄に当てはまる数を 0～9 から選び，その数を答えなさい。　　　　　　　　　　（京都先端科学大附高）

　　右図のような正四面体 ABCD があり，頂点 A の上に点 P がある。
点 P は頂点 A をスタートし，正四面体の辺上を頂点から頂点へと移動
する。ただし，点 P は同じ辺上を何度も通ることができるものとする。

(1)　点 P が 2 回移動したのち，頂点 A に戻ってくる移動のしかたは
　　　□ア□ 通りとなる。（　　　）

(2)　点 P が 3 回移動したのち，頂点 A に戻ってくる移動のしかたを
　　　考えてみる。

　　　　点 P が 2 回移動したのち，頂点 B 上にくるのは □イ□ 通りで
　　あるため，2 回移動したのち，頂点 B にあり，3 回目の移動で頂点 A に戻ってくるのは □ウ□ 通
　　りとなる。頂点 C，D でも同様に考えると，求める移動のしかたは □エ□ 通りとなる。
　　　　イ（　　　）　ウ（　　　）　エ（　　　）

(3)　点 P が 4 回移動したのち，頂点 A に戻ってくる移動のしかたは □オカ□ 通りである。
　　　オ（　　　）　カ（　　　）

5　次の問いに答えなさい。

(1)　10 円，50 円，100 円の 3 種類の硬貨がたくさんある。この 3 種類の硬貨を使って，250 円を支
　　払う方法は何通りあるか。ただし，使わない硬貨があってもよいものとする。（　　　　通り）

　　（滝川高）

(2)　10 円，50 円，100 円，500 円の 4 種類の硬貨を使って，合計金額を 890 円にする方法は何通り
　　あるか求めなさい。ただし，どの硬貨も 1 枚は使うものとする。（　　　　通り）　（神戸常盤女高）

6　1 から 12 までの整数から異なる 3 つを選び，その 3 つの数の積を P とおく。次のような 3 つの
整数の選び方は何通りあるか答えよ。　　　　　　　　　　　　　　　　　　　　　　　（同志社高）

(1)　P が 77 の倍数である。（　　　　）

(2)　P が 55 の倍数である。（　　　　）

(3)　P が 66 の倍数である。（　　　　）

7　図のように，縦 4 cm，横 8 cm の長方形 ABCD があり，辺 AD，BC
の中点をそれぞれ E，F とする。この 6 点 A～F から 3 点を選びそれぞれ
線分で結ぶ。このとき，次の各場合は何通りあるか答えなさい。（開智高）

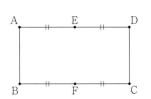

(1)　すべての選び方。（　　　　通り）

(2)　結んだ線分によって三角形が作られる選び方。（　　　　通り）

(3)　三角形となる選び方のうちで，面積が最大となる選び方。（　　　　通り）

(4)　結んだ線分によって直角三角形が作られる選び方。（　　　　通り）

8　次の問いに答えなさい。

(1)　大小2つのさいころを同時に投げるとき，出た目の数の和が9以上となる確率を求めなさい。
（　　　）（大阪青凌高）

(2)　大小2個のさいころを同時に投げるとき，出る目の差が2よりも大きくなる確率を求めなさい。
（　　　）（京都光華高）

(3)　2個のさいころを同時に投げるとき，出る目の数の積が奇数になる確率を求めなさい。（　　　）
（天理高）

(4)　大小2つのさいころをそれぞれ1回投げる。大きいさいころの出た目の数をa，小さいさいころの出た目の数をbとするとき，$\dfrac{10a+b}{2}$の値が3の倍数となる確率を求めなさい。（　　　）
（京都成章高）

9　次の問いに答えなさい。

(1)　100円の硬貨が1枚，50円の硬貨が2枚あります。これら3枚の硬貨を同時に投げるとき，表が出た硬貨の合計金額が150円以上になる確率を求めなさい。（　　　）（大阪暁光高）

(2)　赤玉が3個，白玉が3個入っている袋から同時に2個取り出すとき，赤玉と白玉が1個ずつ取り出される確率を求めなさい。（　　　）（育英高）

(3)　1，2，3，4の4枚のカードが入っている箱があります。この箱からカードを1枚取り出し，数字を調べ，箱に戻してからもう1枚取り出します。1枚目に引いたカードの数を一の位，2枚目に引いたカードの数を十の位として2桁の整数をつくるとき，この整数が4の倍数となる確率を求めなさい。（　　　）
（好文学園女高）

10　A，B，Cの3人がじゃんけんをするとき，次の問いに答えなさい。　（東大阪大柏原高）

(1)　3人の手の出し方は全部で何通りあるか求めなさい。（　　　通り）

(2)　Aが勝つ確率を求めなさい。（　　　）

(3)　Cだけが勝つ確率を求めなさい。（　　　）

(4)　Bが負けない確率を求めなさい。（　　　）

11　袋の中に1，2，3，6の数字が書かれたボールが，それぞれ1個ずつ入っている。この袋の中からボールを1個取り出して書かれている数字を記録し，袋の中に戻す。この操作を3回繰り返すとき，3つの数の積をXとする。　（雲雀丘学園高）

(1)　X＝18となる確率を求めよ。（　　　）

(2)　Xが偶数となる確率を求めよ。（　　　）

12　飲食店 A は，以下のようなキャンペーンをしています。　　　　　　　　　　　（滋賀短期大学附高）

> 会計時に 3 個のサイコロを同時に投げて，
> ①　ゾロ目（3 個のサイコロがすべて同じ目）が出れば，飲食代が全額無料になる。
> ②　目の和が 6 以下であれば，次回から使える 300 円分の金券がもらえる。

(1)　飲食代が全額無料になる確率を求めなさい。（　　　　）

(2)　飲食代が全額無料になり，さらに，300 円分の金券がもらえる確率を求めなさい。（　　　　）

(3)　目の和が 6 以下になる確率を求めなさい。（　　　　）

13　2 つのサイコロ A，B を同時に投げ，出た目をそれぞれ a, b で表す。このとき，次の問いに答え
なさい。　　　　　　　　　　　　　　　　　　　　　　　　　　　　　　　　　　　　（四天王寺東高）

(1)　$a \times b - 6$ となる確率を求めなさい。（　　　　）

(2)　$a + b = 6$ となる確率を求めなさい。（　　　　）

(3)　$2a < b$ となる確率を求めなさい。（　　　　）

(4)　直線 $y = ax + b$ が点 (2, 7) を通る確率を求めなさい。（　　　　）

14　大きいさいころと小さいさいころがある。2 つのさいころを同時に
投げるとき，大きいさいころの出る目の数を x 座標，小さいさいころ
の出る目の数を y 座標として，右図に点をとる。例えば，大きいさい
ころの目が 1，小さいさいころの目が 3 のとき，点 (1, 3) となる。点
A の座標を (6, 3) とするとき，次の問いに答えなさい。（あべの翔学高）

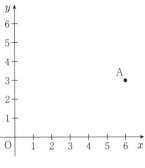

(1)　2 つのさいころを同時に投げて，大きいさいころの目が 1，小さ
いさいころの目が 4 のときの点を B とする。このとき，△OAB の
面積を求めなさい。（　　　　）

(2)　2 つのさいころを同時に投げて，点 P をとる。3 点 O，A，P を結び三角形とならない確率を求
めなさい。（　　　　）

(3)　2 つのさいころを同時に投げて，点 Q をとる。このとき，△OAQ の面積が 6 となる確率を求
めなさい。（　　　　）

15 ある地点 O に A さんと B さんがいます。1 つのさいころを投げて，（出た目）× 1 m だけ動きます。偶数の目が出ればその数だけ東へ，奇数の目が出れば西へ動くこととします。A さんが 2 回投げたところ 1 回目に 5 の目が出て，2 回目に 2 の目が出ました。このとき，次の各問いに答えなさい。

（園田学園高）

(1) A さんはある地点 O からどちらに何 m の地点にいるか答えなさい。

（　　　に　　　 m の地点）

(2) B さんがさいころを 2 回投げたとき，B さんが A さんよりも西にいました。このような目の出方は何通りか求めなさい。（　　　通り）

(3) A さんがさらにさいころを 2 回投げて，O に戻ってくる確率を求めなさい。（　　　）

16 右の図のような 1 辺が 4 cm の正方形 ABCD と 1 辺が 6 cm の正方形 AEFG がある。最初，2 点 P，Q は点 A にあり，次の規則に従って進む。

【規則】

　　大小 2 つのさいころを 1 回投げる

　・小さいさいころの出た目の数だけ，点 P は正方形 ABCD の頂点を反時計回りに進む

　・大きいさいころの出た目の数だけ，点 Q は正方形 AEFG の頂点を時計回りに進む

次の問いに答えなさい。

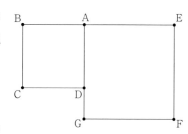

（神戸龍谷高）

(1) 規則に従って 3 点 A，P，Q を結んだとき，三角形とならないさいころの目の出方は何通りあるか。（　　　）

(2) 規則に従って 3 点 A，P，Q を結んだとき，直角三角形となる確率を求めなさい。（　　　）

17 ある企画で，1 人 1 つずつ持参したプレゼントを交換し合いました。次の各問いに答えなさい。ただし，受け取るプレゼントは 1 つとする。

（神戸学院大附高）

(1) 参加者が 3 人のとき，プレゼントの交換方法は全部で何通りあるか求めなさい。ただし，自分のプレゼントを自分で受け取ってもよいものとする。（　　　通り）

(2) 参加者が 4 人のとき，少なくとも 1 人が自分の用意したプレゼントを自分で受け取る方法は全部で何通りあるか求めなさい。（　　　通り）

(3) どのプレゼントを誰が受け取るかは，抽選で決める。参加者が 5 人のとき，自分の用意したプレゼントを必ず自分以外の他人に渡す確率を求めなさい。（　　　）

18　赤玉，白玉，青玉，黄玉が1個ずつ入った袋があります。この袋から玉を，もとにもどさずに続けて3個取り出し，取り出した順に赤色，白色，青色の箱に入れます。次の問いに答えなさい。

（プール学院高）

(1)　玉を箱に入れる入れ方は全部で何通りか求めなさい。（　　　　）

(2)　箱の色と玉の色がすべて一致する確率を求めなさい。（　　　　）

(3)　箱の色と玉の色が1つだけ一致する確率を求めなさい。（　　　　）

19　表側が黒，裏側が白の駒がある。硬貨を1枚投げ，表が出たときは黒が，裏が出たときは白が上向きになるように一列に順に並べていく。このとき，同じ色2枚で異なる色をはさんだ時点で，はさまれた駒を裏返すものとする。

　　例えば，黒白黒と並んだ時点で白を裏返し，黒黒黒とする。

　　このとき，次の問いに答えなさい。

（大阪信愛学院高）

(1)　硬貨を3回投げたとき，並べた駒がすべて黒になる確率を求めなさい。（　　　　）

(2)　硬貨を3回投げたとき，並べた駒の中に少なくとも1枚は白が含まれる確率を求めなさい。

（　　　　）

(3)　硬貨を4回投げたとき，並べた駒の中に少なくとも1枚は白が含まれる確率を求めなさい。

（　　　　）

20　右の図1のように，カードが7枚並べられています。カードの表には，1～7の数字が左から小さい順に1つずつ書かれており，すべてのカードの裏は黒くぬられています。このカードがすべて表になっている状態から，さいころを2回投げ，1回目に出た目の数だけ左からカードを裏返したあと，2回目に出た目の数だけ右からカードを裏返します。最後に，表になったカードに書かれた数の合計をMとします。たとえば，1回目に出た目の数が4で，2回目に出た目の数が5の場合，図2のように左から4枚のカードを裏返し，その後図3のように右から5枚のカードを裏返すので，3と4のカードが表になり，M＝3＋4＝7となります。このとき，次の各問いに答えなさい。

（育英高）

図1

| 1 | 2 | 3 | 4 | 5 | 6 | 7 |

図2

1回目に出た目の数が4

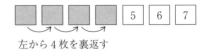

左から4枚を裏返す

図3

2回目に出た目の数が5

右から5枚を裏返す

(1)　カードがすべて裏になるような2回のさいころの目の出方は何通りありますか。（　　　通り）

(2)　M＝20となる確率を求めなさい。（　　　　）

(3)　1≦M≦9となる確率を求めなさい。（　　　　）

★★★　発展問題　★★★

1　2辺の長さが1と3の長方形と，2辺の長さが2と3の長方形と，1辺の長さが3の正方形の3種類のタイルがそれぞれ複数枚ずつある。縦3，横4の長方形の部屋をこれらのタイルで過不足なく敷き詰めることを考える。そのような並べ方の総数はいくつか。ただし，それぞれのタイルを何枚使用してもよいものとする。（　　　）

（西大和学園高）

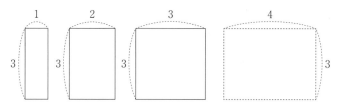

2　大小2つのさいころを同時に1回投げ，大きいさいころの出た目の数をa，小さいさいころの出た目の数をbとするとき，$2^a + 3^b$の値を$\langle a, b \rangle$で表す。例えば，$\langle 4, 2 \rangle = 2^4 + 3^2 = 16 + 9 = 25$である。このとき，次の問いに答えなさい。ただし，それぞれのさいころの1から6までの目の出方は同様に確からしいものとする。

（立命館守山高）

(1)　$\langle a, b \rangle < 50$となる確率を求めなさい。（　　　）

(2)　$\langle a, b \rangle$の一の位の数が5となる確率を求めなさい。（　　　）

(3)　$\langle a, b \rangle$が2けたの素数となる確率を求めなさい。（　　　）

3　図1のような1から6の番号が書かれた円盤がある。1個のサイコロを1回投げて，出た目の数の約数が書かれている部分に色を塗る。続いて，もう一度サイコロを投げ，出た目の数の約数が書かれている部分に色が塗られている場合は色を消し，色が塗られていない場合は色を塗る。

（智辯学園和歌山高）

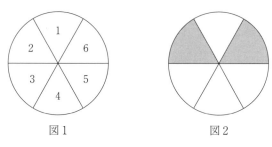

図1　　　　　　　　図2

(1)　1回目に出た目が2で，2回目に出た目が6であるとき，円盤の色が塗られている部分の番号をすべて答えよ。（　　　）

(2)　サイコロを2回投げた後，1つの部分だけに色が塗られている確率を求めよ。（　　　）

(3)　サイコロを2回投げた後，色の塗られている部分が図2のようになる確率を求めよ。ただし，回転して図2と一致するものも含むものとする。（　　　）

4 　大，中，小3個のサイコロを1回ずつ振り，大のサイコロの出た目の数を a，中のサイコロの出た目の数を b，小のサイコロの出た目の数を c とします。

　このとき，次のようになる確率を求めなさい。　　　　　　　　　　　　　　　　　　（洛南高）

(1)　$a + b \leqq 6$ かつ $c = 1$　（　　　　）

(2)　$(a + b) \times c \leqq 6$　（　　　　）

(3)　$a + b + c \leqq 7$　（　　　　）

(4)　$a + b + c \leqq 9$　（　　　　）

5 　さいころが1つと大きな箱が1つある。また，1，2，3，4，5，6の数がそれぞれ1つずつ書かれた玉がたくさんある。箱の中が空の状態から，次の［操作］を何回か続けて行う。そのあいだ，箱の中から玉は取り出さない。

　あとの問いに答えなさい。ただし，玉は［操作］を続けて行うことができるだけの個数があるものとする。また，さいころの1から6までのどの目が出ることも同様に確からしいとする。

（兵庫県）

> ［操作］
> 　(ⅰ)　さいころを1回投げ，出た目を確認する。
> 　(ⅱ)　出た目の約数が書かれた玉を，それぞれ1個ずつ箱の中に入れる。
> 　例：(ⅰ)で4の目が出た場合は，(ⅱ)で1，2，4が書かれた玉をそれぞれ1個ずつ箱の中に入れる。

(1)　(ⅰ)で6の目が出た場合は，(ⅱ)で箱の中に入れる玉は何個か，求めなさい。（　　　　個）

(2)　［操作］を2回続けて行ったとき，箱の中に4個の玉がある確率を求めなさい。（　　　　）

(3)　［操作］を n 回続けて行ったとき，次のようになった。

> ・n 回のうち，1の目が2回，2の目が5回出た。3の目が出た回数と5の目が出た回数は等しかった。
> ・箱の中には，全部で52個の玉があり，そのうち1が書かれた玉は21個であった。4が書かれた玉の個数と6が書かれた玉の個数は等しかった。

　①　n の値を求めなさい。（　　　　）

　②　5の目が何回出たか，求めなさい。（　　　　回）

　③　52個の玉のうち，5が書かれた玉を箱の中から全て取り出す。その後，箱の中に残った玉をよくかき混ぜてから，玉を1個だけ取り出すとき，その取り出した玉に書かれた数が6の約数である確率を求めなさい。ただし，どの玉が取り出されることも同様に確からしいとする。

　　　　　　　　　　　　　　　　　　　　　　　　　　　　　　　　　　　　　　（　　　　）

8 式の計算

§１．単項式と多項式の乗除

1　次の式を計算しなさい。

(1)　$x^2 (3x - 2)$　（　　　）　　　　（星翔高）

(2)　$3x (x - 1) - 2 (4x + 7)$　（　　　）
（日ノ本学園高）

(3)　$(3a^2 - 5a + 2) - a (2a + 5)$　（　　　）
（東大阪大敬愛高）

(4)　$x (x + 3y) - y (3x + y)$　（　　　）
（阪南大学高）

2　次の式を計算しなさい。

(1)　$(6a^3 b + 2ab) \div 2ab$　（　　　）（関西創価高）

(2)　$(8a^2 b + 4ab^2) \div \left(-\dfrac{2}{3} ab \right)$　（　　　）
（武庫川女子大附高）

(3)　$\left(\dfrac{1}{3} a^3 b^2 - 2ab^2 \right) \div \dfrac{1}{6} ab^2$　（　　　）
（奈良学園高）

§２．式の展開

1　次の式を計算しなさい。

(1)　$(2x + 1)(x + 6)$　（　　　）　　　（京都西山高）

(2)　$(5x - 2)(3x + 1)$　（　　　）（園田学園高）

(3)　$(2x - 3)(7x - 4)$　（　　　）　　　（精華高）

(4)　$(x + 4y)(3x - 2y)$　（　　　）　　（綾羽高）

(5)　$(x - 1)(x - y + 1)$　（　　　）
（大阪桐蔭高）

2　次の式を計算しなさい。

(1)　$(x + 5)(x - 4)$　（　　　）　　　（阪南大学高）

(2)　$(a - 5b)(a - 3b)$　（　　　）
（神戸弘陵学園高）

(3)　$(x - 7)^2$　（　　　）　　　（金光藤蔭高）

(4)　$(a + 4b)^2$　（　　　）　　　（天理高）

(5)　$(x + 3)(x - 3)$　（　　　）　　（洛陽総合高）

(6)　$(2x + 3y)(2x - 3y)$　（　　　）
（京都明徳高）

(7)　$\left(-4a + \dfrac{1}{2} b \right)\left(-4a - \dfrac{1}{2} b \right)$　（　　　）
（彩星工科高）

3 次の式を計算しなさい。

(1) $3x(x-2)+(x+3)^2$ （　　　）

（東大阪大敬愛高）

(2) $(x-2)(x-8)-(x+4)^2$ （　　　）

（梅花高）

(3) $(x+2)(x-2)+(x-4)(x-1)$

（　　　）（智辯学園高）

(4) $(3x+y)^2-6x(x-2y)$ （　　　）

（京都光華高）

(5) $(3x-2y)^2-(x-2y)(5x-2y)$

（　　　）（羽衣学園高）

(6) $(x+3y)(x-5y)+(2x-4y)(2x+4y)$

（　　　）（近江兄弟社高）

(7) $\left(x-\dfrac{1}{2}\right)^2-\left(x+\dfrac{1}{2}\right)\left(x-\dfrac{1}{2}\right)$

（　　　）（初芝橋本高）

4 次の式を計算しなさい。

(1) $(x+2)^2+(x-2)^2-2(x+2)(x-2)$ （　　　）

（東山高）

(2) $(3x-2y)^2-(2x+y)(2x-y)-(x+2y)(2x-3y)$ （　　　）

（明星高）

5 次の式を計算しなさい。

(1) $(x+y+z)(x+y-z)$ （　　　）

（神戸弘陵学園高）

(2) $(1-y+x)(x-y-1)$ （　　　）

（大阪国際高）

6 右のように，正の整数をある規則に従って並べる。このとき，次の
問いに答えよ。 （常翔啓光学園高）

(1) 7段目の左から4番目の整数を求めよ。（　　　）

(2) 11段目に並ぶすべての整数の和を求めよ。（　　　）

(3) n段目の左から1番目の整数を，nを用いて展開した式で表せ。

（　　　）

1段目			1		
2段目			2　3		
3段目		4	5　6		
4段目		7	8　9	10	
5段目	11	12	13	14	15
…			…		

7 0以上の整数xに対して，xを3で割った余りを$f(x)$と表すこととする。たとえば，$f(11)=$
2，$f(24)=0$である。 （大阪星光学院高）

(1) $f(1024)=\boxed{}$，$f(1024\times1025)=\boxed{}$である。

(2) $f(1)+f(2)+f(3)+\cdots+f(2023)=\boxed{}$である。

(3) $f(f(2023^2)\times f(71))+f(2023)\times f(71^2)=\boxed{}$である。

8　右の図のように，直線 ℓ 上に 2 点 A，B があり，線分 AB を 1 辺とする正多角形を，頂点の数の少ないものから直線 ℓ の上側，下側，上側，下側，…の順にかいていきます。図において，黒丸（•）はそれぞれの正多角形の頂点を表しています。このとき，あとの問いに答えなさい。

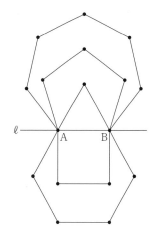

(立命館高)

(1)　正九角形までかいたとき，直線 ℓ の上側（直線 ℓ 上を含まない）にある黒丸（•）の個数を求めなさい。（　　　個）

(2)　n を自然数とします。正 $(2n+1)$ 角形までかいたとき，直線 ℓ の上側（直線 ℓ 上を含まない）にある黒丸（•）の個数を，n を用いた式で表しなさい。（　　　個）

(3)　最後にかいた正多角形が直線 ℓ の上側にきたとき，直線 ℓ の上側（直線 ℓ 上を含まない）にある黒丸（•）の個数は 324 個でした。このとき，直線 ℓ の下側にある正多角形のうち，一番外側にある正多角形の 1 つの内角の大きさを求めなさい。（　　　　　）

9　次の文を読んで　ア　〜　ク　に適する数を求めよ。　　　　　　　(近大附高)

ア（　　　）イ（　　　）ウ（　　　）エ（　　　）オ（　　　）カ（　　　）キ（　　　）
ク（　　　）

(1)　$12^2 = 144$ のように，2 乗すると下 2 桁が 44 になる 2 桁の正の整数を求めることを考える。

このような数を N とし，十の位の数を a，一の位の数を b とおく。

N ＝　ア　$a + b$ より，N$^2 = 100a^2 +$　イ　$ab + b^2$……①と表される。

N^2 は一の位の数が 4 であるから，$b = 2$，　ウ　である。

　　$b = 2$ のとき

　　　①に代入して，下 2 桁が 44 になるのは $a = 1$，　エ　である。

　　　よって，N ＝ 12，　オ

　　$b =$　ウ　のとき

　　　同様にして，N ＝　カ　，　キ　（　カ　＜　キ　）

(2)　$27 \times 72 = 1944$ のように十の位の数と一の位の数を入れ替えてかけたとき，下 2 桁が 44 になる 2 桁の正の整数で 27 の次に小さい数は　ク　である。

§3. 因数分解

☆☆☆　標準問題　☆☆☆

1　次の式を因数分解しなさい。

(1) $2xy - 6x$　(　　　　)　　　　　　　（市川高）　(2) $ax^2 + axy$　(　　　　)　　　　　　　（昇陽高）

(3) $6x^2y - 10xy^3$　(　　　　)　　　（大阪成蹊女高）　(4) $25ab - 15a^3b - 20b^2$　(　　　　)

（京都廣学館高）

2　次の式を因数分解しなさい。

(1) $x^2 + 7x + 10$　(　　　　)　（神戸国際大附高）　(2) $x^2 - 5x - 24$　(　　　　)　　　（滋賀学園高）

(3) $x^2 - 10xy + 16y^2$　(　　　　)　（京都両洋高）　(4) $x^2 - 12x + 36$　(　　　　)　　　（和歌山県）

(5) $49x^2 + 14x + 1$　(　　　　)　（京都明徳高）　(6) $4a^2 - 12ab + 9b^2$　(　　　　)　（育英西高）

(7) $-x^2 + 9$　(　　　　)　（神戸弘陵学園高）　(8) $9a^2 - 49b^2$　(　　　　)　　　（天理高）

3　次の式を因数分解しなさい。

(1) $3x^2 + 15x + 12$　(　　　　)　　　　　(2) $2ax^2 - 4ax - 96a$　(　　　　)

（東大阪大敬愛高）　　　　　　　　　　　（追手門学院高）

(3) $2x^3y + 4x^2y - 70xy$　(　　　　)　　　(4) $18x^2 - 12x + 2$　(　　　　)　（早稲田大阪高）

（日ノ本学園高）

(5) $3x^2y^2 - 6xy^2 + 3y^2$　(　　　　)　　　(6) $x^3y - 2x^2y^2 + xy^3$　(　　　　)

（京都外大西高）　　　　　　　　　　　（大阪成蹊女高）

(7) $28x^2y - 7yz^2$　(　　　　)　（箕面自由学園高）　(8) $\dfrac{a^2}{3} - a + 8 - 2(a + 1)$　(　　　　)

（橿原学院高）

4　次の式を因数分解しなさい。

(1) $(x - y)a - x + y$　(　　　　)　　（花園高）　(2) $(x - 1)^2 - (x - 1) - 12$　(　　　　)

（大商学園高）

(3) $(x^2 - 6)^2 + 5x(x^2 - 6) + 4x^2$　(　　　　)　(4) $(x - 2)^2 - 25$　(　　　　)　（報徳学園高）

（京都女高）

(5) $(5a - 3b)x^2 + 4(3b - 5a)$　(　　　　)　(6) $(x + 2y)(x + 2y + 3) - 18$　(　　　　)

（武庫川女子大附高）　　　　　　　　　　（大阪女学院高）

(7) $(2a - b)^2 - (2b - a)^2$　(　　　　)　　(8) $x^2 - 4xy + 4y^2 - 9$　(　　　　)

（和歌山信愛高）　　　　　　　　　　（香里ヌヴェール学院高）

(9) $(2x - 3y)(2x + 3y) - 2x^2y - 3xy^2$

(　　　　)　（立命館守山高）

⑤ 次の計算をしなさい。

(1) $51^2 - 2 \times 51 \times 50 + 50^2$ （　　　） 　　(2) $69^2 - 31^2$ （　　　） 　　（姫路女学院高）

　　　　　　　　　　　　　（利晶学園大阪立命館高）

(3) $4.3^2 - 3.4^2$ （　　　） 　　（金光藤蔭高） 　　(4) $48^2 + 103 \times 97 - 52^2$ （　　　）

　　　　　　　　　　　　　　　　　　　　　　　　　　　　　　　　　　　（神戸龍谷高）

⑥ 次の問いに答えなさい。

(1) $x = 22$ のとき，$x^2 - 5x + 6$ の値を求めなさい。（　　　） 　　（滋賀短期大学附高）

(2) $x = 14$，$y = -10$ のとき，$x^2 + 2xy + y^2$ の値を求めなさい。（　　　） 　　（綾羽高）

(3) $a = 2024$，$b = 2023$ のとき，$a^2 - b^2$ の値を求めなさい。（　　　） 　　（常翔学園高）

(4) $a = 5$，$b = -\dfrac{1}{4}$ であるとき，$(a + b)^2 - (a - 3b)^2$ の値を求めなさい。（　　　）（城南学園高）

(5) $x = 16$ のとき，$(x + 4)(x - 6) + (x + 4)(x + 14)$ の値を求めなさい。（　　　）

　　　　　　　　　　　　　　　　　　　　　　　　　　　　　　　　　　　（京都廣学館高）

★★★　発展問題　★★★

① 次の式を因数分解しなさい。

(1) $2x^2 - 11x + 5$ （　　　） 　　　　　　　　　　　　　　　　　　　（金光藤蔭高）

(2) $y^2 - x^2 - x^2y^2 + 1$ （　　　） 　　　　　　　　　　　　　　　　（白陵高）

(3) $9a - 6b + 5ab - 3a^2 - 2b^2$ （　　　） 　　　　　　　　　　　　（西大和学園高）

(4) $(x - 2)^2 + (x + 2)^2 - 26$ （　　　） 　　　　　　　　　　　　（京都教大附高）

(5) $(2x + 3y)^2 - 3(x - 3y)(x + 3y) - 4y^2$ （　　　） 　　　　　　　（立命館高）

② 次の問いに答えなさい。

(1) $a + 2b = -1$，$ab = -1$ のとき，$a^2 + 4b^2 + ab$ の値を求めなさい。（　　　） 　　（大阪緑涼高）

(2) $x + y = 5$，$xy = 4$ のとき，$x^2 + xy + y^2$ の値を求めなさい。（　　　） 　　（羽衣学園高）

3 次の問いに答えなさい。

(1) $x^2 = y^2 + 7$ を満たす自然数の組が 1 つある。その組 (x, y) を求めなさい。（　　　　）

（神戸学院大附高）

(2) 十の位の数字が a，一の位の数字が b である 2 桁の自然数を N とし，N の十の位の数字と一の位の数字を入れかえてできる自然数を M とする。$N^2 - M^2 = 693$ であるとき，自然数 N を求めなさい。（　　　　）

（同志社高）

(3) a を一の位の数が 0 でない 2 けたの自然数とし，b を a の十の位の数と一の位の数とを入れかえてできる自然数とするとき，$\dfrac{b^2 - a^2}{99}$ の値が 24 である a の値をすべて求めなさい。（　　　　）

（大阪府－一般）

4 自然数 n を 2 で割り切れなくなる（余りが 1 となる）まで繰り返し何回も割っていく。このとき，2 で割り切ることのできた回数を $f(n)$ で表す。

　　たとえば，12 は 2 で割ると 6 となり，6 は 2 で割ると 3 となり，3 は 2 で割り切れない。

　　よって，12 は 2 で 2 回割り切ることができたので $f(12) = 2$ となる。

　　このとき，次の問い(1)～(4)に答えなさい。

（京都府立桃山高）

(1) n が 2022 以下の自然数であるとき，$f(n)$ の最大値と，そのときの n の値を求めなさい。

　　$f(n)$ の最大値 ＝（　　　　）　n ＝（　　　　）

(2) $f(n) = 2$ となる 2022 以下の自然数 n は何個あるか求めなさい。（　　　　個）

(3) m, n がともに自然数であるとき，常に成り立つ等式を，次の①～④の中から 1 つ選び，番号で答えなさい。（　　　　）

　　① $f(m + n) = f(m) + f(n)$　　　② $f(m + n) = f(m) f(n)$

　　③ $f(mn) = f(m) + f(n)$　　　④ $f(mn) = f(m) f(n)$

(4) m, n はともに 2022 以下の自然数とする。(3)で答えた等式を利用して，$f(2mn + 2m + n + 1)$ の最大値を求めなさい。（　　　　）

9 平 方 根

§1. 平 方 根

1 次の問いに答えなさい。

(1) 次の5つの数の中から無理数をすべて選びなさい。（　　　）　　　　　　　（関西大学高）

$$2.718, \quad \sqrt{5}, \quad -\sqrt{16}, \quad \pi, \quad \frac{20}{23}$$

(2) 次の文のうち，内容が正しいものはどれか。次のア〜エからすべて選び，記号で答えなさい。
ただし，すべて間違いの場合は×で答えなさい。（　　　）　　　　　　　（三田学園高）

ア：$\sqrt{25} - \sqrt{16}$ は3である。　　　イ：$\sqrt{(-7)^2}$ は -7 である。

ウ：49の平方根は ± 7 である。　　　エ：$\sqrt{3}$ を2倍したものは $\sqrt{6}$ である。

2 次の問いに答えなさい。

(1) 次の数の中からもっとも大きい数を選び，(ア)〜(エ)の記号で答えなさい。（　　　）

（大阪産業大附高）

(ア) $\dfrac{2}{3}$　　(イ) $\dfrac{\sqrt{2}}{3}$　　(ウ) $\sqrt{\dfrac{2}{3}}$　　(エ) $\dfrac{2}{\sqrt{3}}$

(2) $-2, \ -\sqrt{2}, \ -\dfrac{\sqrt{3}}{2}$ を小さい順に並べなさい。（　　　　　　　　）　　　（東大谷高）

(3) 下の数を小さい順に並べ，①〜③の番号で答えなさい。（　　＜　　＜　　）　　（開智高）

① 6.7　　② $\sqrt{45}$　　③ $\dfrac{\sqrt{174}}{2}$

3 次の問いに答えなさい。

(1) $5 < \sqrt{a} < 6$ にあてはまる自然数 a はいくつありますか。（　　　個）　（太成学院大高）

(2) $4 < \sqrt{3n} < 5$ を満たす自然数 n の個数を求めなさい。（　　　個）　（アナン学園高）

(3) $-2\sqrt{2}$ より大きく $\dfrac{24}{5}$ より小さい整数は全部で何個あるか答えなさい。（　　　個）

（近江兄弟社高）

(4) 不等式 $\dfrac{1}{6} < \dfrac{1}{\sqrt{n}} < \dfrac{1}{5}$ を満たす自然数 n は全部で何個あるか求めなさい。（　　　個）

（奈良育英高）

(5) n を自然数とする。$n \leqq \sqrt{x} \leqq n + 1$ を満たす自然数 x の個数が100であるときの n の値を求めなさい。（　　　）　　　　　　　　　　　　　　　　　　　　　　　（大阪府——一般）

4　次の問いに答えなさい。

(1)　$\sqrt{75n}$ が整数となるような自然数 n のうち，最も小さいものを求めなさい。（　　　）

（上宮太子高）

(2)　$\sqrt{60-3a}$ が整数となるような自然数 a の値をすべて求めなさい。（　　　）　　（滝川第二高）

(3)　$\sqrt{\dfrac{2n-1}{3}}$ が整数となるような自然数 n のうち，2番目に小さいものを答えなさい。（　　　）

（仁川学院高）

§2. 平方根の計算

1　次の計算をしなさい。

(1)　$5\sqrt{2}-\sqrt{32}$　（　　　）　　　　（神戸野田高）

(2)　$\sqrt{24}-\sqrt{96}$　（　　　）　　　　（箕面学園高）

(3)　$\sqrt{2^5}-\sqrt{2^3}+\sqrt{2}$　（　　　）　　（市川高）

(4)　$2\sqrt{2}-3\sqrt{2}+2\sqrt{8}$　（　　　）

（大阪緑涼高）

(5)　$\sqrt{27}-\sqrt{75}+2\sqrt{3}$　（　　　）　　（精華高）

(6)　$\sqrt{27}-2\sqrt{12}+3\sqrt{48}$　（　　　）

（香ヶ丘リベルテ高）

(7)　$\sqrt{48}-\sqrt{18}+2\sqrt{3}+\sqrt{8}$　（　　　）

（日ノ本学園高）

(8)　$\dfrac{\sqrt{24}-\sqrt{12}}{2}-\dfrac{\sqrt{27}+\sqrt{54}}{3}$　（　　　）

（大阪青凌高）

2　次の計算をしなさい。

(1)　$(3\sqrt{2})^2$　（　　　）　　　　（奈良県—特色）

(2)　$2\sqrt{7}\times\sqrt{14}$　（　　　）　　　　（彩星工科高）

(3)　$\sqrt{72}\times(-\sqrt{12})$　（　　　）　　（好文学園女高）

(4)　$\sqrt{32}\times\sqrt{12}\div\sqrt{6}$　（　　　）（阪南大学高）

(5)　$\sqrt{28}\times\dfrac{2}{\sqrt{7}}$　（　　　）　　　　（芦屋学園高）

(6)　$\sqrt{\dfrac{2}{17}}\times\dfrac{\sqrt{2023}}{\sqrt{3}}\div\dfrac{\sqrt{14}}{3}$　（　　　）

（初芝橋本高）

3　次の計算をしなさい。

(1)　$\sqrt{15}+\sqrt{45}\div\sqrt{3}$　（　　　）（滋賀学園高）

(2)　$\sqrt{144}\div(-2\sqrt{6})+\sqrt{150}$　（　　　）

（武庫川女子大附高）

(3)　$(3\sqrt{24}+2\sqrt{6})\div2\sqrt{3}$　（　　　）

（関西創価高）

(4)　$3\sqrt{2}-\sqrt{48}\div\sqrt{2}+\sqrt{3}\,(\sqrt{2}-\sqrt{6})$

（　　　）（金蘭会高）

(5)　$\left(\dfrac{1}{\sqrt{20}}-\sqrt{45}+\sqrt{80}\right)\div\dfrac{\sqrt{5}}{10}$　（　　　）

（開智高）

(6)　$(-\sqrt{3})^5-\sqrt{(-3)^2\times3}+(\sqrt{3})^3$

（　　　）（神戸学院大附高）

4 次の計算をしなさい。

(1) $-\dfrac{5}{\sqrt{5}} + \sqrt{125}$ （　　　）（近江兄弟社高）　(2) $\sqrt{32} - \dfrac{12}{\sqrt{8}}$ （　　　）（京都光華高）

(3) $\sqrt{54} + \dfrac{12\sqrt{2}}{\sqrt{3}} - \sqrt{24}$ （　　　）（光泉カトリック高）　(4) $\sqrt{32} - \dfrac{6}{\sqrt{2}} + \dfrac{4\sqrt{11}}{\sqrt{22}}$ （　　　）（京都廣学館高）

5 次の計算をしなさい。

(1) $\sqrt{6} \times \sqrt{3} + \dfrac{4}{\sqrt{2}}$ （　　　）（初芝富田林高）

(2) $\dfrac{12}{\sqrt{3}} + \sqrt{6}(\sqrt{3} - \sqrt{2})$ （　　　）（アサンプション国際高）

(3) $\sqrt{2} - \sqrt{3}(\sqrt{6} - 2) - \dfrac{6}{\sqrt{3}}$ （　　　）（奈良育英高）

(4) $(-\sqrt{2})^3 - \sqrt{32} + \dfrac{10\sqrt{3}}{\sqrt{6}}$ （　　　）（仁川学院高）

(5) $\dfrac{\sqrt{3}+\sqrt{2}}{\sqrt{5}} - \left(\sqrt{\dfrac{3}{5}}\right)^3$ （　　　）（早稲田大阪高）

(6) $\dfrac{2\sqrt{3}+2\sqrt{2}-2}{\sqrt{2}} - \sqrt{24} + \sqrt{8} - 2$ （　　　）（神戸学院大附高）

(7) $\sqrt{3}\left(\sqrt{6}+\sqrt{\dfrac{1}{3}}\right) - \sqrt{2}\left(1+\dfrac{1}{\sqrt{2}}\right) + \dfrac{1}{\sqrt{2}}$ （　　　）（和歌山信愛高）

§3. 平方根と式の計算

☆☆☆　標準問題　☆☆☆

1 次の計算をしなさい。

(1) $(\sqrt{2}+2\sqrt{3})(3\sqrt{2}-\sqrt{3})$ （　　　）（華頂女高）

(2) $(1+2\sqrt{5})^2$ （　　　）（神港学園高）

(3) $(\sqrt{6}+\sqrt{3})(\sqrt{6}-\sqrt{3})$ （　　　）（太成学院大高）

(4) $(\sqrt{3}+\sqrt{5})\left(\dfrac{3}{\sqrt{3}}-\sqrt{5}\right)$ （　　　）（大阪産業大附高）

(5) $(\sqrt{7}+\sqrt{12})(\sqrt{7}-\sqrt{3}) + \dfrac{\sqrt{7}}{\sqrt{3}}$ （　　　）（大阪女学院高）

(6) $\dfrac{(1+\sqrt{2}+\sqrt{3})(1+\sqrt{2}-\sqrt{3})}{\sqrt{(-2)^2}}$ （　　　）（同志社高）

2　次の計算をしなさい。

(1) $(3 + 2\sqrt{2})(3 - 2\sqrt{2}) + \dfrac{1}{\sqrt{12}}(1 - \sqrt{3})^2$ （　　　） （須磨学園高）

(2) $\left(\sqrt{6} - \dfrac{\sqrt{2}}{2}\right)^2 - (\sqrt{3} - 2)^2$ （　　　） （花園高）

(3) $(\sqrt{3} - 1)^2 + (\sqrt{2} - 1)(\sqrt{6} + 2) - \dfrac{4}{\sqrt{2}}$ （　　　） （明星高）

(4) $(1 + \sqrt{2} + \sqrt{4} + \sqrt{8} + \sqrt{16} + \sqrt{32})(1 - \sqrt{2} + \sqrt{4} - \sqrt{8} + \sqrt{16} - \sqrt{32})$ （　　　）

（洛南高）

3　次の問いに答えなさい。

(1) $x = \sqrt{5} - 2$ のとき，$x(x + 2) - \sqrt{5}(x - 1)$ の値を求めなさい。（　　　） （履正社高）

(2) $x = \dfrac{\sqrt{2} - 1}{2}$ のとき，$\dfrac{2x - 1}{4} - \dfrac{3x - 4}{3} - 1$ の値を求めなさい。（　　　）

（帝塚山学院泉ヶ丘高）

(3) $x = \sqrt{3} - 2$ のとき，$x^2 + 4x + 3$ の値を求めなさい。（　　　） （奈良育英高）

(4) $x = \sqrt{5} + \sqrt{2}$，$y = \sqrt{5} - \sqrt{2}$ のとき，$x^2y - xy^2$ の値を求めなさい。（　　　）（開明高）

(5) $x = 3 + \sqrt{7}$，$y = 3 - \sqrt{7}$ のとき，次の式の値を求めなさい。

$x^2 + 2xy + y^2 - 10x^2y^2$ （　　　） （奈良文化高）

(6) $x = 3 - \sqrt{3}$，$y = \sqrt{3} - 1$ のとき，$x^2 + 4xy + 3y^2$ の値を求めなさい。（　　　）

（大阪薫英女高）

4　次の問いに答えなさい。

(1) $x = \sqrt{2} + 1$ のとき，$x^2 - 2x + 3$ の値を求めなさい。（　　　） （仁川学院高）

(2) $a = \sqrt{3} - 1$，$b = \sqrt{3} + 1$ のとき，$a^2 + ab + b^2$ の値を求めなさい。（　　　）

（常翔啓光学園高）

(3) $x = \dfrac{\sqrt{7} + \sqrt{2}}{2}$，$y = \dfrac{\sqrt{7} - \sqrt{2}}{2}$ のとき，$x^2 + y^2 - 6xy$ の値を求めなさい。（　　　）

（雲雀丘学園高）

5　次の問いに答えなさい。

(1) $2\sqrt{3}$ の小数部分を a とするとき，$a^2 + 6a$ の値を求めなさい。（　　　） （帝塚山高）

(2) $\dfrac{\sqrt{5} + 2}{3}$ の小数部分を a とするとき，$9a^2 + 6a + 2$ の値を求めなさい。（　　　）（四天王寺高）

(3) $\sqrt{51}$ の整数部分を a，小数部分を b とするとき，$2a + b$ の値を求めなさい。（　　　）（星翔高）

★★★　発展問題　★★★

1　次の計算をしなさい。

(1) $(\sqrt{2}+\sqrt{3}+\sqrt{5})(\sqrt{2}+\sqrt{3}-\sqrt{5})(\sqrt{2}-\sqrt{3}+\sqrt{5})(-\sqrt{2}+\sqrt{3}+\sqrt{5})$

（　　　）（大阪星光学院高）

(2) $\left(1+\dfrac{1}{\sqrt{2}}-\dfrac{1}{\sqrt{3}}\right)^2+\left(1+\dfrac{1}{\sqrt{2}}+\dfrac{1}{\sqrt{3}}\right)^2$　（　　　）　　（帝塚山高）

(3) $\dfrac{(\sqrt{27}-\sqrt{18})(\sqrt{48}+\sqrt{32})}{\sqrt{96}}-\left(\dfrac{\sqrt{3}-\sqrt{2}}{\sqrt{2}}\right)^2$　（　　　）　　（関西学院高）

2　$\sqrt{(\pi-3)^2}+\sqrt{(3-\pi)^2}$ の値を，π を用いて簡単に表しなさい。π は円周率を表すものとする。　　　　　　　　　　　　　　　　　　　　　　　　　　　　（　　　）（大阪教大附高平野）

3　次の連立方程式を解きなさい。　　　　　　　　　　　　　　　　　　　（京都府立桃山高）

$$\begin{cases}17\sqrt{7}\,x+\sqrt{2}\,y=15\\ \sqrt{63}x-\sqrt{8}\,y=7\end{cases}$$　（　　　　　）

4　次の ☐ 内に適する数を記入せよ。

$\sqrt{15}+\sqrt{10}$ の整数部分を a，小数部分を b とおくと，$a=$ ☐ であり，$b^2-2\sqrt{15}b+14\sqrt{10}$ の値は ☐ である。ただし，正の数 p に対して $n\leqq p<n+1$ をみたす整数 n を p の整数部分といい，$p-n$ を p の小数部分という。　　　　　　　　　　　　　　　（灘高）

5　p を素数とする。$x^2+p^2=74$ が成り立つような自然数 x の値をすべて求めなさい。（　　　）

（京都成章高）

6　自然数 x に対して，$\sqrt{x}$ の整数部分を $[x]$ とする。例えば，$\sqrt{3}=1.732\cdots$ であるから $[3]=1$ となる。　　　　　　　　　　　　　　　　　　　　　　　　　　　　　　（雲雀丘学園高）

(1) $[7]+[77]+[777]$ の値を求めよ。（　　　）

(2) $[x]=7$ となる x の値は何個あるか求めよ。（　　　個）

(3) $[x]=a$ となる x の値が 111 個のとき，a の値を求めよ。（　　　）

10　2次方程式

§1．2次方程式

☆☆☆　**標準問題**　☆☆☆

1　次の方程式を解きなさい。

(1)　$x^2 = 70$　（　　　　）　　　（京都廣学館高）　　(2)　$5x^2 = 20$　（　　　　）　　　（太成学院大高）

(3)　$x^2 - 64 = 0$　（　　　　）　　　（星翔高）　　(4)　$(x + 3)^2 = 2$　（　　　　）　　　（清明学院高）

(5)　$(x + 1)^2 - 15 = 0$　（　　　）（大阪桐蔭高）　　(6)　$(4x + 3)^2 = 2$　（　　　）（箕面自由学園高）

2　次の方程式を解きなさい。

(1)　$x^2 + 4x = 0$　（　　　　）　　　（神戸星城高）　　(2)　$x^2 + 11x + 10 = 0$　（　　　　）　　　（精華高）

(3)　$x^2 - 2x - 15 = 0$　（　　　　）　　　(4)　$x^2 - 6x + 9 = 0$　（　　　　）　　　（明浄学院高）

　　　　　　　　　　　　　　（好文学園女高）

(5)　$16x^2 - 8x + 1 = 0$　（　　　）（箕面学園高）　　(6)　$3x^2 - 5x + 2 = x - 1$　（　　　　）

　　　　　　　　　　　　　　　　　　　　　　　　　　　　　　　　（大阪商大堺高）

3　次の方程式を解きなさい。

(1)　$(x + 2)(x - 3) = 6$　（　　　　）　　　(2)　$(x - 1)(x + 4) = 5x - 4$　（　　　　）

　　　　　　　　　（京都精華学園高）　　　　　　　　　　　　　　　　　（天理高）

(3)　$3x(x + 1) = (x + 1)(x + 2)$　（　　　）　　　(4)　$(x + 3)(2x - 5) = (x + 3)(x - 1)$

　　　　　　　　　（立命館宇治高）　　　　　　　　　　　　（　　　）（京都府立嵯峨野高）

(5)　$(2x + 1)^2 - (x + 2)(x - 4) = 18$　　　(6)　$(2x + 1)^2 - 3(x + 1)(x - 1) = 0$

　　　　　　　（　　　）（関西創価高）　　　　　　　　　　　　　（　　　）（帝塚山高）

(7)　$(x + 1)^2 - 4(x + 1) + 3 = 0$　（　　　）　　　(8)　$(5x + 9)^2 - 20(5x + 9) - 96 = 0$

　　　　　　　　　（常翔啓光学園高）　　　　　　　　　　　　（　　　）（奈良学園高）

4　次の方程式を解きなさい。

(1)　$x^2 - 4x + 1 = 0$　(　　　)　　　（大阪高）　(2)　$2x^2 + 6x - 14 = 0$　(　　　)

（プール学院高）

(3)　$(x + 3)(x - 5) + 14 = 0$　(　　　)　　(4)　$4(x + 1)^2 = (x + 3)(x - 1) + 8$

（大阪信愛学院高）　　　　　　　　　　　　(　　　)　（帝塚山学院泉ヶ丘高）

(5)　$\dfrac{9x^2 + 9x + 5}{6} - \dfrac{(3x - 4)^2}{3} = -\dfrac{x}{4}$　(　　　)　　　（関西学院高）

5　次の問いに答えなさい。

(1)　x についての2次方程式 $x^2 - 3x - a = 0$ の解の1つが $x = -1$ であるとき，a の値を求めなさい。(　　　)　　　（宣真高）

(2)　x についての方程式 $x^2 + 4ax + 3 = 0$ の解の1つが1であるとき，もう1つの解を求めなさい。

(　　　)（興國高）

(3)　x についての2次方程式 $2x^2 + 3ax + b = 0$ の解が $x = 2,\ \dfrac{1}{2}$ のとき，a，b の値を求めなさい。$a = ($　　　$)$　$b = ($　　　$)$　　　（清教学園高）

(4)　x の2次方程式 $3x^2 + (-a + 1)x - a^2 - 3a - 8 = 0$ の解の1つが a であるとき，a の値を求めなさい。ただし，a は正の数とする。(　　　)　　　（金光大阪高）

(5)　2つの2次方程式 $x^2 - x - 2 = 0$ ……①，$x^2 + ax - 5a + 2 = 0$ ……②がある。①の解の1つが，②の解の1つになっているとき，a の値を求めなさい。(　　　)　　（東海大付大阪仰星高）

(6)　2次方程式 $x^2 - 2x - 2 = 0$ の2つの解を a，b とするとき，$(a^2 - 2a)(b^2 - 2b + 3)$ の値を求めよ。(　　　)　　　（関西大倉高）

★★★　発展問題　★★★

1　次の連立方程式を解きなさい。(　　　　　　)　　　　　　　　　（清風南海高）

$$\begin{cases} x - y = 2 \\ (x - 1)^2 - (y - 2)^2 = -11 \end{cases}$$

2　次の □ 内に適する数を記入せよ。　　　　　　　　　　　　　　（灘高）

a を定数とする。x の2次方程式

$$3(x + a)^2 = (2a^2 - 1)(x + a) + x^2 - 2ax - 3a^2$$

が解を1つしかもたないような a の値をすべて求めると，$a = $ □ である。

§2. 2次方程式の利用

☆☆☆　標準問題　☆☆☆

1　次の問いに答えなさい。

(1)　ある2つの数において和が4，積が2であるとき大きい方の数を求めなさい。（　　　　）

（橿原学院高）

(2)　ある自然数xに2を足してから2乗しなければならないのに，2乗してから2を足したため26小さくなりました。このときxの値を求めなさい。（　　　）　　（兵庫大附須磨ノ浦高）

(3)　連続した2つの自然数がある。大きい方の自然数の2乗から小さい方の自然数の2倍を引いた差は50になる。この連続した2つの自然数のうち大きい方の自然数を求めなさい。（　　　　　）

（清明学院高）

2　連続する3つの正の整数があり，中央の数の2乗が，他の2数の和の3倍に等しい。中央の数をxとして，次の問いに答えなさい。　　　　　　　　　　　　　　　　　　（金蘭会高）

(1)　最小の整数をxを使って表しなさい。（　　　　）

(2)　連続する3つの正の整数を求めなさい。（　　　，　　　，　　　）

3　濃度が25％の食塩水がある。次の各問いに答えなさい。　　　　　　　　　（大阪商大堺高）

(1)　容器に25％の食塩水100gを入れる。この容器から食塩水40gを取り出し，かわりに40gの水を入れると，何％の食塩水ができるか求めなさい。（　　　％）

(2)　容器に25％の食塩水100gを入れる。「容器から食塩水40gを取り出し，かわりに40gの水を入れる。」という作業を2回行うと，何％の食塩水ができるか求めなさい。（　　　％）

(3)　容器に25％の食塩水100gを入れる。「容器から食塩水xgを取り出し，かわりにxgの水を入れる。」という作業を2回行うと，濃度は16％になった。このとき，xの値を求めなさい。

（　　　　　）

4　ボールを地上から秒速amで真上に投げ上げる。このとき，投げ上げてからt秒後におけるボールの地上からの高さは$(at - 5t^2)$ mになる。ボールを投げ上げてから3秒後の地上からの高さが75mであるとき，次の問いに答えよ。　　　　　　　　　　　　　　　（常翔啓光学園高）

(1)　aの値を求めよ。（　　　　）

(2)　ボールを投げ上げてから4秒後の高さを求めよ。（　　　　m）

(3)　投げ上げたボールの高さが2回目に35mになるのは何秒後か求めよ。（　　　秒後）

5 　１個 200 円で販売すると，150 個売れる商品がある。この商品を１個作るための費用は 120 円であり，売上金額の総額から商品を作るためにかかった費用の総額を引いたものが利益となる。この商品の値段を下げたときに商品が何個売れるか，次のような予想を立て，売れると予想した数だけ商品を作ることにする。

予想

　　　x を 50 以下の自然数とするとき，商品１個の値段を x 円下げると，売れる個数は $3x$ 個増える。

　　　例えば，商品を１個 193 円で販売すると，値段を 7 円下げたことで，売れる個数は 21 個増えるので，商品は 171 個売れる。

　この予想による利益を予想利益として，次の問いに答えなさい。　　　　　　　　　　（天理高）

(1)　商品が 222 個売れると予想されるとき，商品１個の値段を求めなさい。（　　　　円）

(2)　商品１個の値段を 190 円にしたとき，予想利益を求めなさい。（　　　　　円）

(3)　商品１個の値段を 190 円よりさらに下げたとき，予想利益が(2)のときと同じになった。このとき，商品１個の値段を求めなさい。（　　　　円）

(4)　予想をもとに商品を作って販売したが，15 個売れ残ったので，実際の利益は 8400 円であった。このとき，商品１個の値段を求めなさい。（　　　　円）

6 　右の図のように，縦の長さが 16cm，横の長さが 20cm の長方形の紙があり，この紙の四すみから，面積が等しい正方形を切り取り，ふたのない直方体の容器を作ります。このとき，次の問いに答えなさい。

（浪速高）

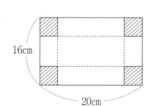

(1)　正方形の１辺の長さを 4cm にするとき，直方体の容積を求めなさい。（　　　　cm^3）

(2)　直方体の容器の底面積が 192cm^2 となるとき，直方体の高さを求めなさい。（　　　　cm）

7 　右図の線分 AB 上の点 P は，AB：AP ＝ AP：PB を満たしている点です。線分 AB，AP の長さをそれぞれ x，3 とするとき，次の問いに答えなさい。　　　　　　　（東山高）

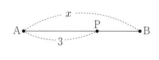

(1)　線分 AB の長さ x（ただし，$x > 3$）を求めなさい。（　　　　）

(2)　線分 AP 上に点 Q を，AQ ＝ AP − BP となるようにとると，PQ：QA ＝ y：1 になります。このとき，y に当てはまる数を求めなさい。（　　　　）

8 次の表のように，連続する自然数を 1 から順に規則的に書いていく。表の上の段から順に 1 段目，2 段目，3 段目，……とし，左の列から順に 1 列目，2 列目，3 列目，……とする。

例えば，8 は 3 段目の 2 列目の数である。このとき，次の(1)〜(3)の問いに答えなさい。(奈良文化高)

	1列目	2列目	3列目	4列目	5列目	6列目	7列目					
1段目	1	2	5	10	17	26	·	·	·	·	·	·
2段目	4	3	6	11	18	27	·	·	·	·	·	·
3段目	9	8	7	12	19	28	·	·	·	·	·	·
4段目	16	15	14	13	20	·	·	·	·	·	·	·
5段目	25	24	23	22	21	·	·	·	·	·	·	·
6段目	·	·	·	·	·	·	·	·	·	·	·	·

(1) 48 は，$\boxed{(\mathcal{7})}$ 段目の $\boxed{(\mathcal{1})}$ 列目の数である。(ア)と(イ)に入る数を求めなさい。

(ア)(　　　)　(イ)(　　　)

(2) 8 段目の 9 列目の数を求めなさい。(　　　)

(3) n 段目の $(n + 1)$ 列目の数が 132 であるとき，n の値を求めなさい。(　　　)

9 2 チームが対戦するゲームを行い，勝ったチームには 3 点，負けたチームには 0 点が与えられ，引き分けたときは両チームに 1 点ずつが与えられる。このゲームに n チームが参加し，どの 2 チームも 1 回ずつ対戦して合計得点を競うとき，次の問いに答えなさい。ただし，n チームが参加したときに行われるゲームの総数が $\dfrac{n(n-1)}{2}$ であることは用いてよい。

(清風高)

(1) $n = 5$ とする。

(ア) すべてのゲームで勝負がついたとき，5 チームの得点の合計は何点ですか。(　　　点)

(イ) 勝負がついたゲームの数と引き分けたゲームの数が等しいとき，5 チームの得点の合計は何点ですか。(　　　点)

(2) n チームの得点の合計が 146 点で，勝負がついたゲームの数が引き分けたゲームの数より 17 ゲーム多かったとき，

(ア) 引き分けたゲームの数を求めなさい。(　　　)

(イ) n の値を求めなさい。(　　　)

★★★　発展問題　★★★

1 太郎さんは次の問題について下のように解答し，正解しました。 （仁川学院高）

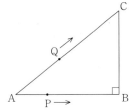

> AB ＝ 12cm，BC ＝ 9 cm，AC ＝ 15cm，∠B ＝ 90°の△ABC が
> あります。点 P は点 A を出発して秒速 2 cm で辺 AB 上を点 B まで
> 移動します。また，点 Q は点 A を出発して秒速 3 cm で辺 AC，辺
> CB 上を点 B まで移動します。2 点 P，Q が同時に点 A を出発すると
> き，△PBQ の面積が 9 cm² となるのは出発してから何秒後ですか。

〈太郎さんの解答〉

　　点 P は点 B に到達するのに 6 秒かかります。また，点 Q は点 C に到達するのに ア 秒か
かり，点 B に到達するのに イ 秒かかります。よって，2 点 P，Q が点 A を出発してからの
時間を x 秒とすると，△PBQ の面積は

① 0 ≦ x ≦ ア ，② ア ≦ x ≦ 6，③ 6 ≦ x ≦ イ の 3 つの場合に分けられます。

　　さらに，③のときは△PBQ をつくれないため，①と②のときだけを考えます。ここで，PB の
長さを x を用いて表すと ウ （cm）となります。よって，①のとき，△PBQ の面積は x を用
いて エ （cm²）と表せます。また，②のとき，△PBQ の面積は x を用いて オ （cm²）と
表せます。ゆえに，①と②の場合に分けて 2 次方程式を解くと，△PBQ の面積が 9 cm² となる
のは出発してから カ 秒後です。

(1) ア ， イ に当てはまる数を答えなさい。ア（　　　　）イ（　　　　）

(2) ウ ， エ ， オ に当てはまる式を答えなさい。

　　ウ（　　　　）エ（　　　　）オ（　　　　）

(3) カ に当てはまる数をすべて答えなさい。（　　　　）

2 P 地点と Q 地点を一直線に結ぶ道がある。はじめ，太郎は P 地点に，次郎は Q 地点にいる。2
人は同時に出発し，それぞれ P 地点と Q 地点の間をこの道を通って 1 往復する。太郎は毎分 60m
の速さで進み，次郎は毎分 x m（ただし x ＞ 60 とする）の速さで進む。1 往復する間に，2 人はちょ
うど 2 回出会い，次郎が太郎を追い抜くことはなかった。ただし，太郎は Q 地点に到着後，すぐ折
り返して P 地点に向かい，次郎は P 地点に到着後，すぐに折り返して Q 地点に向かったとする。次
の問いに答えよ。 （灘高）

(1) 太郎と次郎が同時に出発してから t 分後に 2 人は初めて出会ったとする。

　(a) P 地点と Q 地点の間の距離を x，t を用いて表すと 　　　　　 m である。

　(b) 出発してから 2 人が 2 回目に出会うまでにかかった時間を t を用いて表すと 　　　　　 分で
　　ある。

(2) 2 回目に 2 人が出会ってから 2 分後に次郎は Q 地点に到着し，その 10 分後に太郎は P 地点に
　到着した。このとき，x を求めよ。（　　　　）

11　2次関数

§1. 2次関数とグラフ

1　次の問いに答えなさい。

(1)　次の①～④の関数のグラフを⑦～⑪から選びなさい。　　　　　　　　　　　　　　　（英真学園高）

①　$y = 2x$　（　　　　）　　②　$y = -x - 2$　（　　　　）　　③　$y = -\dfrac{4}{x}$　（　　　　）

④　$y = 2x^2$　（　　　　）

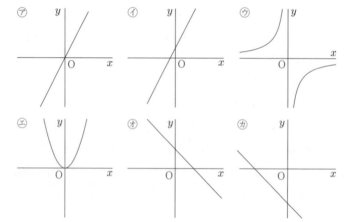

(2)　次のア～エのうち，y が x の2乗に比例するものをすべて選ぶと，□□□□□である。空欄に合うものを記号で答えなさい。　　　　　　　　　　　　　　（金光八尾高）

ア　周の長さが $x\,\mathrm{cm}$ である正方形の面積を $y\,\mathrm{cm}^2$ とする。

イ　一辺の長さが $x\,\mathrm{cm}$ の立方体の体積を $y\,\mathrm{cm}^3$ とする。

ウ　底面が半径 $x\,\mathrm{cm}$ の円で，高さが $6\,\mathrm{cm}$ の円柱の側面積を $y\,\mathrm{cm}^2$ とする。

エ　縦の長さが $x\,\mathrm{cm}$，横の長さは縦の長さの $\dfrac{1}{2}$ 倍の長方形の面積を $y\,\mathrm{cm}^2$ とする。

2　次の問いに答えなさい。

(1)　関数 $y = 2x^2$ について，x の変域が $-3 \leqq x \leqq 1$ のとき，y の変域は $0 \leqq y \leqq$ □□□□ である。　　　　　　　　　　　　　　（三田松聖高）

(2)　関数 $y = ax^2$（$-2 \leqq x \leqq 1$）の y の変域が $0 \leqq y \leqq 3$ となるような a の値を求めなさい。

　　　　　　　　　　　　　　（　　　　　）（桃山学院高）

(3)　a, b は定数とする，関数 $y = ax^2$ について，x の変域が $-2 \leqq x \leqq b$ のとき，y の変域は $2 \leqq y \leqq 8$ である。このとき，a, b の値を求めなさい。$a = (\quad\quad)$　$b = (\quad\quad)$　　　　（近大附高）

3　次の問いに答えなさい。

(1) 2つの関数 $y = 3x^2$, $y = ax + b$ における x の変域がともに $-2 \leqq x \leqq 1$ であるとき, 2つの関数の y の変域が一致するような定数 a, b の値を求めなさい。ただし, $a > 0$ とする。

$a = ($ 　　　 $)$ 　 $b = ($ 　　　 $)$

（京都市立西京高）

(2) a, b, c, d を定数とし, $a > 0$, $b < 0$, $c < d$ とする。関数 $y = ax^2$ と関数 $y = bx + 1$ について, x の変域が $-3 \leqq x \leqq 1$ のときの y の変域がともに $c \leqq y \leqq d$ であるとき, a, b の値をそれぞれ求めなさい。$a = ($ 　　　 $)$ 　 $b = ($ 　　　 $)$

（大阪府—一般）

4　次の問いに答えなさい。

(1) 関数 $y = \dfrac{1}{4}x^2$ において, x の値が -4 から 2 まで増加するときの変化の割合を求めなさい。

$($ 　　　 $)$ （育英西高）

(2) 2つの関数 $y = ax^2$, $y = 2x + 3$ について, x の値が 2 から 6 まで増加するときの変化の割合が等しいとき, $a = \boxed{}$ である。

（国立高専）

5　ある球を A 地点から転がすとき, 転がり始めてから x 秒後に進んだ距離を y m とすると, $y = \dfrac{1}{2}x^2$ という関係がある。また, A 地点から 3 m 下った点を B 地点とする。

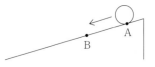

以下の(1)〜(4)の設問の解答として, 正しいものを以下の選択肢から選び, 記号で答えなさい。ただし, 球やブロックの大きさは考えないものとする。

（洛陽総合高）

(1) 球が転がり始めてから 2 秒後までに球の進んだ距離を求めなさい。$($ 　　　 $)$

　(ア) 1 m 　(イ) 2 m 　(ウ) 3 m 　(エ) 4 m

(2) 球が転がり始めてから 2 秒後から 4 秒後までの, 平均の速さを求めなさい。$($ 　　　 $)$

　(ア) 毎秒 1 m 　(イ) 毎秒 2 m 　(ウ) 毎秒 3 m 　(エ) 毎秒 4 m

(3) 球が B 地点に到着するのは, 転がり始めてから何秒後になるか求めなさい。$($ 　　　 $)$

　(ア) $\sqrt{3}$ 秒後 　(イ) $\sqrt{6}$ 秒後 　(ウ) 3 秒後 　(エ) $2\sqrt{3}$ 秒後

(4) B 地点にブロックがあり, 一定の速さで坂を滑らせる。球とブロックが同時に動き始めると, 6 秒後に球がブロックに追いつくという。ブロックの進む速さを求めなさい。$($ 　　　 $)$

　(ア) 毎秒 $\dfrac{5}{2}$ m 　(イ) 毎秒 $\dfrac{7}{2}$ m 　(ウ) 毎秒 $\dfrac{9}{2}$ m 　(エ) 毎秒 $\dfrac{21}{2}$ m

6 　y が x の 2 乗に比例する関数について考えます。右の図におい
て，①は関数 $y = 2x^2$，②は $y = -x^2$ のグラフです。点 P は x 軸
上にあり，点 P の x 座標を $t\,(t > 0)$ とします。点 P を通り，y 軸
に平行な直線と①，②のグラフが交わる点を，それぞれ A，B と し
ます。また，y 軸について点 A と対称な点を C とします。後の(1)
から(4)までの各問いに答えなさい。　　　　　　　　　　（滋賀県）

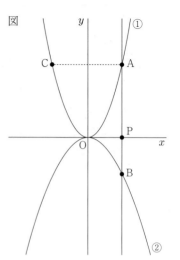

図

(1)　関数 $y = -x^2$ について，x の値が 1 から 3 まで増加するとき
　　の変化の割合を求めなさい。（　　　　）

(2)　関数 $y = ax^2$ のグラフが点 $(2, 2)$ を通るとき，a の値を求めなさ
　　い。また，この関数のグラフをかきなさい。$a = ($　　　　$)$

(3)　AB + AC の長さが 1 になるときの t の値を求めなさい。（　　　　）

(4)　x の変域が $-1 \leqq x \leqq 3$ のとき，関数 $y = 2x^2$ と $y = bx + c\,(b$
　　$< 0)$ の y の変域が等しくなります。このとき，b，c の値を求めな
　　さい。$b = ($　　　　$)$　$c = ($　　　　$)$

【グラフ】

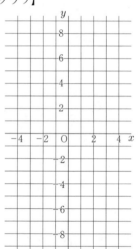

7 　右の図のように座標平面上に 3 つの放物線 $y = ax^2$ ……
①，$y = x^2$ ……②，$y = bx^2$ ……③がある。放物線①上
の点 A $(4, 4)$ を通り x 軸に平行な直線 ℓ と②の交点のう
ち x 座標が負のものを B，直線 ℓ と③の交点のうち x 座
標が正のものを C とする。次の問題に答えなさい。

　　　　　　　　　　　　　　　　　（アサンプション国際高）

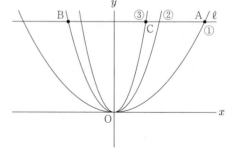

(1)　a の値を求めなさい。（　　　　）

(2)　点 C が AB の中点となるとき，b の値を求めなさい。

　　　　　　　　　　　　　　　　　（　　　　）

(3)　②上に x 座標が -1 となる点 P をとる。直線 BP と直線 OA の交点の座標を求めなさい。

　　　　　　　　　　　　　　　　　（　　　　）

8 右の図のように，関数 $y = x^2$ のグラフ上に2点 A，B，関数 $y = ax^2$ のグラフ上に2点 C，D がある。次の問いに答えなさい。　　　　　　　　　　　（滋賀学園高）

(1) 点 A の座標を求めなさい。（　　　）

(2) 定数 a の値を求めなさい。（　　　）

(3) 直線 AB と直線 CD の交点の座標を求めなさい。

（　　　　　）

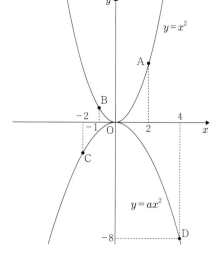

9 右の図のように関数 $y = x^2$ のグラフ上に2点 A，B がある。A，B の x 座標がそれぞれ -2，5 であるとき，次の問いに答えなさい。

（京都廣学館高）

(1) 点 A の y 座標を求めなさい。（　　　）

(2) 2点 A，B を通る直線の方程式を求めなさい。（　　　）

(3) 直線 AB と y 軸との交点を P とする。線分 OP の中点を通り，直線 AB と傾きが等しい直線 ℓ を考える。ℓ と関数 $y = x^2$ との交点を C，D とするとき，C，D の x 座標の和を求めなさい。（　　　）

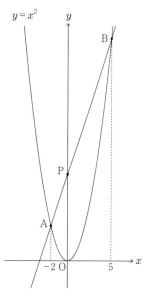

10 右の図のように，座標平面上に点 A (0, 18) を

とり，放物線 $y = \dfrac{1}{2}x^2$ 上に x 座標が a である点 P

をとる。ただし，$a > 0$ とする。点 P を通り x 軸

に平行な直線を ℓ とするとき，直線 ℓ と放物線 $y =$

$\dfrac{1}{2}x^2$ の交点のうち，P と異なる点を Q，直線 ℓ と

y 軸との交点を R とする。また，直線 $y = 18$ と放

物線 $y = \dfrac{1}{2}x^2$ の交点をそれぞれ S，T とする。次

の問いに答えなさい。　　　　　　（城南学園高）

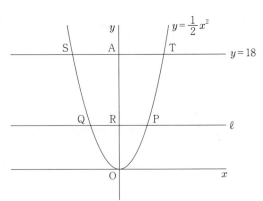

(1) $a = 2$ であるとき，直線 ℓ の式を求めなさい。（　　　　）

(2) $a = 2$ であるとき，線分 AR の長さを求めなさい。（　　　　）

(3) ST + PQ = 2AR が成り立つとき，点 P の座標を求めなさい。（　　　　）

11 t は正の定数とする。図 1 のように，関数 $y = 6x^2$ のグ

ラフ上に点 A $(t,\ 6t^2)$ をとり，関数 $y = x^2$ のグラフ上に

点 B $(3t,\ 9t^2)$ をとる。また，y 軸に関して点 B と対称な

点を B′ とする。

　（注）ア，イ，…の一つ一つには，負の符号（−）または数字

（0〜9）が入ります。　　　　　　　　　　　　（国立高専）

図 1

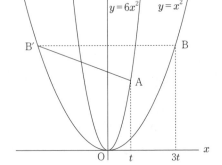

(1) $t = 2$ のとき，直線 AB′ の傾きは $\dfrac{\boxed{\text{アイ}}}{\boxed{\text{ウ}}}$ である。

　　　ア（　　）イ（　　）ウ（　　）

(2) 直線 AB′ の方程式を t を用いて表すと

$$y = \frac{\boxed{\text{エオ}}}{\boxed{\text{カ}}}tx + \frac{\boxed{\text{キク}}}{\boxed{\text{ケ}}}t^2$$

　　　である。エ（　　）オ（　　）カ（　　）キ（　　）ク（　　）ケ（　　）

(3) 図 2 のように，y 軸上を動く点 P を考える。線分 AP と

線分 BP の長さの和が最小となる点 P の座標が (0, 3) で

あるとき，$t = \dfrac{\boxed{\text{コ}}}{\boxed{\text{サ}}}$ である。

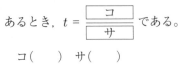

　　　コ（　　）サ（　　）

図 2

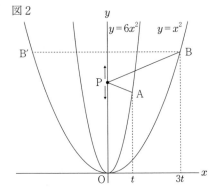

12 右図のような１辺の長さが６cmの正方形 ABCD がある。点 P は A を出発して辺 AB 上を AB，BC の順に１秒間に１cm の速さで進む。また，点 Q は A を出発して辺 AD，DC，CB の順に１秒間に２cm の速さで進む。２つの点 P，Q は A を同時に出発してから再び出会うまで動くものとする。２つの点が A を出発してから x 秒後の△APQ の面積を $y\,\mathrm{cm}^2$ とするとき，次の問いに答えよ。 (梅花高)

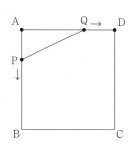

(1) 次の x の変域における x と y の関係を表す式を答えよ。

① $0 \leqq x \leqq 3$ （　　　　）

② $3 \leqq x \leqq 6$ （　　　　）

(2) 点 P，Q が再び出会うときの x の値を求めよ。（　　　　）

(3) $y = 9$ となるときの x の値を全て求めよ。（　　　　）

13 右の図のような，１辺が６cm の正方形 ABCD がある。点 P は，頂点 A を出発し，辺 AD 上を毎秒１cm の速さで頂点 D まで進んで止まり，以後，動かない。また，点 Q は，点 P が頂点 A を出発するのと同時に頂点 D を出発し，毎秒１cm の速さで正方形 ABCD の辺上を頂点 C，頂点 B の順に通って頂点 A まで進んで止まり，以後，動かない。

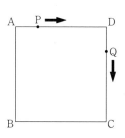

点 P が頂点 A を出発してから，x 秒後の△AQP の面積を $y\,\mathrm{cm}^2$ とする。このとき，次の問い(1)・(2)に答えよ。 (京都府—中期)

(1) $x = 1$ のとき，y の値を求めよ。また，点 Q が頂点 D を出発してから，頂点 A に到着するまでの x と y の関係を表すグラフとして最も適当なものを，次の(ア)～(エ)から１つ選べ。

$y = $ （　　　　）　（　　　　）

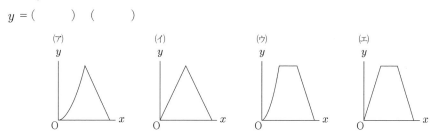

(2) 正方形 ABCD の対角線の交点を R とする。$0 < x \leqq 18$ において，△RQD の面積が△AQP の面積と等しくなるような，x の値をすべて求めよ。（　　　　）

§2．２次関数と図形

☆☆☆　標準問題　☆☆☆

1　図のように，関数 $y = x^2$ のグラフ上に x 座標が 3，− 2
である 2 点 A，B がある。また，点 C は直線 AB と x 軸と
の交点である。次の問いに答えなさい。　　（太成学院大高）

(1)　点 A の座標を求めなさい。（　　　）

(2)　直線 AB の式を求めなさい。（　　　）

(3)　直線 AB と x 軸の交点 C の x 座標を求めなさい。

　　　　　　　　　　　　　　　　（　　　）

(4)　三角形 OAB の面積を求めなさい。（　　　）

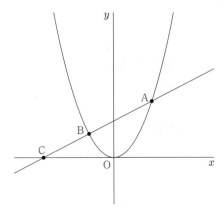

2　右の図のように，放物線 $y = 2x^2$ のグラフ上に点 A，x 軸上に点 B が
あり，2 点 A，B の x 座標は 2 である。原点を O とするとき，次の問い
に答えなさい。　　　　　　　　　　　　　　　　（東大阪大柏原高）

(1)　点 A の y 座標を求めなさい。（　　　）

(2)　△OAB の面積を求めなさい。（　　　）

(3)　直線 OA の式を求めなさい。（　　　）

(4)　放物線 $y = 2x^2$ について，x の変域が $-1 \leqq x \leqq 3$ のとき，y の変
域を求めなさい。（　　　　　）

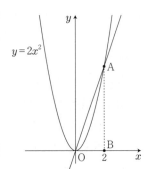

3　右の図のように，関数 $y = \dfrac{1}{3}x^2$ ……①のグラフに，関数 $y =$
$- x + b$ ……②が 2 点 A，B で交わっている。次の各問いに答え
なさい。　　　　　　　　　　　　　　　　　　（神戸第一高）

(1)　B の y 座標は □ である。

(2)　②の式の y 切片は □ である。

(3)　△OAB の面積は □ である。

(4)　①の式上に点 A から点 B の範囲内で点 O とは異なる点 P をおく。このとき，△OAB の面積
と△PAB の面積が等しくなるような点 P の x 座標は □ である。

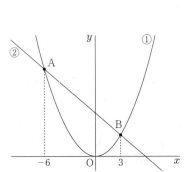

4 右の図のように，放物線 $y = \dfrac{2}{3}x^2$ と直線 m との交点を A とすると，点 A の x 座標は 3，直線 m の y 切片は 7 である。また，直線 n は直線 m を平行移動したものであり，放物線と 2 点 B，C で交わっている。点 A と点 B の y 座標が等しいとき，次の問いに答えなさい。

（清明学院高）

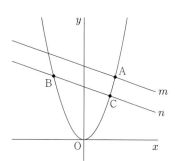

(1) 点 A の座標を求めなさい。（　　　　）

(2) 直線 m の方程式を求めなさい。（　　　　）

(3) 点 C の座標を求めなさい。（　　　　）

(4) △ABC と △BCO の面積比を最も簡単な整数比で求めなさい。（　　　　）

5 図のように，放物線 $y = -\dfrac{1}{2}x^2$ のグラフ上に 2 点 A $(-2, a)$，B $(b, -8)$ をとる。また 2 点 A，B を通る直線を ℓ とし，y 軸と直線 ℓ との交点を点 C とするとき，以下の問いに答えなさい。

（橿原学院高）

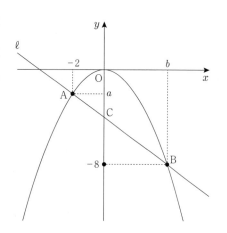

(1) a，b の値を求めなさい。$a = ($　　　　$)$　　$b = ($　　　　$)$

(2) 直線 ℓ の方程式を求めなさい。（　　　　）

(3) △OAC と △OBC の面積の比を最も簡単な整数の比として求め，下の選択肢より記号で選び答えなさい。

（　　　　）

ア．1 : 1　　イ．1 : 2　　ウ．1 : 3

(4) 四角形 OACD の面積が，△OAB の面積の半分となるように放物線上に点 D をとる。このとき，点 D の座標を求めなさい。ただし，点 D の x 座標は正の数であるものとする。（　　　　）

(5) 四角形 OECB の面積が，△OAB の面積の 2 倍となるように放物線上に点 E をとる。このとき，点 E の y 座標の値を求め，下の選択肢より記号で選び答えなさい。ただし，点 E の x 座標は −2 より小さいものとする。（　　　　）

ア．−32　　イ．−36　　ウ．−40

6 右の図のように，放物線 $y = \dfrac{1}{4}x^2$ と直線 ℓ が 2 点 A，B で交わっており，点 A の x 座標は −4，点 B の x 座標は 6 である。次の問いに答えなさい。

（大商学園高）

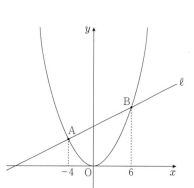

(1) 点 A の y 座標を求めなさい。（　　　　）

(2) 直線 ℓ の式を求めなさい。（　　　　）

(3) △OAB の面積を求めなさい。（　　　　）

(4) 直線 ℓ と x 軸の交点を C とする。△OBC の面積は △OAB の面積の何倍であるか求めなさい。（　　　　倍）

7 右図において，m は関数 $y = ax^2$（a は正の定数）の
グラフを表す。A，B は m 上の点であり，A の座標は
$(-4, 4)$，B の x 座標は 6 である。C は直線 AB と x
軸との交点である。

次の問いに答えなさい。　　　　　（大阪学芸高）

(1)　a の値を求めなさい。（　　　）

(2)　直線 AB の式を求めなさい。（　　　）

(3)　△OAB の面積を求めなさい。（　　　）

(4)　点 P は m 上にあり，△OAB の面積と △PCO の面積の比は $4 : 5$ になる。このとき，点 P の座
標を求めなさい。ただし，点 P の x 座標は正とする。（　　　）

8 右の図のように，放物線 $y = x^2$……①，直線 $y = -x +$
2……②がある。放物線①と直線②の交点を，x 座標の小さい
方から順に A，B とし，点 A の x 座標が -2 である。次の各
問いに答えなさい。　　　　　　　　　（四條畷学園高）

(1)　点 A の y 座標を求めよ。（　　　）

(2)　△OAB の面積を求めよ。（　　　）

(3)　原点 O を通り，△OAB の面積を二等分する直線の式を
求めよ。（　　　）

(4)　点 P は直線②上，点 Q は放物線①上，点 R は x 軸上に
あり，3 点 P，Q，R の x 座標は同じとし，負の数とする。$PQ = 3QR$ のとき，点 Q の x 座標を
求めよ。（　　　）

9 図のように，点 O は原点，2 次関数 $y = \dfrac{1}{3}x^2$ のグラフがある。

点 A は y 軸上にあり，2 次関数のグラフ上に 3 点 B，C，D があり，
△ABC は，AB = AC の二等辺三角形で，△ABC と △BCD の面
積は，等しく 27 である。

点 B の x 座標を -3，D の x 座標は負とする。次の問いに答えな
さい。　　　　　　　　　　　　　（大阪産業大附高）

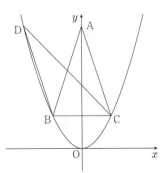

(1)　点 B の座標を求めなさい。（　　　）

(2)　点 A の座標を求めなさい。（　　　）

(3)　直線 BD の方程式を求めなさい。（　　　）

(4)　y 軸上に点 P を，BP + PD の長さが最小になるようにとる。そのとき，点 P の座標を求めな
さい。（　　　）

10 点 A $(2, 8)$ は関数 $y = ax^2$ のグラフ上の点であり，点 A を通り x 軸と垂直な直線と関数 $y = bx^2$ のグラフが交わる点を B とし，点 A と y 軸について対称な点を C とします。点 B の y 座標が負であり，△ABC の面積が 18 であるとき，次の問いに答えなさい。 (桃山学院高)

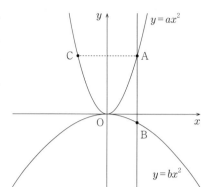

(1) a の値を求めなさい。（　　　）

(2) b の値を求めなさい。（　　　）

(3) △ABC と △BCP の面積が等しくなるような点 P は，$y = bx^2$ のグラフ上に 2 つとれます。そのような点 P の x 座標を求めなさい。（　　　と　　　）

11 図のように放物線 $y = 2x^2$ と，この放物線上の $x > 0$ の部分を働く点 P がある。点 P を通り，y 軸に平行な直線と x 軸との交点を Q とし，正方形 PQRS を作る。ただし，点 S の x 座標は点 P の x 座標より大きいとする。 (京都文教高)

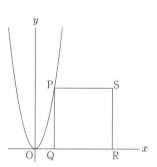

(1) 点 Q の x 座標が 2 のとき，点 S の座標は 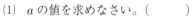 である。

(2) (1)のとき，原点 O を通り正方形の面積を 2 等分する直線の式は，$y = $ 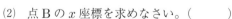 x である。

(3) 正方形の 1 辺の長さが 10 のとき，点 S の座標は ☐ である。

12 右の図のように，関数 $y = ax^2$ のグラフと 2 点 A，B で交わる直線を ℓ，点 C $(-2, -4)$ を通り，直線 ℓ と平行な直線を m とします。点 A の座標は $(-2, 2)$，点 B の x 座標は -2 より大きく，y 座標は 8 です。次の問いに答えなさい。 (上宮高)

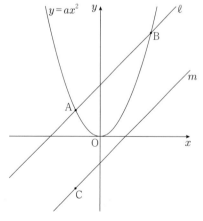

(1) a の値を求めなさい。（　　　）

(2) 点 B の x 座標を求めなさい。（　　　）

(3) 直線 ℓ の式を求めなさい。（　　　）

(4) 直線 m が x 軸と交わる点を D とするとき，△ADB の面積を求めなさい。（　　　）

(5) 直線 m 上に，x 座標が -2 より大きい部分に点 P をとり，点 P の x 座標を p とします。四角形 ACPB の面積が 42 になるとき，p の値を求めなさい。（　　　）

13　右の図のように放物線 $y = ax^2$（$a > 0$）……①と直線 $y = -4x$……②がある。①上に点 A（2, 2）をとり，①と②の交点で原点 O でない方の点を B とする。　（三田松聖高）

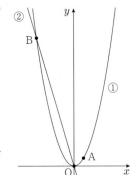

(1)　a の値を求めなさい。（　　　）

(2)　点 B の座標を求めなさい。（　　　）

　また，点 P は点 B を出発して，②上を x 座標が 1 秒ごとに 2 ずつ増加しながら動くとする。点 P と x 座標が等しく y 座標が 2 の点を C，x 座標が 2 で点 P と y 座標が等しい点を D とする。以下の問いに答えなさい。

(3)　2 秒後の点 P の座標を求めなさい。（　　　）

(4)　2 秒後の四角形 PCAD の面積を求めなさい。（　　　）

(5)　t 秒後の四角形 PCAD の面積を t を用いて表しなさい。ただし，$0 < t < \dfrac{15}{4}$ とする。（　　　）

14　右の図の放物線は $y = x^2$ のグラフである。放物線と直線の交点を図のように A，B とする。点 A，点 B の x 座標がそれぞれ -4，3 であるとき，次の問いに答えなさい。　（英真学園高）

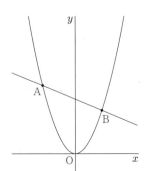

(1)　点 A の座標を求めなさい。（　　　）

(2)　2 点 A，B を通る 1 次関数の式を求めなさい。（　　　）

(3)　四角形 AOBQ が平行四辺形となるように点 Q を取る。このとき，点 Q の座標を求めなさい。（　　　）

(4)　傾きが 2 であり，平行四辺形の面積を 2 等分するような 1 次関数の式を求めなさい。（　　　）

15　図のように，放物線 $y = x^2$ 上に点 A，B，C，D，E をとると，線分 AB，CD がともに x 軸と平行で，3 本の線分 OA，BC，DE がそれぞれ平行になった。点 A の x 座標を 1 とするとき，次の問いに答えよ。　（同志社高）

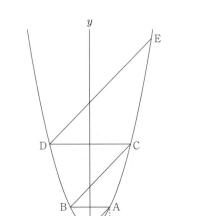

(1)　直線 BC の方程式と点 E の座標を求めよ。（　　　）

(2)　△ABC と△CDE の面積比を最も簡単な整数の比で表せ。（　　　）

(3)　△OAB と六角形 OACEDB の面積比を最も簡単な整数の比で表せ。（　　　）

(4)　点 E を通り六角形 OACEDB の面積を二等分する直線の方程式を求めよ。（　　　）

16 右の図のように，放物線 $y = x^2$ ……①上に2点A，Bがあり，放物線 $y = ax^2$ ……②上に3点C，D，Eがあります。点Eの座標は(4, 4)で，点Aと点Dの x 座標は同じ正の値です。四角形ABCDが正方形になるとき，次の問いに答えなさい。 （智辯学園高）

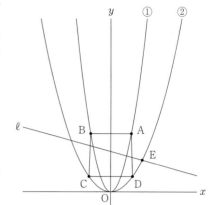

(1) a の値を求めなさい。（　　　）

(2) 点Dの座標を求めなさい。（　　　）

(3) 右の図のように，点Eを通る直線を ℓ とします。この直線 ℓ は，正方形ABCDの面積を（直線 ℓ の上側の面積）：（直線 ℓ の下側の面積）＝ 1：3 となるように分けます。直線 ℓ の式を求めなさい。（　　　）

17 右の図は，関数 $y = 2x^2$ と $y = \dfrac{1}{3}x^2$ のグラフである。直線と放物線(イ)との交点をA，Bとする。A，Bの x 座標がそれぞれ-3，6のとき，以下の問いに答えよ。

（ノートルダム女学院高）

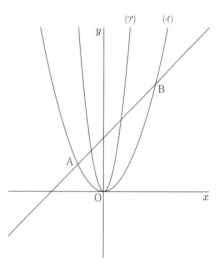

(1) (ア)と(イ)の関数の式をそれぞれ答えよ。

(ア)（　　　） (イ)（　　　）

(2) 直線ABの式を求めよ。（　　　）

(3) 中心が原点で，直線ABと接する円Cを考える。

① 接点の座標を求めよ。（　　　）

② 円C上に動く点Dがある。△ABDの面積が最大となる点Dの座標を求めよ。（　　　）

18 図のように，放物線 $y = x^2$ と中心を点 $C\left(0, \dfrac{3}{2}\right)$ とする円が2点A，Bで接している。また，点Aの x 座標を-1，点Aと点Cを通る直線を ℓ とする。このとき，次の問いに答えなさい。 （関西福祉科学大学高）

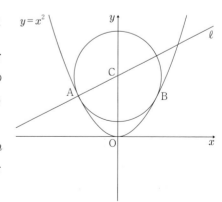

(1) 直線 ℓ の方程式を求めなさい。（　　　）

(2) 直線 ℓ に平行で点Bを通る直線を m とする。直線 m と y 軸の交点をDとするとき，四角形ACBDの面積を求めなさい。（　　　）

(3) 点Eは直線 m 上にある。三角形ABEの面積が四角形ACBDの面積の3倍となるとき，点Eの座標を求めなさい。ただし，点Eの x 座標は負とする。（　　　）

19 図のように，放物線 $y = -\dfrac{1}{3}x^2$ ……① がある。2 点 A，B は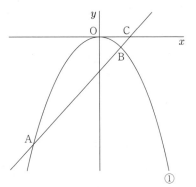
ともに①上にあり，それぞれの x 座標は -6 と 2 である。また，
直線 AB と x 軸の交点を C とする。このとき，次の問いに答え
なさい。　　　　　　　　　　　　　　　　　　　　（京都成章高）

(1) 直線 AB の式を求めなさい。（　　　　）

(2) △OAB の面積を求めなさい。（　　　　）

(3) ①上の点で，点 O と点 A の間にある点 P をとると，△OAB
と △PAB の面積が等しくなった。このとき，点 P の座標を
求めなさい。ただし，点 P は点 O と異なる点とする。

（　　　　）

(4) (3)のとき x 軸を回転軸として，△PAC を 1 回転させてできる立体の体積を求めなさい。ただ
し，円周率を π とする。（　　　　）

20 図のように，放物線 $y = ax^2$ が点 $A\left(3, \dfrac{9}{2}\right)$ と，x 座標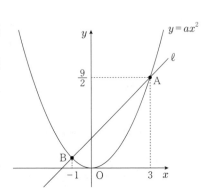
が -1 である点 B を通っている。また，2 点 A，B を通る直線
を ℓ とする。このとき，次の問いに答えなさい。（大阪青凌高）

(1) a の値を求めなさい。（　　　　）

(2) 直線 ℓ の方程式を求めなさい。（　　　　）

(3) 直線 ℓ と y 軸の交点を C とし，点 $P(0, t)$ をとる $\left(t > \dfrac{9}{2}\right)$。

△PAC を y 軸を回転の軸として 1 回転させてできる立体の

体積が △PBC を y 軸を回転の軸として 1 回転させてできる立体の体積の $\dfrac{3}{2}t$ 倍になった。この

とき，t の値を求めなさい。（　　　　）

21 右の図のように，関数 $y = ax^2$ と関数 $y = \dfrac{8}{x}$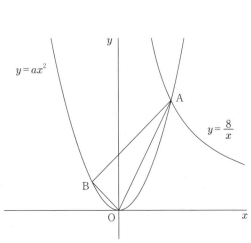
$(x > 0)$ が点 A で交わり，点 A の x 座標は 2 であ
る。また，点 B は関数 $y = ax^2$ 上にあり，その x
座標は -1 である。このとき，次の問いに答えよ。

（立命館宇治高）

(1) a の値を求めよ。（　　　　）

(2) △OAB の面積を求めよ。（　　　　）

(3) △OAB を x 軸の周りに 1 回転させてできる立
体の体積を求めよ。ただし，円周率は π とする。

（　　　　）

★★★　発展問題　★★★

1 関数 $y = 2x^2$ のグラフ上に，x 座標がそれぞれ s，$s +$ 2，-2 の３点 A，B，C をとります。また，関数 $y = ax^2$ のグラフ上に，２点 A と D，B と E の x 座標がそれぞれ等しくなるように２点 D，E をとります。$s > 0$，$0 < a < 2$ とするとき，次の各問いに答えなさい。　　　（京都女高）

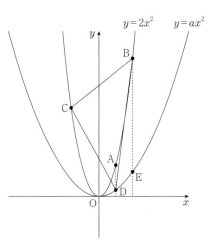

(1) 直線 BC の傾きを s を用いて表しなさい。（　　　）

(2) BC ∥ ED とします。$a = \dfrac{1}{3}$ のとき，s の値を求めなさい。（　　　）

(3) $s = 3$ とします。△BCD の面積が 84 となるとき，a の値を求めなさい。（　　　）

2 図のように，傾きが２である直線が放物線 $y = ax^2$ と２点 A，B で交わり，y 軸と点 C で交わっている。原点を O とし，A の x 座標を -2，△OAC の面積を ６とするとき，次の各問いに答えよ。ただし，円周率を π として計算すること。　　　（西大和学園高）

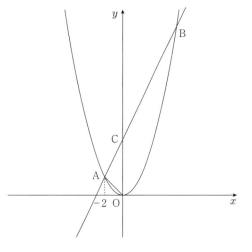

(1) 直線 AB の式を求めよ。（　　　）

(2) a の値を求めよ。（　　　）

(3) 点 P は，放物線 $y = ax^2$ 上の点 A と点 B の間の点で，x 座標が負である。△PAB の面積と△OAB の面積の比が，△PAB：△OAB ＝ 7：12 となるとき，点 P の座標を求めよ。（　　　）

(4) (3)の点 P に対して，△CPA を y 軸まわりに１回転させたときにできる立体の体積を求めよ。
　　　　　　　　　　　　　　　　　　　　　　　　　　　　　　（　　　）

3 右の図のように，関数 $y = x^2$ ……①と関数 $y = ax^2$ $(0 < a < 1)$ ……②のグラフがあります。2点 A，B は①のグラフ上にあり，その x 座標はそれぞれ -3，2 です。点 C は②のグラフ上にあり，その y 座標は $\dfrac{15}{2}$ です。また，四角形 ABCD が平行四辺形になるように，y 軸上に点 D をとります。このとき，あとの問いに答えなさい。

（立命館高）

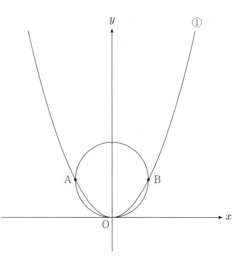

(1) a の値を求めなさい。（　　　）

(2) 直線 BD の式を求めなさい。（　　　）

(3) ②のグラフ上に x 座標が -4 である点 E，線分 BD 上に点 F をとります。△OFE の面積が 16 のとき，点 F の x 座標を求めなさい。（　　　）

4 原点を O とする座標平面上に，関数 $y = 2x^2$ のグラフがあり，そのグラフ上に 2 点 A，B がある。また，直線 OA の傾きは -2 であり，直線 AB の傾きは 2 である。

このとき，次の問いに答えよ。

（白陵高）

(1) 2点 A，B の座標を求めよ。（　　　）

(2) △OAB を y 軸の周りに 1 回転させたときにできる立体の体積を求めよ。（　　　）

5 図のように，放物線 $y = ax^2$ ……①と，中心が $(0, 2)$ で，原点 O を通る円とが 2 点 A，B で交わっています。線分 AB の長さは 4 です。　　（洛南高）

(1) a の値を求めなさい。（　　　）

放物線①上の $x > 0$ の部分に点 C をとると，△ABC の面積は△OAB の面積の 8 倍になりました。

(2) C の座標を求めなさい。（　　　）

放物線①上の $x < 0$ の部分に点 D をとると，△OCA の面積と△ODA の面積が等しくなりました。

(3) D の座標を求めなさい。（　　　）

(4) 四角形 OCDA の面積を求めなさい。（　　　）

6 a を正の定数とする。放物線 $C : y = x^2$ と直線 ℓ が 2 点 P $(-4, 16)$ と Q (a, a^2) で交わっている。点 R $(-2, 4)$ を通り，直線 ℓ に平行な直線と放物線 C の交点のうち，R でないものを S とする。 (灘高)

(1) 点 S の座標を a を用いて表すと，(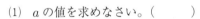 ， ⬜) である。

(2) 点 R を通り y 軸に平行な直線と，直線 PQ の交点の y 座標は ⬜ である。

(3) △QRS の面積が $\dfrac{5}{4}$ であるような a の値を求めよ。（　　　　）

7 図のように，反比例のグラフ $y = \dfrac{1}{x}$ ……① と放物線 $y = ax^2$ ……② があり，点 A $\left(2, \dfrac{1}{2}\right)$ で交わっている。

点 $(1, 1)$ を B とし，点 B と原点 O を結んだ直線と反比例のグラフ①との B 以外の交点を C とする。また，放物線②上に点 D を，△ABD の面積が△ABC の面積の半分となるようにとる。ただし，点 D の x 座標は負であるとする。

このとき，次の問いに答えなさい。　　(清風南海高)

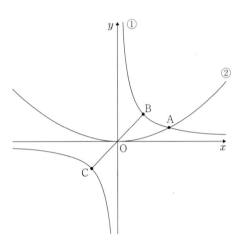

(1) a の値を求めなさい。（　　　）

(2) 直線 AB の式を求めなさい。（　　　）

(3) 点 D の座標を求めなさい。（　　　）

(4) 四角形 ABDC の面積は△ABC の面積の何倍か答えなさい。（　　倍）

8 右の図のように，放物線 $y = \dfrac{1}{2}x^2$ と直線 $y = -2x - \dfrac{3}{2}$ が 2 点 A，B で交わっている。放物線上に点 C $\left(t, \dfrac{1}{2}t^2\right)$ (ただし $t > 0$) をとって，平行四辺形 ABCD をつくったところ，辺 AD の中点 E が放物線上にあった。　(大阪星光学院高)

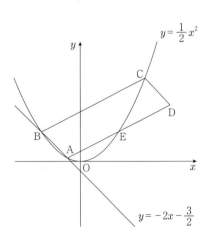

(1) 点 A の x 座標は ⬜ ，点 B の x 座標は ⬜ である。

(2) 点 E の x 座標を t で表すと ⬜ となり，したがって $t =$ ⬜ となる。

(3) 原点 O を通り，平行四辺形 ABCD の面積を二等分する直線の式は $y =$ ⬜ である。

12 相　　似

（注）　特に指示がない場合は，円周率は π とします。

§1．相似な図形

1　右の図において，△ABC ≡ △ADE で，AB は∠DAE を
2 等分します。辺 AB と辺 DE の交点を F，辺 BC と辺 DE，
EA の交点をそれぞれ G，H とします。このとき，△AFE ∽
△GHE であることを次のように証明します。空欄に当てはま
るものを語群から選び，ア～コの記号で答えなさい。

（近畿大泉州高）

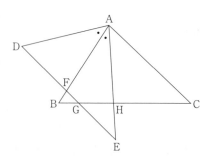

(1)(　　　)　(2)(　　　)　(3)(　　　)　(4)(　　　)

証明

　　　△AFE と△GHE において

　　　共通な角であるから∠AEF ＝∠GEH……①

　　　△ABC ≡ △ADE であるから∠FBG ＝ (1) ……②

　　　△FDA と△FBG において，内角と外角の関係から (1) ＋∠FAD ＝∠FBG ＋ (2)

　　　よって，②より (1) ＋∠FAD ＝ (1) ＋ (2)

　　　したがって∠FAD ＝ (2) ……③

　　　また，AB は∠DAE を 2 等分しているから∠FAD ＝∠EAF……④

　　　 (3) は等しいから∠FGB ＝∠EGH……⑤

　　　③，④，⑤より (4) ……⑥

　　　①，⑥より，2 組の角がそれぞれ等しいから△AFE ∽△GHE

（語群）

　　ア．錯角　　　イ．対頂角　　　ウ．同位角　　　エ．∠FDA　　　オ．∠ACB　　　カ．∠FGB

　　キ．∠GHE　　　ク．∠ADE ＝∠ABC　　　ケ．∠BCA ＝∠DCA　　　コ．∠EAF ＝∠EGH

2　右の図において，∠BAC ＝ 90°，∠BED ＝ 90°である。
AD ＝ 3 cm，DB ＝ 7 cm，BE ＝ 6 cm のとき，EC の長さを
求めよ。(　　　cm)　　　　　　　　　　　　　（四條畷学園高）

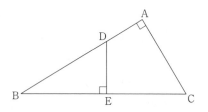

3 　1辺が6cmの正三角形ABCがあり，点Dは辺AC上の点である。図のように点Bが点Dに重なるように折り返したときの折り目をEFとする。AD = x cmとするとき，次の各問いに答えなさい。　　　　　　　　　　　　（関西大学高）

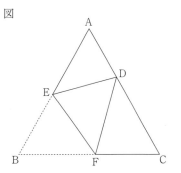

図

(1)　∠ADE = 50°のとき，∠DEFの大きさを求めなさい。

（　　　）

(2)　AE = 2cmのとき，次の各問いに答えなさい。

①　DFの長さをxを用いて表しなさい。（　　　cm）

②　xの値を求めなさい。（　　　）

§2. 平行線と比

☆☆☆　標準問題　☆☆☆

1 　次の問いに答えなさい。

(1)　EFの長さを求めなさい。（　　　cm）　　　　　（育英高）

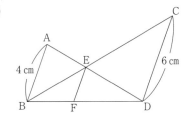

ただし，AB//EF//CDとします。

(2)　EFの長さを求めなさい。ただし，BC∥DE∥FGとする。（　　　）　　　　　（神戸常盤女高）

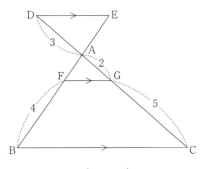

(3)　右の図において，3本の直線ℓ, m, nが平行であるとき，xの値を求めなさい。（　　　cm）　　　（早稲田大阪高）

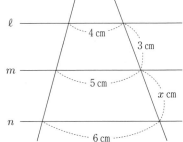

2　次の問いに答えなさい。

(1) 右の図の△ABC で，点 D は辺 AB の中点，点 E，F は辺 BC を 3 等分する点です。また，線分 AF と CD の交点を G とします。線分 DE の長さが 3 cm のとき，線分 AG の長さを求めなさい。（　　　cm）　　　　　（京都産業大附高）

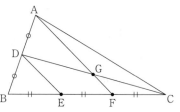

(2) 右の図において，線分 AD は∠BAC の二等分線である。線分 BD の長さを求めなさい。ただし，AB = 6 cm，AC = 9 cm，BC = 10cm とする。（　　　cm）　　　　（金光大阪高）

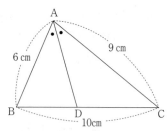

3　図において，点 D は△ABC における辺 BC の中点である。点 E は辺 CA の延長上にあって，点 F は線分 ED と辺 AB の交点である。線分 EC 上に点 G を FG ∥ BC となるようにとる。EF：FD = 1：2 のとき，次の比を最も簡単な整数の比で表しなさい。

（東洋大附姫路高）

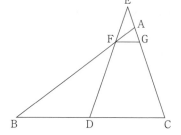

(1) FG：BC （　　　　）

(2) AF：FB （　　　　）

(3) AC：AE （　　　　）

4　図のように，BE = 15cm，AE = 10cm の直角三角形 ABE に長方形 CDEF が内接している。次の問いに答えなさい。

（滋賀学園高）

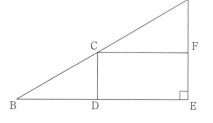

(1) △ABE と相似な三角形を 1 つ答えなさい。（　　　　）

(2) CF = x とするとき，（　ア　）～（　エ　）にあてはまる数を答えなさい。

① AF：(ア　　　) = x：(イ　　　)

② EF = (ウ　　　) − (エ　　　)x

(3) 長方形 CDEF が正方形になるとき，x の値を求めなさい。（　　　　）

5 図のような平行四辺形 ABCD がある。点 E は辺 BC 上の
点で，BE：EC = 2：3 であり，点 F は辺 DC の中点である。
線分 AE，AF と対角線 BD との交点をそれぞれ G，H とす
るとき，BG：GH を求めなさい。（　　　　）（和歌山信愛高）

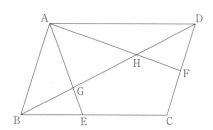

6 右の図のように，△ABC の辺 AB，BC，CA 上にそ
れぞれ点 D，E，F があり，四角形 DECF は平行四辺形
である。AE と DF，BF との交点をそれぞれ G，H とす
る。AD：DB = 1：2 のとき，次の問いに答えなさい。

（明星高）

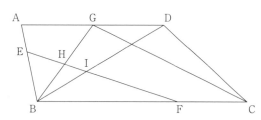

(1)　GF：EC を最も簡単な整数の比で求めなさい。

（　　　　）

(2)　GH：HE を最も簡単な整数の比で求めなさい。

（　　　　）

(3)　△EFH の面積と平行四辺形 DECF の面積の比を最も簡単な整数の比で求めなさい。（　　　　）

7 右の図のように，AD ∥ BC である台形 ABCD
がある。E は辺 AB を 1：2 に分ける点，F は辺 BC
上にあり AD = BF となる点，G は辺 AD の中点
である。また，H は線分 EF と線分 BG との交点，
I は線分 EF と線分 BD との交点である。△EBH：
四角形 DIFC = 1：7 であるとき，次の線分の長さの比をそれぞれ最も簡単な整数比で答えよ。

（立命館宇治高）

(1)　EH：HF（　　　　）

(2)　EH：HI：IF（　　　　）

(3)　BF：FC（　　　　）

8 右の図は，1 辺が 6 cm の正方形 ABCD と AQ = 4 cm の平行四辺形
APCQ を組み合わせたものである。線分 AP と線分 BQ の交点を R と
する。ただし，点 P は辺 BC 上にあるものとする。　（華頂女高）

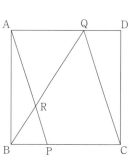

(1)　△AQR と△BPR の相似比を求めなさい。ただし，最も簡単な整数
の比で表すこと。（　　　　）

(2)　△BPR の面積を求めなさい。（　　　　cm²）

(3)　点 Q を通り，四角形 QRPC の面積を 2 等分する直線と辺 BC の交
点を S とする。線分 PS の長さを求めなさい。（　　　　cm）

9 右の図のように，∠A = 90°の直角三角形 ABC があり，中心が辺 BC 上にある円 O が辺 AB，AC に点 D，E で接しているとする。また，辺 BC と円 O が交わる点をそれぞれ F，G とする。AB = 8，BC = 10，AC = 6 のとき，次の各問いに答えなさい。　　　　　（大阪商大堺高）

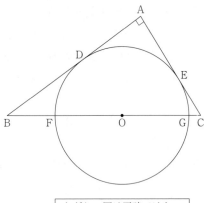

ただし，図は正確ではない

(1) BD：OD を簡単な整数の比で表しなさい。（　　　）

(2) 円 O の半径を求めなさい。（　　　）

(3) OC の長さを求めなさい。（　　　）

(4) △BEF の面積を求めなさい。（　　　）

★★★　発展問題　★★★

1 図のように，正方形 ABCD があり，辺 AB を 3 等分する点を E，F，辺 CD を 3 等分する点を G，H，辺 AD を 2 等分する点を I とする。直線 IB と直線 EH の交点を J，直線 IB と直線 EC の交点を K，直線 BH と直線 EC の交点を L，直線 BH と直線 CI の交点を M，直線 CI と直線 EH の交点を N とするとき，次の問いに答えなさい。　　　　（あべの翔学高）

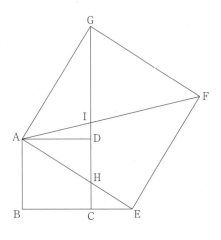

(1) 正方形 ABCD と△BAI の面積比を最も簡単な整数の比で答えなさい。（　　　）

(2) 正方形 ABCD と△EKJ の面積比を最も簡単な整数の比で答えなさい。（　　　）

(3) 正方形 ABCD と五角形 JKLMN の面積比を最も簡単な整数の比で答えなさい。（　　　）

2 右の図で，四角形 ABCD と四角形 AEFG はともに正方形であり，点 E は辺 BC の延長線上にある。また，辺 AE と CD との交点を H，線分 AF と DG との交点を I とする。次の問いに答えよ。　　　　　（智辯学園和歌山高）

(1) ∠ABE = ∠ADG であることを証明せよ。

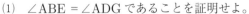

(2) AB = 3 cm，CE = 2 cm のとき，ID の長さを求めよ。
（　　　cm）

§3. 相似比と面積比・体積比

☆☆☆　標準問題　☆☆☆

1　右の図の平行四辺形 ABCD で，EF∥AB，AE：ED ＝ 1：2，点 G は対角線 AC と線分 EF の交点である。このとき，台形 GCDE と平行四辺形 ABCD の面積比を最も簡単な整数の比で求めなさい。（　　　）

（樟蔭高）

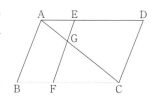

2　右の図において，DE∥BC である。このとき，次の問いに答えなさい。

（京都光華高）

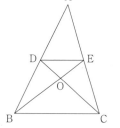

(1)　△OED ∽ △OBC であることを証明しなさい。

(2)　△OED，△OBC の面積がそれぞれ 8cm²，32cm² であるとき，△ABC の面積を求めなさい。（　　　cm²）

3　右の図で，DF∥GC のとき，次の問いに答えなさい。

（芦屋学園高）

(1)　線分 DG の長さを求めなさい。（　　　cm）

(2)　線分 DE の長さを求めなさい。（　　　cm）

(3)　△BCG と △BFD の面積の比を最も簡単な整数の比で表しなさい。（　　　）

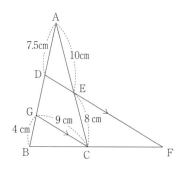

4　右の図のような △ABC がある。辺 AB 上に点 D，E をとり，点 D を通り辺 BC と平行な直線と辺 AC との交点を F，点 E を通り辺 BC と平行な直線と辺 AC との交点を G とする。このとき，次の問いに答えなさい。

（大阪国際高）

(1)　DF：BC ＝ 1：3，DB ＝ 6 のとき，線分 AD の長さを求めなさい。（　　　）

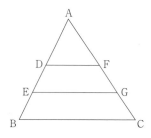

(2)　DF：EG：BC ＝ 1：2：4 のとき，四角形 DEGF の面積は四角形 EBCG の面積の何倍か求めなさい。（　　　倍）

(3)　DE：EB ＝ 1：1 で四角形 EBCG の面積が 20，四角形 DEGF の面積が 10 のとき，△ADF の面積を求めなさい。（　　　）

5 　右図のように，AD = 6，BC = 9，AD ∥ BC である台
形 ABCD がある。辺 AB の中点 P を通り辺 BC に平行な
直線と辺 CD との交点を Q とし，線分 PQ と線分 BD と
の交点を R，線分 PQ と線分 AC との交点を S とする。ま
た，線分 AC と線分 BD の交点を T とする。

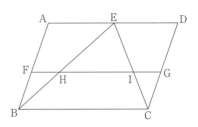

　　このとき，次の 　　　 にあてはまる数または符号を求め
よ。　　　　　　　　　　　　　　　　　　（京都外大西高）

(1)　PS：BC を最も簡単な整数の比で表すと， ア ：
イ である。ア（　　　）イ（　　　）

(2)　線分 RS の長さは $\dfrac{ウ}{エ}$ である。ウ（　　　）エ（　　　）

(3)　△TRS の面積と台形 RBCS の面積の比を最も簡単な整数の比で表すと オ ： カキ であ
る。オ（　　　）カ（　　　）キ（　　　）

6 　右の図の四角形 ABCD は平行四辺形である。辺 AD の中点
を E，辺 AB を 3：2 に分ける点を F とし，辺 CD 上に点 G を
AD ∥ FG となるようにとる。線分 FG と BE，CE との交点を
それぞれ H，I とする。このとき，次の問いに答えなさい。

　　　　　　　　　　　　　　　　　　　　（平安女学院高）

(1)　HI：BC を最も簡単な整数比で答えなさい。（　　　　）

(2)　△EHI の面積は△EBC の面積の何倍か求めなさい。（　　　倍）

(3)　△BFH と△EHI の面積の比を最も簡単な整数比で答えなさい。（　　　）

7 　右の図は，1 辺が 1cm の正方形 ABCD の各辺の延長上に，AP =
BQ = CR = DS となる点 P，Q，R，S をとったものです。四角形 PQRS
の面積が 13cm² であるとき，次の各問いに答えなさい。　　（園田学園高）

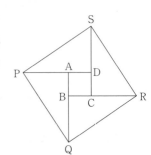

(1)　辺 PQ の長さを求めなさい。（　　　cm）

(2)　線分 AP の長さを求めなさい。（　　　cm）

(3)　点 B を通り，辺 PQ と平行な直線を引き，辺 QR との交点を E と
します。このとき，△BQE の面積を求めなさい。（　　　cm²）

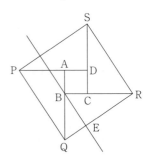

8 次の問いに答えなさい。

(1) 相似な2つの円すいAとBがあり，高さはそれぞれ4cmと7cmである。Bの表面積が147cm²のとき，Aの表面積を求めなさい。（　　　cm²）　　　　　　　　　（姫路女学院高）

(2) 図の2つの三角すいA，Bは相似であり，その相似比は2:3である。三角すいAの体積が24cm³であるとき，三角すいBの体積を求めなさい。（　　　cm³）　　　　　　　（奈良県－一般）

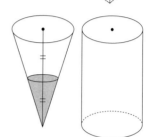

三角すいA　　三角すいB

(3) 高さと底面の半径がそれぞれ等しい円錐と円柱の容器がある。この円錐の容器の深さの$\frac{1}{2}$まで入れた水を，すべて円柱の容器に移しかえた。同じ動作をくり返し行ったとき，何回移しかえると円柱の容器が満たされるか求めなさい。（　　　回）　　　　　　（日ノ本学園高）

9 図1の展開図をもとにして，図2のように正四角錐Pをつくった。

次の(1)，(2)に答えなさい。　　　　　（和歌山県）

(1) 図2において，点Aと重なる点を図1のE，F，G，Hの中から1つ選び，その記号をかきなさい。

（　　　）

(2) 正四角錐Pの辺OA上にOI:IA＝1:2となる点Iをとる。図3のように，点Iを通り，底面ABCDに平行な平面で分けられた2つの立体をそれぞれQ，Rとする。

このとき，QとRの体積の比を求め，最も簡単な整数の比で表しなさい。（　　　）

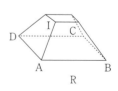

★★★　発展問題　★★★

1 右の図のように，AC = 4，BC = 5，∠A = 90°の△ABC がある。∠C の二等分線と辺 AB の交点を D とする。また頂点 A から辺 BC に垂線を引き，辺 BC，線分 CD と交わる点をそれぞれ E，F とする。このとき△ADF と△ECF の面積の比を，最も簡単な整数の比で答えよ。(　　　　)　（西大和学園高）

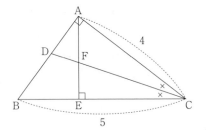

2 図のように直方体 ABCD―EFGH がある。辺 AD の中点を M とし，AC と BM の交点を I とする。また，辺 EH 上に EJ：JH = 3：2 となるように点 J を，辺 FG 上に FK：KG = 1：9 となるように点 K をとり，EG と JK の交点を L とする。

（東大阪大敬愛高）

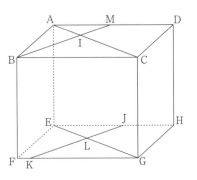

(1)　△AIM と四角形 ABCD の面積比を最も簡単な整数の比で求めなさい。(　　　　)

(2)　直方体 ABCD―EFGH の体積が 900 であるとき立体 AMI―EJL の体積を求めなさい。(　　　　)

3 A さんはメダカを飼育することにした。次の問いに答えなさい。ただし，水槽は，水平な台の上に置くものと考え，水槽の各面の厚さは考えないものとする。また，メダカの体積も考えないものとする。

（近大附和歌山高）

(1)　最初，A さんは，28L の水道水が入った水槽で飼育しようと考えた。水道水を飼育に適した水にするために，水質調整剤の使用説明書を読んだところ，水道水 5 L に対して水質調整剤を 3 mL 使用するように書かれていた。A さんは水質調整剤が何 mL 必要でしたか。(　　　　mL)

(2)　その後，A さんは，複数のメダカを飼育するために右の図のような水槽を準備した。この水槽は合同な 2 つの台形 ABCD と台形 EFGH を底面とする四角柱であり，AE = BF = CG = DH = 60cm である。また，台形 ABCD は，AD ∥ BC，AB = CD，BC = 20cm，AD = 30cm，高さは 20cm である。また(1)で用意した水はメダカ 1 匹当たり 2.7L 使うものとする。この水槽で 5 匹のメダカを飼育するために必要な水を入れたとき，水の深さは何 cm になりますか。(　　　　cm)

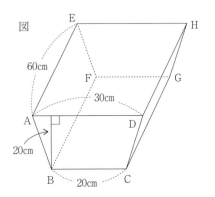

13 三平方の定理

（注） 特に指示がない場合は，円周率は π とします。

§1. 三平方の定理と多角形

☆☆☆ 標準問題 ☆☆☆

1 次の問いに答えなさい。

(1) 右の図の a, b の値を求めなさい。

$a = ($ $)$　$b = ($ $)$　　　　　（金蘭会高）

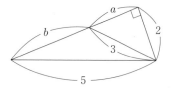

(2) 次の △ABC において，AD ⊥ BC，DE ⊥ AC である点 D，E をとります。このとき，CE の長さを求めなさい。（　　　）

（園田学園高）

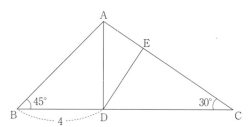

(3) 右の △ABC の面積を求めなさい。（　　　　 cm^2）

（帝塚山学院泉ヶ丘高）

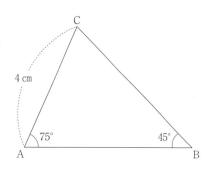

(4) △ABC において，AB = 4，BC = 7，CA = $\sqrt{37}$ とする。頂点 A から辺 BC に下ろした垂線と辺 BC との交点を D とするとき，線分 AD の長さを求めなさい。（　　　）　　（大阪国際高）

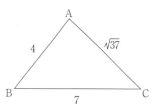

2　右の図の直角三角形 ABC において，AH ⊥ BC で，点 M は辺 BC の
中点である。AH と AM の長さをそれぞれ求めなさい。　　（樟蔭高）

　　AH（　　　cm）　AM（　　　cm）

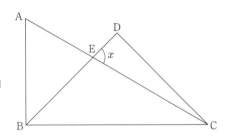

3　一組の三角定規が図のように重なっている。

（太成学院大高）

(1)　∠x の大きさを求めなさい。（　　　）

(2)　AB = 5 cm のとき三角定規が重なっている部分の三角
形 EBC の面積を求めなさい。（　　　cm^2）

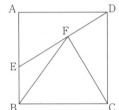

4　1辺の長さが3 cm の正方形 ABCD があります。辺 AB 上に BE = 1 cm
となる点 E をとり，∠ADE = ∠DCF となるように点 F を辺 DE 上にとり
ます。このとき，次の問いに答えを選択して答えなさい。　　（龍谷大付平安高）

(1)　線分 DF の長さを求めなさい。（　　　）

　　① $\dfrac{6}{13}$　　② $\dfrac{6\sqrt{13}}{13}$　　③ $\dfrac{2\sqrt{13}}{3}$　　④ $\dfrac{3\sqrt{13}}{2}$　　⑤ $\dfrac{26}{3}$

　　⑥ $\dfrac{39}{2}$

(2)　△BFE の面積を求めなさい。（　　　）

　　① $\dfrac{1}{2}$　　② $\dfrac{13}{21}$　　③ $\dfrac{5}{7}$　　④ $\dfrac{21}{26}$　　⑤ 1　　⑥ $\dfrac{39}{7}$

5　右の図において，四角形 ABCD は AD ∥ BC である台形です。
対角線 AC，BD の交点を E とし，辺 AB 上に点 F をとります。
AD = CD = 4，BC = 6，∠BCD = 90° のとき，次の問いに答え
なさい。

（近畿大泉州高）

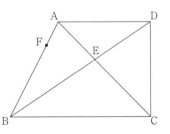

(1)　対角線 BD の長さを求めなさい。（　　　）

(2)　台形 ABCD の面積を求めなさい。（　　　）

(3)　△ABE の面積を求めなさい。（　　　）

(4)　線分 CF が台形 ABCD の面積を 2 等分するとき，AF：FB を最も簡単な整数の比で表しな
さい。（　　　）

6 右の図のように2つの長方形 ABCD, BEFD があり, AB = 15cm, AD = 20cm とします。点 C は辺 EF 上にあり, 点 G は辺 BC と対角線 DE との交点とします。このとき, 次の問いに答えなさい。　　　　　　　　　　（清教学園高）

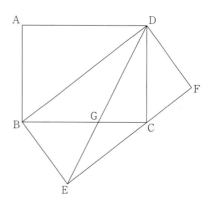

(1) 線分 BD の長さを求めなさい。(　　　　 cm)

(2) 長方形 BEFD の面積を求めなさい。(　　　　 cm²)

(3) 線分 CE の長さを求めなさい。(　　　　 cm)

(4) （△BGE の面積）:（四角形 ABGD の面積）を, 最も簡単な整数の比で表しなさい。(　　　　)

7 右の図のように, AB = 6 cm, AD = 8 cm の長方形 ABCD があり, 辺 CD を頂点 D の方に延長した直線上に DE = 6 cm となる点 E をとります。頂点 C から線分 AE に引いた垂線と線分 AE との交点を F とし, 点 F を通り辺 AD に平行な直線と線分 DE との交点を G とします。また, 線分 BE と線分 AD との交点を H とします。このとき, あとの問いに答えなさい。　　　　　　　　　　（立命館高）

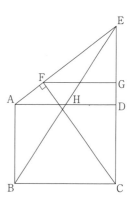

(1) 線分 EF の長さを求めなさい。(　　　　 cm)

(2) 線分 FG の長さを求めなさい。(　　　　 cm)

(3) △BGH の面積を求めなさい。(　　　　 cm²)

(4) 線分 CF 上に CP : PF = 23 : 25 となるように点 P をとります。このとき, 四角形 APGF の面積を求めなさい。(　　　　 cm²)

8 右図のように, 長方形 ABCD と直角三角形 BEF があります。AD = 5, AB = $\sqrt{3}$, ∠EBF = 30°, ∠BFE = 90° のとき, 次の各問いに答えなさい。　　　　　　　　　　（アナン学園高）

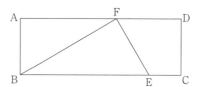

(1) ∠BEF の大きさを求めなさい。(　　　　)

(2) AF の長さを求めなさい。(　　　　)

(3) BE の長さを求めなさい。(　　　　)

(4) EC の長さを求めなさい。(　　　　)

(5) 四角形 ECDF の面積を求めなさい。(　　　　)

9 　四角形 ABCD は 1 辺の長さが $3\sqrt{13}$ のひし形です。対角線 AC と BD の交点は O で，対角線の長さの比が AC : BD = 2 : 3 です。辺 AB 上に点 P を AP : PB = 1 : 2 となるようにとり，対角線 BD 上に点 Q を BQ : QD = 1 : 2 となるようにとったら，PQ ⊥ BD となりました。線分 OA の長さを x とします。

　　このとき，次の問に答えなさい。　　（大阪薫英女高）

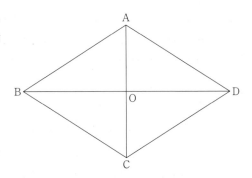

(1)　線分 OB の長さを x を用いて表しなさい。

（　　　　）

(2)　x を求めなさい。（　　　）

(3)　ひし形 ABCD の面積を求めなさい。（　　　）

(4)　線分 PQ の長さを求めなさい。（　　　）

(5)　△PQC の面積を求めなさい。（　　　）

10 　右の図のように，たて 3 cm，横 4 cm の長方形 ABCD を点 A を中心として 60° 回転させて，長方形 AEFG とした。このとき，次の各問いに答えなさい。ただし，円周率は π とする。　　（奈良大附高）

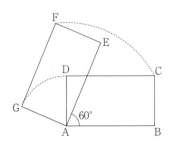

(1)　線分 CF の長さを求めなさい。（　　　cm）

(2)　おうぎ形 ACF の面積を求めなさい。（　　　cm²）

(3)　線分 CD が通過した部分の面積を求めなさい。（　　　cm²）

11 　右の図のように，AB = 6 cm，BC = 9 cm の平行四辺形 ABCD があります。点 E は辺 CD 上の点で，AE ⊥ CD，DE = 3 cm です。点 P はこの平行四辺形の辺上を，点 A を出発して A → B → C → E の順に点 E まで毎秒 2 cm の速さで動きます。このとき，次の問いに答えなさい。　　（上宮高）

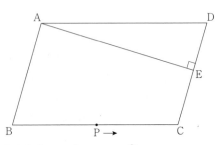

(1)　点 P が点 A を出発してから 1 秒後の△APE の面積を求めなさい。（　　　cm²）

(2)　AP ⊥ BC となるのは，点 P が点 A を出発してから何秒後かを求めなさい。（　　　秒後）

(3)　△APE の面積と平行四辺形 ABCD の面積の比が 1 : 3 になるときが 2 回あります。2 回目は，点 P が点 A を出発してから何秒後かを求めなさい。（　　　秒後）

★★★　発展問題　★★★

1 図のように，$AB = 3\sqrt{5}$ である△ABC について，$AP : PB = 1 : 2$ を満たす点 P を辺 AB 上にとる。∠A の二等分線と辺 BC の交点を Q とすると，$AQ = 2$，$\angle AQP = 90°$ となった。このとき，BQ の長さは ［あ　　　　］ であり，CQ の長さは ［い　　　　］ である。

（西大和学園高）

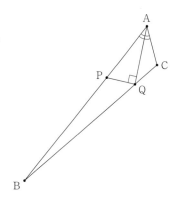

2 1 辺の長さが a cm の正方形 ABCD の紙がある。この紙を点 A と点 D が重なるように折り目をつけ，辺 AD の中点 M をとる。次に紙を戻し，点 B が点 M に重なるように折ると図のようになった。 （大阪教大附高池田）

(1) △AEM ∽ △GFH を証明しなさい。

$$\left[\right]$$

(2) DH : HC を求めなさい。（　　　　）

3 $AB = 10$，$BC = 11$ の三角形 ABC を，点 A を中心に回転させたものを三角形 AB′C′ としたところ，右の図のように 3 点 B′，C，C′ が一直線上になった。また，BC と AB′ の交点を P とするとき，$BP = 8$，$AP > PB′$ となった。このとき，AP の長さは ［　　　　　］ で，三角形 ACC′ の面積は ［　　　　　］ である。

（大阪星光学院高）

4 $AB = 7\sqrt{3}$，$AD = 6$ となるような長方形 ABCD がある。辺 BC 上に $BE = 1$ となるように点 E をとり，点 E と辺 CD 上の点 F を結ぶ線分 EF で折り曲げたとき，$\angle EFC = 30°$ となった。 （東大阪大敬愛高）

(1) ∠x の大きさを求めなさい。（　　　　）

(2) 線分 EF で折り曲げたまま，さらに点 E と点 F が重なるように折り曲げた。このとき，折って出来た図形の面積を求めなさい。（　　　　）

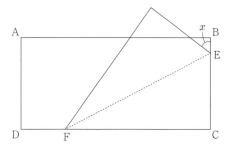

§2．三平方の定理と空間図形

☆☆☆　標準問題　☆☆☆

1　次の問いに答えなさい。

(1)　図の展開図を組み立ててできる円すいについて，以下の問
いに答えよ。　　　　　　　　　　　　（ノートルダム女学院高）

① 　底面の半径を求めよ。（　　　　）

② 　表面積を求めよ。（　　　　）

③ 　体積を求めよ。（　　　　）

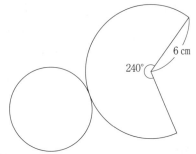

(2)　右の図はある立体の展開図である。このとき，次の問いに答えな
さい。　　　　　　　　　　　　　　　　　　　　（京都光華高）

① 　この立体の高さを求めなさい。（　　　　cm）

② 　この立体の体積を求めなさい。ただし，円周率はπとする。

（　　　　cm³）

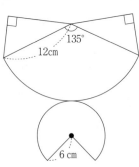

(3)　図のように，中心角が90°のおうぎ形と直角三角形を組み合わせた図形がある。こ
の図形を，直線ℓを軸として1回転させてできる立体の体積を求めよ。ただし，円周
率をπとする。（　　　　）　　　　　　　　　　　　　　　　　　　（近大附高）

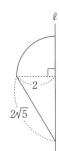

(4)　右の図のように，底面の半径が2cm，高さ4√2cmの円錐があ
り，底面の円周上の1点から側面にそって1周するように糸をかけ
る。この糸が最も短くなるときの糸の長さは□□□□□cmである。

（国立高専）

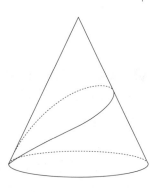

2 右の図のように，底面の半径が 3 cm の円すい P を，水平な台の上で頂点 O を固定して滑らないように同じ方向に回転させたところ，円すい P はちょうど 3 回転してもとの位置に戻った。このとき，次の問いに答えなさい。ただし，円周率は π とする。　（阪南大学高）

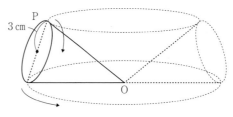

(1) 円すい P の底面の円周の長さを求めなさい。（　　　cm）

(2) 円すい P の母線の長さを求めなさい。（　　　cm）

(3) 円すい P の体積を求めなさい。（　　　cm³）

(4) 円すい P の底面の中心は右の図のように円を描く。この円の中心を O′ とする。円 O′ を底面とし，高さが OO′ の円すいの体積を求めなさい。（　　　cm³）

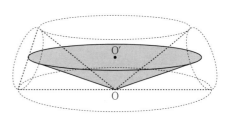

3 右の図のように，1 辺の長さが 6 cm の正四面体 ABCD があります。このとき，次の各問いに答えなさい。　（常翔学園高）

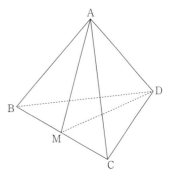

(1) 正四面体 ABCD の表面積を求めなさい。（　　　cm²）

(2) 辺 BC の中点を M とし，点 M から辺 AD におろした垂線と辺 AD の交点を H とします。線分 MH の長さを求めなさい。
（　　　cm）

(3) 正四面体 ABCD の体積を求めなさい。（　　　cm³）

4 1 辺が $4\sqrt{2}$ cm である正四面体 ABCD がある。線分 AB，AC，AD の中点をそれぞれ E，F，G とする。次の各問いに答えなさい。　（箕面自由学園高）

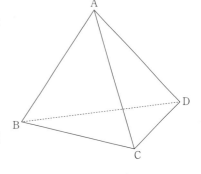

(1) 線分 CE，EG の長さを求めよ。
CE（　　　cm）　EG（　　　cm）

(2) △CEG の面積を求めよ。（　　　cm²）

(3) 正四面体 ABCD と立体 AEFG の体積比を最も簡単な整数の比で表せ。（　　　）

(4) 正四面体 ABCD の体積が $\dfrac{64}{3}$ cm³ のとき，立体 FECG の体積を求めよ。また，点 F から △ECG に下ろした垂線を FH とするとき線分 FH の長さを求めよ。体積（　　　cm³）　FH（　　　cm）

⑤　右の図のように，1 辺の長さが 6 cm の正四面体 OABC があり，辺 OA 上に点 P，辺 OB 上に点 Q，辺 OC 上に点 R を，それぞれ OP = 2 cm，OQ = OR = 4 cm となるようにとります。

（清教学園高）

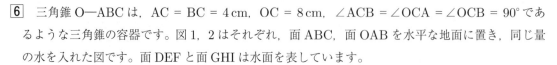

(1)　∠OPQ の大きさを求めなさい。（　　　）

(2)　△PQR の面積を求めなさい。（　　　cm²）

(3)　点 P から△OQR に下ろした垂線を PH とするとき，線分 PH の長さを求めなさい。（　　　cm）

(4)　直線 PH を軸として，△PHQ を 1 回転させてできる立体の体積を求めなさい。（　　　cm³）

⑥　三角錐 O—ABC は，AC = BC = 4 cm，OC = 8 cm，∠ACB = ∠OCA = ∠OCB = 90° であるような三角錐の容器です。図 1，2 はそれぞれ，面 ABC，面 OAB を水平な地面に置き，同じ量の水を入れた図です。面 DEF と面 GHI は水面を表しています。

　3 点 D，E，F が OD：DA = OE：EB = OF：FC = 3：1 を満たす点であるとき，次の各問いに答えなさい。ただし，容器の厚さは考えないものとします。

（賢明学院高）

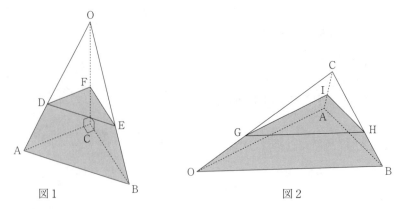

図 1　　　　　　　　　　　図 2

(1)　三角錐 O—ABC の体積を求めなさい。（　　　cm³）

(2)　水の体積を求めなさい。（　　　cm³）

(3)　△OAB の面積を求めなさい。（　　　cm²）

(4)　図 2 の水面の高さを求めなさい。（　　　cm）

⑦　右の図の正四角錐 O—ABCD で，AB = 4 cm，OA = 6 cm，点 M，N はそれぞれ辺 OB，OC の中点である。このとき，次の問いに答えなさい。

（芦屋学園高）

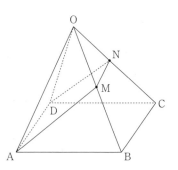

(1)　△OAB で底辺を AB とするとき，高さを求めなさい。

（　　　cm）

(2)　四角形 MBCN の面積を求めなさい。（　　　cm²）

(3)　正四角錐 O—ABCD の体積を求めなさい。（　　　cm³）

8　1辺の長さが 12cm である正方形 ABCD の紙がある。この用紙を用いて，(1)，(2)のような 2 つ
の立体を作る。　　　　　　　　　　　　　　　　　　　　　　　　　　　　　　　　　　（育英西高）

(1)　図 1 のように，正方形 ABCD の辺 BC，CD の中点をそれ
　　ぞれ E，F とし，AE，EF，FA を折り曲げて三角錐を作った。
　　次の各問いに答えなさい。

　①　△AEF の面積を求めなさい。（　　　　cm²）

　②　三角錐の体積を求めなさい。（　　　　cm³）

　③　△AEF を底面としたときの三角錐の高さを求めなさい。

　　　　　　　　　　　　　　　　　　　　　（　　　　cm）

図1

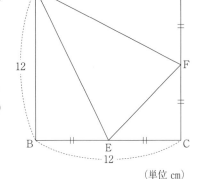

（単位 cm）

(2)　図 2 のように，正方形 ABCD から，各辺を底辺とする合
　　同な 4 つの二等辺三角形△ABP，△BCQ，△CDR，△DAS
　　を切り取り，残った図形を折り曲げて正四角錐を作った。こ
　　のとき，正四角錐の底面の 1 辺の長さは $4\sqrt{2}$ cm であった。
　　次の各問いに答えなさい。

　①　線分 PR の長さを求めなさい。（　　　　cm）

　②　線分 AP の長さを求めなさい。（　　　　cm）

　③　正四角錐の表面積を求めなさい。（　　　　cm²）

　④　四角形 PQRS を底面としたときの正四角錐の高さを求め
　　なさい。（　　　　cm）

　⑤　正四角錐の体積を求めなさい。（　　　　cm³）

図2

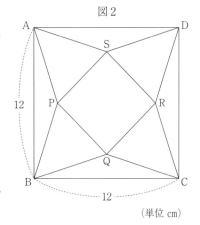

（単位 cm）

9　図のような，AB = $2\sqrt{10}$，一辺の長さが 4 の正方形 BCDE を底
　面とする正四角錐 ABCDE があります。頂点 A から底面 BCDE に
　垂線 AO を引きます。この正四角錐を 3 点 A，C，E を通る平面と，
　3 点 A，B，D を通る平面で切り分けます。このとき，次の問いに答
　えなさい。　　　　　　　　　　　　　　　　　　　　（追手門学院高）

(1)　三角形 ABC の面積を求めなさい。（　　　　）

(2)　AO の長さを求めなさい。（　　　　）

(3)　三角錐 OABC について，三角形 ABC を底面とするときの三角
　　錐の高さを求めなさい。（　　　　）

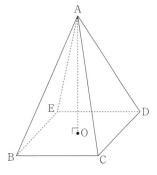

(4)　切り分ける前の正四角錐 ABCDE の表面積を S，三角錐 OABC の表面積を T とするとき，$\dfrac{S}{T}$
　　の値を求めなさい。（　　　　）

10 図のように，1辺の長さが 2 cm の正六角形 ABCDEF を底面
とする六角すいがあり，OA ＝ OB ＝ OC ＝ OD ＝ OE ＝ OF ＝
4 cm とする。また，頂点 O から底面 ABCDEF へ垂線を下ろし，
交点を G とする。このとき，次の各問いに答えなさい。　**（開智高）**

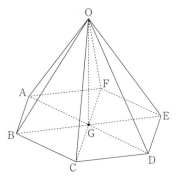

(1)　線分 OG の長さを求めなさい。（　　　　cm）

(2)　正六角形 ABCDEF の面積を求めなさい。（　　　　cm²）

(3)　六角すいの体積を求めなさい。（　　　　cm³）

(4)　線分 AB，FA，OA をそれぞれ 1：2 に分ける点を P，Q，R
とする。このとき，

　　①　△APQ の面積を求めなさい。（　　　　cm²）

　　②　四面体 APQR の体積を求めなさい。（　　　　cm³）

11 （図 1）のように，立方体 A が円錐に内接している。すなわち，立
方体 A は，1 つの面が円錐の底面と重なり，4 つの頂点が円錐の側面
と接している。円錐の底面の円の半径は $\sqrt{2}$，母線の長さは $\sqrt{6}$ で
ある。次の問いに答えよ。　　　　　　　　　**（関西大倉高）**

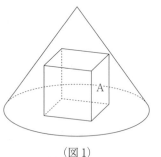

（図 1）

(1)　円錐の高さを求めよ。（　　　　）

(2)　立方体 A の 1 辺の長さを求めよ。（　　　　）

　　（図 2）のように，2 つの立方体 B，C をつくる。ここで，立方体 B
は，1 つの面が立方体 A の面と重なり，4 つの頂点が円錐の側面と接
している。また，立方体 C は，1 つの面が立方体 A の面と重なり，別
の面が円錐の底面と重なり，2 つの頂点が円錐の側面と接している。

(3)　立方体 B の 1 辺の長さを求めよ。（　　　　）

(4)　立方体 C の 1 辺の長さを求めよ。（　　　　）

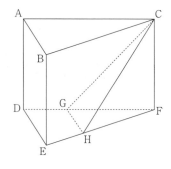

（図 2）

12 図のように，三角柱 ABC―DEF があり，AC ＝ 6，AD ＝ 5 であ
る。DG：GF ＝ 1：2，GH ∥ DE であるとき，次の問いに答えなさ
い。　　　　　　　　　　　　　　　　　　　　**（大阪青凌高）**

(1)　FG の長さを求めなさい。（　　　　）

(2)　CG の長さを求めなさい。（　　　　）

(3)　三角柱 ABC―DEF の体積は，三角錐 C―GHF の体積の何倍に
なるかを求めなさい。（　　　　）

13 図のように，底面が正三角形である正三角柱 ABC—DEF がある。
正三角形の 1 辺の長さは 8 cm であり，正三角柱の体積は $128\sqrt{6}$ cm³
である。このとき，次の問いに答えよ。　　　　　　　　（京都橘高）

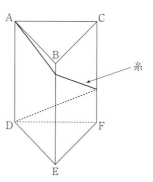

(1) △ABC の面積を求めよ。（　　　cm²）

(2) 辺 AD の長さを求めよ。（　　　cm）

(3) 点 A から辺 BE と，辺 CF を順に通し，点 D まで糸をかける。糸
　　の長さが最も短くなるときの糸の長さを求めよ。（　　　cm）

14 右の図において，ABCD—EFGH は 1 辺の長さが 4 の立方体で，AP =
3，FR = 1 であり，Q は辺 DH 上を自由に動く点である。この立方体の
内部を通る経路で，P から Q を通って R に至るもののうち，最短の長さ
は ◻◻◻◻◻ である。　　　　　　　　　　　　　　（大阪星光学院高）

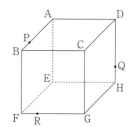

15 図 1 のような直方体の容器がある。この容器に水を満たし，図 2 のように辺 FG を地面につけた
まま容器を傾け，少しずつ水を容器の外に出していく。このとき，次の各問に答えなさい。

　　　　　　　　　　　　　　　　　　　　　　　　　　　　　　　　（神戸常盤女高）

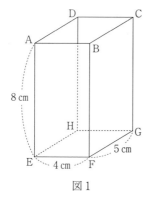

図 1

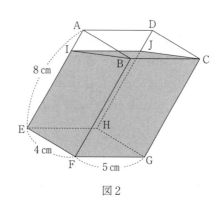

図 2

(1) 水面 BCJI が正方形になったとき，AI の長さを求めなさい。（　　　）

(2) (1)のとき，外に出した水の量（体積）を求めなさい。（　　　）

(3) 容器の中の水の量がもとの半分になったとき，BI の長さを求めなさい。（　　　）

(4) (3)のとき，A から水面 BCJI までの距離を求めなさい。（　　　）

16 右の図のような直方体 ABCD―EFGH において，AD ＝ AE ＝ 1，AB ＝ 3 であり，線分 DE の中点を M，点 A から△BDE にひいた垂線を AN とするとき，次の問いに答えよ。　　　　　　　　　　　（近大附和歌山高）

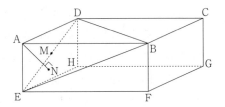

(1) 線分 BD の長さを求めよ。（　　　　）

(2) △BDE の面積を求めよ。（　　　　）

(3) 線分 MN の長さを求めよ。（　　　　）

17 右の図のように，1 辺の長さが 4 の立方体 ABCD―EFGH がある。図の中には，頂点 A，C を結んだ線分 AC，頂点 A，F を結んだ線分 AF，頂点 A，H を結んだ線分 AH，頂点 C，F，H を結んだ三角形 CFH がかかれている。また，線分 AG と三角形 CFH の交点を I とする。このとき，次の各問いに答えなさい。

（京都明徳高）

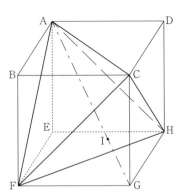

(1) 線分 AC の長さを求めなさい。（　　　　）

(2) 四面体 ACFH の体積を求めなさい。（　　　　）

(3) 線分 AI の長さを求めなさい。（　　　　）

18 図のように，直方体 ABCD―EFGH があり，AB ＝ 3 cm，AD ＝ 6 cm，AE ＝ 2 cm である。点 P は A から B を通って C まで辺上を秒速 3 cm で動き，点 Q は A から D まで辺上を秒速 2 cm で動き，点 R は A から G まで直方体の対角線上を秒速 $\dfrac{7}{3}$ cm で動く。点 P，Q，R は点 A を同時に出発する。このとき，次の問いに答えよ。　　　　　　　　　　（京都橘高）

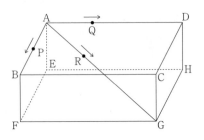

(1) 出発してから 1 秒後の線分 PQ の長さを求めよ。（　　　　cm）

(2) 出発してから 1 秒後の△ARQ の面積を求めよ。（　　　　cm²）

(3) 出発してから 1 秒後から 3 秒後の間で，三角錐 R―APQ の体積が $\dfrac{3}{2}$ cm³ となるのは，出発してから何秒後か求めよ。（　　　　秒後）

19 右の図は，AB = 5，AD = 8，AE = 6 の直方体です。四角形 BFHD の中に，F を中心とし，半径 BF の円の一部を書き，線分 FH との交点を I とします。また，半径 BF の円の一部の周上に点 P をとり，P から BF に平行な直線を引き，FH との交点を J とするとき，次の各問いに答えなさい。 (京都女高)

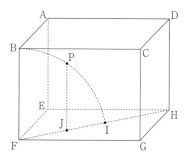

(1) 対角線 DF の長さを求めなさい。(　　)

(2) ∠PFI = 30° のとき，IJ の長さを求めなさい。(　　)

(3) 点 P が対角線 DF と円の一部の周上との交点であるとき，四角すい P—EFGH の体積を求めなさい。(　　)

20 図のように，立体 ABCD—EFGH は，二つの正方形 ABCD と EFGH が平行で，それぞれの正方形の一辺が 4cm，10cm である。また側面はすべて台形で，AE = BF = CG = DH = 6cm である。次の問いに答えなさい。 (大阪産業大附高)

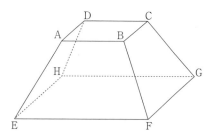

(1) EG の長さを求めなさい。(　　 cm)

(2) 四角形 AEFB の面積を求めなさい。(　　 cm²)

(3) 頂点 A から正方形 EFGH に垂線をひく。この垂線と正方形 EFGH との交点を I とするとき，線分 AI の長さを求めなさい。(　　 cm)

(4) 立体 ABCD—EFGH の体積を求めなさい。(　　 cm³)

21 一辺の長さが 6 の正方形を底面とし，高さが 4 の直方体の容器 A と，容器 A の底面の対角線の長さの半分を円の直径とする円柱の容器 B がある。容器 A，B の厚みは考えない。

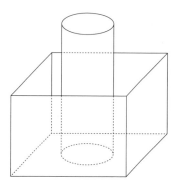

右図のように，容器 A の中に容器 B を置く。容器 B に水を静かに注ぎ，容器 B から水をあふれさせる。その後も容器 B に水を注ぎ続ける。あふれた水はすべて容器 A に入る。容器 A がいっぱいになったとき，水を注ぐのをやめる。容器 A，B に入っている水の体積の和は，容器 A の直方体としての体積のちょうど $\dfrac{5}{4}$ 倍となる。

このとき，容器 B の高さを求めなさい。なお，容器 A，B の底面どうしは常に接しているものとし，表面張力は考えない。(　　)

(京都市立堀川高)

22　右の図のように前後面が台形の立体がある。台形は上底 10m，下底 16m，高さ 4m であり立体の奥行きは 50m である。立体の上面の中心から，直径 4m，高さ 50m の円柱を縦に半分にしたものを取り除いた。ただし，側面は同じ形状とし，円周率は π とする。次の問いに答えなさい。　　　　　　　　　　（京都廣学館高）

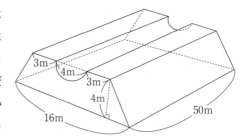

(1)　立体の表面積を求めなさい。(　　　m^2)

(2)　立体の体積を求めなさい。(　　　m^3)

★★★　発展問題　★★★

1　図のように，1辺の長さが 6cm の正四面体 ABCD がある。点 A から底面 BCD にひいた垂線と底面 BCD との交点を H とし，辺 BC，AD の中点をそれぞれ M，N とする。

このとき，次の問いに答えなさい。　　　（清風南海高）

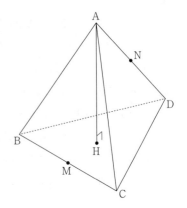

(1)　線分 AM の長さを求めなさい。(　　　cm)

(2)　線分 AH の長さを求めなさい。(　　　cm)

(3)　四面体 AHCN の体積を求めなさい。(　　　cm^3)

(4)　△HCN の 3 辺の長さの和を求めなさい。(　　　cm)

2　図のように，1辺の長さが 6 の正四面体 ABCD があり，点 D から△ABC にひいた垂線を DH とします。

このとき，次の問いに答えなさい。　　　（洛南高）

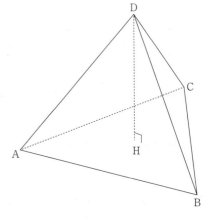

(1)　AH，DH の長さをそれぞれ求めなさい。

AH (　　　)　DH (　　　)

(2)　DH を軸として四面体 ABCD を 1 回転させるとき，四面体 ABCD が通過する部分の体積を V_1，△DAB が通過する部分の体積を V_2 とします。

このとき，V_1，V_2 をそれぞれ求めなさい。

V_1 (　　　)　V_2 (　　　)

3 右の I 図のように，底面が台形で，側面がすべて長方形である四角柱 ABCD―EFGH の形をした透明な容器があり，AD ∥ BC，AB = AD = CD = 8 cm，BC = 16cm，AE = 4 cm である。この容器を右の II 図のように，長方形 BCGF が底になるように水平な台の上に置き，容器の底から高さ $3\sqrt{3}$ cm のところまで水を入れる。

I 図

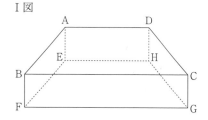

このとき，次の問い(1)〜(3)に答えよ。ただし，容器から水はこぼれないものとし，容器の厚さは考えないものとする。

(京都府―前期)

II 図

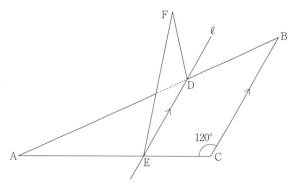

(1) この容器の，長方形 BCGF を底面としたときの高さを求めよ。（　　　cm）

(2) 容器に入っている水の体積を求めよ。（　　　cm³）

(3) この容器を長方形 CDHG が底になるように水平な台の上に置いたとき，容器の底から水面までの高さは何 cm になるか求めよ。（　　　cm）

4 図のように△ABC と直線 ℓ と△DEF がある。△ABC は AC = 12，BC = 8，∠C = 120°の鈍角三角形で，直線 ℓ は辺 BC に平行である。直線 ℓ と辺 AB との交点を D とし，直線 ℓ と辺 AC との交点を E とする。また，△DEF は辺 DE を 1 辺とする正三角形で，平面 ABC に垂直である。次の問いに答えよ。

(京都市立西京高)

(1) AE = 6 のとき，△DEF の面積を求めよ。（　　　）

(2) 直線 ℓ を AE = 6 となるところから AE = 9 となるところまで辺 BC に平行を保ったまま動かす。このときに△DEF が通過してできる立体の体積を求めよ。（　　　）

5 　図Ⅰ，図Ⅱにおいて，立体 ABCD—EFGH は四角柱である。四角形 ABCD は AD ∥ BC の台形であり，∠ADC = ∠DCB = 90°である。AD = 2 cm，DC = BC = 4 cm である。四角形 EFGH ≡ 四角形 ABCD である。四角形 HGCD，GFBC は 1 辺の長さが 4 cm の正方形であり，四角形 HEAD，EFBA は長方形である。

　次の問いに答えなさい。　　　　　　　　　　　　　　　　　　　　　　　（大阪府――一般）

(1)　図Ⅰにおいて，E と C，F と C とをそれぞれ結ぶ。I は，線分 EC 上の点である。J は，I を通り辺 EF に平行な直線と線分 FC との交点である。K は，J を通り辺 FB に平行な直線と辺 BC との交点である。

図Ⅰ

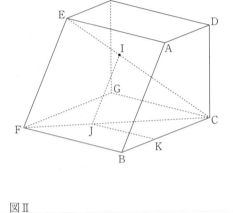

①　△BCF を直線 FC を軸として 1 回転させてできる立体の体積は何 cm³ ですか。円周率を π として答えなさい。（　　　cm³）

②　線分 EC の長さを求めなさい。（　　　cm）

③　EI = JK であるときの線分 EI の長さを求めなさい。（　　　cm）

(2)　図Ⅱにおいて，L，M はそれぞれ辺 HG，DC 上の点であり，HL = MC = 1 cm である。L と M とを結ぶ。N は，L を通り辺 FG に平行な直線と辺 EF との交点である。O は，M を通り辺 BC に平行な直線と辺 AB との交点である。このとき，NL ∥ OM である。N と O とを結ぶ。

図Ⅱ

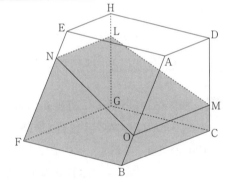

①　線分 OM の長さを求めなさい。（　　　cm）

②　立体 OBCM—NFGL の体積を求めなさい。

（　　　cm³）

14　　円

（注）　特に指示がない場合は，円周率は π とします。

§1．円周角の定理

1　次の問いに答えなさい。

(1)　右の図において，x と y の値を求めなさい。

　　$x =$（　　　　）　$y =$（　　　　）　　　　　　（大阪偕星学園高）

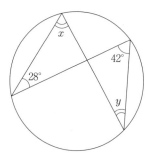

(2)　右の図の x の値を求めなさい。（　　　）　　　（智辯学園和歌山高）

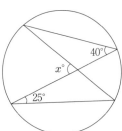

(3)　右図で，3 点 A，B，C は円 O の円周上にある。∠x の大きさを求めなさい。（　　　）　　　　　　　　　　　　　　　　（大阪高）

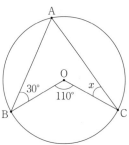

(4)　右の図の円 O において，∠x の大きさを求めなさい。（　　　　）

　　　　　　　　　　　　　　　　　　　　　　　　　（四條畷学園高）

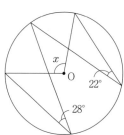

2　次の問いに答えなさい。

(1) 右の図の四角形 ABCD で，∠BAC = 73°，∠CDB = 73°，∠ABD = 51°，∠CBD = 35° のとき，∠ADB の大きさを求めなさい。（　　　）　　　　　　　　　（初芝橋本高）

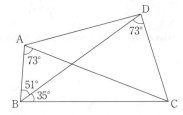

(2) 頂角 A の大きさが 52° である二等辺三角形 ABC と三角形 BCD があり，4 点 A，B，C，D は辺 BD の中点を中心とする円周上にある。このとき，∠x の大きさを求めなさい。（　　　）（京都府立嵯峨野高）

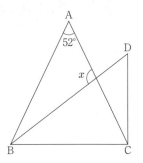

(3) 右の図において，BD = DC = CA，BE = EA である。∠DEA の大きさが 32 度のとき，∠ABC の大きさは [　　　] 度である。（灘高）

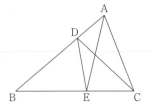

3　次の問いに答えなさい。

(1) 右の図で A，B，C，D は円周上の点，AC は円 O の直径である。このとき，∠x の大きさを求めなさい。（　　　）　　　　（大阪成蹊女高）

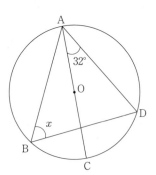

(2) 右の図で，∠x の大きさを求めなさい。ただし，EB = EC で，線分 AC は円の直径である。（　　　）　　　　　　　　（開明高）

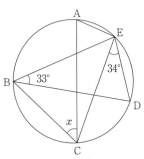

4 次の問いに答えなさい。

(1) 右図のように，点 P を通る 2 つの直線が，円と点 A，B，C，D
で交わっている。また，直線 PQ は円と点 T で接しており，直
線 BT は円の中心 O を通る。∠BPD = 23°，∠ADP = 20° の
とき，∠DTQ = [ ]° である。 （箕面自由学園高）

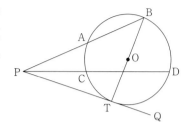

(2) 図のように，AB，AC をそれぞれ直径とする 2 つの半円
O，O' があり，点 C からひいた直線は点 P で半円 O と接し，
点 Q で半円 O' と交わる。∠PAB = 28° のとき，∠PAQ の
大きさを求めなさい。（   ） （開智高）

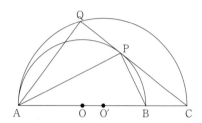

5 次の問いに答えなさい。

(1) 図のように円 O の周上に点 A，B，C があります。AB∥OC の
とき，∠x の大きさを求めなさい。（   ） （報徳学園高）

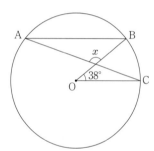

(2) 右の図の円 O で，∠x，∠y の大きさをそれぞれ求めなさい。た
だし，OD∥BC である。∠x = (   ) ∠y = (   )
（明星高）

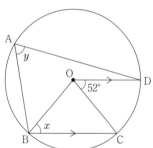

(3) 右の図で∠x の大きさを求めなさい。ただし，図は正確で
はない。（   ） （大阪学院大高）

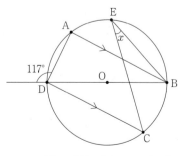

（点 O は円の中心，AB∥DC）

6 次の問いに答えなさい。

(1) 図は点 O を中心とする円で，線分 CF は直径である。$\overset{\frown}{AB} = \overset{\frown}{CD} = \overset{\frown}{DE} = \overset{\frown}{EF}$ のとき，$\angle x$ の大きさを求めなさい。（　　　）（姫路女学院高）

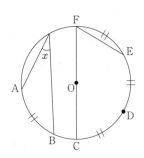

(2) 右の図で，点 A～J は，円周を 10 等分する点である。$\angle x$ の大きさを求めなさい。（　　　）　　　　　　（三田学園高）

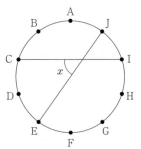

(3) 右の図において，BE は円の直径で，$\overset{\frown}{AB} : \overset{\frown}{BC} = 2 : 3$，$\overset{\frown}{BC} : \overset{\frown}{CD} = 3 : 2$ です。$\angle x$ の大きさを求めなさい。（　　　）（桃山学院高）

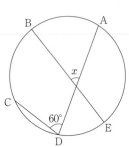

(4) 円の周上に 5 点 A，B，C，D，E があります。AE ∥ BD，$\overset{\frown}{AB} = \overset{\frown}{BC}$ であるとき，$\angle x$ の大きさを求めなさい。（　　　）（上宮太子高）

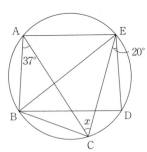

7 図のように円周を 12 等分した点を，アルファベット順に A から L とする。　　　　　　　　　　　　　　　　　　（同志社高）

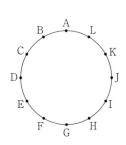

(1) 線分 FI と線分 DG の交点を M とするとき，$\angle$DMI の大きさを求めよ。

（　　　）

(2) 線分 FI と線分 AG の交点を N とするとき，$\angle$ANF の大きさを求めよ。

（　　　）

§2. 相似と円

☆☆☆　標準問題　☆☆☆

1 次の問いに答えなさい。

(1) 右の図で x の値を求めなさい。（　　　）　　　　　（京都産業大附高）

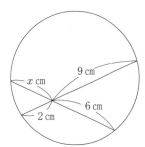

(2) 右の図で，AP = 3，BP = 8，CD = 10 のとき，線分 DP の長さを求めなさい。ただし，線分 DP は，線分 CP より長いものとする。（　　　）

（関西創価高）

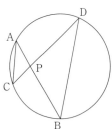

2 右の図のように，円周上に 4 点 A，B，C，D があり，四角形 ABCD の 2 本の対角線 AC，BD の交点を E とする。△ABC が AB = BC の二等辺三角形であるとき，次の問いに答えなさい。

（神戸山手グローバル高）

(1) △DBC ∽ △CBE であることを，次のように証明した。次の ア ～ オ に入る数や語句を，下の語群から選び記号で答えなさい。

　　ア（　　　）　イ（　　　）　ウ（　　　）　エ（　　　）

　　オ（　　　）

　[証明]　△DBC と △CBE において

　　　　共通な角だから，∠DBC = ∠ ア ……(i)

　　　　二等辺三角形の底角は等しいので，∠BCA = ∠ イ ……(ii)

　　　　弧 BC に対する ウ は等しいので，∠CDB = ∠CAB……(iii)

　　　　(ii)，(iii)より，∠CDB = ∠ エ ……(iv)

　　　　(i)，(iv)より， オ がそれぞれ等しいから，△DBC ∽ △CBE

　〔語群〕　① ECB　　② CBE　　③ CAD　　④ CAB　　⑤ 対頂角　　⑥ 円周角

　　　　　⑦ 錯角　　⑧ 3 組の辺の比　　⑨ 2 組の辺の比とその間の角　　⑩ 2 組の角

(2) AB = 6 cm，BE = 4 cm のとき，線分 DE の長さを求めなさい。（　　　cm）

3 右の図において，AB = AC = 9 cm, AF = 5 cm, ∠BAD = ∠DAE = ∠EAC であるとき，次の問いに答えよ。 （同志社国際高）

(1) AE の長さを求めよ。（　　　）

(2) CE の長さを求めよ。（　　　）

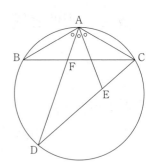

4 右の図1のように，4点 A, B, C, D は円周上の点です。線分 DA を A 側に延長し，線分 CB を B 側に延長し，その交点を E とします。また，円の中心を O とします。このとき，次の各問いに答えなさい。 （常翔学園高）

図1

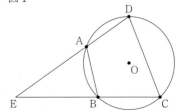

(1) 図1では，EA × ED = EB × EC が成り立ちます。下の文章は，この等式を証明したものです。次の空らんにあてはまる適切なものを，語群(あ)～(そ)から選び記号で答えなさい。

ア（　　）イ（　　）ウ（　　）エ（　　）オ（　　）カ（　　）

△AEB と△CED において，共通な角であるから，∠AEB = ∠CED……①

また，∠ADC = x° とすると，

円周角の定理より，$\overset{\frown}{\text{AC}}$（点 B を含む）に対する中心角∠AOC = ア °

よって，$\overset{\frown}{\text{AC}}$（点 D を含む）に対する中心角∠AOC = 360° － ア °なので，∠ABC = イ °

これより，∠ABE = 180° － ∠ABC = ウ °なので，∠ABE = ∠CDE……②

したがって，①，②より エ ので，△AEB ∽△CED

対応する辺の比は等しいので，EA : オ = EB : カ であるから，EA × ED = EB × EC

【語群】

(あ) $\dfrac{1}{2}x$　(い) x　(う) $2x$　(え) $3x$　(お) $90 - x$　(か) $90 + x$　(き) $180 - x$

(く) $180 + x$　(け) AB　(こ) AD　(さ) EC　(し) ED

(す) 3組の辺の比がすべて等しい　(せ) 2組の辺の比とその間の角がそれぞれ等しい

(そ) 2組の角がそれぞれ等しい

(2) 図1で，∠AEB = 36°，∠ADC = 82°のとき，∠EAB の大きさを求めなさい。（　　　）

(3) 右の図2で，PQ = 2 cm, QR = 5 cm, PU = 3 cm とします。このとき，線分 UV の長さを求めなさい。（　　　cm）

図2

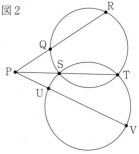

★★★　発展問題　★★★

1 右の図のように，円周上に 4 点 A，B，C，D があり，AC と BD の交点を E とします。

　AB = 2，BC = 4，CD = 5，DA = 6 のとき，次の各問いに答えなさい。　　　　　　　　　　　　　　　　　　　　　（京都女高）

(1)　AE : ED を最も簡単な整数の比で表しなさい。（　　　　）

(2)　AC : BD を最も簡単な整数の比で表しなさい。（　　　　）

(3)　△ABE と四角形 ABCD の面積の比を，最も簡単な整数の比で表しなさい。（　　　　）

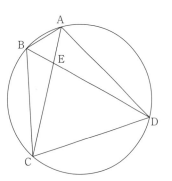

2　図のように，△ABC の辺 AB 上に 2 点 D，H が，辺 BC 上に 2 点 E，I が，辺 CA 上に 2 点 F，G があり，△ABC ∽ △DEF ∽ △GHI であるとする。　　　　　　　　　　　　　　　　　　（灘高）

(1)　∠BIH = ∠CGI であることを証明せよ。

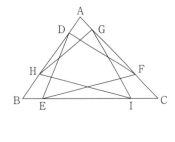

(2)　さらに，4 点 D，E，F，G が同一円周上にあるとする。

　(i)　4 点 G，H，I，E は同一円周上にあることを証明せよ。

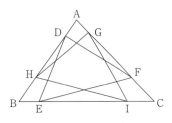

　(ii)　4 点 G，H，I，D は同一円周上にあることを証明せよ。

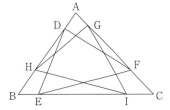

§3．三平方の定理と円

☆☆☆　**標準問題**　☆☆☆

1 次の問いに答えなさい。

(1) 右の図で，$\overparen{AB}$ の長さを求めなさい。（　　　cm）

（仁川学院高）

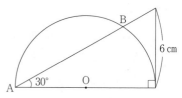

(2) 右の図のように，点 O，O′ を中心とする円があります。円 O の半径は 2 cm，円 O′ の半径は 3 cm です。2 つの円は接しており，直線 ℓ は 2 点 A，B で 2 つの円に接しています。このとき，線分 AB の長さを求めなさい。（　　　cm）　（早稲田大阪高）

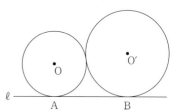

(3) 右の図のように，正方形の各頂点が半円上にある。このとき，正方形の面積は □ cm² である。　　（大谷高）

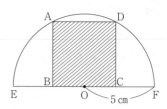

2 図のように，半径 1 の円 O の外部の点 P から 2 本の接線 ℓ，m を引き，接点をそれぞれ A，B とします。直線 OB と ℓ との交点を Q とすると，AP：PQ ＝ 1：2 です。また，直線 OA と m との交点を R とします。　　（四天王寺高）

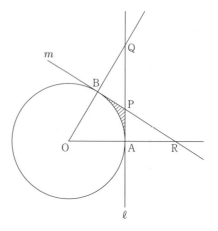

(1) 線分 OQ の長さを求めなさい。（　　　）

(2) 図の斜線をつけた部分の面積を求めなさい。（　　　）

(3) 3 点 O，Q，R は 1 つの円周上にあります。その円の半径を求めなさい。（　　　）

3 下の図のように線分 AB を直径とする半円 O と線分 AO を直径とする半円 C がある。半円 C 上に ∠OAD = 30° となるように点 D をとり，直線 AD と半円 O の交点を E，直線 OD と半円 O の交点を F とし，線分 AE と線分 BF の交点を G とする。半円 O の半径が 2 cm のとき，次の問いに答えなさい。

（天理高）

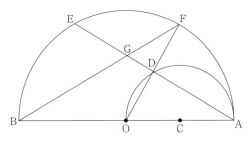

(1) 線分 AD の長さを求めなさい。(　　　cm)

(2) 線分 EG と線分 GD の長さの比を最も簡単な整数の比で答えなさい。(　　　　)

(3) 線分 GD の長さを求めなさい。(　　　cm)

(4) △CGD の面積を求めなさい。(　　　cm²)

4 図のように，長方形 ABCD があり，辺 AD の中点を E とします。AD = 4，∠AEB = 60° となっています。また，点 F を △ABE と △FBE が直線 BE について線対称になるようにとります。線分 BF を直径とする円と直線 BC の交点のうち，B でない方を G とします。また，この円の中心を O とします。次の問いに答えなさい。

（履正社高）

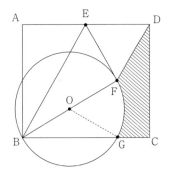

（図は正確とは限りません）

(1) 辺 AB の長さを求めなさい。(　　　　)

(2) ∠FOG の大きさを求めなさい。(　　　　)

(3) 3 つの線分 CD，CG，DF および FG で囲まれた図の斜線部分の面積を求めなさい。ただし，円周率は π とします。(　　　　)

5 点 O を中心とし，一辺が 4 cm の正三角形 ABC の 3 つの頂点を通る円がある。線分 BD を円 O の直径とし，線分 AC との交点を E とする。線分 CD の延長と点 A から垂直に下ろした直線との交点を F とするとき，次の問いに答えなさい。ただし，比は最も簡単な整数比で答えなさい。

（金光大阪高）

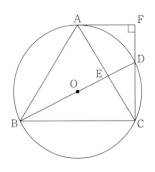

(1) ∠ACD の大きさを求めなさい。(　　　　)

(2) 線分 BE の長さを求めなさい。(　　　cm)

(3) 円 O の半径を求めなさい。(　　　cm)

(4) 面積比　三角形 ABC：三角形 ACF を求めなさい。(　　　　)

6 図のように，円 O に内接する正八角形がある。AC と BO の交点を E とする。　（東大阪大敬愛高）

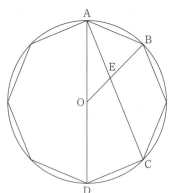

(1)　∠AEB の大きさを求めなさい。（　　　）

(2)　△BCE と△EDO の面積比を最も簡単な整数比で求めなさい。
（　　　）

7 右の図のように，線分 AB を直径とする半円 O があります。点 C を円周上にとり，点 D, E, F を線分 CA，AB，BC 上にそれぞれとり，四角形 CDEF が長方形となるようにします。CA = 12cm，BC = 9cm，DE：EF = 3：1 となるとき，次の各問いに答えなさい。

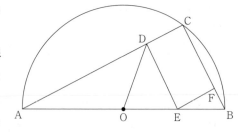

（早稲田大阪高）

(1)　線分 OB の長さを求めなさい。（　　　cm）

(2)　線分 DE の長さを求めなさい。（　　　cm）

(3)　△OED と△ABC の面積の比を最も簡単な整数の比で表しなさい。（　　　）

8 右の図において，点 C は AB を直径とする円 O の周上の点です。点 D は線分 AC 上の点で，AD = BC です。また，点 E, F は D を通り AC に垂直な直線と円 O との交点で，点 G は AC と BF との交点です。次の問いに答えなさい。　（プール学院高）

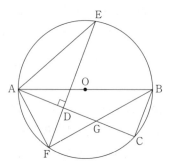

(1)　△ADF ≡△BCG であることを証明しなさい。

```

                                          
```

(2)　BC = 8cm，CG = 6cm のとき，

　①　BG の長さを求めなさい。（　　　）

　②　DG の長さを求めなさい。（　　　）

　③　△AEF の面積を求めなさい。（　　　）

9　図の円 O は AB ＝ AC ＝ 6 の直角二等辺三角形の頂点 A，
　B，C を通っている，BA の延長上に AE ＝ 2 となる点 E を
　とり，EC と円の交点を D，BD と AC の交点を F とする。
　　次の問いに答えなさい。　　　　　　　　　　（大阪学芸高）

(1)　△ABF ∽△DBE を証明しなさい。

(2)　四角形 AFDE の面積を求めなさい。（　　　　）

(3)　△EBF と△ECF の面積比を最も簡単な整数比で表しな
　さい。（　　　　）

(4)　△ADF の面積を求めなさい。（　　　　）

(5)　3 点 A，B，C を通る円と 3 点 A，D，F を通る円の面積比を最も簡単な整数比で表しなさい。

　　　　　　　　　　　　　　　　　　　　　（　　　　）

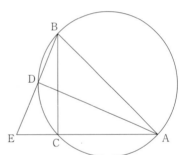

10　三角形 ABC の 3 つの頂点を通る半径 $3\sqrt{10}$ の円があり，AB
　は円の直径であり，$\overset{\frown}{AC}＝\overset{\frown}{CB}$ である。また，図のように $\overset{\frown}{BC}$ 上に
　点 D を BD ＝ 6 となるようにとり，直線 AC と直線 BD の交点
　を E とする。さらに線分 AD 上に AF ＝ 10 となる点 F をとり
　直線 BF と AC および円との交点をそれぞれ G，H とする。こ
　のとき，次の問いに答えなさい。　　　　　　　　　（近江高）

(1)　線分 AD の長さを求めなさい。（　　　　）

(2)　線分 DE の長さを求めなさい。（　　　　）

(3)　三角形 CGH の面積を求めなさい。（　　　　）

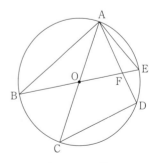

11　右の図のように，円 O の周上に 5 点 A，B，C，D，E がこの順にあ
　り，線分 AC と線分 BE は円 O の直径である。また，AE ＝ 4 cm で，
　∠ABE ＝ 30°，∠ACD ＝ 45° である。線分 AD と線分 BE との交点
　を F とする。

　　このとき，次の問い(1)～(3)に答えよ。　　　　　（京都府一中期）

(1)　円 O の直径を求めよ。（　　　cm）

(2)　線分 EF の長さを求めよ。（　　　cm）

(3)　線分 AC と線分 BD との交点を G とするとき，△OBG の面積を求めよ。（　　　cm²）

★★★　発展問題　★★★

1 PC ＝ 3，AB ＝ 5，PA ＝ CB ＝ $\sqrt{10}$，PC ∥ AB である台形 PABC があります。　（洛南高）

(1) 線分 AC の長さを求めなさい。（　　　）

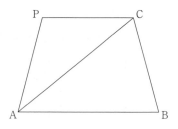

(2) 点 P から直線 AC にひいた垂線 PD の長さを求めなさい。

（　　　）

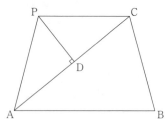

　　さらに，図のように，3 点 A，D，P を通る円を C_1，3 点 C，D，P を通る円を C_2 とし，また，C_1 と直線 AB との交点を E，C_2 と直線 BC との交点を F とします。

(3) （△AEP の面積）:（△CFP の面積）を最も簡単な整数の比で表しなさい。（　　　）

(4) △PED の面積と△PDF の面積の和を求めなさい。

（　　　）

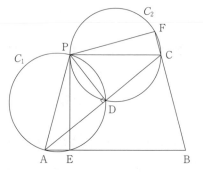

2 右の図のように，三角形 ABC があり，辺 BC を直径とする円と 2 点 D，E で交わっている。AB ＝ 4，BC ＝ $4\sqrt{3}$ で，点 D は辺 AB の中点である。　（大阪星光学院高）

(1) 三角形 ABC と三角形 AED は相似であることを証明せよ。

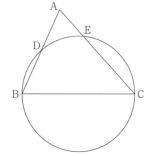

(2) 三角形 AED は二等辺三角形であることを証明せよ。

(3) AE の長さは □ であり，三角形 AED の面積は □ である。

15 関数と図形

§1. 関数と相似

☆☆☆ 標準問題 ☆☆☆

1 右の図のように，2つの関数 $y = x^2$，$y = x + a$ のグラフがある。これら2つのグラフは2点 A，B で交わり，点 B の x 座標は2である。このとき，次の問いに答えなさい。

（甲子園学院高）

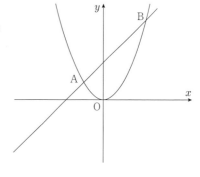

(1) a の値を求めなさい。（　　　）

(2) 点 B を通り，y 軸に平行な直線と直線 AO の交点を C とするとき，点 C の座標を求めなさい。（　　　）

(3) (2)のとき，△OAB と△OCB の面積の比を求めなさい。

（　　　）

2 放物線 $y = ax^2$ $(a > 0)$ と直線 $\ell : y = \dfrac{2}{3}x + 4$ が2点 A，B で交わっている。点 B を通り，x 軸と平行な直線と y 軸との交点を C，直線 ℓ と x 軸との交点を D とする。四角形 OBCD が平行四辺形となるとき，次の問いに答えよ。

（関西学院高）

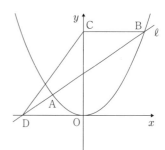

(1) 点 B の座標を求めよ。（　　　）

(2) a の値を求めよ。（　　　）

(3) △OAB と△OAD の面積比を求めよ。（　　　）

3 右の図のように，直線 ℓ と放物線 $y = kx^2$ $(k > 0)$ が2点 A，B で交わっており，ℓ は x 軸と点 C (4, 0) で交わっている。また，A，B から x 軸に引いた垂線と x 軸の交点をそれぞれ D $(a, 0)$，E $(b, 0)$ とする。ただし，$4 < a < b$ とする。CA : AB = 1 : 3 が成り立つとき，次の各問いに答えなさい。

（帝塚山学院泉ヶ丘高）

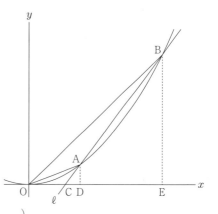

(1) AD : BE を最も簡単な整数の比で表しなさい。

（　　　）

(2) a の値を求めなさい。（　　　）

(3) △OAB の面積が36のとき，k の値を求めなさい。（　　　）

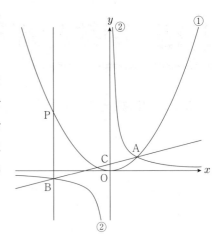

4　右の図のように，2つの関数 $y = ax^2$（$a > 0$）……①と

$y = \dfrac{2}{x}$……②のグラフがあります。①と②の交点を A とし，

その x 座標は 2 です。また，②上に x 座標が b（$b < 0$）と

なる点 B があります。さらに，直線 AB と y 軸との交点を

C とし，点 C は線分 AB を 1：2 に内分しています。点 B を

通る y 軸と平行な線を引き，①との交点を P とします。こ

のとき，次の各問いに答えなさい。　　　（早稲田大阪高）

(1)　a の値を求めなさい。（　　　　）

(2)　b の値を求めなさい。（　　　　）

(3)　△ABP の面積を求めなさい。（　　　　）

(4)　y 軸上に点 Q をとるとき，△ABQ の面積は△ABP の面積と値が等しくなりました。このと

き，点 Q の座標を求めなさい。ただし，点 Q の y 座標は正の数とします。（　　　　）

5　放物線 $y = ax^2$ と直線 $y = -ax + 1$ の交点を A，B とする。ただし，A の x 座標は -2 である。

また，直線と x 軸の交点を C とする。原点を O として，次の問いに答えよ。　　　（同志社高）

(1)　定数 a の値と，点 B の x 座標を求めよ。（　　　　）

(2)　△OAB と△OBC の面積比△OAB：△OBC を求めよ。（　　　　）

(3)　△OAB を，x 軸を回転の軸として 1 回転させてできる立体の体積を求めよ。ただし，円周率は

π とする。（　　　　）

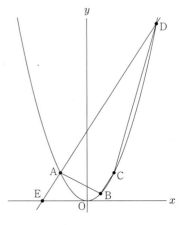

6　図のように，放物線 $y = \dfrac{1}{4}x^2$ 上に点 A，B，C があり，点 A，

B，C の x 座標はそれぞれ -4，2，4 である。また，点 A を通り

直線 BC と平行な直線と放物線との点 A 以外の交点を D とし，x

軸との交点を E とする。このとき，次の問いに答えよ。

（京都橘高）

(1)　直線 BC の式を求めよ。（　　　　）

(2)　四角形 ABCD の面積を求めよ。（　　　　）

(3)　線分 AD 上に，AF：FD = 3：4 となる点 F をとるとき，EA：

　　FD を最も簡単な整数の比で表せ。（　　　　）

7 右の図において，双曲線 m と直線 n がある。直線 n は，双曲線 m と点 A と点 B $(2, 6)$ で交わっている。また，点 C の座標が $(2, -3)$，直線 n と x 軸との交点を P とするとき，次の問いに答えなさい。　　　　　　　　　　　　（綾羽高）

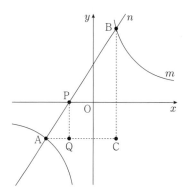

(1) 双曲線 m について，y を x の式で表しなさい。（　　　）

(2) 点 A の x 座標が -4 のとき，直線 n の式を求めなさい。

　　　　　　　　　　　　　　　　　　　（　　　　）

(3) △ABC の面積を求めなさい。（　　　）

(4) 点 Q の座標が $(-2, -3)$ のとき，△ABC と△APQ の面積比を最も簡単な整数比で表しなさい。（　　　）

★★★　発展問題　★★★

1 右の図のように，放物線 $y = ax^2$ 上に 4 点 A，B，C，D があります。A，B，C の x 座標はそれぞれ -4，-2，2 で，点 D の座標は $(6, 18)$ です。　　　　　　　　　　　　　　　（仁川学院高）

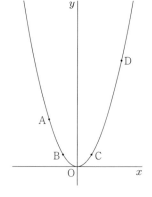

(1) a の値を求めなさい。（　　　）

(2) 直線 AC の式を求めなさい。（　　　）

(3) y 軸上の $y > 0$ の部分に点 E をとります。四角形 ABCE の面積と四角形 ABCD の面積が等しくなるとき，点 E の座標を求めなさい。

　　　　　　　　　　　　　　　　　　　（　　　　）

(4) 五角形 ABOCD の面積を求めなさい。（　　　　）

(5) 点 C を通り，五角形 ABOCD の面積を 2 等分する直線と直線 AD との交点の座標を求めなさい。（　　　）

2 a は 2 より小さい正の数である。放物線 $y = ax^2 \cdots\cdots$① と直線 ℓ：$y = -2x$ がある。①と ℓ の交点のうち，原点 O $(0, 0)$ でない方を A とする。また，A を通り傾きが $\dfrac{1}{2}$ である直線を m とし，①と m の交点のうち A でない方を B とする。　　　　　　　　（灘高）

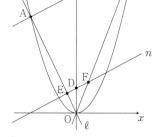

(1) A，B の座標を a を用いて表すと，A $(\boxed{}, \boxed{})$，B $(\boxed{}, \boxed{})$ である。

(2) m と y 軸の交点を C とする。点 D $(0, a)$ を通り直線 m に平行な直線を n とする。ℓ と n との交点を E とし，n と直線 OB との交点を F とする。

　(a) △ODF の面積を a を用いて表せ。（　　　）

　(b) △ODF の面積と四角形 ACDE の面積が等しいような a の値を求めよ。（　　　）

§2. 関数と三平方の定理

☆☆☆　標準問題　☆☆☆

1　右の図のように，2つの放物線 $y = x^2$，$y = \dfrac{1}{2}x^2$ と直

線 ℓ が x の正の部分と交わる点をそれぞれ A，B とします。
また，点 A の座標は (2, 4)，直線 ℓ は点 C (0, 3) を通りま
す。このとき，次の問いに答えなさい。　（龍谷大付平安高）

(1)　点 B の座標を求めなさい。（　　　　）

(2)　△AOB の面積を求めなさい。（　　　　）

(3)　原点 O から直線 ℓ に垂線 OH を下ろしたとき，線分
OH の長さを求めなさい。（　　　　）

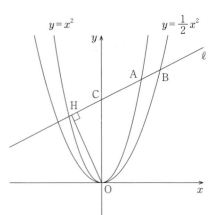

2　右の図において，点 A，B はともに放物線 $y = -x^2$ 上にあり，
A の x 座標は -3，B の x 座標は 1 である。　（大阪女学院高）

(1)　直線 AB の式を求めよ。（　　　　）

(2)　△OAB の面積を求めよ。（　　　　）

(3)　図のように，直線 AB 上に OH ⊥ AB となるように点 H を
とる。OH の長さを求めよ。（　　　　）

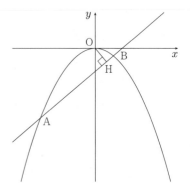

3　右の図のように，関数 $y = ax^2$ $(a > 0)$ のグラフ上に
2点 A，B があり，点 A の座標は $(-2, 4)$ である。また，
直線 $y = 6$ 上に F をとり，四角形 BCDF が正方形になる
とする。このとき，次の各問いに答えなさい。ただし，点
B の x 座標は 1 よりも大きいとする。（香ヶ丘リベルテ高）

(1)　a の値を求めなさい。（　　　　）

(2)　点 B の座標を求めなさい。（　　　　）

(3)　正方形 BCDF の面積を求めなさい。（　　　　）

(4)　台形 OCBF の周の長さを求めなさい。（　　　　）

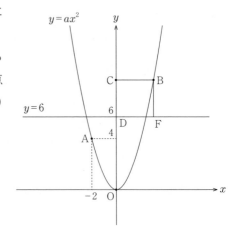

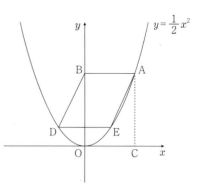

4 関数 $y = \dfrac{1}{2}x^2$ のグラフ上の $x > 0$ の部分に点 A をとり,

A から x 軸, y 軸に平行な直線を引き, y 軸, x 軸との交点を

それぞれ B, C とします。

$y = \dfrac{1}{2}x^2$ のグラフ上に, 四角形 ABDE が平行四辺形とな

るように 2 点 D, E をとるとき, 次の各問いに答えなさい。

(京都女高)

(1) AB + AC = 12 のとき, 点 A の座標を求めなさい。

( )

(2) B (0, 12) のとき, 直線 AE の傾きを求めなさい。( )

(3) 点 E の x 座標が $\sqrt{5}$ であるとき, ▱ABDE の周の長さを求めなさい。( )

5 図のように 2 つの放物線 $y = \dfrac{1}{2}x^2$……①, $y = -\dfrac{1}{4}x^2$……②と

直線 $y = x + 4$……③がある。点 O を原点とし, 放物線①と直線③

の交点を A, B とする。ただし, 点 A の x 座標は負である。点 C は

y 軸上の点で, 点 D は線分 OB 上の点であり, 四角形 OACD は平

行四辺形である。また, 点 E は放物線②上の点で, その x 座標が点

D の x 座標と等しい。次の問いに答えよ。　　　(京都市立西京高)

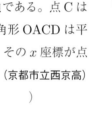

(1) 2 点 A, B の座標を求めよ。A ( ) B ( )

(2) 点 D の座標を求めよ。( )

(3) y 軸上に点 F をとるとき, 線分の長さの和 BF + FE の最小値

を求めよ。( )

6 右の図のように, 関数 $y = \dfrac{1}{4}x^2$……①と関数 $y =$

$-\dfrac{1}{9}x^2$……②のグラフがあります。点 A は①のグラフ

上, 点 B は②のグラフ上にあり, それらの x 座標はそ

れぞれ − 2, 3 です。点 C は y 軸上の正の部分にあり,

△ABC は∠A = 90°の直角二等辺三角形です。このと

き, あとの問いに答えなさい。　　　　　　(立命館高)

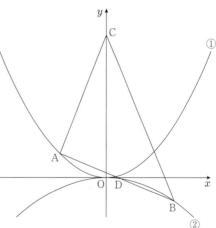

(1) 線分 AB の長さを求めなさい。( )

(2) 点 C の座標を求めなさい。( )

(3) △ABC の面積を求めなさい。( )

(4) 直線 AB と x 軸との交点を D とし, ①のグラフ上

に x 座標が正となる点 E をとります。四角形 ADEC の面積と△ABC の面積が等しいとき, 点 E

の x 座標を求めなさい。( )

7　放物線 $y = ax^2$ 上に点 A $(-2, -2)$ と点 B がある。直線 AB は x 軸に平行で，点 B を通り直線 OA に平行な直線①が放物線と交わる点を C とする。次の各問いに答えなさい。　　　　　　　　（育英西高）

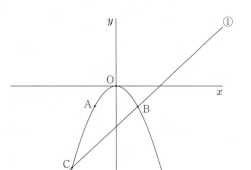

(1)　a の値を求めなさい。（　　　　）

(2)　直線①の式を求めなさい。（　　　　）

(3)　点 C の座標を求めなさい。（　　　　）

(4)　△BOC の面積を求めなさい。（　　　　）

(5)　線分 OA の長さを求めなさい。（　　　　）

(6)　四角形 OACB の面積を求めなさい。（　　　　）

(7)　原点 O を通り，四角形 OACB の面積を 2 等分する直線の式を求めなさい。（　　　　）

(8)　放物線上に点 P をとる。△PCB の面積が△ACB の面積と等しくなるような点 P の x 座標をすべて求めよ。ただし，点 P は点 A と異なる点とする。（　　　　　　）

8　図のように，2 次関数 $y = ax^2$ のグラフ上に 3 点 A，B，C をとり，直線 AB と y 軸との交点を D とします。また，直線 AB の式は $y = \dfrac{1}{2}x + 6$，点 C の座標は $(2, 1)$ とします。

OC : AD : DB = 1 : 2 : 3 であるとき，次の問いに答えなさい。　　　　　（京都産業大附高）

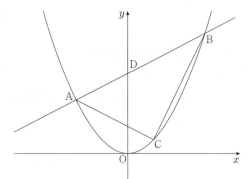

(1)　a の値を求めなさい。（　　　　）

(2)　点 A，B の座標を求めなさい。

　　　A（　　　　）　B（　　　　）

(3)　△ABC の面積を求めなさい。（　　　　）

(4)　直線 AB 上に，∠AEC = 90° となるように点 E をとります。線分 CE の長さを求めなさい。

　　　　　　　　　　　　　　　　　　　　　　　　　　　（　　　　）

(5)　直線 AC と直線 OB の交点を F とします。

　　①　△BFC の面積を求めなさい。（　　　　）

　　②　四角形 OABC を直線 DF で 2 つに分けるとき，分けられた図形のうち大きい方の面積を求めなさい。（　　　　）

9　次の空欄に当てはまる数を0〜9から選び，その数を答えなさい。　（京都先端科学大附高）

　　ア（　　）　イ（　　）　ウ（　　）　エ（　　）　オ（　　）　カ（　　）　キ（　　）　ク（　　）

　　ケ（　　）　コ（　　）　サ（　　）　シ（　　）

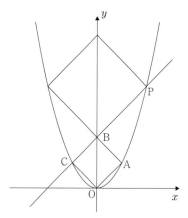

　右図のように，四角形OABCが正方形となるように関数 $y = ax^2$ のグラフ上に点A，Cを，y 軸上に点Bをとる。また，正方形OABCの面積は8である。この図において，点Aの座標は（ ア ， イ ）であり，a の値は $a = \dfrac{ウ}{エ}$ となる。

　また，直線BCの式は $y = x + $ オ となり，直線BCと関数 $y = \dfrac{ウ}{エ}x^2$ のグラフとの交点でC以外の点をPとすると，その座標はP（ カ ， キ ）となる。

　このとき，線分BPを一辺とする正方形をつくると，その面積は クケ となる。また，△OCPと△OCQの面積が等しくなるように，Pと異なる点Qを関数 $y = \dfrac{ウ}{エ}x^2$ のグラフ上にとると，点Qの座標は（－ コ ， サシ ）となる。

10　右の図のように，原点をOとし，1辺の長さが2の正六角形OABCDEと放物線 $y = ax^2$ があります。ただし，点Aの x 座標は負であり，点Cは y 軸の負の部分にあります。また，点Bはこの放物線上にあります。このとき，次の各問いに答えなさい。

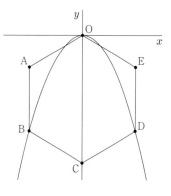

（常翔学園高）

(1)　点Aの座標を求めなさい。（　　　　）

(2)　a の値を求めなさい。（　　　　）

(3)　この正六角形は直線OBによって2つの部分に分けられます。
　　このとき，大きい部分の面積を求めなさい。（　　　　）

(4)　この放物線上の点で点Oと点Bの間にある点Pをとります。直線OPによってこの正六角形が2つの部分に分けられ，大きい部分と小さい部分の面積の比が8:1となるとき，直線OPの式を求めなさい。（　　　　）

11 図のように，点 P は直線① $y = \dfrac{1}{2}x + 1$ のグラフ上の点で，点 A は PO = PA となる y 軸上の点である。点 P の x 座標は正とする。ただし，円周率は π とする。次の問いに答えなさい。　（金蘭会高）

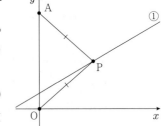

(1) 点 P の x 座標を a として，点 A の座標を a で表しなさい。

（　　　　）

(2) △PAO の面積が 12cm^2 のときの点 P の座標を求めなさい。また，そのとき y 軸を軸として△PAO を 1 回転してできる回転体の体積と表面積を求めなさい。P（　　　　）　体積（　　　 cm^3）　表面積（　　　 cm^2）

12 図において，関数 $y = x^2$ のグラフと直線 ℓ との交点を P，Q とし，直線 ℓ と y 軸との交点を R とする。また，点 P の x 座標は -3 で，PR：RQ = 3：2 である。　（雲雀丘学園高）

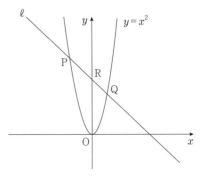

(1) 点 Q の座標を求めよ。（　　　　）

(2) 原点 O から直線 ℓ に垂線を引き，直線 ℓ との交点を H とするとき，OH の長さを求めよ。（　　　　）

(3) △OPQ を，直線 ℓ を軸として 1 回転させてできる立体の体積を求めよ。（　　　　）

13 右の図のように，放物線 $y = x^2$ と直線 $y = x + 2$ が 2 点 A，B で交わり，直線 $y = x + 2$ と y 軸が点 D で交わっています。次の問いに答えなさい。　（帝塚山高）

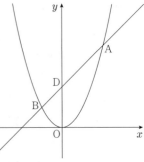

(1) 2 点 A，B の座標を求めなさい。A（　　　　）　B（　　　　）

(2) 線分 AB の長さを求めなさい。（　　　　）

(3) 原点 O から直線 AB に垂線を引き，直線 AB との交点を H とするとき，線分 OH の長さを求めなさい。（　　　　）

(4) 放物線 $y = x^2$ 上に x 座標が負の値となる点 B とは異なる点 E を△ABE と△OAB の面積が等しくなるようにとるとき，点 E の x 座標を求めなさい。（　　　　）

(5) △OBD を y 軸を中心に 1 回転してできる立体の体積を求めなさい。（　　　　）

14 図のように，放物線 $y = \dfrac{1}{27}x^2$ 上に点 A，C が，

放物線 $y = ax^2 \ (a < 0)$ 上に点 D，F が，y 軸上に
点 B，E がある。六角形 ABCDEF は正六角形であ
る。また，辺 CD の中点を M とする。点 A の y 座
標は 1 であり，x 座標は正とする。以下の問いに答
えなさい。
(須磨学園高)

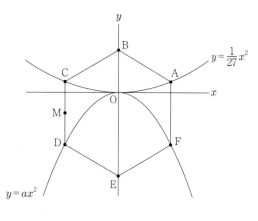

(1) 点 A の x 座標を求めなさい。（　　　）

(2) 正六角形 ABCDEF の 1 辺の長さを求めなさい。
（　　　）

(3) a の値を求めなさい。（　　　）

(4) 直線 AM の方程式を求めなさい。（　　　）

(5) △AME の面積を求めなさい。（　　　）

(6) △AME を，直線 AE を軸として 1 回転させてできる立体の体積を求めなさい。ただし，円周
率は π とする。（　　　）

15 図のように，関数 $y = x^2$ のグラフ上に異なる 2 点 A，B があ
り，関数 $y = ax^2$ のグラフ上に点 C がある。点 C の座標は $(2,$
$-1)$ であり，点 A と点 B の y 座標は等しく，点 B と点 C の x
座標は等しい。

次の問いに答えなさい。ただし，座標軸の単位の長さは 1 cm
とする。
(兵庫県)

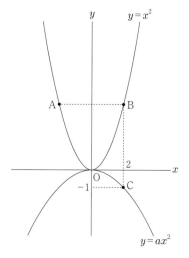

(1) 点 A の x 座標を求めなさい。（　　　）

(2) a の値を求めなさい。（　　　）

(3) 直線 AC の式を求めなさい。（　　　）

(4) 3 点 A，B，C を通る円を円 O′ とする。

① 円 O′ の直径の長さは何 cm か，求めなさい。（　　　cm）

② 円 O′ と x 軸との交点のうち，x 座標が正の数である点を
D とする。点 D の x 座標を求めなさい。（　　　）

16　右図のように，放物線 $y = ax^2$ と直線 $y = 4$ があり，放物線 $y = ax^2$ 上に 2 点 A，B をとる。A の x 座標は正，B の x 座標は負であり y 座標は 4 より大きいものとする。また，2 点 A，B を中心とする円を描き，それぞれを円 A，円 B とする。円 A は，x 軸，y 軸，直線 $y = 4$ に接しており，円 B は，y 軸，直線 $y = 4$ に接している。　（箕面自由学園高）

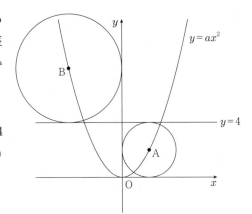

(1)　a の値を求めよ。（　　　）

(2)　2 点 A，B を通る直線の式を求めよ。（　　　）

(3)　△OAB の面積を求めよ。（　　　）

(4)　円 A の円周上に点 P をとり，円 B の円周上に点 Q をとる。PQ の長さの最大値を求めよ。

（　　　）

★★★　発展問題　★★★

1　$a > 0$ とする。原点を O とする座標平面上で，放物線 $y = ax^2$……① と直線 $y = 2x + 4$……② について考える。放物線①と直線②の交点を A，B とし，点 B の x 座標は 2 で，点 A の x 座標は点 B の x 座標より小さい。このとき，次の問いに答えなさい。　（京都市立堀川高）

(1)　a の値を求めなさい。（　　　）

(2)　線分 AB の長さを求めなさい。（　　　）

(3)　点 B を通る x 軸と平行な直線と放物線①の交点で，点 B 以外のものを C とする。直線 OC と直線 AB の交点を P とするとき，△OAB と△ABD の面積比が OP：PC となるような y 軸上の点 D の座標を求めなさい。（　　　）

2　右の図のように，$y = \dfrac{4}{9}x^2$ のグラフ上に x 座標が 3 である点 A がある。A を通り直線 OA に垂直な直線と x 軸との交点を B とする。次の問い(1)〜(3)に答えよ。　（京都府立嵯峨野高）

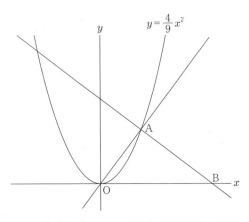

(1)　点 B の x 座標を求めよ。（　　　）

(2)　線分 OA の中点を通り，直線 AB に平行な直線を ℓ とする。ℓ の方程式を求めよ。（　　　）

(3)　線分 OA を直径とする円と直線 ℓ との交点のうち，x 座標が小さい方を P とし，2 直線 OP，AB の交点を Q とする。2 つの線分 AQ，PQ および弧 AP（原点を含まない方）で囲まれる図形の面積を求めよ。（　　　）

16 図形の発展内容

近畿の高入

（注）　特に指示がない場合は，円周率は π とします。

§1. 球

1　右の図は底面が半径 6 cm の円，母線の長さが 10cm の円錐であり，円
錐の底面と母線に接した球がある。このとき，次の問いに答えなさい。
ただし，円周率は π とする。　　　　　　　　　　　　（京都両洋高）

(1)　円錐の高さを求めなさい。（　　　cm）

(2)　円錐の体積を求めなさい。（　　　 cm^3 ）

(3)　球の体積を求めなさい。（　　　 cm^3 ）

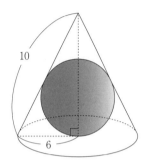

2　右の図は，底面の半径が 12cm，高さが 16cm の円錐から，半径が
3 cm の半球を 3 個取り除いたものです。　　　　　　　（仁川学院高）

(1)　この立体の体積を求めなさい。（　　　 cm^3 ）

(2)　この立体の表面積を求めなさい。（　　　 cm^2 ）

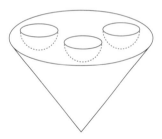

3　1 辺の長さが 1 の立方体 ABCD—EFGH がある。3 点 A，C，F を
通る平面と直線 BH の交点を I とする。　　　　　　　　　（灘高）

(1)　線分 BI の長さは⬚である。

(2)　四面体 ABCI の体積は⬚である。

(3)　四面体 ABCI の 4 つの面すべてに接する球の半径を r とするとき，
$\dfrac{1}{r}$ の値を求めよ。（　　　）

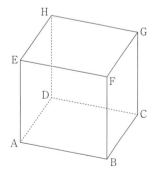

4　図1は，半径1cmの球がちょうど4個入っている円柱A
　である。また，図2は円柱Aの投影図である。円周率をπと
　して，次の問いに答えなさい。　　　　　　　（金光八尾高）

(1)　4つの球の中心を結んでできる四角形として最も適する
　　ものを，次のア～エから1つ選んで記号で答えなさい。

　　　　　　　　　　　　　　　　　　　　　（　　　）

　ア　長方形　　イ　正方形　　ウ　ひし形
　エ　平行四辺形

(2)　円柱Aの底面の半径を求めなさい。（　　　　cm）

(3)　円柱Aの体積として正しいものを，次のア～エから1つ
　　選んで，記号で答えなさい。（　　　　）

　ア　$(6 + 2\sqrt{2})\pi$（cm³）　　イ　$(2 + 4\sqrt{2})\pi$（cm³）
　ウ　$(2 + 6\sqrt{2})\pi$（cm³）　　エ　$(6 + 4\sqrt{2})\pi$（cm³）

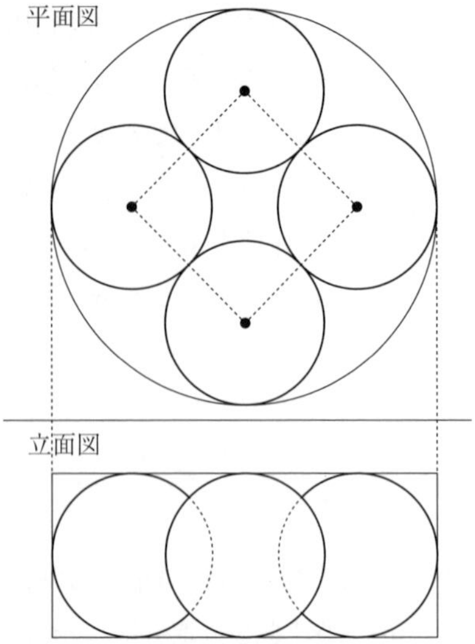

(4)　円柱Aと底面が合同で，高さの異なる円柱Bを作った
　　ところ，図3の投影図のように，半径rcmの球がちょうど
　　7個入った。円柱Bの高さと体積をそれぞれ求めなさい。

　　　高さ（　　　　cm）　体積（　　　　cm³）

[図1]　　円柱A

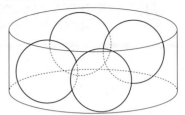

[図2]
平面図

立面図

[図3]
平面図

立面図

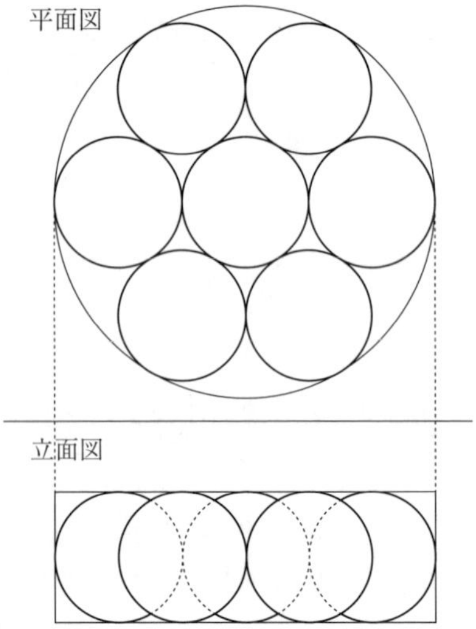

§2. 立体の切断

☆☆☆　標準問題　☆☆☆

1　右の図のように，半径 10cm の球 O を，中心
O から 6cm の距離にある平面で切り取ったとき，
切り口の断面の面積を求めなさい。
（　　　　cm²）（関西大学北陽高）

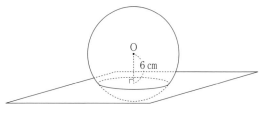

2　右の図のように，1 辺の長さが 4cm の立方体の内部に AO ＝
BO ＝ CO ＝ DO ＝ $\sqrt{17}$cm となる点 O をとり，正四角錐 O—
ABCD を作る。また，点 M は正方形 ABCD の対角線の交点で
ある。このとき，次の問いに答えなさい。　　　　（明星高）

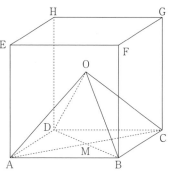

(1)　正四角錐 O—ABCD の体積を求めなさい。（　　　cm³）

(2)　GM の長さを求めなさい。（　　　cm）

(3)　GM と OC の交点を N とするとき，GN：NM を最も簡単な
整数の比で求めなさい。（　　　　）

(4)　正四角錐 O—ABCD を 3 点 G，D，B を通る平面で切ったとき，正四角錐の切り口の図形の面
積を求めなさい。（　　　cm²）

3　右の図のように，AB ＝ 20，AD ＝ 10，AE ＝ 8
となる直方体 ABCD—EFGH がある。辺 AB 上
に AP ＝ 11 となる点 P，辺 DC 上に DQ ＝ 11 と
なる点 Q，辺 EF 上に ES ＝ 5 となる点 S，辺 HG
上に HR ＝ 5 となる点 R をそれぞれとる。この直
方体 ABCD—EFGH を 4 点 P，Q，R，S を通る
平面で 2 つの立体に分割するとき次の各問いに答えなさい。

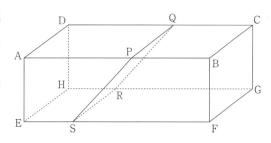

（橿原学院高）

(1)　四角形 PQRS の形と面積を下の選択肢より選び記号で答えなさい。形（　　　）　面積（　　　）
四角形 PQRS の形について
ア．平行四辺形　　イ．長方形　　ウ．正方形　　エ．ひし形
四角形の面積について
ア．100　　イ．50　　ウ．100$\sqrt{2}$

(2)　頂点 A を含む立体と頂点 B を含む立体の体積の比を最も簡単な整数の比として求めなさい。
（　　　　）

(3)　PG の長さを求め，下の選択肢より選び記号で答えなさい。（　　　）
ア．3$\sqrt{5}$　　イ．7$\sqrt{5}$　　ウ．9$\sqrt{5}$

(4)　四角形 PQRS の対角線の交点を T とする。このとき△TFG の面積を求めなさい。（　　　）

4 右の図1，図2のような，1辺の長さが6cmの立方体 ABCD—EFGH
があります。このとき，次の各問いに答えなさい。　　　　（滝川第二高）

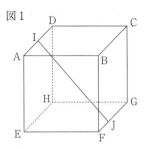

図1

(1)　図1で，点 I は辺 AD の中点，点 J は辺 FG を 1：2 に分ける点で
す。IJ の長さを求めなさい。（　　　cm）

(2)　図2で，点 M は辺 BC の中点です。3 点 M，F，H を通る平面でこ
の立体を切ったとき，この平面と辺 CD との交点を N とします。次の
①，②に答えなさい。

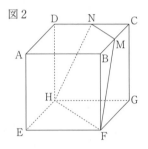

図2

①　立体 MCN—FGH の体積を求めなさい。（　　　cm³）
②　頂点 G から平面 MFHN にひいた垂線の長さを求めなさい。
　　　　　　　　　　　　　　　　　　　　　　　（　　　cm）

5 1辺が4cmの立方体 ABCD—EFGH のすべての面に接す
る球がある。辺 CG の中点を I とするとき，次の問いに答えよ。
ただし，円周率は π とする。　　　　　　　　（大阪女学院高）

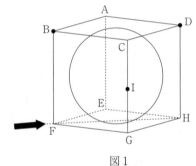

図1

(1)　球の体積を求めよ。（　　　）
(2)　△BDI の面積を求めよ。（　　　）

(3)　この球を，3 点 B，D，I を通る平面で切る。切断後の立体は，図1
の矢印の方向から見ると図2のように見える。球の中心を J，切り口
の円の中心を K とするとき，切り口の円の面積を求めよ。（　　　）

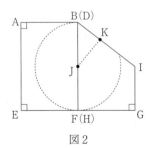

図2

★★★　発展問題　★★★

1　一辺の長さが 1 の正六角形 ABCDEF において，AD と BE の交点を H とする。H を通り，正六角形に垂直な直線の上に OH = $\sqrt{3}$ となる点 O をとる。六角すい OABCDEF（以下，立体 V と呼ぶ）において，OB，OD の中点をそれぞれ点 P，Q とし，OF 上に OR：RF = 2：1 となる点 R をとる。次の各問いに答えよ。

（西大和学園高）

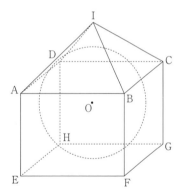

(1)　立体 V の体積を求めよ。（　　　）

(2)　立体 V を 3 点 P，Q，D を含む平面で切断したとき，点 C を含む立体の体積を求めよ。（　　　）

(3)　PQ の中点 M から平面 ABCDEF に下ろした垂線の足を H′ とする。HH′ の長さを求めよ。

（　　　）

(4)　3 点 P，Q，R を含む平面と辺 OC の交点を S とする。OS の長さを求めよ。（　　　）

2　右の図のように，正四角柱 ABCD—EFGH と正四角錐 I—ABCD を組み合わせた九面体があり，その九面体のすべての面に球が接している。また，球の中心を O とする。　　（白陵高）

AE = $1 + \sqrt{3}$，AB = $2\sqrt{3}$ であるとき，次の問いに答えよ。

(1)　球を面 ABCD で切断したとき，球の断面積を求めよ。

（　　　）

(2)　線分 OI の長さを求めよ。（　　　）

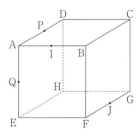

3　1 辺の長さが 4 cm の立方体 ABCD—EFGH がある。辺 AB，FG，AD，AE の中点をそれぞれ I，J，P，Q とする。次の 3 点を通る平面でこの立方体を切断するとき，切り口の形と切り口の周の長さを答えなさい。

（大阪教大附高平野）

(1)　P，Q，I　形（　　　）　周の長さ（　　　cm）

(2)　P，Q，F　形（　　　）　周の長さ（　　　cm）

(3)　P，Q，J　形（　　　）　周の長さ（　　　cm）

4 右の図において，ABCD—EFGH は 1 辺の長さが 6 の立方体で，AI = AJ = 2 である。 （大阪星光学院高）

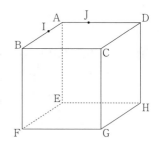

(1) 3 点 I，J，F を通る平面でこの立方体を切ったとき，点 A を含む方の立体の体積は [＿＿＿] であり，切り口の面積は [＿＿＿] である。

(2) 点 E からこの切り口の平面に下ろした垂線の長さは [＿＿＿] である。

5 右の図のように，AB = 4 cm，AD = 5 cm，AE = 3 cm の直方体 ABCD—EFGH があります。点 P は，毎秒 1 cm の速さで点 A から点 D を通って点 C まで動き，点 Q は毎秒 2 cm の速さで点 F から点 G を通って点 H まで動きます。ただし，点 P，Q は同時に出発し，それぞれ点 C，H に到着した後は動かないものとします。このとき，次の各問いに答えなさい。

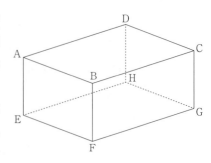

（早稲田大阪高）

(1) 点 Q が点 G に到着したとき，線分 PQ の長さを求めなさい。（　　　 cm）

(2) 底面を四角形 AEFB とする 2 つの四角錐 P—AEFB と Q—AEFB の体積の比が 2 : 3 となるとき，2 点 P，Q は出発してから何秒後か求めなさい。（　　　秒後）

(3) 辺 CD の中点を M とします。2 点 P，Q が出発してから 4 秒後に，3 点 P，Q，M を含む平面でこの直方体を切断しました。このとき，点 D を含む立体の体積を求めなさい。（　　　cm³）

6 右の図のように，1 辺の長さが 3 の立方体 ABCD—EFGH があります。点 I，J はそれぞれ辺 FE，FG 上の点で，FI : IE = 1 : 2，FJ : JG = 1 : 2 です。点 P は，頂点 F を出発して毎秒 1 の速さで辺上を F → B → C → D → H の経路で頂点 H まで進みます。

次のそれぞれの場合について，3 点 I，J，P を通る平面でこの立方体を切ります。 （四天王寺高）

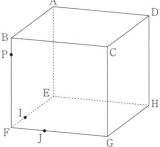

(1) 点 P が頂点 F を出発してから 1 秒後の切り口の面積を求めなさい。（　　　）

(2) 点 P が頂点 F を出発してから 6 秒後の切り口の面積を求めなさい。（　　　）

(3) 点 P が頂点 F を出発してから 10 秒後の小さい方の立体の体積を求めなさい。（　　　）

17 資料の活用・標本調査

近畿の高入

1 次の問いに答えなさい。

(1) 次の表は男子6人のハンドボール投げの記録（単位m）を表したものである。この記録の中央値は何mか求めなさい。（　　　m）　　　　　　　　　　　　　　　　　　　　　　（興國高）

> 25, 27, 26, 27, 21, 19

(2) 右の表はある中学3年生のクラスの生徒の身長を度数分布表にしたものである。最頻値を求めなさい。（　　　cm）　（大阪高）

階級(cm)	度数(人)
150 以上 155 未満	2
155 ～ 160	10
160 ～ 165	7
165 ～ 170	5
170 ～ 175	12
175 ～ 180	4
計	40

(3) 次の資料は，8人のハンドボール投げの記録である。この8人の記録の中央値は□□□□m であり，平均値は□□□□m である。　　　　　　　　　　　　　　　（大谷高）

> 18m, 21m, 30m, 25m, 26m, 12m, 17m, 23m

(4) 次のデータは，12人の生徒について1か月の読書時間を調べ，整理して並べたものです。このデータの四分位範囲を求めなさい。（　　　時間）　　　　　　　　　（報徳学園高）

〔3　4　4　6　7　8　9　11　11　13　14　16　（時間）〕

2 図は，40人で的あてゲームを行った得点と人数を表したヒストグラムである。このデータについて，以下のものを求めなさい。　　　　　　　　　　　　　（大阪教大附高平野）

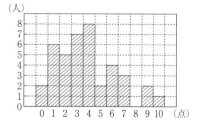

(1) 得点の最頻値（　　　点）

(2) 40人の得点の平均値（　　　点）

(3) 得点の中央値（　　　点）

3　次の問いに答えなさい。

(1)　右の表は，3年2組の生徒について通学時間を調べ，その結果を度数分布表にまとめたものですが，通学時間が20分以上30分未満の階級の度数と度数の合計が記入されていません。度数分布表から求めた3年2組の生徒の通学時間の平均値が19分であるとき，通学時間が20分以上30分未満の階級の度数を求めなさい。

（　　　　人）(光泉カトリック高)

階級(分) 以上　未満	度数(人)
0 ～ 10	5
10 ～ 20	8
20 ～ 30	
30 ～ 40	3
計	

(2)　次のデータは，9人の生徒でゲームをしたときのそれぞれの得点です。

8, 3, 7, 3, 10, 4, 6, 4, a　単位(点)

このデータの平均点が6点であるとき，次の問いに答えなさい。　　　　　(関西創価高)

(ア)　a の値を求めなさい。（　　　　）

(イ)　第3四分位数を求めなさい。（　　　　）

(3)　次の資料は，8人の生徒が1年間で読んだ本の冊数である。

12, 5, 3, 9, 13, 6, 2, a（単位は冊）

8人の冊数の中央値が7であるとき，a の値を求めなさい。ただし，a は0以上の整数である。

（　　　　）(近大附和歌山高)

(4)　下の表は，あるゲームの9人の得点を点数の小さい順に並べたものである。中央値が11点，第1四分位数が5点，第3四分位数が14点であるとき，$a + b + c$ の値を求めなさい。（　　　　）

(智辯学園和歌山高)

点数	2　4　a　9　b　13　c　14　15

4　下の表はあるクラスの生徒40人に対して実施した，数学と英語のテストの結果(10点満点)の関係を示した表である。この表中で③は数学8点，英語7点の生徒が3人であることを表している。このとき，次の文章を読んで ア ～ オ に適する数を求めなさい。　　　　　(京都両洋高)

ア（　　　）イ（　　　）ウ（　　　）エ（　　　）オ（　　　）

数学(点)

	4	5	6	7	8	9	10	計
10					1		1	2
9			1		2	2		5
8					1	2		3
7		1	4	5	③		1	14
6		3	6					9
5	1	2	2					5
4	1	1						2
計	2	7	13	5	7	4	2	40

英語(点)（左側縦ラベル）

数学の平均点は ア 点で，中央値は イ 点，最頻値は ウ 点である。また，数学と英語の合計点が10点以下の生徒は エ 人であり，15点以上の生徒は全体の オ ％である。

5 1クラス35人学級のそれぞれの生徒の登校時間を調べたところ，下の度数分布表と度数折れ線がえられた。次の問いに答えなさい。

（三田松聖高）

〈度数分布表〉

登校時間（分）	度数（人）
5分以上 ～ 15分未満	①
15分 ～ 25分	②
25分 ～ 35分	③
35分 ～ 45分	④
45分 ～ 55分	⑤
計	35

〈度数折れ線〉

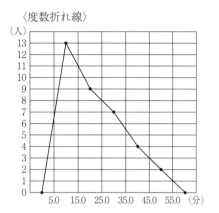

(1) 度数分布表の①～⑤にあてはまる数を度数折れ線より読み取り，答えなさい。

①（　　　） ②（　　　） ③（　　　） ④（　　　） ⑤（　　　）

(2) 平均の登校時間を求めなさい。ただし，四捨五入して小数第1位まで答えなさい。（　　　分）

(3) 資料から読み取れるものとして，以下の①～④で正しくないものを1つ選びなさい。（　　　）

① 登校時間が5分～15分までの生徒が一番多い。

② 45分までに登校できる生徒が全体の9割以上である。

③ 階級の幅は10分である。

④ 登校時間の中央値は，25分～35分の間にある。

6 ある中学校では，数学の授業で学んだ内容を復習した時間について調査した。右の表は，あるクラスの「一か月の復習の時間」について調べた結果を，度数分布表に整理したものである。このとき，次の問い(1)～(3)に答えよ。

（京都西山高）

表 一か月の復習の時間

復習の時間(時間)	度数(人)
0 以上 4 未満	4
4 ～ 8	2
8 ～ 12	6
12 ～ 16	5
16 ～ 20	3
計	20

(1) 「一か月の復習の時間」をヒストグラムに表したものとして，最も適当なものはどれか，(ア)～(エ)から1つ選べ。（　　　）

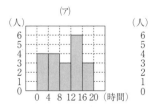
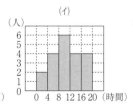
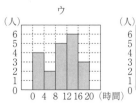
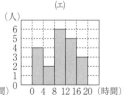

(2) 表において，中央値が含まれる階級の階級値を求めよ。（　　　時間）

(3) 表において，それぞれの階級にはいっている資料の個々の値が，どの値もすべてその階級の階級値であると考えて，「一か月の復習の時間」の平均値を求めよ。（　　　時間）

7 7人の生徒に対して20点満点のテストを行った結果，得点はすべて異なる整数でした。次の図は，7人の得点の箱ひげ図です。次の問いに答えなさい。 (甲子園学院高)

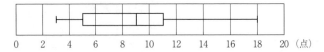

(1) 最小値，最大値をそれぞれ答えなさい。最小値（　　　点）　最大値（　　　点）

(2) 第1四分位数，第2四分位数（中央値），第3四分位数をそれぞれ答えなさい。
第1四分位数（　　　点）　第2四分位数（　　　点）　第3四分位数（　　　点）

(3) 小さい方から5番目の得点を答えなさい。（　　　点）

(4) 7人の得点の平均値が9点となるとき，小さい方から3番目の得点を答えなさい。（　　　点）

8 下の箱ひげ図は，ある図書館で午前と午後に分け，入館者数を7日間調べた結果である。また，①は午前，②は午後の入館者数を表したものである。

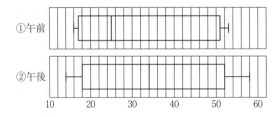

このデータについて，次の各問いに答えなさい。 (奈良大附高)

(1) ①の範囲を求めなさい。（　　　）

(2) 次のア～エの中から，箱ひげ図について述べた文として誤っているものを1つ選び，記号で答えなさい。（　　　）

ア　第2四分位数と中央値は必ず等しい。

イ　四分位範囲は第3四分位数から第1四分位数をひいた値である。

ウ　箱の中央は必ず平均値を表している。

エ　データの中に離れた値がある場合，四分位範囲はその影響を受けにくい。

(3) 上の2つの箱ひげ図から読み取れることとして，必ず正しいといえるものを次のカ～コからすべて選び，記号で答えなさい。（　　　）

カ　①と②の四分位範囲は等しい。

キ　①と②のどちらにも入館者数が18人の日がある。

ク　①の平均値は30人である。

ケ　②の入館者数が40人以下の日は4日以上ある。

コ　①，②ともに最頻値はない。

9 ある中学校の2年生は，A組，B組，C組，D組の4
学級で編制されており，各学級の人数は30人である。
この中学校では，家庭でのタブレット端末を活用した
学習時間を調査しており，その結果から得られた学習
時間のデータをさまざまな方法で分析している。右の
Ⅰ図は，2年生の120人全員のある日の学習時間を調
査した結果を，ヒストグラムに表したものである。た
とえば，Ⅰ図から，2年生の120人のうち，学習時間
が0分以上10分未満の生徒は7人いることがわかる。

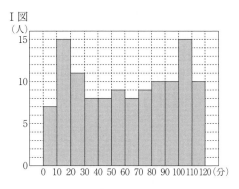

Ⅰ図

　このとき，次の問い(1)・(2)に答えよ。　　　　　　　　　　　　　　　　　　（京都府—中期）

(1)　Ⅰ図において，学習時間が30分以上90分未満の生徒は何人いるか求めよ。また，次の(ア)〜(エ)
　　の箱ひげ図のいずれかは，Ⅰ図のヒストグラムに対応している。Ⅰ図のヒストグラムに対応して
　　いる箱ひげ図を，(ア)〜(エ)から1つ選べ。（　　　　人）（　　　　）

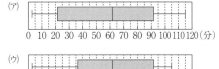

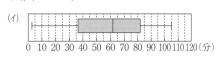

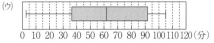

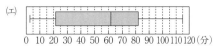

(2)　右のⅡ図は，Ⅰ図のもととなった学習時間の調査結
　　果を，学級ごとに箱ひげ図に表したものである。Ⅱ
　　図から必ずいえるものを，次の(ア)〜(オ)から2つ選べ。
　　　　　　　　　　　　　　　　　　　　　（　　　　）

Ⅱ図

(ア)　A組は，学習時間が60分以上70分未満の生徒
　　が1人以上いる。

(イ)　B組は，学習時間が80分以上の生徒が8人以上いる。

(ウ)　C組は，学習時間が115分の生徒が1人だけいる。

(エ)　4学級のうち，D組は，学習時間が0分以上40分未満の生徒の人数が最も多い。

(オ)　4学級のうち，学習時間のデータの四分位範囲が最も大きい学級は，学習時間のデータの範
　　囲が最も小さい。

10　次の空欄をうめなさい。　　　　　　　　　　　　　　　　　　　　　　　　　　（四天王寺高）

あるクラスの 11 人の握力（あく）を測ったところ次のような結果になりました。

22，23，24，24，24，25，25，26，29，31，33　（単位は kg）

(1)　この 11 人のデータの平均値は ア□□□□□ kg です。また，この 11 人のデータの箱ひげ図をか
くと　イ　のようになります。

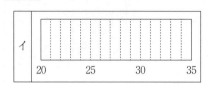

(2)　次に，もう 1 人の握力を測ったところ，　ウ　kg でした。このデータをふくめると平均値は下
がり，四分位範囲は 3.5kg になりました。　ウ　にあてはまる整数をすべて答えなさい。

（　　　　　　）

11　次の問いに答えなさい。

(1)　袋の中に赤色のビー玉だけがたくさん入っている。この袋に青色のビー玉を 80 個加えてよくか
き混ぜた後，30 個のビー玉を無作為に抽出したところ，4 個が青色のビー玉であった。標本調査
の考え方を用いると，袋の中には初めおよそ何個の赤色のビー玉が入っていたと推定できますか。

（　　　　個）（大阪府――一般）

(2)　ある池で 100 匹の魚を捕獲して，その全部に印をつけてもどしました。しばらく時間がたって
から，120 匹の魚を捕獲すると，印のついた魚は 5 匹でした。このことから，池にいる魚の総数
を A さんと B さんが推定しています。空欄（くうらん）に当てはまる数値を答えなさい。　　　（関大第一高）

ア（　　　）イ（　　　）

A：2 回目に捕獲した魚のうち，印のついた魚の割合は　ア　でした。

B：1 回目に捕獲した魚をもどして，しばらく時間がたってから 2 回目の捕獲を行ったから，2
回目に魚を捕獲したとき，印のついた魚は池全体にかたよりなく散らばっていたとしてよいで
しょう。

A：そうすると，この池の魚の総数は　イ　匹と推定されます。

(3)　表は，ある農園でとれたイチジク 1000 個から，無作為に抽出したイ
チジク 50 個の糖度を調べ，その結果を度数分布表に表したものである。
この結果から，この農園でとれたイチジク 1000 個のうち，糖度が 10 度
以上 14 度未満のイチジクは，およそ何個と推定されるか，最も適切な
ものを，次のア～エから 1 つ選んで，その符号を書きなさい。（兵庫県）

（　　　）

ア　およそ 150 個　　イ　およそ 220 個　　ウ　およそ 300 個

エ　およそ 400 個

表　イチジクの糖度

階級（度）	度数（個）
以上　未満 10 ～ 12	4
12 ～ 14	11
14 ～ 16	18
16 ～ 18	15
18 ～ 20	2
計	50

赤本バックナンバーのご案内
A book for You

赤本バックナンバーを1年単位で印刷製本しお届けします！

弊社発行の「高校別入試対策シリーズ（赤本）」の収録から外れた古い年度の過去問を1年単位でご購入いただくことができます。

「**赤本バックナンバー**」はamazon（アマゾン）の*プリント・オン・デマンドサービスによりご提供いたします。

定評のあるくわしい解答解説はもちろん赤本そのまま,解答用紙も付けてあります。

志望校の受験対策をさらに万全なものにするために,「**赤本バックナンバー**」をぜひご活用ください。

⚠ *プリント・オン・デマンドサービスとは,ご注文に応じて1冊から印刷製本し,お客様にお届けするサービスです。

ご購入の流れ

① 英俊社のウェブサイト https://book.eisyun.jp/ にアクセス

② トップページの「高校受験」 赤本バックナンバー をクリック

③ ご希望の学校・年度をクリックすると,amazon（アマゾン）のウェブサイトの該当書籍のページにジャンプ

④ amazon（アマゾン）のウェブサイトでご購入

⚠ 納期や配送,お支払い等,購入に関するお問い合わせは,amazon（アマゾン）のウェブサイトにてご確認ください。

⚠ 書籍の内容についてのお問い合わせは英俊社（06-7712-4373）まで。

国私立高校・高専 バックナンバー

⚠ 表中の×印の学校・年度は,著作権上の事情等により発刊いたしません。あしからずご了承ください。

（アイウエオ順）　　　※価格はすべて税込表示

学校名	2019年 実施問題	2018年 実施問題	2017年 実施問題	2016年 実施問題	2015年 実施問題	2014年 実施問題	2013年 実施問題	2012年 実施問題	2011年 実施問題	2010年 実施問題	2009年 実施問題	2008年 実施問題	2007年 実施問題	2006年 実施問題	2005年 実施問題	2004年 実施問題	2003年 実施問題
大阪教育大附高池田校舎	1,540円 66頁	1,430円 60頁	1,430円 62頁	1,430円 60頁	1,430円 60頁	1,430円 58頁	1,430円 58頁	1,430円 60頁	1,430円 58頁	1,430円 56頁	1,430円 54頁	1,320円 50頁	1,320円 52頁	1,320円 52頁	1,320円 48頁	1,320円 48頁	
大阪星光学院高	1,320円 48頁	1,320円 44頁	1,210円 42頁	1,210円 34頁	×	1,210円 36頁	1,210円 30頁	1,210円 32頁	1,650円 88頁	1,650円 84頁	1,650円 84頁	1,650円 80頁	1,650円 86頁	1,650円 80頁	1,650円 82頁	1,320円 52頁	1,430円 54頁
大阪桐蔭高	1,540円 74頁	1,540円 66頁	1,540円 68頁	1,540円 66頁	1,540円 66頁	1,430円 64頁	1,540円 68頁	1,430円 62頁	1,430円 62頁	1,540円 68頁	1,430円 62頁	1,430円 62頁	1,430円 60頁	1,430円 62頁	1,430円 58頁		
関西大学高	1,430円 56頁	1,430円 56頁	1,430円 58頁	1,430円 54頁	1,320円 52頁	1,320円 52頁	1,430円 54頁	1,320円 50頁	1,320円 52頁	1,320円 50頁							
関西大学第一高	1,540円 66頁	1,430円 64頁	1,430円 64頁	1,430円 56頁	1,430円 62頁	1,430円 54頁	1,320円 48頁	1,430円 56頁	1,430円 56頁	1,430円 56頁	1,430円 56頁	1,320円 52頁	1,320円 52頁	1,320円 50頁	1,320円 46頁	1,320円 52頁	
関西大学北陽高	1,540円 68頁	1,540円 72頁	1,540円 70頁	1,430円 64頁	1,430円 62頁	1,430円 60頁	1,430円 60頁	1,430円 58頁	1,430円 58頁	1,430円 58頁	1,430円 56頁	1,430円 54頁					
関西学院高	1,210円 36頁	1,210円 36頁	1,210円 34頁	1,210円 34頁	1,210円 32頁	1,210円 32頁	1,210円 32頁	1,210円 32頁	1,210円 28頁	1,210円 30頁	1,210円 28頁	1,210円 30頁	×	1,210円 30頁	1,210円 28頁	×	1,210円 26頁
京都女子高	1,540円 66頁	1,430円 62頁	1,430円 60頁	1,430円 60頁	1,430円 60頁	1,430円 54頁	1,430円 56頁	1,430円 56頁	1,430円 56頁	1,430円 56頁	1,430円 56頁	1,430円 54頁	1,430円 54頁	1,320円 50頁	1,320円 50頁	1,320円 48頁	
近畿大学附属高	1,540円 72頁	1,540円 68頁	1,540円 68頁	1,540円 66頁	1,430円 64頁	1,430円 62頁	1,430円 62頁	1,430円 58頁	1,430円 60頁	1,430円 58頁	1,430円 60頁	1,430円 54頁	1,430円 58頁	1,430円 56頁	1,430円 54頁	1,430円 56頁	1,320円 52頁
久留米大学附設高	1,430円 64頁	1,430円 62頁	1,430円 58頁	1,430円 60頁	1,430円 58頁	1,430円 58頁	1,430円 58頁	1,430円 58頁	1,430円 56頁	1,430円 58頁	1,430円 54頁	×	1,430円 54頁	1,430円 54頁			
四天王寺高	1,540円 74頁	1,430円 62頁	1,430円 64頁	1,540円 66頁	1,210円 40頁	1,210円 40頁	1,430円 64頁	1,430円 64頁	1,430円 58頁	1,430円 62頁	1,430円 60頁	1,430円 60頁	1,430円 64頁	1,430円 58頁	1,430円 62頁	1,430円 58頁	
須磨学園高	1,210円 40頁	1,210円 40頁	1,210円 36頁	1,210円 42頁	1,210円 40頁	1,210円 40頁	1,210円 38頁	1,210円 38頁	1,320円 44頁	1,320円 48頁	1,320円 46頁	1,320円 48頁	1,320円 46頁	1,320円 44頁	1,210円 42頁		
清教学園高	1,540円 66頁	1,540円 66頁	1,430円 64頁	1,430円 56頁	1,320円 52頁	1,320円 50頁	1,320円 52頁	1,320円 48頁	1,320円 52頁	1,320円 50頁	1,320円 50頁	1,320円 46頁					
西南学院高	1,870円 102頁	1,760円 98頁	1,650円 82頁	1,980円 116頁	1,980円 112頁	1,980円 112頁	1,870円 110頁	1,870円 112頁	1,870円 106頁	1,540円 76頁	1,540円 76頁	1,540円 72頁	1,540円 72頁	1,540円 70頁			
清風高	1,430円 58頁	1,430円 54頁	1,430円 60頁	1,430円 60頁	1,430円 60頁	1,430円 60頁	1,430円 60頁	1,430円 60頁	1,430円 56頁	1,430円 58頁	×	1,430円 56頁	1,430円 58頁	1,430円 54頁	1,430円 54頁		

※価格はすべて税込表示

学校名	2019年実施問題	2018年実施問題	2017年実施問題	2016年実施問題	2015年実施問題	2014年実施問題	2013年実施問題	2012年実施問題	2011年実施問題	2010年実施問題	2009年実施問題	2008年実施問題	2007年実施問題	2006年実施問題	2005年実施問題	2004年実施問題	2003年実施問題
清風南海高	1,430円	1,430円	1,430円	1,430円	1,430円	1,430円	1,430円	1,430円	1,430円	1,430円	1,430円	1,430円	1,430円	1,430円	1,320円	1,430円	
	64頁	64頁	62頁	60頁	60頁	58頁	58頁	60頁	56頁	56頁	56頁	56頁	58頁	58頁	52頁	54頁	
智辯学園和歌山高	1,320円	1,210円	1,210円	1,210円	1,210円	1,210円	1,210円	1,210円	1,210円	1,210円	1,210円	1,210円	1,210円	1,210円	1,210円	1,210円	
	44頁	42頁	40頁	40頁	38頁	38頁	40頁	38頁	38頁	40頁	40頁	38頁	38頁	38頁	38頁	38頁	
同志社高	1,430円	1,430円	1,430円	1,430円	1,430円	1,430円	1,320円	1,320円	1,320円	1,320円	1,320円	1,320円	1,320円	1,320円	1,320円	1,320円	1,320円
	56頁	56頁	54頁	54頁	56頁	54頁	52頁	52頁	50頁	48頁	50頁	50頁	46頁	48頁	44頁	48頁	46頁
灘高	1,320円	1,320円	1,320円	1,320円	1,320円	1,320円	1,210円	1,320円	1,320円	1,320円	1,320円	1,320円	1,320円	1,320円	1,320円	1,320円	1,320円
	52頁	46頁	48頁	46頁	46頁	48頁	42頁	44頁	50頁	48頁	46頁	48頁	48頁	46頁	44頁	46頁	46頁
西大和学園高	1,760円	1,760円	1,760円	1,540円	1,540円	1,430円	1,430円	1,430円	1,430円	1,430円	1,430円	1,430円	1,430円	1,430円	1,430円	1,430円	
	98頁	96頁	90頁	68頁	66頁	62頁	62頁	62頁	64頁	64頁	62頁	64頁	64頁	62頁	60頁	56頁	58頁
福岡大学附属大濠高	2,310円	2,310円	2,200円	2,200円	2,090円	2,090円	2,090円	1,760円	1,760円	1,650円	1,650円	1,760円	1,760円	1,760円			
	152頁	148頁	142頁	144頁	134頁	132頁	128頁	96頁	94頁	88頁	84頁	88頁	90頁	92頁			
明星高	1,540円	1,540円	1,540円	1,430円	1,430円	1,430円	1,430円	1,430円	1,430円	1,430円	1,430円	1,430円	1,430円	1,430円	1,320円	1,320円	
	76頁	74頁	68頁	62頁	62頁	64頁	64頁	60頁	58頁	56頁	56頁	54頁	54頁	54頁	52頁	52頁	
桃山学院高	1,430円	1,430円	1,430円	1,430円	1,430円	1,430円	1,430円	1,430円	1,430円	1,430円	1,320円	1,320円	1,320円	1,320円	1,320円	1,320円	1,320円
	64頁	64頁	62頁	60頁	58頁	54頁	56頁	54頁	58頁	58頁	56頁	52頁	52頁	48頁	46頁	50頁	50頁
洛南高	1,540円	1,430円	1,540円	1,540円	1,430円	1,430円	1,430円	1,430円	1,430円	1,430円	1,430円	1,430円	1,430円	1,430円	1,430円	1,430円	1,430円
	66頁	64頁	66頁	66頁	62頁	64頁	62頁	62頁	62頁	60頁	58頁	64頁	60頁	62頁	58頁	58頁	60頁
ラ・サール高	1,540円	1,540円	1,430円	1,430円	1,430円	1,430円	1,430円	1,430円	1,430円	1,430円	1,430円	1,430円	1,430円	1,320円			
	70頁	66頁	60頁	62頁	60頁	58頁	60頁	60頁	58頁	54頁	60頁	54頁	56頁	50頁			
立命館高	1,760円	1,760円	1,870円	1,760円	1,870円	1,870円	1,870円	1,760円	1,650円	1,760円	1,650円	1,650円	1,320円	1,650円	1,430円		
	96頁	94頁	100頁	96頁	104頁	102頁	100頁	92頁	88頁	94頁	88頁	86頁	48頁	80頁	54頁		
立命館宇治高	1,430円	1,430円	1,430円	1,430円	1,430円	1,430円	1,430円	1,320円	1,320円	1,430円	1,430円	1,320円					
	62頁	60頁	58頁	58頁	56頁	54頁	54頁	52頁	52頁	54頁	56頁	52頁					
国立高専	1,650円	1,540円	1,540円	1,430円	1,430円	1,430円	1,430円	1,540円	1,540円	1,430円	1,430円	1,430円	1,430円	1,430円	1,430円	1,430円	1,430円
	78頁	74頁	66頁	64頁	62頁	62頁	62頁	68頁	70頁	64頁	62頁	62頁	60頁	58頁	60頁	56頁	60頁

公立高校 バックナンバー

※価格はすべて税込表示

府県名・学校名	2019年実施問題	2018年実施問題	2017年実施問題	2016年実施問題	2015年実施問題	2014年実施問題	2013年実施問題	2012年実施問題	2011年実施問題	2010年実施問題	2009年実施問題	2008年実施問題	2007年実施問題	2006年実施問題	2005年実施問題	2004年実施問題	2003年実施問題
岐阜県公立高	990円	990円	990円	990円	990円	990円	990円	990円	990円	990円	990円	990円	990円	990円			
	64頁	60頁	60頁	60頁	58頁	56頁	58頁	52頁	54頁	52頁	52頁	48頁	50頁	52頁			
静岡県公立高	990円	990円	990円	990円	990円	990円	990円	990円	990円	990円	990円	990円	990円	990円			
	62頁	58頁	58頁	60頁	60頁	56頁	58頁	58頁	56頁	54頁	52頁	54頁	52頁	52頁			
愛知県公立高	990円	990円	990円	990円	990円	990円	990円	990円	990円	990円	990円	990円	990円	990円	990円	990円	990円
	126頁	120頁	114頁	114頁	114頁	110頁	112頁	108頁	108頁	110頁	102頁	102頁	102頁	100頁	100頁	96頁	96頁
三重県公立高	990円	990円	990円	990円	990円	990円	990円	990円	990円	990円	990円	990円	990円	990円			
	72頁	66頁	66頁	64頁	66頁	64頁	66頁	64頁	62頁	62頁	58頁	58頁	52頁	54頁			
滋賀県公立高	990円	990円	990円	990円	990円	990円	990円	990円	990円	990円	990円	990円	990円	990円	990円	990円	990円
	66頁	62頁	60頁	62頁	62頁	46頁	48頁	46頁	48頁	44頁	44頁	44頁	46頁	44頁	44頁	40頁	42頁
京都府公立高(中期)	990円	990円	990円	990円	990円	990円	990円	990円	990円	990円	990円	990円	990円	990円	990円	990円	990円
	60頁	56頁	54頁	54頁	56頁	54頁	56頁	54頁	56頁	54頁	52頁	50頁	50頁	50頁	46頁	46頁	48頁
京都府公立高(前期)	990円	990円	990円	990円	990円	990円											
	40頁	38頁	40頁	38頁	38頁	36頁											
京都市立堀川高 探究学科群	1,430円	1,540円	1,430円	1,430円	1,430円	1,430円	1,430円	1,430円	1,430円	1,430円	1,430円	1,320円	1,210円	1,210円	1,210円	1,210円	
	64頁	68頁	60頁	62頁	64頁	60頁	60頁	58頁	58頁	64頁	54頁	48頁	42頁	38頁	36頁	40頁	
京都市立西京高 エンタープライジング科	1,650円	1,540円	1,650円	1,540円	1,540円	1,540円	1,320円	1,320円	1,320円	1,320円	1,210円	1,210円	1,210円	1,210円	1,210円		
	82頁	76頁	80頁	72頁	72頁	70頁	46頁	50頁	46頁	44頁	42頁	42頁	38頁	38頁	40頁	34頁	
京都府立嵯峨野高 京都こすもす科	1,540円	1,540円	1,540円	1,430円	1,430円	1,430円	1,210円	1,210円	1,320円	1,320円	1,210円	1,210円	1,210円	1,210円	1,210円		
	68頁	66頁	68頁	64頁	64頁	62頁	42頁	42頁	46頁	44頁	42頁	40頁	40頁	36頁	36頁	34頁	
京都府立桃山高 自然科学科	1,320円	1,320円	1,210円	1,320円	1,320円	1,320円	1,210円	1,210円	1,210円	1,210円	1,210円	1,210円	1,210円				
	46頁	46頁	42頁	44頁	46頁	44頁	42頁	38頁	42頁	40頁	40頁	38頁	34頁	34頁			

※価格はすべて税込表示

府県名・学校名	2019年実施問題	2018年実施問題	2017年実施問題	2016年実施問題	2015年実施問題	2014年実施問題	2013年実施問題	2012年実施問題	2011年実施問題	2010年実施問題	2009年実施問題	2008年実施問題	2007年実施問題	2006年実施問題	2005年実施問題	2004年実施問題	2003年実施問題
大阪府公立高(一般)	990円 148頁	990円 140頁	990円 140頁	990円 122頁													
大阪府公立高(特別)	990円 78頁	990円 78頁	990円 74頁	990円 72頁													
大阪府公立高(前期)					990円 70頁	990円 68頁	990円 66頁	990円 72頁	990円 70頁	990円 60頁	990円 58頁	990円 56頁	990円 56頁	990円 54頁	990円 52頁	990円 52頁	990円 48頁
大阪府公立高(後期)					990円 82頁	990円 76頁	990円 72頁	990円 64頁	990円 64頁	990円 64頁	990円 62頁	990円 62頁	990円 62頁	990円 58頁	990円 56頁	990円 58頁	990円 56頁
兵庫県公立高	990円 74頁	990円 78頁	990円 74頁	990円 74頁	990円 74頁	990円 68頁	990円 66頁	990円 64頁	990円 60頁	990円 56頁	990円 58頁	990円 56頁	990円 58頁	990円 56頁	990円 56頁	990円 54頁	990円 52頁
奈良県公立高(一般)	990円 62頁	990円 50頁	990円 50頁	990円 52頁	990円 50頁	990円 52頁	990円 50頁	990円 48頁	990円 48頁	990円 48頁	990円 48頁	990円 48頁	×	990円 44頁	990円 46頁	990円 42頁	990円 44頁
奈良県公立高(特色)	990円 30頁	990円 38頁	990円 44頁	990円 46頁	990円 46頁	990円 44頁	990円 40頁	990円 40頁	990円 32頁	990円 32頁	990円 32頁	990円 32頁	990円 28頁	990円 28頁			
和歌山県公立高	990円 76頁	990円 70頁	990円 68頁	990円 64頁	990円 66頁	990円 64頁	990円 64頁	990円 62頁	990円 66頁	990円 62頁	990円 60頁	990円 60頁	990円 58頁	990円 56頁	990円 56頁	990円 56頁	990円 52頁
岡山県公立高(一般)	990円 66頁	990円 60頁	990円 58頁	990円 56頁	990円 58頁	990円 56頁	990円 58頁	990円 60頁	990円 56頁	990円 56頁	990円 52頁	990円 52頁	990円 50頁				
岡山県公立高(特別)	990円 38頁	990円 36頁	990円 34頁	990円 34頁	990円 34頁	990円 32頁											
広島県公立高	990円 68頁	990円 70頁	990円 74頁	990円 68頁	990円 60頁	990円 58頁	990円 54頁	990円 46頁	990円 48頁	990円 46頁	990円 46頁	990円 46頁	990円 44頁	990円 46頁	990円 44頁	990円 44頁	990円 44頁
山口県公立高	990円 86頁	990円 80頁	990円 82頁	990円 84頁	990円 76頁	990円 78頁	990円 76頁	990円 64頁	990円 62頁	990円 58頁	990円 58頁	990円 60頁	990円 56頁				
徳島県公立高	990円 88頁	990円 78頁	990円 86頁	990円 74頁	990円 76頁	990円 80頁	990円 64頁	990円 62頁	990円 60頁	990円 58頁	990円 60頁	990円 54頁	990円 52頁				
香川県公立高	990円 76頁	990円 74頁	990円 72頁	990円 74頁	990円 72頁	990円 68頁	990円 68頁	990円 66頁	990円 66頁	990円 62頁	990円 62頁	990円 60頁	990円 62頁				
愛媛県公立高	990円 72頁	990円 68頁	990円 66頁	990円 64頁	990円 68頁	990円 64頁	990円 62頁	990円 60頁	990円 62頁	990円 56頁	990円 58頁	990円 56頁	990円 54頁				
福岡県公立高	990円 66頁	990円 68頁	990円 68頁	990円 66頁	990円 60頁	990円 56頁	990円 56頁	990円 54頁	990円 56頁	990円 58頁	990円 52頁	990円 54頁	990円 52頁	990円 48頁			
長崎県公立高	990円 90頁	990円 86頁	990円 84頁	990円 84頁	990円 82頁	990円 80頁	990円 80頁	990円 82頁	990円 80頁	990円 80頁	990円 80頁	990円 78頁	990円 76頁				
熊本県公立高	990円 98頁	990円 92頁	990円 92頁	990円 92頁	990円 94頁	990円 74頁	990円 72頁	990円 70頁	990円 70頁	990円 68頁	990円 68頁	990円 64頁	990円 68頁				
大分県公立高	990円 84頁	990円 78頁	990円 80頁	990円 76頁	990円 80頁	990円 66頁	990円 62頁	990円 62頁	990円 62頁	990円 58頁	990円 58頁	990円 56頁	990円 58頁				
鹿児島県公立高	990円 66頁	990円 62頁	990円 60頁	990円 60頁	990円 60頁	990円 60頁	990円 60頁	990円 60頁	990円 60頁	990円 58頁	990円 58頁	990円 54頁	990円 58頁				

4

英語リスニング音声データのご案内

🎧 英語リスニング問題の音声データについて

(赤本収録年度の音声データ)　弊社発行の「**高校別入試対策シリーズ（赤本）**」に収録している年度の音声データは,以下の一覧の学校分を提供しています。希望の音声データをダウンロードし, 赤本に掲載されている問題に取り組んでください。

(赤本収録年度より古い年度の音声データ)　「**高校別入試対策シリーズ（赤本）**」に収録している年度**よりも古い年度**の音声データは,6ページの国私立高と公立高を提供しています。赤本バックナンバー（1〜3ページに掲載）と音声データの両方をご購入いただき, 問題に取り組んでください。

🎧 ご購入の流れ

① 英俊社のウェブサイト https://book.eisyun.jp/ にアクセス
② トップページの「高校受験」 リスニング音声データ をクリック
③ ご希望の学校・年度をクリックすると, オーディオブック(audiobook.jp)のウェブサイトの該当ページにジャンプ
④ オーディオブック(audiobook.jp)のウェブサイトでご購入。※初回のみ会員登録（無料）が必要です。

⚠ ダウンロード方法やお支払い等,購入に関するお問い合わせは,オーディオブック(audiobook.jp)のウェブサイトにてご確認ください。

🎧 音声データを入手できる学校と年度

赤本収録年度の音声データ

ご希望の年度を1年分ずつ,もしくは赤本に収録している年度をすべてまとめてセットでご購入いただくことができます。セットでご購入いただくと,1年分の単価がお得になります。
⚠ ×印の年度は音声データをご提供しておりません。あしからずご了承ください。

※価格は税込表示

国私立高（アイウエオ順）

学 校 名	税込価格				
	2020年	2021年	2022年	2023年	2024年
アサンプション国際高	¥550	¥550	¥550	¥550	¥550
5か年セット	¥2,200				
育英西高	¥550	¥550	¥550	¥550	¥550
5か年セット	¥2,200				
大阪教育大附高池田校	¥550	¥550	¥550	¥550	¥550
5か年セット	¥2,200				
大阪薫英女学院高	¥550	¥550	¥550	¥550	×
4か年セット	¥1,760				
大阪国際高	¥550	¥550	¥550	¥550	¥550
5か年セット	¥2,200				
大阪信愛学院高	¥550	¥550	¥550	¥550	¥550
5か年セット	¥2,200				
大阪星光学院高	¥550	¥550	¥550	¥550	¥550
5か年セット	¥2,200				
大阪桐蔭高	¥550	¥550	¥550	¥550	¥550
5か年セット	¥2,200				
大谷高	×	×	×	¥550	¥550
2か年セット	¥880				
関西創価高	¥550	¥550	¥550	¥550	¥550
5か年セット	¥2,200				
京都先端科学大附高(特進・進学)	¥550	¥550	¥550	¥550	¥550
5か年セット	¥2,200				

※価格は税込表示

学 校 名	税込価格				
	2020年	2021年	2022年	2023年	2024年
京都先端科学大附高(国際)	¥550	¥550	¥550	¥550	¥550
5か年セット	¥2,200				
京都橘高	¥550	×	¥550	¥550	¥550
4か年セット	¥1,760				
京都両洋高	¥550	¥550	¥550	¥550	¥550
5か年セット	¥2,200				
久留米大附設高	×	¥550	¥550	¥550	¥550
4か年セット	¥1,760				
神戸星城高	¥550	¥550	¥550	¥550	¥550
5か年セット	¥2,200				
神戸山手グローバル高	×	×	×	¥550	¥550
2か年セット	¥880				
神戸龍谷高	¥550	¥550	¥550	¥550	¥550
5か年セット	¥2,200				
香里ヌヴェール学院高	¥550	¥550	¥550	¥550	¥550
5か年セット	¥2,200				
三田学園高	¥550	¥550	¥550	¥550	¥550
5か年セット	¥2,200				
滋賀学園高	¥550	¥550	¥550	¥550	¥550
5か年セット	¥2,200				
滋賀短期大学附高	¥550	¥550	¥550	¥550	¥550
5か年セット	¥2,200				

※価格は税込表示　　　　　　　　　　　　　　　　　　　※価格は税込表示

※価格は税込表示

国私立高（アイウエオ順）

学 校 名	税込価格				
	2020年	2021年	2022年	2023年	2024年
樟蔭高	¥550	¥550	¥550	¥550	¥550
5か年セット			¥2,200		
常翔学園高	¥550	¥550	¥550	¥550	¥550
5か年セット			¥2,200		
清教学園高	¥550	¥550	¥550	¥550	¥550
5か年セット			¥2,200		
西南学院高（専願）	¥550	¥550	¥550	¥550	¥550
5か年セット			¥2,200		
西南学院高（前期）	¥550	¥550	¥550	¥550	¥550
5か年セット			¥2,200		
園田学園高	¥550	¥550	¥550	¥550	¥550
5か年セット			¥2,200		
筑陽学園高（専願）	¥550	¥550	¥550	¥550	¥550
5か年セット			¥2,200		
筑陽学園高（前期）	¥550	¥550	¥550	¥550	¥550
5か年セット			¥2,200		
智辯学園高	¥550	¥550	¥550	¥550	¥550
5か年セット			¥2,200		
帝塚山高	¥550	¥550	¥550	¥550	¥550
5か年セット			¥2,200		
東海大付大阪仰星高	¥550	¥550	¥550	¥550	¥550
5か年セット			¥2,200		
同志社高	¥550	¥550	¥550	¥550	¥550
5か年セット			¥2,200		
中村学園女子高（前期）	×	¥550	¥550	¥550	¥550
4か年セット			¥1,760		
灘高	¥550	¥550	¥550	¥550	¥550
5か年セット			¥2,200		
奈良育英高	¥550	¥550	¥550	¥550	¥550
5か年セット			¥2,200		
奈良学園高	¥550	¥550	¥550	¥550	¥550
5か年セット			¥2,200		
奈良大附高	¥550	¥550	¥550	¥550	¥550
5か年セット			¥2,200		

学 校 名	税込価格				
	2020年	2021年	2022年	2023年	2024年
西大和学園高	¥550	¥550	¥550	¥550	¥550
5か年セット			¥2,200		
梅花高	¥550	¥550	¥550	¥550	¥550
5か年セット			¥2,200		
白陵高	¥550	¥550	¥550	¥550	¥550
5か年セット			¥2,200		
初芝立命館高	×	×	×	×	¥550
東大谷高	×	×	¥550	¥550	¥550
3か年セット			¥1,320		
東山高	×	×	×	×	¥550
雲雀丘学園高	¥550	¥550	¥550	¥550	¥550
5か年セット			¥2,200		
福岡大附大濠高（専願）	¥550	¥550	¥550	¥550	¥550
5か年セット			¥2,200		
福岡大附大濠高（前期）	¥550	¥550	¥550	¥550	¥550
5か年セット			¥2,200		
福岡大附大濠高（後期）	¥550	¥550	¥550	¥550	¥550
5か年セット			¥2,200		
武庫川女子大附高	×	×	¥550	¥550	¥550
3か年セット			¥1,320		
明星高	¥550	¥550	¥550	¥550	¥550
5か年セット			¥2,200		
和歌山信愛高	¥550	¥550	¥550	¥550	¥550
5か年セット			¥2,200		

※価格は税込表示

公立高

学 校 名	税込価格				
	2020年	2021年	2022年	2023年	2024年
京都市立西京高（エンタープライジング科）	¥550	¥550	¥550	¥550	¥550
5か年セット			¥2,200		
京都市立堀川高（探究学科群）	¥550	¥550	¥550	¥550	¥550
5か年セット			¥2,200		
京都府立嵯峨野高（京都こすもす科）	¥550	¥550	¥550	¥550	¥550
5か年セット			¥2,200		

赤本収録年度より古い年度の音声データ

以下の音声データは,赤本に収録以前の年度ですので,赤本バックナンバー(P.1～3に掲載)と合わせてご購入ください。
赤本バックナンバーは1年分が1冊の本になっていますので,音声データも1年分ずつの販売となります。

※価格は税込表示

国私立高 (アイウエオ順)

学校名	2003年	2004年	2005年	2006年	2007年	2008年	2009年	2010年	2011年	2012年	2013年	2014年	2015年	2016年	2017年	2018年	2019年
大阪教育大附高池田校			¥550	¥550	¥550	¥550	¥550	¥550	¥550	¥550	¥550	¥550	¥550	¥550	¥550	¥550	¥550
大阪星光学院高(1次)	¥550	¥550	¥550	¥550	¥550	¥550	¥550	¥550	¥550	¥550	×	¥550	×	¥550	¥550	¥550	¥550
大阪星光学院高(1.5次)			¥550	¥550	¥550	¥550	¥550	¥550	¥550	×	×	×	×	×	×	×	×
大阪桐蔭高						¥550	¥550	¥550	¥550	¥550	¥550	¥550	¥550	¥550	¥550	¥550	¥550
久留米大附設高				¥550	¥550	×	¥550	¥550	¥550	¥550	¥550	¥550	¥550	¥550	¥550	¥550	¥550
清教学園高														¥550	¥550	¥550	¥550
同志社高						¥550	¥550	¥550	¥550	¥550	¥550	¥550	¥550	¥550	¥550	¥550	¥550
灘高																¥550	¥550
西大和学園高				¥550	¥550	¥550	¥550	¥550	¥550	¥550	¥550	¥550	¥550	¥550	¥550	¥550	¥550
福岡大附大濠高(専願)												¥550	¥550	¥550	¥550	¥550	¥550
福岡大附大濠高(前期)					¥550	¥550	¥550	¥550	¥550	¥550	¥550	¥550	¥550	¥550	¥550	¥550	¥550
福岡大附大濠高(後期)					¥550	¥550	¥550	¥550	¥550	¥550	¥550	¥550	¥550	¥550	¥550	¥550	¥550
明星高															¥550	¥550	¥550
立命館高(前期)						¥550	¥550	¥550	¥550	¥550	¥550	¥550	¥550	×	×	×	×
立命館高(後期)						¥550	¥550	¥550	¥550	¥550	¥550	¥550	¥550	×	×	×	×
立命館宇治高												¥550	¥550	¥550	¥550	¥550	×

※価格は税込表示

公立高 (府県順)

府県名・学校名	2003年	2004年	2005年	2006年	2007年	2008年	2009年	2010年	2011年	2012年	2013年	2014年	2015年	2016年	2017年	2018年	2019年
岐阜県公立高			¥550	¥550	¥550	¥550	¥550	¥550	¥550	¥550	¥550	¥550	¥550	¥550	¥550	¥550	¥550
静岡県公立高			¥550	¥550	¥550	¥550	¥550	¥550	¥550	¥550	¥550	¥550	¥550	¥550	¥550	¥550	¥550
愛知県公立高(Aグループ)	¥550	¥550	¥550	¥550	¥550	¥550	¥550	¥550	¥550	¥550	¥550	¥550	¥550	¥550	¥550	¥550	¥550
愛知県公立高(Bグループ)	¥550	¥550	¥550	¥550	¥550	¥550	¥550	¥550	¥550	¥550	¥550	¥550	¥550	¥550	¥550	¥550	¥550
三重県公立高			¥550	¥550	¥550	¥550	¥550	¥550	¥550	¥550	¥550	¥550	¥550	¥550	¥550	¥550	¥550
滋賀県公立高	¥550	¥550	¥550	¥550	¥550	¥550	¥550	¥550	¥550	¥550	¥550	¥550	¥550	¥550	¥550	¥550	¥550
京都府公立高(中期選抜)	¥550	¥550	¥550	¥550	¥550	¥550	¥550	¥550	¥550	¥550	¥550	¥550	¥550	¥550	¥550	¥550	¥550
京都府公立高(前期選抜 共通学力検査)												¥550	¥550	¥550	¥550	¥550	¥550
京都市立西京高(エンタープライジング科)			¥550	¥550	¥550	¥550	¥550	¥550	¥550	¥550	¥550	¥550	¥550	¥550	¥550	¥550	¥550
京都市立堀川高(探究学科群)												¥550	¥550	¥550	¥550	¥550	¥550
京都府立嵯峨野高(京都こすもす科)			¥550	¥550	¥550	¥550	¥550	¥550	¥550	¥550	¥550	¥550	¥550	¥550	¥550	¥550	¥550
大阪府公立高(一般選抜)														¥550	¥550	¥550	¥550
大阪府公立高(特別選抜)														¥550	¥550	¥550	¥550
大阪府公立高(後期選抜)	¥550	¥550	¥550	¥550	¥550	¥550	¥550	¥550	¥550	¥550	¥550	¥550	¥550	×	×	×	×
大阪府公立高(前期選抜)	¥550	¥550	¥550	¥550	¥550	¥550	¥550	¥550	¥550	¥550	¥550	¥550	¥550	×	×	×	×
兵庫県公立高	¥550	¥550	¥550	¥550	¥550	¥550	¥550	¥550	¥550	¥550	¥550	¥550	¥550	¥550	¥550	¥550	¥550
奈良県公立高(一般選抜)	¥550	¥550	¥550	¥550	×	¥550	¥550	¥550	¥550	¥550	¥550	¥550	¥550	¥550	¥550	¥550	¥550
奈良県公立高(特色選抜)				¥550	¥550	¥550	¥550	¥550	¥550	¥550	¥550	¥550	¥550	¥550	¥550	¥550	¥550
和歌山県公立高	¥550	¥550	¥550	¥550	¥550	¥550	¥550	¥550	¥550	¥550	¥550	¥550	¥550	¥550	¥550	¥550	¥550
岡山県公立高(一般選抜)						¥550	¥550	¥550	¥550	¥550	¥550	¥550	¥550	¥550	¥550	¥550	¥550
岡山県公立高(特別選抜)														¥550	¥550	¥550	¥550
広島県公立高	¥550	¥550	¥550	¥550	¥550	¥550	¥550	¥550	¥550	¥550	¥550	¥550	¥550	¥550	¥550	¥550	¥550
山口県公立高						¥550	¥550	¥550	¥550	¥550	¥550	¥550	¥550	¥550	¥550	¥550	¥550
香川県公立高						¥550	¥550	¥550	¥550	¥550	¥550	¥550	¥550	¥550	¥550	¥550	¥550
愛媛県公立高						¥550	¥550	¥550	¥550	¥550	¥550	¥550	¥550	¥550	¥550	¥550	¥550
福岡県公立高				¥550	¥550	¥550	¥550	¥550	¥550	¥550	¥550	¥550	¥550	¥550	¥550	¥550	¥550
長崎県公立高						¥550	¥550	¥550	¥550	¥550	¥550	¥550	¥550	¥550	¥550	¥550	¥550
熊本県公立高(選択問題A)													¥550	¥550	¥550	¥550	¥550
熊本県公立高(選択問題B)													¥550	¥550	¥550	¥550	¥550
熊本県公立高(共通)						¥550	¥550	¥550	¥550	¥550	¥550	¥550	×	×	×	×	×
大分県公立高						¥550	¥550	¥550	¥550	¥550	¥550	¥550	¥550	¥550	¥550	¥550	¥550
鹿児島県公立高						¥550	¥550	¥550	¥550	¥550	¥550	¥550	¥550	¥550	¥550	¥550	¥550

受験生のみなさんへ

英俊社の高校入試対策問題集

各書籍のくわしい内容はこちら→

■■ 近畿の高校入試シリーズ

最新の近畿の入試問題から良問を精選。
私立・公立どちらにも対応できる定評ある問題集です。

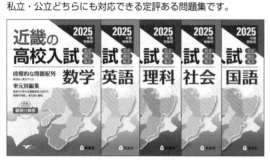

■■ 近畿の高校入試シリーズ

中1・2の復習

近畿の入試問題から1・2年生までの範囲で解ける良問を精選。
高校入試の基礎固めに最適な問題集です。

■■ 最難関高校シリーズ

最難関高校を志望する受験生諸君におすすめのハイレベル問題集。
灘、洛南、西大和学園、久留米大学附設、ラ・サールの最新7か年入試問題を単元別に分類して収録しています。

■■ ニューウイングシリーズ　出題率

入試での出題率を徹底分析。出題率の高い単元、問題に集中して効率よく学習できます。

8

■■ 近道問題シリーズ

重要ポイントに絞ったコンパクトな問題集。苦手分野の集中トレーニングに最適です!

数学5分冊

01 式と計算
02 方程式・確率・資料の活用
03 関数とグラフ
04 図形〈1・2年分野〉
05 図形〈3年分野〉

英語6分冊

06 単語・連語・会話表現
07 英文法
08 文の書きかえ・英作文
09 長文基礎
10 長文実践
11 リスニング

理科6分冊

12 物理
13 化学
14 生物・地学
15 理科計算
16 理科記述
17 理科知識

社会4分冊

18 地理
19 歴史
20 公民
21 社会の応用問題 ―資料読解・記述―

国語5分冊

22 漢字・ことばの知識
23 文法
24 長文読解 ―攻略法の基本―
25 長文読解 ―攻略法の実践―
26 古典

学校・塾の指導者の先生方へ

赤本収録の**入試問題データベース**を利用して、**オリジナルプリント教材**を作成していただけるサービスが登場!! 生徒**ひとりひとりに合わせた**教材作りが可能です。

プリント教材作成システム
KAWASEMI Lite

くわしくは **KAWASEMI Lite 検索** で検索!
まずは**無料体験版**をぜひお試しください。

※指導者の先生方向けの専用サービスです。受験生など個人の方はご利用いただけませんので、ご注意ください。

284	四天王寺東高 （藤井寺市）	49, 56
126	樟蔭高 （東大阪市）	14, 46, 99, 104
210	常翔学園高 （大阪市旭区）	65, 109, 124, 137
151	常翔啓光学園高 （枚方市）	18, 20, 52, 62, 70, 72, 74
192	城南学園高 （大阪市東住吉区）	12, 17, 52, 65, 82
167	昇陽高 （大阪市此花区）	4, 10, 64
204	神港学園高 （神戸市中央区）	3, 8, 69
200	須磨学園高 （神戸市須磨区）	6, 70, 139
260	精華高 （堺市中区）	34, 53, 61, 68, 72
163	清教学園高 （河内長野市）	73, 105, 110
161	星翔高 （摂津市）	3, 17, 61, 70, 72
110	清風高 （大阪市天王寺区）	43, 76
133	清風南海高 （高石市）	9, 73, 93, 116
102	清明学院高 （大阪市住吉区）	4, 12, 72, 74, 85
184	宣真高 （池田市）	5, 8, 18, 24, 45, 73
187	相愛高 （大阪市中央区）	
120	園田学園高 （尼崎市）	4, 18, 20, 31, 57, 61, 100, 103
158	大商学園高 （豊中市）	4, 11, 25, 64, 85
132	太成学院大高 （大東市）	7, 11, 13, 67, 69, 72, 84, 104
119	滝川高 （神戸市須磨区）	5, 54
248	滝川第二高 （神戸市西区）	20, 68, 144
227	智辯学園高 （五條市）	46, 62, 89
241	智辯学園和歌山高 （和歌山市）	51, 59, 98, 119, 148
199	帝塚山高 （奈良市）	6, 11, 70, 71, 72, 138
282	帝塚山学院泉ヶ丘高 （堺市南区）	14, 70, 73, 103, 131
197	天理高 （天理市）	19, 32, 47, 55, 61, 64, 72, 75, 127
236	東海大付大阪仰星高 （枚方市）	35, 73
193	同志社高 （京都市左京区）	23, 54, 66, 69, 88, 122, 132

221	同志社国際高 （京田辺市）	24, 124
179	東洋大附姫路高 （姫路市）	3, 4, 96
155	灘高 （神戸市東灘区）	71, 73, 77, 93, 120, 125, 133, 141
131	浪速高 （大阪市住吉区）	4, 75
198	奈良育英高 （奈良市）	4, 6, 17, 48, 67, 69, 70
286	奈良県立大附高 （奈良市）	
243	奈良学園高 （大和郡山市）	23, 32, 61, 72
5004	奈良工業高専 （大和郡山市）	6, 79, 82, 108
220	奈良女高 （奈良市）	19, 42
217	奈良大附高 （奈良市）	4, 17, 23, 35, 106, 150
218	奈良文化高 （大和高田市）	70, 76
238	仁川学院高 （西宮市）	68, 69, 70, 77, 126, 133, 141
252	西大和学園高 （奈良県河合町）	13, 30, 59, 65, 91, 102, 107, 145
278	ノートルダム女学院高 （京都市左京区）	12, 26, 33, 89, 108
144	梅花高 （豊中市）	62, 83
249	白陵高 （高砂市）	42, 65, 92, 145
188	羽衣学園高 （高石市）	12, 19, 62, 65
247	初芝富田林高 （富田林市）	3, 11, 17, 26, 52, 69
266	初芝橋本高 （橋本市）	10, 31, 34, 53, 62, 68, 120
196	花園高 （京都市右京区）	5, 13, 64, 70
137	阪南大学高 （松原市）	61, 68, 109
219	比叡山高 （大津市）	5, 12, 17
159	東大阪大柏原高 （柏原市）	10, 33, 55, 84
136	東大阪大敬愛高 （東大阪市）	31, 49, 61, 62, 64, 102, 107, 128
209	東大谷高 （堺市南区）	14, 41, 67
139	東山高 （京都市左京区）	4, 62, 75
269	日ノ本学園高 （姫路市）	61, 64, 68, 101
239	雲雀丘学園高 （宝塚市）	6, 8, 23, 55, 70, 71, 138

【タ行】

【ナ行】

【ハ行】

近畿の高校入試

解答編

2025年度受験用

数学

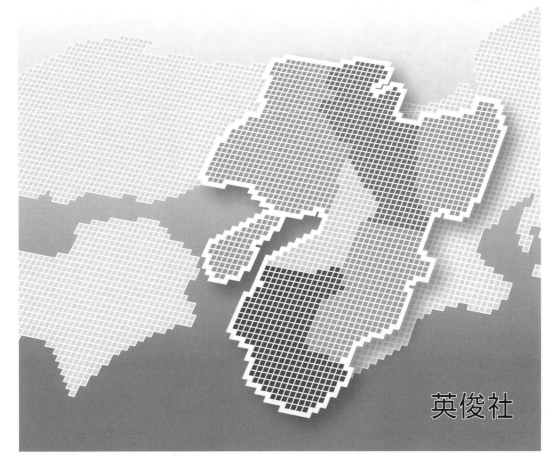

英俊社

1．正負の数

§1．正負の数 (3 ページ)

1 (1) 与式 $= -(10-4) = -6$

(2) 与式 $= -(15-7) = -8$

(3) 与式 $= -(12+23) = -35$

(4) 与式 $= -(6+2) = -8$

(5) 与式 $= 13+9 = 22$

(6) 与式 $= -9+15 = 6$

(7) 与式 $= 15-2+5 = 18$

(8) 与式 $= 4-6+2-8 = -2-6 = -8$

(9) 与式 $= -8-\{(-6)+2\} = -8-(-4)$
$= -8+4 = -4$

(10) 与式 $= 7-\{5-(-2)\} = 7-(5+2) = 7-7 = 0$

答 (1) -6　(2) -8　(3) -35　(4) -8　(5) 22
(6) 6　(7) 18　(8) -8　(9) -4　(10) 0

2 (1) 与式 $= -\dfrac{7}{4}+\dfrac{12}{4} = \dfrac{5}{4}$

(2) 与式 $= \dfrac{4}{12}-\dfrac{9}{12} = -\dfrac{5}{12}$

(3) 与式 $= \dfrac{7}{21}-\dfrac{9}{21} = -\dfrac{2}{21}$

(4) 与式 $= \dfrac{3}{8}+\dfrac{2}{3}-\dfrac{3}{4} = \dfrac{9+16-18}{24} = \dfrac{7}{24}$

(5) 与式 $= \dfrac{9}{5}+\dfrac{4}{3}-\dfrac{4}{5}+\dfrac{2}{3}$
$= \left(\dfrac{9}{5}-\dfrac{4}{5}\right)+\left(\dfrac{4}{3}+\dfrac{2}{3}\right) = 1+2 = 3$

(6) 与式 $= 3.4+2.5 = 5.9$

(7) 与式 $= 0.7+0.2-0.3+1.5 = 2.1$

(8) 与式 $= \dfrac{3}{4}-\dfrac{1}{8}+2 = \dfrac{21}{8}$

答 (1) $\dfrac{5}{4}$　(2) $-\dfrac{5}{12}$　(3) $-\dfrac{2}{21}$　(4) $\dfrac{7}{24}$　(5) 3
(6) 5.9　(7) 2.1　(8) $\dfrac{21}{8}$

3 (1) 与式 $= -(12\times7) = -84$

(2) 与式 $= 4\times(-4) = -16$

(3) 与式 $= -9\times4 = -36$

(4) 与式 $= 16\div(-8) = -2$

(5) 与式 $= 8\div4\times(-3) = 2\times(-3) = -6$

(6) 与式 $= 36\div(-27)\times8 = -\dfrac{36\times8}{27} = -\dfrac{32}{3}$

答 (1) -84　(2) -16　(3) -36　(4) -2　(5) -6
(6) $-\dfrac{32}{3}$

4 (1) 与式 $= -\dfrac{1\times2\times3\times4}{2\times3\times4\times5} = -\dfrac{1}{5}$

(2) 与式 $= -\dfrac{1\times1\times6}{3\times2} = -1$

(3) 与式 $= \dfrac{5}{6}\times\dfrac{3}{2} = \dfrac{5}{4}$

(4) 与式 $= \dfrac{5}{9}\times6\times\dfrac{3}{20} = \dfrac{1}{2}$

(5) 与式 $= 0.23\times\{25\times(-4)\}$
$= 0.23\times(-100) = -23$

(6) 与式 $= \dfrac{1}{4}\times8\times(-3) = -6$

(7) 与式 $= (-8)\times\dfrac{9}{4} = -18$

(8) 与式 $= -\dfrac{14}{9}\div\dfrac{8}{27}\times4 = -\dfrac{14}{9}\times\dfrac{27}{8}\times4 = -21$

答 (1) $-\dfrac{1}{5}$　(2) -1　(3) $\dfrac{5}{4}$　(4) $\dfrac{1}{2}$　(5) -23
(6) -6　(7) -18　(8) -21

5 (1) 与式 $= -8+5 = -3$

(2) 与式 $= 3-4 = -1$

(3) 与式 $= 27-(-3) = 27+3 = 30$

(4) 与式 $= -4-13 = -17$

(5) 与式 $= 5+12 = 17$

(6) 与式 $= 77-49-11 = 17$

(7) 与式 $= 4+4-(15-1) = 8-14 = -6$

(8) 与式 $= (6+2-3)\div5 = 5\div5 = 1$

答 (1) -3　(2) -1　(3) 30　(4) -17　(5) 17
(6) 17　(7) -6　(8) 1

6 (1) 与式 $= -11+4 = -7$

(2) 与式 $= 16+14 = 30$

(3) 与式 $= -8+9 = 1$

(4) 与式 $= -27+16 = -11$

(5) 与式 $= -3+(-2)-(-8) = -3-2+8 = 3$

(6) 与式 $= -9+(-8)-6 = -23$

(7) 与式 $= -64+9-8 = -63$

(8) 与式 $= -8-(5-9) = -8-(-4) = -8+4$
$= -4$

答 (1) -7　(2) 30　(3) 1　(4) -11　(5) 3
(6) -23　(7) -63　(8) -4

7 (1) 与式 $= -2+4\times9 = -2+36 = 34$

(2) 与式 $= 3-16\div8 = 3-2 = 1$

(3) 与式 $= (-8)\times3-8\div(-8) = -24+1 = -23$

(4) 与式 $= 9\times(-8)\div(-16)+6\div4 = \dfrac{9}{2}+\dfrac{3}{2} = \dfrac{12}{2}$
$= 6$

(5) 与式 $= 4-9\times1 = 4-9 = -5$

(6) 与式 $= (-5)^2+(-27) = 25-27 = -2$

(7) 与式 $= (81-9)\times25\div(-2) = 72\times25\div(-2)$
$= -900$

(8) 与式 $= 81\div(-81)-(-15+8) = -1-(-7)$
$= -1+7 = 6$

(9) 与式 $= \{1+(-8)-81-(-64)\}\div(-6)$
$= (1-8-81+64)\div(-6) = -24\div(-6)$
$= 4$

答 (1) 34　(2) 1　(3) -23　(4) 6　(5) -5　(6) -2
(7) -900　(8) 6　(9) 4

8 (1) 与式 $=4-(-3)=4+3=7$

(2) 与式 $=\dfrac{3}{2}-\dfrac{5}{3}=\dfrac{9}{6}-\dfrac{10}{6}=-\dfrac{1}{6}$

(3) 与式 $=\dfrac{1}{2}\times\dfrac{1}{3}+\left(-\dfrac{3}{4}\right)\times2=\dfrac{1}{6}+\left(-\dfrac{3}{2}\right)$

$=\dfrac{1}{6}-\dfrac{3}{2}=\dfrac{1}{6}-\dfrac{9}{6}=-\dfrac{8}{6}=-\dfrac{4}{3}$

(4) 与式 $=\dfrac{3}{5}-\left(-\dfrac{2}{5}\right)=\dfrac{3}{5}+\dfrac{2}{5}=\dfrac{5}{5}=1$

(5) 与式 $=\dfrac{1}{2}-\left(-\dfrac{5}{2}\right)\times\dfrac{7}{5}=\dfrac{1}{2}+\dfrac{7}{2}=4$

(6) 与式 $=\dfrac{2}{5}\times\dfrac{1}{2}-\dfrac{3}{5}\div\dfrac{3}{10}=\dfrac{1}{5}-\dfrac{10}{5}=-\dfrac{9}{5}$

答 (1) 7　(2) $-\dfrac{1}{6}$　(3) $-\dfrac{4}{3}$　(4) 1　(5) 4
(6) $-\dfrac{9}{5}$

9 (1) 与式 $=-36+4\times\left(-\dfrac{3}{2}\right)=-36+(-6)=-42$

(2) 与式 $=-9+\dfrac{17}{2}+(-8)=-17+\dfrac{17}{2}=-\dfrac{17}{2}$

(3) 与式 $=-\dfrac{7}{3}\div9-\dfrac{9}{4}\times\left(-\dfrac{8}{27}\right)$

$=-\dfrac{7}{3}\times\dfrac{1}{9}+\dfrac{9}{4}\times\dfrac{8}{27}=-\dfrac{7}{27}+\dfrac{18}{27}=\dfrac{11}{27}$

(4) 与式 $=-\dfrac{3}{25}\times\left(-\dfrac{2}{3}\right)-40\times\left(-\dfrac{1}{125}\right)$

$=\dfrac{2}{25}+\dfrac{8}{25}=\dfrac{10}{25}=\dfrac{2}{5}$

(5) 与式 $=\dfrac{11}{15}-\left(-\dfrac{21}{100}\right)\times\left(-\dfrac{4}{9}\right)=\dfrac{11}{15}-\dfrac{7}{75}$

$=\dfrac{55-7}{75}=\dfrac{16}{25}$

(6) 与式 $=\left(-\dfrac{1}{2}\right)^2\times\dfrac{4}{3}-\dfrac{1}{4}\times(-4)$

$=\dfrac{1}{4}\times\dfrac{4}{3}+1=\dfrac{1}{3}+1=\dfrac{4}{3}$

(7) 与式 $=\left(\dfrac{3}{4}\right)^2\times\left(-\dfrac{8}{27}\right)-\dfrac{24}{10}\times\left(-\dfrac{1}{9}\right)$

$=-\dfrac{9}{16}\times\dfrac{8}{27}-\left(-\dfrac{4}{15}\right)=-\dfrac{1}{6}+\dfrac{4}{15}$

$=\dfrac{-5+8}{30}=\dfrac{3}{30}=\dfrac{1}{10}$

(8) 与式 $=\left(-\dfrac{2}{5}\right)^2\times\left(-\dfrac{15}{8}\right)+(-9)\div(-5)$

$=\dfrac{4}{25}\times\left(-\dfrac{15}{8}\right)+\dfrac{9}{5}=-\dfrac{3}{10}+\dfrac{9}{5}=\dfrac{3}{2}$

答 (1) -42　(2) $-\dfrac{17}{2}$　(3) $\dfrac{11}{27}$　(4) $\dfrac{2}{5}$　(5) $\dfrac{16}{25}$
(6) $\dfrac{4}{3}$　(7) $\dfrac{1}{10}$　(8) $\dfrac{3}{2}$

10 (1) 与式 $=24\times\dfrac{1}{3}-24\times\dfrac{3}{8}=8-9=-1$

(2) 与式 $=\dfrac{2-9}{12}\times\dfrac{9}{7}=\left(-\dfrac{7}{12}\right)\times\dfrac{9}{7}=-\dfrac{3}{4}$

(3) 与式 $=\dfrac{3}{4}-\dfrac{7}{8}\times\dfrac{10}{7}=\dfrac{3}{4}-\dfrac{5}{4}=-\dfrac{1}{2}$

(4) 与式 $=\dfrac{9}{25}\div\dfrac{35-14}{10}+\dfrac{10}{7}=\dfrac{9}{25}\times\dfrac{10}{21}+\dfrac{10}{7}$

$=\dfrac{6}{35}+\dfrac{10}{7}=\dfrac{6+50}{35}=\dfrac{56}{35}=\dfrac{8}{5}$

(5) 与式 $=\left(\dfrac{3}{6}-\dfrac{2}{6}\right)\times\dfrac{6}{5}-\dfrac{8}{125}=\dfrac{1}{6}\times\dfrac{6}{5}-\dfrac{8}{125}$

$=\dfrac{25}{125}-\dfrac{8}{125}=\dfrac{17}{125}$

(6) 与式 $=36\div\dfrac{9}{4}-64\times\left(\dfrac{17}{16}-\dfrac{7}{8}\right)$

$=36\times\dfrac{4}{9}-64\times\dfrac{3}{16}=16-12=4$

(7) 与式 $=(169-49)\div\dfrac{4}{9}=120\times\dfrac{9}{4}=270$

(8) 与式 $=-6\times(16+20)\div\left(-\dfrac{27}{8}\right)$

$=-6\times36\times\left(-\dfrac{8}{27}\right)=\dfrac{6\times36\times8}{27}=64$

(9) 与式 $=\left\{1-\dfrac{7}{20}\times\left(-\dfrac{5}{14}\right)\right\}\times16$

$=\left(1+\dfrac{1}{8}\right)\times16=16+2=18$

(10) 与式 $=-3+2\times\left\{\left(\dfrac{5}{2}\right)^2-\dfrac{1}{4}\right\}$

$=-3+2\times\left(\dfrac{25}{4}-\dfrac{1}{4}\right)=-3+2\times6$

$=-3+12=9$

答 (1) -1　(2) $-\dfrac{3}{4}$　(3) $-\dfrac{1}{2}$　(4) $\dfrac{8}{5}$　(5) $\dfrac{17}{125}$
(6) 4　(7) 270　(8) 64　(9) 18　(10) 9

11 (1) 与式 $=\dfrac{2}{5}\div\left\{\left(\dfrac{3}{5}\right)^2-\dfrac{11}{25}\right\}\times\dfrac{1}{5}$

$=\dfrac{2}{5}\div\left(\dfrac{9}{25}-\dfrac{11}{25}\right)\times\dfrac{1}{5}$

$=\dfrac{2}{5}\div\left(-\dfrac{2}{25}\right)\times\dfrac{1}{5}=-\dfrac{2}{5}\times\dfrac{25}{2}\times\dfrac{1}{5}$

$=-1$

(2) 与式 $=\left(-\dfrac{3}{5}\right)^2\times\dfrac{5}{3}+\left(\dfrac{1}{3}-\dfrac{21}{3}\right)\div\dfrac{25}{36}$

$=\dfrac{9}{25}\times\dfrac{5}{3}-\dfrac{20}{3}\times\dfrac{36}{25}=\dfrac{3}{5}-\dfrac{48}{5}=-9$

(3) 与式 $=4\times\left\{\left(\dfrac{1}{4}\right)^3+\dfrac{63}{64}\right\}$

$-\left\{\left(-\dfrac{3}{4}\right)^2+\dfrac{1}{16}\right\}$

$=4\times\left(\dfrac{1}{64}+\dfrac{63}{64}\right)-\left(\dfrac{9}{16}+\dfrac{1}{16}\right)$

$$= 4 \times 1 - \frac{5}{8} = \frac{32}{8} - \frac{5}{8} = \frac{27}{8}$$

(4) 与式 $= \frac{4}{3} \times \left\{ \left(-\frac{3}{4} \right)^2 - \frac{1}{36} \times \left(-\frac{3}{2} \right)^3 \right\}$

$\qquad\qquad + \frac{1}{4}$

$\qquad = \frac{4}{3} \times \left(\frac{3}{4} \right)^2 + \frac{4}{3} \times \frac{1}{36} \times \frac{27}{8} + \frac{1}{4}$

$\qquad = \frac{3}{4} + \frac{1}{8} + \frac{1}{4} = \frac{9}{8}$

答 (1) -1　(2) -9　(3) $\frac{27}{8}$　(4) $\frac{9}{8}$

12 (1) それぞれ分子が 2 の分数なので，$\frac{2}{7} < \frac{2}{5} < \frac{2}{3}$

よって，$-\frac{2}{3} < -\frac{2}{5} < -\frac{2}{7}$ より，

2 番目に小さい数は $-\frac{2}{5}$。

(2) $\frac{7}{5} = 1.4$ なので，

整数 n は，-2，-1，0，1 の 4 個。

答 (1) $-\frac{2}{5}$　(2) 4 (個)

13 (1) -4，-3，-2，-1，0，1，2，3，4 の 9 個。

(2) 絶対値が 1，2，3，4，5 になる整数だから，
-5，-4，-3，-2，-1，1，2，3，4，5 の 10 個。

答 (1) 9 (個)　(2) 10 (個)

14 (1) $0 < a < 1$ のとき，たとえば，$a = \frac{1}{2}$ のとき，

$a^2 = \left(\frac{1}{2} \right)^2 = \frac{1}{4}$ より，$a > a^2$ になる。

(2) $a + b < 0$，$ab > 0$，$\frac{a}{b} > 0$ となる。

また，$a - b$ は，

a の絶対値が b の絶対値より大きいとき，
$a - b < 0$，

a の絶対値と b の絶対値が等しいとき，$a - b = 0$，

a の絶対値が b の絶対値より小さいとき，
$a - b > 0$ となる。

よって，a の絶対値が b の絶対値より大きい場合について，具体的な数で $a + b$ と $a - b$ の大小関係を調べると，

$a = -2$，$b = -1$ のとき，$a + b = -3$，$a - b = -1$
したがって，式の値がもっとも小さいのは $a + b$。

答 (1) (例) $\frac{1}{2}$　(2) $a + b$

15 (1) 国語，英語，社会，理科の 4 つのテストの合計点が，$74 \times 4 = 296$ (点)なので，
これに数学を加えた 5 つのテストの合計点は，
$296 + 82 = 378$ (点)
よって，この 5 つのテストの平均点は，
$378 \div 5 = 75.6$ (点)

(2) 平均点は 80 点より，
$(+3 - 8 + 10 - 9 - 1) \div 5 = -1$ (点)だけ高い。
よって，$80 - 1 = 79$ (点)

答 (1) 75.6 (点)　(2) 79 (点)

§2．数の性質 (7 ページ)

☆☆☆ 標準問題 ☆☆☆ (7 ページ)

1 (2) $1001 = 7 \times 11 \times 13$ だから，
素因数の和は，$7 + 11 + 13 = 31$

答 (1) $2^2 \times 3 \times 5$　(2) 31

2 (1) $264 = 2^3 \times 3 \times 11$，$198 = 2 \times 3^2 \times 11$ より，
最大公約数は，$2 \times 3 \times 11 = 66$

(2) $2023 = 7 \times 17^2$
よって，$\frac{2023}{n}$ が素数となる自然数 n は，
$7 \times 17 = 119$，$17^2 = 289$

答 (1) 66　(2) 119，289

3 (1) $12 \times 24 + 1 = 289 = 17^2$ より，$n = 17$

(2) $430 \div 15 = 28.6\cdots$ より，n は 28 以下とわかる。
$n = 28$ のとき，
$430 - 15 \times 28 = 10$ は自然数の 2 乗ではない。
$n = 27$ のとき，
$430 - 15 \times 27 = 25 = 5^2$ と自然数の 2 乗になるので，
あてはまる最も大きい自然数 n は 27。

(3) $\frac{360}{7} = \frac{2^3 \times 3^2 \times 5}{7} = \frac{(2 \times 3)^2 \times 2 \times 5}{7}$
よって，$n = 7 \times 2 \times 5 = 70$ のとき，
$\frac{360}{7} \times 70 = 3600 = 60^2$ となる。

答 (1) 17　(2) 27　(3) 70

4 (1) $2^1 = 2$，$2^2 = 4$，$2^3 = 8$，$2^4 = 16$，$2^5 = 32$，$\cdots$ より，
2^n ($n = 1$，2，$\cdots$) の一の位は，
2，4，8，6 をくり返す。
よって，$2023 \div 4 = 505$ あまり 3 より，
2^{2023} の一の位は 8。

(2) $3^1 = 3$，$3^2 = 9$，$3^3 = 27$，$3^4 = 81$，$3^5 = 243$，
$\cdots$ より，一の位は，3，9，7，1 を繰り返す。
よって，3 から 3^{10} の一の位の和は，
$(3 + 9 + 7 + 1) \times 2 + 3 + 9 = 52$ だから，一の位は 2。

答 (1) 8　(2) 2

5 (1) $360 = 2 \times 2 \times 2 \times 3 \times 3 \times 5 = 2^3 \times 3^2 \times 5$

(2) 360 に 2×5 をかけると，
$(2^3 \times 3^2 \times 5) \times (2 \times 5) = 2^4 \times 3^2 \times 5^2$
$= (2^2 \times 3 \times 5)^2$ で，自然数の 2 乗となる。
よって，求める数は，$2 \times 5 = 10$

(3) 360 を 2×5 で割ると，
$\frac{2^3 \times 3^2 \times 5}{2 \times 5} = 2^2 \times 3^2 = (2 \times 3)^2$ で，

自然数の2乗となる。

よって，求める数は10。

答 (1) $2^3 \times 3^2 \times 5$　(2) 10　(3) 10

★★★ 発展問題 ★★★ （8ページ）

1 $A = 2 \times 3 \times 5 \times 7 \times 11 \times 13 \times 17 \times 19$,

$B = 1 \times 4 \times 6 \times 8 \times 9 \times 10 \times 12 \times 14 \times 15 \times 16 \times 18 \times 20$

Bを素因数分解すると，$2^{17} \times 3^7 \times 5^3 \times 7$ だから，

AとBの最大公約数は，$2 \times 3 \times 5 \times 7 = 210$

答 210

2 (1) 3乗して2桁の数になる自然数は，

$3^3 = 27$, $4^3 = 64$ の2つ。

(2) 6を2つの自然数の積で表すと，

1×6, または，2×3。

また，$《x^2》 \leqq 《x^3》$ だから，

まず，$《x^2》 = 1$, $《x^3》 = 6$ を考えると，このような x は存在しない。

よって，$《x^2》 = 2$, $《x^3》 = 3$ となる x を考える。

$《x^2》 = 2$ を満たす x は，4，5，6，7，8，9

さらに，$4^3 = 64$, $5^3 = 125$, …, $9^3 = 729$ だから，

$《x^3》 = 3$ を満たす x は，5，6，7，8，9。

したがって，求める自然数 x は，5，6，7，8，9。

答 (1) 3，4　(2) 5，6，7，8，9

3 (1) 最初に1を選び，この操作を5回行うと，

1回の操作後にできる数字は，$1 + 1 = 2$,

2回の操作後は，$2 + 3 = 5$, $5 \div 3 = 1$ 余り2 より，

3回の操作後は，$5 + 2 = 7$, $7 \div 3 = 2$ 余り1 より，

4回の操作後は，$7 + 1 = 8$,

5回の操作後は，$8 + 3 = 11$

最初に1を選んだとき，この操作で行われる計算は $+1$, $+3$, $+2$ のくり返しだから，

$100 \div 3 = 33$ 余り1 より，

操作を100回行ったときにできる数字は，

$1 + (1 + 3 + 2) \times 33 + 1 = 200$

(2) $2023 - 1 = 2022$, $2022 \div (1 + 3 + 2) = 337$ より，

1に $+1$, $+3$, $+2$ の計算を337回行うと2023になる。

よって，行った操作は，$3 \times 337 = 1011$（回）

(3) この操作で行われる計算は，$+1$, $+2$, $+3$ のいずれかであるから，3回の操作後にできる数字は，

$20 - 1 = 19$, $20 - 2 = 18$, $20 - 3 = 17$ の3通り考えられる。

操作の条件から，2を加えて20になる数は，3で割った余りが2の数だから，18は適さない。

また，3を加えて20になる数は偶数だから，17は適さない。

よって，3回の操作後の数字は19。

同様にして考えると，2回の操作後の数字は，

$19 - 2 = 17$, $19 - 3 = 16$ の2通りある。

・2回の操作後の数字が17のとき，

1回の操作後の数字は，$17 - 3 = 14$ となるから，

最初に選んだ数字は，$14 - 1 = 13$

・2回の操作後の数字が16のとき，

1回の操作後の数字は，$16 - 1 = 15$ となるから，

最初に選んだ数字は，$15 - 3 = 12$

よって，求める数は12，13

答 (1) ア. 1　イ. 1　ウ. 2　エ. 0　オ. 0

(2) カ. 1　キ. 0　ク. 1　ケ. 1

(3) コ. 1　サ. 2（または，3）

4 (1) $(13 - 1) \div 2 = 6$ より，$\langle 13 \rangle = 6$

$6 \div 2 = 3$ より，$\langle\langle 13 \rangle\rangle = \langle 6 \rangle = 3$

(2) $\langle 2 \rangle = 2 \div 2 = 1$, $\langle 3 \rangle = (3 - 1) \div 2 = 1$,

$\langle 4 \rangle = 4 \div 2 = 2$, $\langle 5 \rangle = (5 - 1) \div 2 = 2$,

$\langle 6 \rangle = 6 \div 2 = 3$, $\langle 7 \rangle = (7 - 1) \div 2 = 3$, …より，

$\langle n \rangle$ の値が1になる n の値は2，3の2個，

$\langle n \rangle$ の値が2になる n の値は4，5の2個，

$\langle n \rangle$ の値が3になる n の値は6，7の2個，…となる。

よって，$\langle\langle n \rangle\rangle$ の値が1になるとき，

$\langle n \rangle$ の値は2，3で，n の値は4，5，6，7の4個。

(3) (2)と同様に考えていくと，次図のように，

$\langle\langle\langle n \rangle\rangle\rangle$ の値が1になるとき，

$\langle\langle n \rangle\rangle$ の値は2，3で，$\langle n \rangle$ の値は4，5，6，7で，

n の値は8～15の8個。

このように，かっこの個数が増えると，計算結果が1になる n の個数は2倍になっていくので，

$2^4 = 16$, $2^5 = 32$ より，はじめて計算結果が1になる n の個数が30個を超えるのは，かっこが5個のとき。

n の値	2	3	4	5	6	7	8	9	10
$\langle n \rangle$ の値	1	1	2	2	3	3	4	4	5
$\langle\langle n \rangle\rangle$ の値			1	1	1	1	2	2	2
$\langle\langle\langle n \rangle\rangle\rangle$ の値							1	1	1

11	12	13	14	15	16	17	…
5	6	6	7	7	8	8	…
2	3	3	3	3	4	4	…
1	1	1	1	1	2	2	…

(4) かっこが4個の場合，

計算結果が1になる n は16～31の16個，

かっこが5個の場合，

計算結果が1になる n は32～63の32個なので，

$k = 32$

よって，

$\langle 2 \rangle + \langle 3 \rangle + \langle 4 \rangle + \cdots + \langle 30 \rangle + \langle 31 \rangle + \langle 32 \rangle$

$= 1 + 1 + 2 + \cdots + 15 + 15 + 16$

$= (1 + 2 + \cdots + 15) \times 2 + 16 = 120 \times 2 + 16 = 256$

答 (1) 3　(2) 4，5，6，7　(3) 5（個）　(4) 256

2．文字と式

§1．文字と式 （10ページ）

1 (1) $7 \times x + 5 = 7x + 5$

(2) 1個の重さが a g のビー玉2個の重さは，
$a \times 2 = 2a$（g）
1個の重さが b g のビー玉7個の重さは，
$b \times 7 = 7b$（g）
よって，重さの合計は，$(2a + 7b)$ g。

(3) 分速160mの速さで走った時間は $(15 - x)$ 分だから，道のりは，$160(15 - x)$ m。

(4) $\dfrac{3}{100} \times a = \dfrac{3a}{100}$（g）

(5) クラスの合計点は，$60 \times (16 + 14) = 1800$（点）で，男子の合計点が，$x \times 16 = 16x$（点）より，
女子の平均点は，
$(1800 - 16x) \div 14 = \dfrac{900 - 8x}{7}$（点）

答 (1) $7x + 5$　(2) $2a + 7b$（g）

(3) $160(15 - x)$（m）　(4) $\dfrac{3a}{100}$（g）

(5) $\dfrac{900 - 8x}{7}$（点）

2 (1) 与式 $= -(16 - 7)y = -9y$

(2) 与式 $= 3x - 1 - 2x + 4 = x + 3$

(3) 与式 $= -2x - 6 + 1 = -2x - 5$

(4) 与式 $= 4x - 12 - 10 + 5x = 9x - 22$

(5) 与式 $= 15a + 10 - 12a - 18 = 3a - 8$

(6) 与式 $= -6 + 10x - 3x + 6 = 7x$

答 (1) $-9y$　(2) $x + 3$　(3) $-2x - 5$　(4) $9x - 22$

(5) $3a - 8$　(6) $7x$

3 (1) 与式 $= 4a - 5a + 8 = -a + 8$

(2) 与式 $= 5x + 15 - 4x - 10 = x + 5$

(3) 与式 $= 9x - 10 - 7x + 8 = 2x - 2$

(4) 与式 $= 4(4a - 5) + 2(7a - 1)$
$= 16a - 20 + 14a - 2 = 30a - 22$

(5) 与式 $= \dfrac{4}{12}a - \dfrac{15}{12}a = -\dfrac{11}{12}a$

(6) 与式 $= \dfrac{3}{2}a - 6 + 3a - 6 = \dfrac{3 + 6}{2}a - 12 = \dfrac{9}{2}a - 12$

(7) 与式 $= \dfrac{2x - (x - 1)}{2} = \dfrac{2x - x + 1}{2} = \dfrac{x + 1}{2}$

(8) 与式 $= \dfrac{2(x - 1) + 3(x + 1)}{6} = \dfrac{2x - 2 + 3x + 3}{6}$
$= \dfrac{5x + 1}{6}$

(9) 与式 $= \dfrac{4(2x - 5) + 3(3x + 1)}{12}$
$= \dfrac{8x - 20 + 9x + 3}{12} = \dfrac{17x - 17}{12}$

(10) 与式 $= \dfrac{2(-3x + 5) - (4x - 3) + 6(x - 2)}{6}$
$= \dfrac{-6x + 10 - 4x + 3 + 6x - 12}{6} = \dfrac{-4x + 1}{6}$

(11) 与式 $= \dfrac{4(x - 4) - 9(x + 1) + 24x}{12}$
$= \dfrac{4x - 16 - 9x - 9 + 24x}{12} = \dfrac{19x - 25}{12}$

(12) 与式 $= \dfrac{4(2 - 3x) - 2(4 - 3x) + (8 - 3x)}{8}$
$= \dfrac{8 - 9x}{8}$

答 (1) $-a + 8$　(2) $x + 5$　(3) $2x - 2$　(4) $30a - 22$

(5) $-\dfrac{11}{12}a$　(6) $\dfrac{9}{2}a - 12$　(7) $\dfrac{x + 1}{2}$　(8) $\dfrac{5x + 1}{6}$

(9) $\dfrac{17x - 17}{12}$　(10) $\dfrac{-4x + 1}{6}$　(11) $\dfrac{19x - 25}{12}$

(12) $\dfrac{8 - 9x}{8}$

4 (1) 定価 x 円の7％引きの金額は，
$x \times (1 - 0.07) = 0.93x$（円）
よって，$y = 0.93x$

(2) 出した金額からおにぎり代とお茶代をひけばおつりになるので，
$z = 1000 - 80 \times x - 120 \times y = 1000 - 80x - 120y$

答 (1) $y = 0.93x$　(2) $z = 1000 - 80x - 120y$

§2．式の計算 （11ページ）

1 (1) 与式 $= 5x - 2y - 9y + 3x = 8x - 11y$

(2) 与式 $= 3a - 4b - 2a + 5b = a + b$

(3) 与式 $= 6a + 3b - a - 5b = 5a - 2b$

(4) 与式 $= 6a - 9b - 7a - 21b = -a - 30b$

(5) 与式 $= 6x - 8y - 6x - 3y = -11y$

(6) 与式 $= 2a - 6b + 8 - 2a + b + 3 = -5b + 11$

答 (1) $8x - 11y$　(2) $a + b$　(3) $5a - 2b$

(4) $-a - 30b$　(5) $-11y$　(6) $-5b + 11$

2 (1) 与式 $= 12a - 2b - 12a + 4b = 2b$

(2) 与式 $= 4x - 6y + 3x + 7y = 7x + y$

(3) 与式 $= (2x - 5y) \times 4 = 8x - 20y$

(4) 与式 $= \dfrac{3(3x + 2y) - 4(x - y)}{12} \times \dfrac{12}{5}$
$= \dfrac{9x + 6y - 4x + 4y}{5} = \dfrac{5x + 10y}{5} = x + 2y$

(5) 与式 $= \dfrac{3(7a - 5b) - 2(4a + 3b)}{18}$
$= \dfrac{21a - 15b - 8a - 6b}{18} = \dfrac{13a - 21b}{18}$

(6) 与式 $= \dfrac{2\,(2x-y)-3x+y}{6} = \dfrac{4x-2y-3x+y}{6}$

$\qquad = \dfrac{x-y}{6}$

(7) 与式 $= 3x + \dfrac{1}{2}y - 3x + \dfrac{3}{2}y = 2y$

(8) 与式 $= \dfrac{x-2y-3\,(-2x+y)+3y}{3}$

$\qquad = \dfrac{x-2y+6x-3y+3y}{3} = \dfrac{7x-2y}{3}$

(9) 与式 $= \dfrac{3\,(x+y+1)-2\,(x-2y-2)}{6}$

$\qquad = \dfrac{3x+3y+3-2x+4y+4}{6} = \dfrac{x+7y+7}{6}$

(10) 与式

$\quad = \dfrac{3\,(x-2y+1)-2\,(2x-3y-3)-(3x+1)}{12}$

$\quad = \dfrac{3x-6y+3-4x+6y+6-3x-1}{12}$

$\quad = \dfrac{-4x+8}{12} = \dfrac{-x+2}{3}$

(11) 与式 $= 0.7x - x + 0.2y - 0.2y = -0.3x$

(12) 与式 $= -\dfrac{5}{4}\,(8x-4y) - \dfrac{4}{5}\,(-5x+15y)$

$\qquad = -10x + 5y + 4x - 12y = -6x - 7y$

答 (1) $2b$ (2) $7x+y$ (3) $8x-20y$ (4) $x+2y$

$\quad$ (5) $\dfrac{13a-21b}{18}$ (6) $\dfrac{x-y}{6}$ (7) $2y$ (8) $\dfrac{7x-2y}{3}$

$\quad$ (9) $\dfrac{x+7y+7}{6}$ (10) $\dfrac{-x+2}{3}$ (11) $-0.3x$

$\quad$ (12) $-6x-7y$

3 (1) 与式 $= 4a^2 \div 2a = 2a$

(2) 与式 $= -\dfrac{3a^2 \times 2ab^2}{ab} = -6a^2 b$

(3) 与式 $= \dfrac{3x}{y^2} \times 9xy^3 = 27x^2 y$

(4) 与式 $= \dfrac{6abx^2 y \times a^2 x^3 y^4}{8bxy^5} = \dfrac{3}{4}a^3 x^4$

(5) 与式 $= \dfrac{8ab^3 \times 3}{2ab} = 12b^2$

(6) 与式 $= -\dfrac{12x^5 y^3 \times y}{4 \times 3x^2 y} = -x^3 y^3$

(7) 与式 $= 3ab^2 \times \left(-\dfrac{4}{9a^2 b}\right) \times 6a^3$

$\qquad = -\dfrac{3ab^2 \times 4 \times 6a^3}{9a^2 b} = -8a^2 b$

(8) 与式 $= -\dfrac{3a^3 b^2}{20} \times \dfrac{15ab}{4} \times \left(-\dfrac{5}{3a^2 b^3}\right) = \dfrac{15}{16}a^2$

答 (1) $2a$ (2) $-6a^2 b$ (3) $27x^2 y$ (4) $\dfrac{3}{4}a^3 x^4$

$\quad$ (5) $12b^2$ (6) $-x^3 y^3$ (7) $-8a^2 b$ (8) $\dfrac{15}{16}a^2$

4 (1) 与式 $= \dfrac{9a^2}{81a^2} = \dfrac{1}{9}$

(2) 与式 $= 36x^3 y \div 9x^2 = 36x^3 y \times \dfrac{1}{9x^2} = 4xy$

(3) 与式 $= x^6 y^2 \div x^2 y^2 = \dfrac{x^6 y^2}{x^2 y^2} = x^4$

(4) 与式 $= -216x^9 y^6 \times \dfrac{1}{9x^4 y^2} = -24x^5 y^4$

(5) 与式 $= 9a^2 b^2 \div 4a^3 b^2 \times (-8a^2 b)$

$\qquad = -\dfrac{9a^2 b^2 \times 8a^2 b}{4a^3 b^2} = -18ab$

(6) 与式 $= x^2 y^4 \div x^8 y^4 \times (-8x^9 y^6) = -8x^3 y^6$

答 (1) $\dfrac{1}{9}$ (2) $4xy$ (3) x^4 (4) $-24x^5 y^4$

$\quad$ (5) $-18ab$ (6) $-8x^3 y^6$

5 (1) 与式 $= 16x^2 y^2 \div \dfrac{4}{5}xy^2 = \dfrac{16x^2 y^2 \times 5}{4xy^2} = 20x$

(2) 与式 $= -\dfrac{x^5 y^3}{2} \div 4x^2 = -\dfrac{x^5 y^3}{2 \times 4x^2} = -\dfrac{1}{8}x^3 y^3$

(3) 与式 $= \dfrac{4x^2 y^2}{a^3 b^3} \times \dfrac{a^4 b^2}{-x^3 y^6} = -\dfrac{4a}{bxy^4}$

(4) 与式 $= 9x^5 y^4 \div 9x^4 y^2 \div \dfrac{x^2 y}{6}$

$\qquad = 9x^5 y^4 \times \dfrac{1}{9x^4 y^2} \times \dfrac{6}{x^2 y} = \dfrac{6y}{x}$

(5) 与式 $= x^4 y^6 \div \dfrac{9y^4}{4x^2} \times \dfrac{9y}{2x^2} = \dfrac{x^4 y^6 \times 4x^2 \times 9y}{9y^4 \times 2x^2}$

$\qquad = 2x^4 y^3$

(6) 与式 $= -\dfrac{8}{27}x^6 y^3 \div \dfrac{16}{9}x^2 y^4 \times 6x^3 y$

$\qquad = -\dfrac{8}{27}x^6 y^3 \times \dfrac{9}{16x^2 y^4} \times 6x^3 y = -x^7$

(7) 与式 $= \dfrac{27}{8}a^6 b^3 \times \dfrac{1}{81}a^2 b^2 \times \left(-\dfrac{12}{5a^6 b^4}\right)$

$\qquad = -\dfrac{27a^6 b^3 \times a^2 b^2 \times 12}{8 \times 81 \times 5a^6 b^4} = -\dfrac{1}{10}a^2 b$

(8) 与式 $= \dfrac{x^2 y^2}{z^4} \times \left(-\dfrac{27x^3 z^6}{y^3}\right) \times \dfrac{xy}{9z^3}$

$\qquad = -\dfrac{x^2 y^2 \times 27x^3 z^6 \times xy}{z^4 \times y^3 \times 9z^3} = -\dfrac{3x^6}{z}$

(9) 与式 $= \dfrac{7x^2 y^3}{6} \div \left\{ \dfrac{14xy^5}{9} \div \left(-\dfrac{8y^3}{27}\right) \right\}$

$\qquad = \dfrac{7x^2 y^3}{6} \div \left\{ \dfrac{14xy^5}{9} \times \left(-\dfrac{27}{8y^3}\right) \right\}$

$\qquad = \dfrac{7x^2 y^3}{6} \div \left(-\dfrac{21xy^2}{4}\right)$

$\qquad = \dfrac{7x^2 y^3}{6} \times \left(-\dfrac{4}{21xy^2}\right) = -\dfrac{2}{9}xy$

(10) 与式 $= -\dfrac{27}{64}x^9y^{12} \times \dfrac{6}{5}x \div \dfrac{9}{64}x^4y^6$

$\qquad = -\dfrac{27}{64}x^9y^{12} \times \dfrac{6}{5}x \times \dfrac{64}{9x^4y^6} = -\dfrac{18}{5}x^6y^6$

答 (1) $20x$　(2) $-\dfrac{1}{8}x^3y^3$　(3) $-\dfrac{4a}{bxy^4}$　(4) $\dfrac{6y}{x}$

$\quad$ (5) $2x^4y^3$　(6) $-x^7$　(7) $-\dfrac{1}{10}a^2b$　(8) $-\dfrac{3x^6}{z}$

$\quad$ (9) $-\dfrac{2}{9}xy$　(10) $-\dfrac{18}{5}x^6y^6$

$\boxed{6}$ (1) 与式 $= 2 \times (-2) + 9 \times \dfrac{1}{3} = -4 + 3 = -1$

$\quad$ (2) 与式 $= 4 \times (-2)^3 - 3 \times (-2)^2$

$\qquad = -32 - 12 = -44$

$\quad$ (3) 与式 $= \dfrac{x + 6x - 16}{5} + \dfrac{x}{3} + \dfrac{7}{2}$

$\qquad = \dfrac{6(7x - 16) + 10x + 105}{30} = \dfrac{52x + 9}{30}$

$\qquad = \dfrac{26}{15}x + \dfrac{3}{10} = \dfrac{26}{15} \times \left(-\dfrac{21}{130}\right) + \dfrac{3}{10}$

$\qquad = -\dfrac{7}{25} + \dfrac{3}{10} = \dfrac{1}{50}$

$\quad$ (4) 与式 $= \dfrac{3(3x - 4y) - 2(4x - 7y)}{6}$

$\qquad = \dfrac{9x - 12y - 8x + 14y}{6} = \dfrac{x + 2y}{6}$

$\qquad = \dfrac{-2 + 2 \times 4}{6} = \dfrac{6}{6} = 1$

$\quad$ (5) 与式 $= 8x^2y \times \left(-\dfrac{1}{6xy}\right) \times \dfrac{3y}{2} = -\dfrac{8x^2y \times 3y}{6xy \times 2}$

$\qquad = -2xy = -2 \times \dfrac{1}{6} \times 15 = -5$

$\quad$ (6) 与式 $= \dfrac{4x^3}{9y^2} \times \left(-\dfrac{27}{8}\right) \times \dfrac{y^4}{x^4} = -\dfrac{3y^2}{2x}$

$\qquad = -3y^2 \div 2x = -3 \times \left(\dfrac{2}{3}\right)^2 \div \left(2 \times \dfrac{1}{2}\right)$

$\qquad = -\dfrac{4}{3}$

答 (1) -1　(2) -44　(3) $\dfrac{1}{50}$　(4) 1　(5) -5

$\quad$ (6) $-\dfrac{4}{3}$

§3. 文字式の利用 (14 ページ)

☆☆☆ **標準問題** ☆☆☆ (14 ページ)

$\boxed{1}$ (1) 移項して，$3b = 7 - 2a$ より，$b = \dfrac{7 - 2a}{3}$

$\quad$ (2) 両辺を 4 倍して，$a + 3b = 32$

$\qquad 3b$ を移項して，$a = -3b + 32$

$\quad$ (3) 両辺を $2h$ でわって，$\dfrac{V}{2h} = 3 - r$

移項して，$r = 3 - \dfrac{V}{2h}$

$\quad$ (4) 両辺を 2 倍して，$a(b + 5) = 2c$

$\qquad$ 両辺を a でわって，$b + 5 = \dfrac{2c}{a}$ だから，$b = \dfrac{2c}{a} - 5$

答 (1) $b = \dfrac{7 - 2a}{3}$　(2) $a = -3b + 32$　(3) $r = 3 - \dfrac{V}{2h}$

$\quad$ (4) $b = \dfrac{2c}{a} - 5$

$\boxed{2}$ (1) クラス全体の人数は，$15 + 13 = 28$ (人)

テストの合計点について，

$15a + 13b = 28r$ が成り立つ。

右辺と左辺を入れ替えて，$28r = 15a + 13b$

両辺を 28 で割って，$r = \dfrac{15a + 13b}{28}$

$\quad$ (2) ある数を 2 通りに表すと，

$7a + 5$ と $3b + 6$ だから，$7a + 5 = 3b + 6$ が成り立つ。

$7a = 3b + 1$ より，$a = \dfrac{3b + 1}{7}$

$\quad$ (3) 両辺を 6 倍すると，

$27x - 6y = 18x + 10y$ だから，$9x = 16y$

よって，$x = \dfrac{16}{9}y$ だから，$x : y = \dfrac{16}{9}y : y = 16 : 9$

答 (1) $r = \dfrac{15a + 13b}{28}$　(2) $a = \dfrac{3b + 1}{7}$　(3) $16 : 9$

$\boxed{3}$ (1) もとのひし形の面積は，$a \times b \times \dfrac{1}{2} = \dfrac{1}{2}ab$ (cm²)

対角線の長さを $3a$ cm，$\dfrac{1}{2}b$ cm とすると，

$3a \times \dfrac{1}{2}b \times \dfrac{1}{2} = \dfrac{3}{4}ab$ (cm²)

よって，もとのひし形の面積の，

$\dfrac{3}{4}ab \div \dfrac{1}{2}ab = \dfrac{3}{4}ab \times \dfrac{2}{ab} = \dfrac{3}{2}$ (倍)

$\quad$ (2) 水槽の満タンの量を x とすると，

A 管は 1 分あたり $\dfrac{x}{20}$，B 管は 1 分あたり $\dfrac{x}{30}$ の

水を入れることができるから，

A，B 両方では 1 分あたり，

$\dfrac{x}{20} + \dfrac{x}{30} = \dfrac{5}{60}x = \dfrac{1}{12}x$ の水を入れることができる。

よって，A，B の両方で水槽を満タンにするのに，

$x \div \dfrac{1}{12}x = 12$ (分) かかる。

答 (1) $\dfrac{3}{2}$ (倍)　(2) 12 (分)

$\boxed{4}$ 短針の長さを a cm とすると，

長針の長さは $(a + 2)$ cm と表せる。

円 A の円周の長さは，$2\pi(a + 2)$ cm，

円 B の円周の長さは $2\pi a$ cm だから，

円周の長さの差は，$2\pi(a + 2) - 2\pi a = 4\pi$ (cm)

答 4π (cm)

$\boxed{5}$ (1)ア．377，737，773 の 3 個。

イ．1，10，100 の各位ごとに数字を足すと，

$(1+3+4) \times 2 \times 100 + (1+3+4) \times 2 \times 10$

$\qquad + (1+3+4) \times 2$

$= 1776$

ウ．$1776 \div 8 = 222$

答 (1) ア．3　イ．1776　ウ．222

(2) 6 個の自然数は，

$100a+10b+c$, $100a+10c+b$, $100b+10a+c$,

$100b+10c+a$, $100c+10a+b$, $100c+10b+a$

と表すことができる。

これら 6 個の自然数の和は，

$(100a+10b+c) + (100a+10c+b)$

$\qquad + (100b+10a+c) + (100b+10c+a)$

$\qquad + (100c+10a+b) + (100c+10b+a)$

$= (a+b+c) \times 2 \times 100 + (a+b+c) \times 2 \times 10$

$\qquad + (a+b+c) \times 2$

$= (a+b+c)(200+20+2) = 222\,(a+b+c)$

したがって，これら 6 個の自然数の和は 3 つの数の和 $(a+b+c)$ で割り切れる。

6 **答** ア．$100a+10b+c$　イ．$a+b+c$

ウ．$99a+9b$　エ．$n+11a+b$

オ．整数(または，自然数)

★★★ 発展問題 ★★★（16 ページ）

1 (1) 7 行 3 列は，$9+2 \times 3 = 15$，

7 行 5 列は，$14+3 \times 3 = 23$ だから，

7 行 4 列は，$15+23 = 38$

(2) m 行 5 列の数は，$5+3\,(m-1) = 3m+2$，

m 行 7 列の数は，$7+4\,(m-1) = 4m+3$ と表せるから，

m 行 6 列の数は，$(3m+2) + (4m+3) = 7m+5$

(3) a 行 1 列の数は a,

a 行 3 列の数は，$3+2\,(a-1) = 2a+1$ だから，

a 行 2 列の数は，$a+(2a+1) = 3a+1$ と表せる。

また，b 行 6 列の数は，$7b+5$ だから，

$3a+1 = 7b+5$

よって，$7b+4 = 3a$ だから，$7b+4$ は 3 の倍数。

$7b+5$ は 2 桁の数なので，

b は 1～13 の自然数だから，

$7b+4$ は，11, $\underline{18}$, 25, 32, $\underline{39}$, 46, 53, $\underline{60}$, 67, 74, $\underline{81}$, 88, 95

このうち，3 の倍数は，下線を引いた 4 つで，

このときの a は，6, 13, 20, 27 となる。

答 (1) 38　(2) $7m+5$　(3) 6, 13, 20, 27

2 (1) $\langle 13 \rangle = 31+13 = 44$ だから，

$\langle \langle 13 \rangle +1 \rangle = \langle 44+1 \rangle = \langle 45 \rangle = 54+45 = 99$

(2) m の十の位の数を x,

一の位の数を y $(x \neq 0$, $y \neq 0)$ とすると，

$m = 10x+y$, m の鏡数は $10y+x$ と表されるから，

$\langle m \rangle = (10y+x) + (10x+y) = 11x+11y$

$\qquad = 11\,(x+y) \cdots\cdots$ ㋐

したがって，$\langle m \rangle$ は 11 の倍数であることがわかる。

$\langle \langle m \rangle \rangle = 88$ より，ペアリング数が 88 になる 11 の倍数は 44 のみだから，$\langle m \rangle = 44$ となり，

㋐より，$11\,(x+y) = 44$ が成り立つ。

したがって，$x+y = 4$

これを満たす 2 桁の自然数 m は，

$m = 13$, 22, 31 の 3 つ。

(3) (2)より，$\langle m \rangle = 11\,(x+y)$ で表され，

x と y は 1 から 9 までの自然数であることから，

$\langle m \rangle$ がとる値は，

22, 33, 44, 55, 66, 77, 88, 99, 110, 121, 132, 143, 154, 165, 176, 187, 198。

$\langle m \rangle$ の値によって，作業を続けたときに記録される数を，363 以上で 363 に近いものまで書き出すと，

$\langle m \rangle = 22$ のとき，22, 44, 88, 176, 847, …

$\langle m \rangle = 33$ のとき，33, 66, 132, 363, …

$\langle m \rangle = 44$ のとき，$\langle m \rangle = 22$ の途中からと同じ。

$\langle m \rangle = 55$ のとき，55, 110

$\langle m \rangle = 66$ のとき，$\langle m \rangle = 33$ の途中からと同じ。

$\langle m \rangle = 77$ のとき，77, 154, 605, …

$\langle m \rangle = 88$ のとき，$\langle m \rangle = 22$ の途中からと同じ。

$\langle m \rangle = 99$ のとき，99, 198, 1089

$\langle m \rangle = 110$ のとき，110

$\langle m \rangle = 121$ のとき，121, 242, 484, …

$\langle m \rangle = 132$ のとき，$\langle m \rangle = 33$ の途中からと同じ。

$\langle m \rangle = 143$ のとき，143, 484, …

$\langle m \rangle = 154$, 165, 176, 187, 198 のとき，次の作業で記録される数は 363 より大きくなる。

したがって，記録された数の中に 363 が出てくるのは，$\langle m \rangle = 33$, 66, 132

$\langle m \rangle = 33$ となるのは，

㋐より，$11\,(x+y) = 33$ だから，$x+y = 3$

これを満たす 2 桁の自然数 m は，

$m = 12$, 21 の 2 個。

$\langle m \rangle = 66$ となるのは，$x+y = 6$ のときだから，

これを満たす m は，

$m = 15$, 24, 33, 42, 51 の 5 個。

$\langle m \rangle = 132$ となるのは，$x+y = 12$ のときだから，

これを満たす m は，

$m = 39$, 48, 57, 66, 75, 84, 93 の 7 個。

よって，求める m の個数は，$2+5+7 = 14$（個）

答 (1) 99　(2) 13, 22, 31　(3) 14（個）

3．1次方程式

☆☆☆ 標準問題 ☆☆☆（17 ページ）

1 (1) 移項して，$4x=24$ より，$x=6$

(2) 移項して，$2x-5x=2+5$

　　よって，$-3x=7$ より，$x=-\dfrac{7}{3}$

(3) $-x-1=5$ より，$-x=6$ なので，$x=-6$

(4) 右辺のかっこを外して，$2x-5=6-3x+4$ より，

　　$5x=15$ となるので，$x=3$

(5) かっこをはずして，

　　$5x-10=2x+2$ より，$3x=12$　よって，$x=4$

(6) 式を展開して，

　　$-2x+2-1=-3x-9$ より，$x=-10$

(7) かっこをはずすと，$2x-6-7=3-6x$

　　式を整理すると，$8x=16$ だから，$x=2$

(8) $5x-9x-12=14x-6-12x-42$ より，

　　$-6x=-36$　よって，$x=6$

答 (1) $x=6$　(2) $x=-\dfrac{7}{3}$　(3) $x=-6$　(4) $x=3$

　　　(5) $x=4$　(6) $x=-10$　(7) $x=2$　(8) $x=6$

2 (1) $0.4x=-1.2$ より，$x=-3$

(2) 両辺を 10 倍して，$8x-20=12(x-1)$ より，

　　$8x-20=12x-12$ だから，$-4x=8$

　　よって，$x=-2$

(3) 両辺を 100 倍すると，

　　$144-63x=-60(x+0.5)$ だから，

　　$144-63x=-60x-30$

　　よって，$-3x=-174$ より，$x=58$

(4) 両辺を 100 倍して，$2(4x+11)=11(x-1)$

　　式を展開すると，$8x+22=11x-11$ だから，

　　$-3x=-33$ より，$x=11$

答 (1) $x=-3$　(2) $x=-2$　(3) $x=58$　(4) $x=11$

3 (1) 両辺を 4 倍して，$x=12$

(2) 両辺を 6 倍して，$2x+12=3x+24$

　　移項して，$2x-3x=24-12$ より，$-x=12$

　　両辺を -1 でわって，$x=-12$

(3) 両辺を 3 倍して，$3x-5+2x=6$ より，$5x=11$

　　よって，$x=\dfrac{11}{5}$

(4) 両辺を 6 倍すると，

　　$3(x-7)-(5x-3)=-42$ より，

　　$3x-21-5x+3=-42$ なので，$-2x=-24$

　　よって，$x=12$

(5) 両辺を 15 倍して，

　　$5(2x+5)-3(x-2)=150$ より，

　　$10x+25-3x+6=150$ なので，$7x=119$

　　よって，$x=17$

(6) 両辺を 15 倍して，$5x-15=9x-3$ より，

　　$-4x=12$　よって，$x=-3$

(7) 両辺を 6 倍して，

　　$2(2x+5)-(5x-3)=6x-2(7-x)$

　　式を整理すると，$-9x=-27$ だから，$x=3$

(8) $\dfrac{3}{5}\times\dfrac{1}{2}(x-2)=0.5x$

　　両辺を 10 倍して，$3(x-2)=5x$ より，

　　$3x-6=5x$

　　$5x$ と -6 を移項して，$3x-5x=6$ より，$-2x=6$

　　両辺を -2 でわって，$x=-3$

答 (1) $x=12$　(2) $x=-12$　(3) $x=\dfrac{11}{5}$　(4) $x=12$

　　　(5) $x=17$　(6) $x=-3$　(7) $x=3$　(8) $x=-3$

4 (1) 比例式の性質より，$(x+2)\times4=3\times5$ だから，

　　$4x+8=15$ となり，$4x=7$　よって，$x=\dfrac{7}{4}$

(2) 比例式の性質より，

　　$4\times(2x-1)=(x+2)\times3$ だから，

　　$8x-4=3x+6$ より，$5x=10$　よって，$x=2$

答 (1) $x=\dfrac{7}{4}$　(2) $x=2$

5 (1) 1 次方程式を整理すると，

　　$2ax+7a+9=0$

　　$x=-8$ を代入して，$2a\times(-8)+7a+9=0$ より，

　　$-9a+9=0$ だから，$a=1$

(2) 方程式 $3x-1=7x-9$ を解いて，$x=2$

　　これを，方程式 $\dfrac{14}{3}x+\dfrac{8}{3}=4x+a$ に代入して，

　　$\dfrac{14}{3}\times2+\dfrac{8}{3}=4\times2+a$ より，$a=4$

答 (1) 1　(2) 4

6 (1) ある数を x とすると，

　　$x\times6-22=-5$ より，$6x=17$　よって，$x=\dfrac{17}{6}$

(2) $n\times4+3=(n+4)\times3+8$ より，

　　$4n+3=3n+20$ なので，$n=17$

(3) もとの自然数の十の位を a とすると，

　　一の位は，$12-a$ なので，

　　$10\times(12-a)+a=10\times a+(12-a)+18$ より，

　　$120-9a=9a+30$

　　よって，$-18a=-90$ より，$a=5$

　　したがって，もとの自然数は，

　　$12-5=7$ だから，57。

答 (1) $\dfrac{17}{6}$　(2) 17　(3) 57

7 (1) ノート 1 冊の値段を x 円とすると，

　　消しゴム 1 個の値段は $(x-40)$ 円と表される。

　　代金の合計について，$3x+2(x-40)=570$ が成

　　り立つから，式を整理すると，

　　$5x=650$ より，$x=130$　よって，130 円。

(2) お菓子を x 個買ったとすると，

　　アイスは，$(x-5)$ 個買ったことになる。

代金の合計について，$130(x-5)+80x=1030$ が
成り立つから，これを解くと，$x=8$

(3) 定価を x 円とすると，

$x\times\left(1-\dfrac{20}{100}\right)-1200=1200\times\dfrac{4}{100}$ が成り立つ。

整理して，$8x=12480$ なので，$x=1560$

答 (1) 130（円）　(2) 8（個）　(3) 1560（円）

8 (1) 生徒の人数を x 人とし，お菓子の個数を 2 通り
に表して方程式をつくると，

$12x+20=14x+4$ となる。

$-2x=-16$ より，$x=8$

(2) 箱の数を x 箱とすると，お菓子の数は，

50 個ずつ詰めたとき，$50x+21$（個）で，

60 個ずつ詰めたとき，$60(x-1)+21$（個）

よって，$50x+21=60(x-1)+21$

これを解くと，$x=6$ なので，

お菓子は全部で，$50\times6+21=321$（個）

(3) 長いすの数を x 脚とすると，

生徒の人数について，$6x+3=7(x-1)$ が成り立つ。

これを解くと，$x=10$ となるので，

生徒の人数は，$6\times10+3=63$（人）

答 (1) 8（人）　(2) 321（個）　(3) 63（人）

9 (1) お父さんの年齢が A さんの年齢のちょうど 2 倍
になるのが x 年後とすると，

そのときの A さんの年齢は$(15+x)$才，

お父さんの年齢は$(41+x)$才なので，

$(15+x)\times2=41+x$ より，$30+2x=41+x$

よって，$x=11$

(2) 昨年度の大人の入場者数を x 人とすると，

子供は，$(300-x)$ 人なので，

今年度の大人の入場者数は，

$x\times\left(1-\dfrac{10}{100}\right)=\dfrac{9}{10}x$（人）で，

子供は，$(300-x)\times\left(1+\dfrac{15}{100}\right)=345-\dfrac{23}{20}x$（人）

よって，$\dfrac{9}{10}x+345-\dfrac{23}{20}x=300+20$ が成り立つ。

両辺を 20 倍すると，

$18x+6900-23x=6400$ なので，

$5x=500$ より，$x=100$

したがって，今年度の大人の入場者数は，

$\dfrac{9}{10}\times100=90$（人）

(3) 成人の男性の人数を $2x$ 人とすると，

未成年の男性の人数は $5x$ 人，

未成年の女性の人数は，$2x+14+4=2x+18$（人）
と表せる。

したがって，$(2x+14):(5x+2x+18)=1:3$ より，

$6x+42=7x+18$ となるので，$x=24$

参加者の総人数は，

$2x+14+5x+2x+18=9x+32$ なので，

$9\times24+32=248$（人）

(4) 仕入れたみかんを x 個とおくと，

1 日目は $\dfrac{2}{7}x$ 個，

3 日目は $\left(\dfrac{2}{7}x+15\right)$ 個売れたので，

$\dfrac{2}{7}x+45+\left(\dfrac{2}{7}x+15\right)=x$ が成り立つ。

これを解いて，$x=140$

答 (1) 11　(2) 90　(3) 248（人）　(4) 140（個）

10 (1) 家から学校までの道のりを x m とすると，

走ったときと歩いたときにかかる時間の関係から，

$\dfrac{x}{150}=\dfrac{x}{60}-16$ が成り立つ。

両辺を 300 倍すると，$2x=5x-4800$ だから，

これを解くと，$x=1600$

(2) A，B 間の道のりを x km とすると，

B，C 間は$(92-x)$ km なので，$\dfrac{x}{40}+\dfrac{92-x}{50}=2$

両辺を 200 倍して，$5x+4(92-x)=400$

これを解いて，$x=32$

(3) 自宅から本屋までの道のりを x m とすると，

本屋から駅までの道のりは，

$(1500-x)$ m と表せる。

よって，自宅から駅まで行くのにかかった時間に

ついて，$\dfrac{x}{40}+7+\dfrac{1500-x}{80}=40$ が成り立つ。

両辺を 80 倍して，$2x+560+1500-x=3200$

よって，$x=1140$

(4) 2 人が，x 分後に出会うとする。

A さんと B さんはそれぞれ分速

$4.2\times1000\div60=70$（m），

$4.8\times1000\div60=80$（m）なので，

$70\times x+80\times x=1200$

よって，$150x=1200$ より，$x=8$

答 (1) 1600（m）　(2) 32（km）　(3) 1140（m）
　　(4) 8（分後）

11 (1) 8 ％の食塩水の量は，

$500-200=300$（g）だから，

食塩の量について，

$300\times\dfrac{8}{100}+200\times\dfrac{x}{100}=500\times\dfrac{12}{100}$ が成り立つ。

したがって，$24+2x=60$ より，$2x=36$

よって，$x=18$

(2) 8 ％の食塩水に含まれている食塩の量は，

$300\times\dfrac{8}{100}=24$（g）

水を x g 混ぜると，2 ％の食塩水が$(300+x)$ g で
き，含まれる食塩の量は 24g だから，

$(300+x) \times \dfrac{2}{100} = 24$ より，$x = 900$

(3)　7％の食塩水を $x\,\mathrm{g}$ 混ぜるとすると，

15％の食塩水は $(400-x)\,\mathrm{g}$ で，

含まれる食塩の量の関係から，

$x \times \dfrac{7}{100} + (400-x) \times \dfrac{15}{100} = 400 \times \dfrac{10}{100}$

これを解いて，$x = 250$

(4)　濃度15％の食塩水 $x\,\mathrm{g}$ に含まれる，食塩の量は，

$x \times \dfrac{15}{100} = \dfrac{3}{20}x\,(\mathrm{g})$

水を加えた後の食塩の量は変わらないので，

$(1 \times 1000 + x) \times \dfrac{5}{100} = \dfrac{3}{20}x$ より，

$50 + \dfrac{1}{20}x = \dfrac{3}{20}x$ だから，$\dfrac{1}{10}x = 50$

よって，$x = 500$

答 (1) 18　(2) 900 (g)　(3) 250 (g)　(4) 500

12 (1)　容器 A，B，C，D の食塩水はそれぞれ 100g となるので，

それぞれの容器の食塩水に含まれる食塩の量は，

容器 A が，$100 \times \dfrac{5}{100} = 5\,(\mathrm{g})$，

容器 B が，$100 \times \dfrac{20}{100} = 20\,(\mathrm{g})$，

容器 C が，$100 \times \dfrac{10}{100} = 10\,(\mathrm{g})$，

容器 D が，$100 \times \dfrac{15}{100} = 15\,(\mathrm{g})$ である。

4つの容器の食塩水を全て混ぜると，食塩水の量は 400g で，その中に含まれる食塩の量は，

$5 + 20 + 10 + 15 = 50\,(\mathrm{g})$ だから，

その濃度は，$\dfrac{50}{400} \times 100 = 12.5\,(\%)$

(2)　容器 A の食塩水の量を $x\,\mathrm{g}$ とすると，

容器 B の食塩水の量は $(200-x)\,\mathrm{g}$，

容器 C は $(70-x)\,\mathrm{g}$，

容器 D は，$200 - (70-x) = 130+x\,(\mathrm{g})$ となる。

したがって，食塩の量について，

$x \times \dfrac{5}{100} + (200-x) \times \dfrac{20}{100} + (70-x) \times \dfrac{10}{100}$

$\quad + (130+x) \times \dfrac{15}{100}$

$= 400 \times \dfrac{16}{100}$ が成り立つ。

両辺を 20 倍すると，

$x + 4(200-x) + 2(70-x) + 3(130+x)$

$= 1280$ だから，

これを解くと，$x = 25$

よって，食塩水の量は，容器 A が 25g，

容器 B が，$200 - 25 = 175\,(\mathrm{g})$，

容器 C が，$70 - 25 = 45\,(\mathrm{g})$，

容器 D が，$130 + 25 = 155\,(\mathrm{g})$

答 (1) 12.5 (％)

(2) A. 25 (g)　B. 175 (g)　C. 45 (g)

D. 155 (g)

13 (1)　8人のグループ数も x なので，

6人のグループ数は，$20 - x - x = 20 - 2x$

(2)　人数の関係から，

$6(20-2x) + 7x + 8x = 141$ が成り立つ。

$120 - 12x + 7x + 8x = 141$ より，

$3x = 21$ となるので，$x = 7$

よって，$20 - 2 \times 7 = 6$（グループ）

答 (1) $20 - 2x$　(2) 6 （グループ）

14 (1)　与式 $= (-1) + (-2) + (-1) \times (-2)$

$= -1 - 2 + 2 = -1$

(2)　$x ☆ 2 = x + 2 + x \times 2 = 3x + 2$ なので，

$4 + (3x+2) + 4 \times (3x+2) = -16$ となり，

$15x = -30$　よって，$x = -2$

答 (1) -1　(2) -2

15 (1)　1つの段に並ぶ正三角形は，段が1つ増えるごとに2個ずつ増える。

よって，5段目には，$7 + 2 = 9$（個）並ぶ。

また，n 段目には，

$1 + 2(n-1) = 2n - 1$（個）並ぶことになる。

また，5段目までに並ぶ正三角形の個数の合計は，

$16 + 9 = 25$（個）

$1 = 1^2$，$4 = 2^2$，$9 = 3^2$，$16 = 4^2$，$25 = 5^2$ より，

n 段目までに並ぶ正三角形の個数の合計は，

n^2 個となる。

(2)　会話文より，

$1 + 3 + 5 + \cdots + (2n-1) = n^2$ が成り立つ。

$2n - 1 = 89$ とすると，$n = 45$ だから，

$1 + 3 + 5 + \cdots + 89 = 45^2 = 2025$

(3)　$31^2 = 961$，$32^2 = 1024$ だから，

最大で31段目まで完全に並べることができる。

答 (1) ア. 9　イ. $2n-1$　ウ. 25　エ. n^2

(2) 2025　(3) 31 （段目）

16 (1)　三角形を1個重ねるごとに，頂点の数は2個，周囲の長さは，$2 + 4 + 2 - 2 = 6\,(\mathrm{cm})$ ずつ増える。

よって，頂点の個数は，$3 + 2 \times (10-1) = 21$（個），

周囲の長さは，$4 \times 3 + 6 \times (10-1) = 66\,(\mathrm{cm})$

(2)　$4 \times 3 + 6(n-1) = 6n + 6\,(\mathrm{cm})$

(3)　$a = 3 + 2 \times (n-1) = 2n + 1$，$b = 6n + 6$ より，

$2n + 1 + 6n + 6 = 2023$ なので，

$8n = 2016$ より，$n = 252$

答 (1)（頂点の個数）21 （個）

（周囲の長さ）66 (cm)

(2) $6n + 6$ (cm)　(3) 252

★★★ 発展問題 ★★★（22ページ）

1(1) 1つの列に4つずつ数を書くから，

36 は，$36 \div 4 = 9$ より，9列目。

4つの数は，1列目は1行目から，2列目は2行目

から，3列目は3行目から，…書けるので，

9列目は9行目からとわかる。

36 は書かれる4つの数のうち最後の数なので，

$9 + 4 - 1 = 12$（行目）

(2) この列に書かれた4つの数のうち，最も小さい

数を n とすると，

4つの数は n, $n+1$, $n+2$, $n+3$ と表され，

$n + (n+1) + (n+2) + (n+3) = 314$ が成り立つ。

式を整理して，$4n = 308$ だから，$n = 77$

$77 \div 4 = 19$ あまり 1 だから，20列目。

(3) (1)より，n 行目の n 列目は，$(n-1)$列目までに

4つの数が並んだあとの次の数になる。

よって，$4 \times (n-1) + 1 = 4n - 3$

(4) 0以外の数に着目すると，

4行目は4，7，10，13 の4つの数，

5行目は8，11，14，17 の4つの数，

6行目は12，15，18，21 の4つの数，…のように，

4行目以降，最初の数が4の倍数で，それに続く

3つの数は3ずつ大きくなっていることがわかる。

したがって，横に並ぶ0以外の4つの数のうち最

初の数を $4m$ とすると，

4つの数は $4m$, $4m+3$, $4m+6$, $4m+9$ と表さ

れる。

ここで，3つの数の選び方を順に考える。

0，0，$4m$ とすると，

$4m = 215$ となり，m は整数にならない。

0，$4m$，$4m+3$ とすると，

$4m + (4m+3) = 215$ より，

$m = 26.5$ で整数にならない。

$4m$，$4m+3$，$4m+6$ とすると，

$4m + (4m+3) + (4m+6) = 215$ より，

$m = 17.1\cdots$で整数にならない。

$4m+3$，$4m+6$，$4m+9$ とすると，

$(4m+3) + (4m+6) + (4m+9) = 215$ より，

$m = 16.4\cdots$で整数にならない。

$4m+6$，$4m+9$，0 とすると，

$(4m+6) + (4m+9) = 215$ より，$m = 25$

$4m+9$，0，0 とすると，

$4m+9 = 215$ より，$m = 51.5$ で整数にならない。

よって，$4 \times 25 + 6 = 106$ より，

求める3つの数は，左から順に，106，109，0

答 (1) 12（行目の）9（列目）　(2) 20（列目）

(3) $4n-3$　(4) 106，109，0

4．連立方程式

☆☆☆ 標準問題 ☆☆☆（23ページ）

1(1) 与式を順に①，②とする。

②を①に代入して，$6x - (x-2) = 17$ より，

$6x - x + 2 = 17$ だから，$5x = 15$

よって，$x = 3$

これを②に代入すると，$y = 3 - 2 = 1$

(2) 与式を順に①，②とする。

①＋②より，$9x = 27$

よって，$x = 3$

これを②に代入して，$3 \times 3 - y = 9$ より，$9 - y = 9$

よって，$y = 0$

(3) 与式を順に①，②とする。

②×2 より，$2x - 6y = 12$……③

①－③より，$7y = -7$

よって，$y = -1$

これを②に代入して，$x - 3 \times (-1) = 6$ より，

$x + 3 = 6$

よって，$x = 3$

(4) 与式を順に①，②とする。

①×3－②×2 より，$7x = 21$

よって，$x = 3$

これを①に代入して，$5 \times 3 + 2y = 5$ より，

$2y = -10$

よって，$y = -5$

(5) 与式を順に①，②とする。

①を整理すると，$2x + y = 9$……③

②を整理すると，$-2x + 3y = -5$……④

③＋④より，$4y = 4$ だから，$y = 1$

これを③に代入すると，

$2x + 1 = 9$ より，$2x = 8$ だから，$x = 4$

(6) 与式を順に①，②とする。

①より，$3x - 2x + 2y = 10$ だから，

$x + 2y = 10$……③

②より，$8x - 6y - 3x + 5y = 6$ だから，

$5x - y = 6$……④

③＋④×2 より，$11x = 22$

よって，$x = 2$

④に代入して，$5 \times 2 - y = 6$ より，$y = 4$

(7) $\begin{cases} 2x - 3y = -4x + 2y - 1 \cdots\cdots① \\ 5x - 4y - 7 = -4x + 2y - 1 \cdots\cdots② \end{cases}$ とする。

①より，$6x - 5y = -1$……③

②より，$9x - 6y = 6$

よって，$3x - 2y = 2$……④

④×2－③より，$y = 5$

これを③に代入して，$6x - 5 \times 5 = -1$ より，$x = 4$

答 (1) $x=3$, $y=1$　(2) $x=3$, $y=0$

(3) $x=3$, $y=-1$　(4) $x=3$, $y=-5$

(5) $x=4$, $y=1$　(6) $x=2$, $y=4$

(7) $x=4$, $y=5$

$\boxed{2}$ (1)　与式を順に①，②とする。

①×2－②×10 より，$4x=4$ となるので，$x=1$

これを①に代入して，$3×1+4y=15$ より，

$4y=12$ となるので，$y=3$

(2)　与式を順に①，②とする。

①×6 より，$2(2x-3)=3(3y+1)$

整理して，$4x-9y=9$……③

②より，$-2x+3y=-4$……④

③＋④×2 より，$-3y=1$

よって，$y=-\dfrac{1}{3}$

これを④に代入して，

$-2x+3×\left(-\dfrac{1}{3}\right)=-4$ より，$-2x=-3$

よって，$x=\dfrac{3}{2}$

(3)　与式を順に㋐，㋑とする。

㋐×10 より，$2(x+5)-5(x+y-1)=10$

式を整理すると，$3x+5y=5$……㋒

㋑×6 より，$3(x+1)-2(-y+2)=x-y$

式を整理すると，$2x+3y=1$……㋓

㋒×2－㋓×3 より，$y=7$

これを㋓に代入して，$2x+3×7=1$ より，

$2x=-20$ だから，$x=-10$

(4)　与式を順に①，②とする。

①×10 より，$3(2x-4y)=72$ だから，

式を整理すると，$6x-12y=72$……③

②×6 より，$3(x-2y)+4y=24$ だから，

式を整理すると，$3x-2y=24$……④

③÷2－④より，$-4y=12$ だから，$y=-3$

これを④に代入して，$3x-2×(-3)=24$ より，

$3x=18$ だから，$x=6$

(5)　与式を順に①，②とする。

①より，$5x=4\left(-\dfrac{1}{4}y+2\right)$ となるから，

$5x=-y+8$ より，$5x+y=8$……③

②×6 より，$3x+2y=9$……④

③×2－④より，$7x=7$

よって，$x=1$

これを③に代入して，$5×1+y=8$ より，$y=3$

(6)　与式を順に①，②とする。

$\dfrac{1}{x}=X$，$\dfrac{1}{y}=Y$ とおくと，①は，$3X+2Y=7$……③

②は，$5X-4Y=8$……④

③×2＋④より，$11X=22$ だから，$X=2$

これを③に代入して，$3×2+2Y=7$ より，$2Y=1$

だから，$Y=\dfrac{1}{2}$

よって，$\dfrac{1}{x}=2$ より，$x=\dfrac{1}{2}$

また，$\dfrac{1}{y}=\dfrac{1}{2}$ より，$y=2$

答 (1) $x=1$, $y=3$　(2) $x=\dfrac{3}{2}$, $y=-\dfrac{1}{3}$

(3) $x=-10$, $y=7$　(4) $x=6$, $y=-3$

(5) $x=1$, $y=3$　(6) $x=\dfrac{1}{2}$, $y=2$

$\boxed{3}$ (1)　与式を順に①，②とする。

①に $x=1$，$y=b$ を代入して，

$1+4b=-1$ より，$b=-\dfrac{1}{2}$

②に $x=1$，$y=-\dfrac{1}{2}$ を代入して，

$-2×1-\dfrac{1}{2}=a$ より，$a=-\dfrac{5}{2}$

(2)　与式を順に①，②，③とする。

①＋③より，$2x=8$ だから，$x=4$

これを①に代入して，$4+y=1$ より，$y=-3$

②に x，y の値を代入して，

$2×4-(-3)=a$ より，$a=11$

(3)　与式を順に①，②，③とする。

①－②×2 より，$5y=25$

よって，$y=5$

①に代入して，$2x+5=-1$ より，$x=-3$

x，y の値を③に代入して，

$3×(-3)-a×5=1$ より，$a=-2$

答 (1) $(a=)-\dfrac{5}{2}$　$(b=)-\dfrac{1}{2}$　(2) 11　(3) -2

$\boxed{4}$ (1)　元の数の十の位の数を x，一の位の数を y とすると，

元の数は，$10x+y$，一の位と十の位の数を入れ替えた数は，$10y+x$ と表せる。

よって，$\begin{cases} x+y=9……① \\ 10y+x=10x+y+45……② \end{cases}$

が成り立つ。

②より，$9x-9y=-45$

よって，$x-y=-5$……③

①＋③より，$2x=4$

よって，$x=2$

これを①に代入して，$2+y=9$ より，$y=7$

したがって，元の数は 27

(2)　3桁の自然数の百の位の数を x，一の位の数を y とおくと，上2桁と下1桁に分けたとき，2桁の数は1桁の数の9倍より2大きいから，

$10x+4=9y+2$ より，$10x-9y=-2$……①

上 1 桁と下 2 桁に分けたとき，2 桁の数は 1 桁の
数の 7 倍より 1 小さいから，$40+y=7x-1$ より，
$-7x+y=-41$……②
①，②を連立方程式として解いて，$x=7$，$y=8$
よって，3 桁の自然数は，748。

答 (1) 27　(2) 748

⑤(1) ノート 1 冊の値段を x 円，ボールペン 1 本の値
段を y 円とすると，
2 つの買い方の合計金額より，
$$\begin{cases} 2x+y=330……① \\ x+3y=390……② \end{cases}$$
①×3 より，$6x+3y=990$……③
③－②より，$5x=600$
よって，$x=120$

(2) 買った菓子の個数を x 個，ジュースの本数を y
本とすると，
$x+y=11$……①
また，合計金額について，
$170x+130y=1710$……②
②－①×130 より，$40x=280$ だから，$x=7$
これを①に代入して，$7+y=11$ より，$y=4$

(3) A さんの最初の所持金を x 円，B さんの最初の
所持金を y 円とする。
商品の購入について，$0.5x+0.3y=500$……①
残りの所持金について，$0.5x=0.7y$……②
②を①に代入して，$0.7y+0.3y=500$
よって，$y=500$
これを②に代入して，$0.5x=350$
よって，$x=700$

答 (1) 120 (円)
　　(2)(菓子) 7 (個)　(ジュース) 4 (本)
　　(3) 700 (円)

⑥(1) $1500×0.8+(930+670)×0.9=2640$ (円)
(2)① 洗剤 1 点の値段は $2x$ 円だから，
$x×2+2x+y=4x+y$
② $4x+y=2700$……㋐
また，$4x×0.9+y×0.8=2300$ より，
$3.6x+0.8y=2300$……㋑
㋐×0.9－㋑より，$0.1y=130$ だから，$y=1300$

答 (1) 2640 (円)　(2)① $4x+y$　② 1300 (円)

⑦(1) $x×(1-0.1)+y×(1-0.1)=1350$ より，
$0.9x+0.9y=1350$
(2) $x×(1+0.2)+(y+200)=1800$ より，
$1.2x+y=1600$
(3) (1)の式を①，(2)の式を②とする。
①の両辺を 10 倍すると，
$9x+9y=13500$ となるので，

$x+y=1500$……③
②－③より，$0.2x=100$ となるので，$x=500$
これを③に代入して，$500+y=1500$ より，
$y=1500-500=1000$

答 (1) $0.9x+0.9y$　(2) $1.2x+y$
　　(3) $(x=)$ 500　$(y=)$ 1000

⑧ 昨年の家庭系ごみの排出量を x 万トン，事業系ごみ
の排出量を y 万トンとすると，
今年の家庭系ごみの排出量は，
$(1-0.08)x=0.92x$ (万トン)，
事業系ごみの排出量は，
$(1-0.02)y=0.98y$ (万トン)と表せる。
今年のごみ排出量の合計は，$17-1=16$ (万トン)だ
から，
$$\begin{cases} x+y=17……① \\ 0.92x+0.98y=16……② \end{cases}$$　が成り立つ。
②×100－①×92 より，$6y=36$
よって，$y=6$
これを①に代入して，$x+6=17$ より，$x=11$
これより，今年の家庭系ごみの排出量は，
$0.92x=0.92×11=10.12$ (万トン)
事業系ごみの排出量は，
$0.98y=0.98×6=5.88$ (万トン)

答 (家庭系ごみ) 10.12 (万トン)
　　(事業系ごみ) 5.88 (万トン)

⑨(1) 昨年の 3 つの部の部員の合計より，
$x+y+30=120$……㋐
今年の 3 つの部の部員の合計より，
$(1+0.2)x+(1-0.2)y+30=130$
これを整理すると，
$1.2x+0.8y+30=130$……㋑

(2) ㋑×5 より，$6x+4y=500$……㋒
㋒÷2 より，$3x+2y=250$……㋓
㋐×2 より，$2x+2y=180$……㋔
㋓－㋔より，$x=70$

答 (1) $\begin{cases} x+y+30=120 \\ 1.2x+0.8y+30=130 \end{cases}$　(2) 70 人

⑩(1) $x×\dfrac{96}{100}=\dfrac{24}{25}x=0.96x$ (点)

(2) $y÷\dfrac{80}{100}=\dfrac{5}{4}y=1.25y$ (点)

(3) 2022 年度の英語は，$y×\dfrac{110}{100}=1.1y$ (点)で，2020
年度の数学は，$x÷\dfrac{125}{100}=\dfrac{4}{5}x=0.8x$ (点)
$0.96x-1.1y=12$ なので，
$96x-110y=1200$……①
また，$0.8x-1.25y=-6$ なので，

$80x - 125y = -600$……②

①×5－②×6 より，$200y = 9600$ なので，$y = 48$

したがって，2020 年度の英語の平均点は，

$1.25 \times 48 = 60$（点）

答 (1) $0.96x$（点）　(2) $1.25y$（点）　(3) 60（点）

11 (1) 3 点の的と 2 点の的には合計 12 球当たったので，

$x + y = 12$

(2) 1 点の的には，$x \times 3 = 3x$（球）当たったので，

合計点より，$3 \times x + 2 \times y + 1 \times 3x = 36$ より，

$6x + 2y = 36$

(3) ②÷2 より，$3x + y = 18$……③

①－③より，$-2x = -6$

よって，$x = 3$

(4) ①に $x = 3$ を代入すると，$3 + y = 12$

よって，$y = 9$

答 (1) $x + y$　(2) $6x + 2y$　(3) 3　(4) 9

12 (1) $30 \times 1 + 3 \times 5 = 45$（cm）

(2) 一斤は 600g なので，

$600 \div 1.75 = 342.8\cdots$ より，小数第一位を四捨五入

して，約 343 ドラム。

(3) 1 本の長さは，釘が，$3 \times 2 = 6$（cm）で，

チョークが，$2.5 \times 2 = 5$（cm）

チョークの本数を x 本とすると，

釘の本数は$(50 - x)$本なので，

長さの合計より，$6(50 - x) + 5x = 278$ が成り立つ。

$300 - 6x + 5x = 278$ だから，$-x = -22$

よって，$x = 22$

(4) 日本人形の重さは，$600 \times 0.9 = 540$（g）

テディベアは，高さが，$30 \times 2 = 60$（cm）で，重さ

が，$450 \times 2.2 = 990$（g）

日本人形が x 体，テディベアが y 体とすると，

高さの合計より，$45x + 60y = 19.65 \times 100$

両辺を 15 で割ると，$3x + 4y = 131$……①

重さの合計より，$540x + 990y = 28.17 \times 1000$

両辺を 90 で割ると，$6x + 11y = 313$……②

②－①×2 より，$3y = 51$

よって，$y = 17$

これを①に代入すると，

$3x + 4 \times 17 = 131$ より，$3x = 63$

よって，$x = 21$

答 (1) 45（cm）　(2)（約）343（ドラム）　(3) 22（本）
　　(4) 21（体）

13 〈条件 1〉より，二男の年齢は$(y + 5)$歳。

長男の年齢を a 歳とすると，

〈条件 2〉より，$(a + y):(y + 5) = 2:1$ が成り立つ

から，$a + y = 2(y + 5)$ より，$a = y + 10$

したがって，〈条件 3〉より，

$x = (y + 10) + (y + 5) + y - 10$ となるので，

式を整理して，$x - 3y = 5$……①

また，〈条件 4〉より，

$x + 5 = (y + 10 + 5) + (y + 5 + 5)$ となるので，

$x - 2y = 20$……②

①，②の連立方程式を解いて，$x = 50$，$y = 15$ より，

母は 50 歳，長男は，$15 + 10 = 25$（歳），二男は，$15 +$
5 = 20（歳），三男は 15 歳であることがわかる。

答 (ア) 3　(イ) 20　(ウ) 50　(エ) 25　(オ) 20　(カ) 15

14 (1) $100 \times \dfrac{x}{100} + 800 \times \dfrac{y}{100} = x + 8y$（g）

(2) (1)のあと，容器 A の食塩水，$600 - 100 = 500$

（g）に含まれる食塩の量は，$500 \times \dfrac{x}{100} = 5x$（g），

容器 B から移した 300g の食塩水に含まれる食塩

の量は，$300 \times \dfrac{8}{100} = 24$（g）だから，

容器 A の食塩水の濃度について，

$\dfrac{5x + 24}{500 + 300} \times 100 = 6$ が成り立つ。

これを解いて，$5x + 24 = 48$ より，$x = \dfrac{24}{5}$

また，(1)のあとの容器 B の食塩水の濃度について，

$\dfrac{x + 8y}{100 + 800} \times 100 = 8$ より，$x + 8y = 72$

x の値を代入して，$\dfrac{24}{5} + 8y = 72$ より，$8y = \dfrac{336}{5}$

よって，$y = \dfrac{42}{5}$

答 (1) $x + 8y$　(2) $(x =)\dfrac{24}{5}$　$(y =)\dfrac{42}{5}$

15 (1) A さんと B さんの歩く速さをそれぞれ分速 x m，
分速 y m とすると，

反対方向に回ったときより，

$(x + y) \times 2 = 220$ だから，

$x + y = 110$……あ

同じ方向に回ったときより，

$(x - y) \times 22 = 220$ より，

$x - y = 10$……い

あ＋いより，$2x = 120$

よって，$x = 60$

これをあに代入すると，$60 + y = 110$

よって，$y = 50$

(2)① 普通電車がトンネルに完全に隠れていたのは
52 秒だから，

トンネルの長さは，$52x + 120$（m）

また，急行電車がトンネルに完全に隠れていた
のは 40 秒だから，

トンネルの長さは，$40y + 160$（m）

よって，$52x + 120 = 40y + 160$……⑦

急行電車が普通電車に追いついてから追い越す

までにかかった時間は 56 秒だから，

$56(y-x)=120+160$……④

② ⑦より，$52x-40y=40$

両辺を 4 でわって，$13x-10y=10$……⑦

④より，$-x+y=5$……⊕

⑦＋⊕×10 より，$13x-10x=10+50$ から，

$3x=60$

よって，$x=20$

これを⊕に代入して，

$-20+y=5$ より，$y=25$

答 (1) (A さん)（分速）60 (m)

(B さん)（分速）50 (m)

(2) ① $\begin{cases} 52x+120=40y+160 \\ 56(y-x)=120+160 \end{cases}$

② $(x=)\ 20\quad (y=)\ 25$

16 (1) 平坦な道は，3.3km＝3300m を 11 分で進むから，分速，$3300÷11=300$ (m)

よって，上り坂での自転車の速度は，

分速，$300×\dfrac{2}{3}=200$ (m)，

下り坂での速度は，分速，$300×2=600$ (m)

また，行きに地点 B から地点 C まで行くのにかかった時間は 10 分だから，

峠から地点 C まで行くのにかかった時間は$(10-x)$分，帰りに地点 C から地点 B まで行くのにかかった時間は 14 分だから，

地点 C から峠まで行くのにかかった時間は$(14-y)$分と表せる。

よって，地点 B から峠までの距離について，$200x=600y$，峠から地点 C までの距離について，$600(10-x)=200(14-y)$が成り立つ。

これを整理して，$x=3y$，$3x-y=16$

(2) $x=3y$……⑦，$3x-y=16$……④とする。

⑦を④に代入して，$3×3y-y=16$ より，

$8y=16$ よって，$y=2$

⑦に代入して，$x=3×2=6$

答 (1) $\begin{cases} x=3y \\ 3x-y=16 \end{cases}$ (2) $x=6,\ y=2$

17 (1) 図 I より，2 段目以降の両端以外の数は，左上と右上の数の和になるように並べられていることがわかる。

同じ規則で並べると，図 II は次図のようになる。

よって，3 段目の－1 について，$2x+y=-1$……①

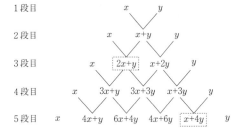

1 段目 x y

2 段目 x $x+y$ y

3 段目 x $\boxed{2x+y}$ $x+2y$ y

4 段目 x $3x+y$ $3x+3y$ $x+3y$ y

5 段目 x $4x+y$ $6x+4y$ $4x+6y$ $\boxed{x+4y}$ y

(2) 前図より，5 段目の 10 について，

$x+4y=10$……②

(3) ②×2－①より，$7y=21$ だから，$y=3$

これを②に代入して，$x+4×3=10$ より，$x=-2$

答 (1) $2x+y$ (2) $x+4y$ (3) $x=-2,\ y=3$

★★★ 発展問題 ★★★（30 ページ）

1 (1) 連立方程式を順に①，②とする。

①＋②より，$-x+y=a+4$……③

また，$x+y=a$……④とすると，

④を③に代入して，$-x+y=x+y+4$ だから，

$-2x=4$ より，$x=-2$

これを②に代入して，$2×(-2)-3y=4$ より，

$-3y=8$

よって，$y=-\dfrac{8}{3}$

これらを④に代入して，

$-2-\dfrac{8}{3}=a$ より，$a=-\dfrac{14}{3}$

(2) 与式を順に①，②とする。

①×b より，$abx-by=4b$……③

③＋②より，$(ab+1)x=4b+7$

a，b は正の数で，$ab+1≠0$ だから，

$x=\dfrac{4b+7}{ab+1}$

また，②×a より，$ax+aby=7a$……④

④－①より，$(ab+1)y=7a-4$ だから，

$y=\dfrac{7a-4}{ab+1}$

答 (1) $-\dfrac{14}{3}$ (2)（順に）$\dfrac{4b+7}{ab+1}$，$\dfrac{7a-4}{ab+1}$

2 (1) 硬貨の枚数について，

$x+y=22$……⑦が成り立つ。

また，金額について，

$500x+100y=5000$……④が成り立つ。

(2) ⑦と④を連立させて解く。

④÷100 より，$5x+y=50$……⑦

⑦－⑦より，$4x=28$ だから，$x=7$

これを⑦に代入して，$7+y=22$ より，$y=15$

よって，100 円硬貨は 15 枚。

(3)① (2)より，500 円硬貨は 7 枚だから，

硬貨の枚数について，$a+b=7$……㋓が成り立つ。

ここで，500 円硬貨 a 枚は 100 円硬貨 $5a$ 枚に両替されるので，

もとからあった分と合わせると，100 円硬貨は $(5a+15)$ 枚。

また，500 円硬貨 b 枚は 50 円硬貨 $10b$ 枚に両替される。

100 円硬貨のうちの $\dfrac{3}{5}$ を使うと，残りは $\dfrac{2}{5}$ となるので，

硬貨の枚数について，

$10b+(5a+15)\times\dfrac{2}{5}=36$……㋔が成り立つ。

② 　㋓と㋔を連立させて解く。

㋔を整理すると，$a+5b=15$……㋕

㋕－㋓より，$4b=8$ だから，$b=2$

これを㋓に代入して，$a+2=7$ より，$a=5$

したがって，使った 100 円硬貨は，

$(5\times5+15)\times\dfrac{3}{5}=24$（枚）だから，

使った金額は，$100\times24=2400$（円）

よって，残った硬貨の総額は，

$5000-2400=2600$（円）

答 (1) $x+y=22$, $500x+100y=5000$　(2) 15 枚

(3) ① $a+b=7$, $10b+(5a+15)\times\dfrac{2}{5}=36$

② 2600 円

3 (1) 〈25〉のとき，$[1,\ 25]$, $[2,\ 24]$, …, $[25,\ 1]$,

$[26,\ 100]$, …, $[100,\ 26]$ となるから，

① $\begin{cases} 3x-4y=0 \\ x+y=26 \end{cases}$ または，② $\begin{cases} 3x-4y=0 \\ x+y=126 \end{cases}$

を満たす x, y の組を考える。

それぞれの連立方程式を解くと，

①は，$x=\dfrac{104}{7}$, $y=\dfrac{78}{7}$

②は，$x=72$, $y=54$

x, y は自然数だから，$[x,\ y]=[72,\ 54]$

(2) $3445=5\times13\times53=53\times65$ だから，

x, y として取り得る 2 数は 53 と 65。

ここで，$x+y=a+1$……㋐

または，$x+y=a+101$……㋑だから，

㋐について，$53+65=a+1$ より，$a=117$

㋑について，$53+65=a+101$ より，$a=17$

$1\leqq a\leqq100$ より，$a=17$

(3) 〈36〉のとき，$x+y=37$……㋐

または，$x+y=137$……㋑となる。

また，17 は素数だから，

xy が 17 で割り切れるとき，x または y の少なくとも 1 つが 17 の倍数となる。

$1\leqq x\leqq100$, $1\leqq y\leqq100$, $x<y$ であることから，これらの条件を満たす x, y の組は，

㋐について，$[x,\ y]=[3,\ 34]$, $[17,\ 20]$

㋑について，

$[x,\ y]=[51,\ 86]$, $[68,\ 69]$, $[52,\ 85]$

したがって，全部で 5 組。

答 (1) $[72,\ 54]$　(2) 17　(3) 5（組）

5．関　数

§1．比例・反比例 (31 ページ)

1 (1) y を x の式で表すと，

(ア)は，$y = 3x$，

(イ)は，$y = 4x + 3$，

(ウ)は，$y = x \times 1\dfrac{20}{60} = \dfrac{4}{3}x$ と表せる。

(エ)は式で表すことができない。

よって，y が x に比例するものは(ア)と(ウ)。

(2)(ア) $y = x^2$ より適さない。

(イ) $xy = 20$ より，$y = \dfrac{20}{x}$

よって，y は x に反比例する。

(ウ) x と y に関係はない。

(エ) $y = 5x$ より適さない。

答 (1) (ア)，(ウ) (2) (イ)

2 (1) この比例の式を $y = ax$ として，

$x = -3$，$y = 27$ を代入すると，$27 = -3a$ より，

$a = -9$

よって，$y = -9x$ に $y = 15$ を代入して，

$15 = -9x$ より，$x = -\dfrac{5}{3}$

(2) $y = \dfrac{a}{x}$ とすると，$a = 4 \times (-9) = -36$

よって，$y = -\dfrac{36}{x}$ に $x = -6$ を代入して，

$y = -\dfrac{36}{-6} = 6$

(3) $y = \dfrac{a}{x}$ より，$a = xy$ に $x = -\dfrac{3}{4}$，$y = 8$ を代入

して，$a = -\dfrac{3}{4} \times 8 = -6$

よって，$y = -\dfrac{6}{x} = -6 \div x$

これに $x = \dfrac{2}{5}$ を代入して，

$y = -6 \div \dfrac{2}{5} = -6 \times \dfrac{5}{2} = -15$

(4) $y = a(x + 3)$ とおけるので，

$-\dfrac{1}{2} = a \times (1 + 3)$ より，$a = -\dfrac{1}{8}$

よって，$y = -\dfrac{1}{8}(x + 3)$ に $x = -1$ を代入して，

$y = -\dfrac{1}{8} \times (-1 + 3) = -\dfrac{1}{4}$

答 (1) $-\dfrac{5}{3}$ (2) 6 (3) -15 (4) $-\dfrac{1}{4}$

3 (1) $x = 2$ のとき，$y = \dfrac{6}{2} = 3$

$x = 6$ のとき，$y = \dfrac{6}{6} = 1$

よって，変化の割合は，$\dfrac{1 - 3}{6 - 2} = -\dfrac{1}{2}$

(2) $y = -3x$ に $x = -3$ を代入すると，

$y = -3 \times (-3) = 9$

また，$x = 2$ を代入すると，$y = -3 \times 2 = -6$

よって，y の変域は，$-6 < y \leqq 9$

(3) $x = 1$ のとき，$y = \dfrac{4}{1} = 4$

$x = 8$ のとき，$y = \dfrac{4}{8} = \dfrac{1}{2}$

よって，y の変域は，$\dfrac{1}{2} \leqq y \leqq 4$

(4) x の変域が $2 \leqq x \leqq 6$ のとき y は正の値をとる

ので，

$a > 0$ で，$x = 2$ のとき $y = b$，

$x = 6$ のとき $y = \dfrac{4}{3}$ である。

$y = \dfrac{a}{x}$ に $x = 6$，$y = \dfrac{4}{3}$ を代入すると，

$\dfrac{4}{3} = \dfrac{a}{6}$ より，$a = 8$

$y = \dfrac{8}{x}$ に $x = 2$，$y = b$ を代入して，

$b = \dfrac{8}{2}$ より，$b = 4$

答 (1) $-\dfrac{1}{2}$ (2) $-6 < y \leqq 9$ (3) $\dfrac{1}{2} \leqq y \leqq 4$

(4) $(a =)$ 8，$(b =)$ 4

4 (1) 反比例の式なので，②か④。

$x = -3$ を代入すると，

②は，$y = \dfrac{6}{-3} = -2$ で，④は，$y = -\dfrac{6}{-3} = 2$ なの

で，あてはまるのは④。

(2) グラフから，$x < 0$ のとき，$y > 0$ なので，

(ア)と(イ)は異なる。

また，$x = -2$ のとき，(ウ)は，$y = \dfrac{5}{2}$，

(エ)は，$y = \dfrac{2}{2} = 1$ で，グラフから，$y > 2$ なので，

求める答えは(ウ)。

答 (1) ④ (2) (ウ)

5 (1) $y = \dfrac{6}{x}$ より，$xy = 6$

これを満たす整数 x，y の組は，

$(x, y) = (-6, -1)$，$(-3, -2)$，$(-2, -3)$，

$(-1, -6)$，$(1, 6)$，$(2, 3)$，$(3, 2)$，$(6, 1)$の 8

個。

(2)① $a = xy = \dfrac{2}{3} \times 18 = 12$

② $(1, 12)$，$(2, 6)$，$(3, 4)$，$(4, 3)$，$(6, 2)$，

(12, 1) の 6 個。

答 (1) 8 (個) (2)① ア．1　イ．2　② ウ．6

§2．1次関数とグラフ (33ページ)

1 関数 $y=ax+b$ のグラフは，$a<0$ のとき，右下がり
の直線となるからウまたはエである。
また，$-1<a<0$ より，$y=-x$ のグラフよりも傾き
が小さくなるから，エが正しい。

答 エ

2 (1) 求める直線を $y=2x+b$ とおくと，
　　$10=6+b$ より，$b=4$　よって，$y=2x+4$

(2) 切片が 8 なので，
　　求める直線の式は $y=ax+8$ とおける。
　　よって，$-7=3a+8$ より，$a=-5$ となるので，
　　$y=-5x+8$

(3) この直線の式を $y=ax+b$ として，この直線が
　　通る 2 点の座標の値をそれぞれ代入すると，
$$\begin{cases} 2=-3a+b \\ -5=4a+b \end{cases}$$
　　これを連立方程式として解くと，
　　$a=-1$，$b=-1$ なので，
　　この直線の式は，$y=-x-1$

答 (1) $y=2x+4$　(2) $y=-5x+8$　(3) $y=-x-1$

3 変化の割合は $-\dfrac{7}{3}$ だから，$-\dfrac{7}{3}\times 6=-14$

答 -14

4 (1) $x=-2$ を代入すると，$y=-2\times(-2)+5=9$
　　$x=2$ を代入すると，$y=-2\times 2+5=1$
　　よって，y の変域は，$1\leqq y\leqq 9$

(2) x の係数は 2 で正だから，グラフは右上がりの
　　直線になる。
　　したがって，$x=-1$ のとき $y=b$，
　　$x=a$ のとき $y=11$ である。
　　$y=2x+1$ に $x=-1$，$y=b$ を代入すると，
　　$b=2\times(-1)+1$ より，$b=-1$
　　また，$x=a$，$y=11$ を代入すると，
　　$11=2\times a+1$ より，$-2a=-10$ だから，
　　$a=5$

(3) a は負の数だから，
　　1 次関数のグラフは，$(-1, 8)$，$(2, -7)$ を通る。
　　傾きは，$\dfrac{-7-8}{2-(-1)}=-5$ だから，
　　$a=-5$ で，$y=-5x+b$ とおき，$x=-1$，$y=8$ を
　　代入して，$8=-5\times(-1)+b$ より，$b=3$

答 (1) $1\,(\leqq y\leqq)\,9$　(2) $(a=)\,5$　$(b=)-1$
　　(3) (順に) $-5,\ 3$

5 (1) $y=4x+8$ に，$y=0$ を代入して，$0=4x+8$

$x=-2$ だから，2 つのグラフは，$(-2, 0)$ で交
わる。
$y=ax-6$ に，$x=-2$，$y=0$ を代入して，
$0=-2a-6$ より，$a=-3$

(2) $(-2, -2)$，$(0, 6)$ を通る直線は，傾きが，
　　$|6-(-2)|\div|0-(-2)|=4$ だから，
　　式は $y=4x+6$
　　これに $x=3$，$y=a$ を代入して，$a=4\times 3+6$ より，
　　$a=18$

(3) 2 点を通る直線の傾きは，$\dfrac{-6-4}{5-(-3)}=-\dfrac{5}{4}$
　　よって，求める直線の式は $y=-\dfrac{5}{4}x+b$ とおける。
　　点 $(4, 2)$ を通るから，$2=-\dfrac{5}{4}\times 4+b$ より，$b=7$
　　したがって，$y=-\dfrac{5}{4}x+7$

(4) 傾きが -2 の直線と直角に交わるので，
　　求める直線の式は $y=\dfrac{1}{2}x+b$ とおける。
　　これに $x=2$，$y=-1$ を代入して，
　　$-1=1+b$ より，$b=-2$ となるので，
　　$y=\dfrac{1}{2}x-2$

(5) 次図のように，y 軸について点 A と対称な点を
　　C $(-3, 4)$ とすると，
　　AP＝CP となるので，
　　直線 BC と y 軸との交点が P になる。
　　直線 BC の式を $y=ax+b$ とおくと，
$$\begin{cases} 4=-3a+b \\ 8=6a+b \end{cases}$$ が成り立つ。
　　これを解いて，$a=\dfrac{4}{9}$，$b=\dfrac{16}{3}$
　　点 P の y 座標は直線 BC の切片だから，$\dfrac{16}{3}$。

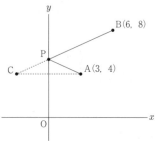

答 (1) -3　(2) 18　(3) $y=-\dfrac{5}{4}x+7$
　　(4) $y=\dfrac{1}{2}x-2$　(5) $\dfrac{16}{3}$

6 (1) グラフは，y 軸の $\dfrac{1}{2}$ と 1 の間を通っているか
　　ら，$\dfrac{1}{2}<b<1$

$k < b < k+1$ のとき，k は整数だから，$k=0$

(2) $(0,\ 1)$，$(1,\ -1)$ の 2 点を通る直線の傾きは，

$(-1-1) \div (1-0) = -2$，$\left(0,\ \dfrac{1}{2}\right)$，

$(1,\ -1)$ の 2 点を通る直線の傾きは，

$\left(-1-\dfrac{1}{2}\right) \div (1-0) = -\dfrac{3}{2}$

よって，$-2 < a < -\dfrac{3}{2}$ で，$\ell < a < \ell+1$ のとき，

ℓ は整数だから，$\ell = -2$

(3) $y = ax+b$ に，$x=1$，$y=-1$ を代入すると，

$-1 = a+b$

よって，$m = -1$

(4) $y = ax+b$ に $x=-1$ を代入すると，

$y = -a+b$ だから，

$-a+b$ は $y=ax+b$ 上で，$x=-1$ のときの y 座標となる。

$(0,\ 1)$，$(1,\ -1)$ の 2 点を通る直線の式は，

$y = -2x+1$ だから，これに $x=-1$ を代入して，

$y = -2 \times (-1) + 1 = 3$ より，$(-1,\ 3)$ を通る。

また，$\left(0,\ \dfrac{1}{2}\right)$，$(1,\ -1)$ の 2 点を通る直線の式

は，$y = -\dfrac{3}{2}x + \dfrac{1}{2}$ だから，

これに $x = -1$ を代入して，$y = -\dfrac{3}{2} \times (-1) +$

$\dfrac{1}{2} = 2$ より，$(-1,\ 2)$ を通る。

よって，$2 < -a+b < 3$ で，$n < a < n+1$ のとき，

n は整数だから，$n = 2$

答 (1) 0　(2) -2　(3) -1　(4) 2

⑦ (1) $y = -\dfrac{1}{2}x + 5$ に $y=3$ を代入すると，

$3 = -\dfrac{1}{2}x + 5$

よって，$6 = -x+10$ より，$x=4$

(2) △ABC の BC を底辺とすると高さは 4 なので，

$\dfrac{1}{2} \times BC \times 4 = 16$ が成り立つ。

したがって，$2BC = 16$ より，$BC = 8$

点 B の y 座標は 5 なので，

点 C の y 座標は，$5 - 8 = -3$

(3) 直線 ℓ の切片は -3 なので，

直線の式を $y = ax-3$ とおいて点 A の座標を代入

すると，$3 = 4a-3$ より，$a = \dfrac{3}{2}$

よって，$y = \dfrac{3}{2}x - 3$

答 (1) 4　(2) -3　(3) $y = \dfrac{3}{2}x - 3$

⑧ (1) $y = x-1$ に $x=3$ を代入すると，

$y = 3-1 = 2$ より，A $(3,\ 2)$

$y = ax+8$ に点 A の座標を代入すると，

$2 = 3a+8$ だから，$-3a = 6$ より，$a = -2$

(2) $y = x-1$ のグラフと y 軸との交点を D とすると，

D $(0,\ -1)$

$y = x-1$ に $y=0$ を代入して，$0 = x-1$ より，

$x = 1$ だから，B $(1,\ 0)$

また，C $(0,\ 8)$ だから，

四角形 OBAC $= \triangle DAC - \triangle DOB$

$= \dfrac{1}{2} \times \{8-(-1)\} \times 3 - \dfrac{1}{2} \times \{0-(-1)\} \times 1$

$= \dfrac{27}{2} - \dfrac{1}{2} = 13$

(3) $y = bx+3$ のグラフが点 A を通るとき，三角形はできない。

このときの b の値は，$2 = 3b+3$ より，$b = -\dfrac{1}{3}$

また，$y = bx+3$ のグラフが他の 2 つのグラフのどちらかと平行であるときも，三角形ができない。

このときの b の値は，$b = 1$，-2

答 (1) -2　(2) 13　(3) -2，$-\dfrac{1}{3}$，1

⑨ (1) $y = 3x$ に $x=1$ を代入して，

$y = 3 \times 1 = 3$ より，A $(1,\ 3)$

よって，$a = 3$

$y = -x+b$ に $x=1$，$y=3$ を代入して，

$3 = -1+b$ より，$b = 4$

(2) $y = 3x$ に $y=1$ を代入して，$1 = 3x$ より，$x = \dfrac{1}{3}$

よって，P $\left(\dfrac{1}{3},\ 1\right)$

$y = -x+4$ に $y=1$ を代入して，

$1 = -x+4$ より，$x = 3$

よって，Q $(3,\ 1)$

$PQ = 3 - \dfrac{1}{3} = \dfrac{8}{3}$ で，

△APQ の底辺を PQ とすると，

高さは，$3 - 1 = 2$ だから，

$\triangle APQ = \dfrac{1}{2} \times \dfrac{8}{3} \times 2 = \dfrac{8}{3}$

(3) PQ の中点を M とおくと，M の x 座標は，

$\left(\dfrac{1}{3} + 3\right) \div 2 = \dfrac{5}{3}$ だから，M $\left(\dfrac{5}{3},\ 1\right)$

直線 AM が求める直線で，傾きは，

$(3-1) \div \left(1 - \dfrac{5}{3}\right) = -3$ だから，

式を $y = -3x+c$ とおき，$x=1$，$y=3$ を代入して，

$3 = -3 \times 1 + c$ より，$c = 6$

よって，$y = -3x+6$

答 (1) $(a=)$ 3　$(b=)$ 4　(2) $\dfrac{8}{3}$　(3) $y = -3x+6$

⑩ (1) 切片 b が最小となるのは，直線 ℓ が点 B を通る

ときで，$9 = \dfrac{4}{3} \times 6 + b$ より，$b = 1$

切片 b が最大となるのは，直線 ℓ が点 C を通るときで，$b = 9$

よって，求める b の範囲は，$1 \leqq b \leqq 9$

(2) 直線 ℓ が点 B を通るとき，$b = 1$ だから，

直線 ℓ は，$y = \dfrac{4}{3} x + 1$

点 P の x 座標は，$0 = \dfrac{4}{3} x + 1$ より，$x = -\dfrac{3}{4}$ だ

から，$OP = \dfrac{3}{4}$

よって，$\triangle ABP = \dfrac{1}{2} \times \left(6 + \dfrac{3}{4}\right) \times 9 = \dfrac{243}{8}$

(3) 点 P の x 座標は，$0 = \dfrac{4}{3} x + b$ より，$x = -\dfrac{3}{4} b$

よって，$OP = \dfrac{3}{4} b$

点 Q の x 座標は，$9 = \dfrac{4}{3} x + b$ より，$x = \dfrac{3(9-b)}{4}$

よって，$CQ = \dfrac{3(9-b)}{4}$

したがって，$OP + BQ = 9$ のとき，

$\dfrac{3}{4} b + 6 - \dfrac{3(9-b)}{4} = 9$ が成り立つ。

これを解くと，$b = \dfrac{13}{2}$

答 (1) $1 \leqq b \leqq 9$　(2) $\dfrac{243}{8}$　(3) $\dfrac{13}{2}$

11 2点 A，D の x 座標を t とすると，

2点 B，C の x 座標は $-t$。

$AD \times BD = 20$ で，$BD = 2t$ だから，

$AD = \dfrac{20}{2t} = \dfrac{10}{t}$

よって，点 A の y 座標は，$AD \times \dfrac{1}{2} = \dfrac{5}{t}$ と表せる

から，$A\left(t, \dfrac{5}{t}\right)$

A は $y = \dfrac{a}{x}$ 上の点だから，$\dfrac{5}{t} = \dfrac{a}{t}$

よって，$a = 5$

答 5

12 (1) $k = 1$ のとき，直線の式は，$y = -x + 1$ で，

A $(1, 0)$，B $(0, 1)$ となる。

条件を満たす点は，A，B，O の3つだから，

$c = 3$

(2) $y = -x + k$ について，次図のように，A $(k, 0)$，

B $(0, k)$ となるから，$\triangle OAB$ の周上の，x 座標

も y 座標も整数となる点は，OA，OB，AB 上に

それぞれ $(k+1)$ 個あり，3点 O，A，B は2回数

えているから，$3(k+1) - 3 = 3k$（個）

$3k = 15$ より，$k = 5$

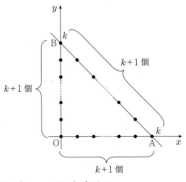

(3) (2)より，$c = 3k$ と表せる。

答 (1) 3　(2) 5　(3) $c = 3k$

13 (1) 点 P の x 座標は，$0 + 3 \times k = 3k$，y 座標は，

$0 + 2 \times k = 2k$ より，P $(3k, 2k)$

これが直線 $6x + 5y = 84$ 上の点だから，

$6 \times 3k + 5 \times 2k = 84$ より，$k = 3$

(2) 原点 O から操作 A を m 回行うと，x 座標は

$3m$，y 座標は $2m$ 大きくなり，そこから操作 B を

n 回行うと，x 座標は $2n$ 大きくなり，y 座標は n

小さくなるから，Q $(3m + 2n, 2m - n)$

(1)より P $(9, 6)$ で，点 Q は直線 L 上にあり，点

P と y 座標の絶対値が等しいから，点 Q の y 座標

は -6，x 座標は，$6x + 5 \times (-6) = 84$ より，$x = 19$

よって，$3m + 2n = 19$，$2m - n = -6$ だから，

この連立方程式を解くと，$m = 1$，$n = 8$

(3) (1)より $k = 3$，(2)より Q $(19, -6)$ より，点 Q か

ら操作 A を3回繰り返すと，

x 座標は，$19 + 3 \times 3 = 28$，

y 座標は，$-6 + 2 \times 3 = 0$ より，R $(28, 0)$

よって，四角形 OPRQ は次図のようになり，求

める面積は，四角形 OPRQ $= \triangle OPR + \triangle OQR =$

$\dfrac{1}{2} \times 28 \times 6 + \dfrac{1}{2} \times 28 \times 6 = 168$

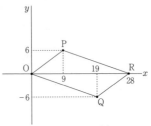

答 (1) 3　(2) $(m =) 1$　$(n =) 8$　(3) 168

14 (1) x 座標は，$6x = -2x + 8$ の解で，$x = 1$

y 座標は，$y = 6x$ に $x = 1$ を代入して，$y = 6$ なので，

C $(1, 6)$

(2) 点 A は $y = -2x + 8$ と x 軸の交点だから，

$0 = -2x + 8$ より，$x = 4$ なので，A $(4, 0)$

直線 n が点 A を通るとき，$y = ax$ に $x = 4$，$y = 0$

を代入して，$a = 0$

直線 n が点 C を通るとき，$y = ax$ に $x = 1$，$y = 6$
を代入して，$a = 6$

よって，直線 n が線分 AC と交わるときの a の範
囲は $0 \leqq a \leqq 6$

したがって，イとウ。

(3) $a = 2$ のとき，点 D の x 座標は，$2x = -2x + 8$
の解で，$x = 2$

y 座標は，$y = 2x$ に $x = 2$ を代入して，$y = 4$ なので，
D $(2,\ 4)$

よって，できる立体は次図のように，底面の半径
が 4，高さが 2 の円錐と，底面の半径が 4，高さ
が，$4 - 2 = 2$ の円錐を合わせた立体である。

したがって，求める体積は，

$$\left(\frac{1}{3} \times \pi \times 4^2 \times 2\right) \times 2 = \frac{64}{3}\pi$$

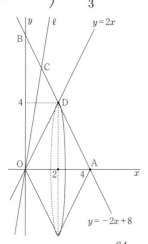

答 (1) $(1,\ 6)$　(2) イ，ウ　(3) $\dfrac{64}{3}\pi$

§3. いろいろな関数 （37 ページ）

1 (1)　A さんは地点 P から地点 Q まで，分速 600m
で，$21 - 6 = 15$ （分）走ったから，
道のりは，$600 \times 15 = 9000$ （m）

また，$x = 21$ のとき，$y = 300 + 9000 = 9300$ であ
り，$x = 46$ のとき，$y = 14300$ であるから，

$$\frac{14300 - 9300}{46 - 21} = 200 \text{ より，} y \text{ を } x \text{ の式で表すと，}$$

$y = 200x + b$

これに $x = 21$，$y = 9300$ を代入して，

$9300 = 200 \times 21 + b$ より，$b = 5100$

よって，$y = 200x + 5100 \cdots\cdots$①

(2)　地点 Q からゴールまで，A さんは分速 200m で
走ったから，

B さんの速さは分速，$200 \div \dfrac{4}{5} = 250$ （m）

また，B さんは地点 P から地点 Q まで，

$9000 \div 500 = 18$ （分）で走ったから，B さんの進ん
だ時間を x 分，道のりを y m とすると，

$x = 6 + 18 = 24$ のとき，$y = 9300$

地点 Q からゴールまでの，B さんの進んだ時間と
道のりの関係を表す式を $y = 250x + c$ とおいて，

$x = 24$，$y = 9300$ を代入すると，

$9300 = 250 \times 24 + c$ より，$c = 3300$

よって，$y = 250x + 3300 \cdots\cdots$②

①と②を連立方程式として解くと，

$x = 36$，$y = 12300$

よって，A さんが B さんに追いつかれたときの，A
さんがスタート地点から進んだ道のりは，12300m。

答 (1) 9000 (m)，$(y =)\ 200x + 5100$
　　　(2) 12300 (m)

2 (1)　点 P は 8 秒間で，$1 \times 8 = 8$ （cm）動くので，
$0 \leqq x \leqq 8$ のとき，点 P は辺 AB 上にある。

△APD は，AD を底辺としたときの高さが，
AP $= 1 \times x = x$ （cm）なので，

$y = \dfrac{1}{2} \times 4 \times x$ より，$y = 2x$

(2)　点 P は 12 秒間で，$1 \times 12 = 12$ （cm），20 秒間
で，$1 \times 20 = 20$ （cm）動くので，

$12 \leqq x \leqq 20$ のとき，点 P は辺 CD 上にあり，△APD
は，AD を底辺としたときの高さが DP になる。

AB $+$ BC $+$ CD $= 8 + 4 + 8 = 20$ （cm）より，

$12 \leqq x \leqq 20$ のときの DP の長さは，

$20 - 1 \times x = -x + 20$ （cm）なので，

$y = \dfrac{1}{2} \times 4 \times (-x + 20)$ より，$y = -2x + 40$

(3)　$8 \leqq x \leqq 12$ のとき，点 P は辺 BC 上にあり，
△APD は，AD を底辺としたときの高さが 8 cm
なので，

$y = \dfrac{1}{2} \times 4 \times 8$ より，$y = 16$ と一定で，$y = 6$ になら
ない。

$y = 2x$ に $y = 6$ を代入すると，$6 = 2x$

これを解くと，$x = 3$ で，$0 \leqq x \leqq 8$ の範囲にあるの
で，あてはまる。

$y = -2x + 40$ に $y = 6$ を代入すると，

$6 = -2x + 40$

これを解くと，$x = 17$ で，$12 \leqq x \leqq 20$ の範囲にあ
るので，あてはまる。

よって，$y = 6$ となるような x の値は 3，17。

答 (1) $y = 2x$　(2) $y = -2x + 40$　(3) 3，17

3 (1)　点 Q が出発してから 1 秒後に，

BQ $= 2 \times 1 = 2$ （cm）

点 P は点 Q より 2 秒早く点 A を出発している
ので，

$AP = 2 \times (2+1) = 6$ (cm) で，

$PB = 20 - 6 = 14$ (cm)

よって，$\triangle PBQ = \dfrac{1}{2} \times 2 \times 14 = 14$ (cm^2)

(2)　点 Q が出発してから x 秒後，

$BQ = 2 \times x = 2x$ (cm)

また，$AP = 2 \times (2+x) = 2x+4$ (cm)だから，

$PB = 20 - (2x+4) = 16 - 2x$ (cm)

よって，$\triangle PBQ$ の面積について，

$\dfrac{1}{2} \times 2x \times (16-2x) = 24$ が成り立つので，

$x(16-2x) = 24$ となる。

(3)　(2)の式を展開して，$16x - 2x^2 = 24$ より，

$x^2 - 8x + 12 = 0$ だから，

$(x-2)(x-6) = 0$

よって，$x = 2, 6$

答 (1) 14cm^2　(2) $x(16-2x) = 24$　(3) $x = 2, 6$

4 (1)　①は，14 分で 14km 進むから，

時速，$14 \div \dfrac{14}{60} = 60$ (km)

よって，これが列車 C。

(2)　②は，10 分で 14km 進むから，

時速，$14 \div \dfrac{10}{60} = 84$ (km)

よって，これが列車 D。

11 時から列車 C と列車 D がすれちがうまでの時間を a 分とすると，

列車 D が移動した時間は$(a-8)$分だから，

$60 \times \dfrac{a}{60} + 84 \times \dfrac{a-8}{60} = 14$ が成り立つ。

これを解くと，$a = 10.5$ だから，

11 時 10 分 30 秒。

(3)　乙駅に停車するのは③なので，これが列車 B。

停車しなければ，甲駅から丙駅まで，

$14 \div \dfrac{50}{60} = 16.8$ (分)かかるが，

実際は，11 時 24 分から 11 時 44 分の，

$44 - 24 = 20$ (分)かかったので，

停車時間は，$20 - 16.8 = 3.2$ (分)

0.2 分は，$0.2 \times 60 = 12$ (秒)だから，3 分 12 秒。

(4)　列車 A が甲駅を出発する 11 時 22 分から列車 B が列車 A を最初に追い越すまでの時間を b 分とすると，

列車 B が移動した時間は$(b-2)$分だから，

$50 \times \dfrac{b-2}{60} = 35 \times \dfrac{b}{60}$ が成り立つ。

これを解くと，$b = \dfrac{20}{3} = 6\dfrac{2}{3}$ だから，

$\dfrac{2}{3} \times 60 = 40$ (秒)より，

11 時 22 分 + 6 分 40 秒 = 11 時 28 分 40 秒

(5)　列車 B が列車 A を 2 度目に追い越してから列車 A が丙駅に到着する 11 時 46 分までの時間は，列車 A が甲駅を出発してから列車 B が列車 A を最初に追い越すまでにかかった 6 分 40 秒と等しいから，求める時刻は，

11 時 46 分 − 6 分 40 秒 = 11 時 39 分 20 秒

答 (1) ①　(2) 11 (時) 10 (分) 30 (秒)
(3) 3 (分) 12 (秒)　(4) 11 (時) 28 (分) 40 (秒)
(5) 11 (時) 39 (分) 20 (秒)

5 (1)　点 P は，点 C まで，$12 \div 2 = 6$ (秒)かかるので，

3 秒後は辺 BC 上にあり，$BP = 2 \times 3 = 6$ (cm)

よって，$y = \dfrac{1}{2} \times 6 \times 6 = 18$

また，7 秒後には辺 AC 上にあり，

$AP = 12 + 6 - 2 \times 7 = 4$ (cm)なので，

$y = \dfrac{1}{2} \times 4 \times 12 = 24$

(2)　点 P は辺 AC 上にあるので，

$AP = 12 + 6 - 2 \times x = 18 - 2x$ (cm) より，

$y = \dfrac{1}{2} \times (18-2x) \times 12 = -12x + 108$

(3)　(2)より，$12 = -12x + 108$ なので，$12x = 96$

よって，$x = 8$

(4)　点 P が辺 BC 上にあるとき，$\triangle ABP = \triangle ABQ$ となるのは，点 P と Q が重なるときなので，

出発してから t 秒後とすると，

$2t + 3t = 12$

これを解いて，$t = \dfrac{12}{5}$

次に，点 P が辺 AC 上にあるとき，

$\triangle ABP = -12x + 108$

また，点 Q は B まで，$12 \div 3 = 4$ (秒)かかるから，6 秒後から 8 秒後までは B から C に向かって移動している。

このとき，$BQ = 3 \times x - 12 = 3x - 12$ (cm)だから，

$\triangle ABQ = \dfrac{1}{2} \times (3x-12) \times 6 = 9x - 36$

よって，$-12x + 108 = 9x - 36$ より，

$-21x = -144$ なので，$x = \dfrac{48}{7}$

答 (1) (ア) 18　(イ) 24　(2) $y = -12x + 108$　(3) 8
(4) $\dfrac{12}{5}$，$\dfrac{48}{7}$ (秒後)

6 (1)　グラフより，4 秒後には変化の割合が変わっているので，このとき，点 P は点 B に着いた。

よって，$AB = 4 \times 4 = 16$ (cm)

(2)　$a = \triangle ABD = \dfrac{1}{2} \times 16 \times 12 = 96$

点 P が C に達したとき，

$\triangle ADP = \triangle ACD = 150$ (cm^2)

したがって，$\frac{1}{2} \times 12 \times CD = 150$ より，

CD $= 25$ (cm) となるので，

点 P が C から D に移動するのにかかった時間は，

$25 \div 4 = \frac{25}{4}$ （秒）

よって，$b = 14 - \frac{25}{4} = \frac{31}{4}$

(3) $(0, 0)$，$(4, 96)$ を通る直線なので，

求める式は，$y = mx$ とおける。

よって，$96 = 4m$ より，$m = 24$ となるので，

$y = 24x$

(4) $\left(\frac{31}{4}, 150\right)$，$(14, 0)$ を通る直線なので，

求める式を $y = px + q$ とおくと，

$\begin{cases} 150 = \dfrac{31}{4}p + q \\ 0 = 14p + q \end{cases}$ が成り立つ。

これを解いて，

$p = -24$，$q = 336$ より，$y = -24x + 336$

(5) 1 回目に $y = 48$ となるのは，点 P が辺 AB を通っているときで，このときの式は $y = 24x$ より，

$48 = 24x$ だから，$x = 2$

また，2 回目に $y = 48$ となるのは，点 P が辺 CD を通っているときで，

このときの式は $y = -24x + 336$ より，

$48 = -24x + 336$ だから，

$24x = 288$ となるので，$x = 12$

答 (1) 16 (cm)　(2) $(a =)$ 96　$(b =) \dfrac{31}{4}$

(3) $y = 24x$　(4) $y = -24x + 336$

(5) 2 （秒後），12 （秒後）

7 (1) アプリ A は，2 分あたり 1 ％減少するので，

1 分あたり 0.5 ％減少する。

よって，50 分では，$50 \times 0.5 = 25$ (％)減少するから，アは，$60 - 25 = 35$ (％)

充電は 1 分あたり 1 ％増加するので，

10 分で 10 ％増加する。

よって，イは，$35 + 10 = 45$ (％)

アプリ A を 50 分使用した後，10 分間充電すると，60 分間で，$60 - 45 = 15$ (％)減少するので，

次図のカは，$45 - 15 = 30$ (％)

キは，$30 - 15 = 15$ (％)

4 回目にアプリ A を使用する前に 15 ％になっているので，

$15 \div 0.5 = 30$ より，4 回目に使いはじめてから 30 分後に充電が 0 になる。

よって，ウは，$60 \times 3 + 30 = 210$

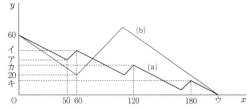

(2) アプリ B は，3 分あたり 2 ％減少するので，

1 分あたり $\frac{2}{3}$ ％減少する。

ウを通る(b)の式は，$y = -\frac{2}{3}x + b$ とおいて，

$(210, 0)$ を代入すると，

$0 = -\frac{2}{3} \times 210 + b$ より，$b = 140$

よって，$y = -\frac{2}{3}x + 140$ ……①

$x = 60$ から充電する(b)の式は，$y = x + c$ とおいて，

$x = 60$，$y = 20$ を代入すると，

$20 = 60 + c$ より，$c = -40$

よって，$y = x - 40$ ……②

①と②の直線の交点の x 座標が充電が終わった時間なので，

①，②を連立方程式として解いて，

$x = 108$，$y = 68$ だから，

充電していたのは，$108 - 60 = 48$ （分間）

答 (1) ア．35　イ．45　ウ．210　(2) 48 （分間）

8 (1) -2.5 を超えない最大の整数は -3 だから，

$[-2.5] = -3$

(2) $[a] = 4$ のとき，$4 \leq a < 5$ だから，

$8 \leq 2a < 10$

よって，$[2a]$ の値は 8，9。

(3) $-1 \leq 2x < 0$ のとき，$y = -1$ で，$-\frac{1}{2} \leq x < 0$

$0 \leq 2x < 1$ のとき，$y = 0$ で，$0 \leq x < \frac{1}{2}$

$1 \leq 2x < 2$ のとき，$y = 1$ で，$\frac{1}{2} \leq x < 1$

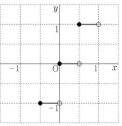

答 (1) -3　(2) 8，9　(3) （前図）

9 (1) x 時間かかるとすると，

$12 : 3 = x : 0.5$ が成り立つから，$3x = 6$

よって，$x = 2$ より 2 時間かかる。

(2) $500 \times 8 + 1000 \times (12 - 8) = 8000$ （円）

（3）　水深 1.5m まで水を入れるのにかかる時間は，

$12 \times \dfrac{1.5}{3} = 6$（時間）

ア．$500 \times 6 + 1000 \times 6 = 9000$（円）

イ．$1000 \times 6 + 1200 \times 6 = 13200$（円）

ウ．$1200 \times 6 + 500 \times 6 = 10200$（円）

エ．$1000 \times 12 = 12000$（円）

よって，料金が安くなる順に，ア，ウ，エ，イ。

（4）　16 時から 22 時の 6 時間では，水深 1.5m まで水を入れられるが，排水口の栓が閉まっていなかったので，

$1.5 \times \dfrac{1}{3} = 0.5$（m）しか入っていなかった。

その後，満水にするには水深，$3 - 0.5 = 2.5$（m）分を入れることより，$2.5 \div 0.5 \times 2 = 10$（時間）かかる。

方法①では，

$1200 \times (24 - 22) + 500 \times (10 - 2) = 6400$（円），

方法②では，$500 \times 10 = 5000$（円）かかるから，

料金の差は，$6400 - 5000 = 1400$（円）

答　(1) 2（時間）　(2) 8000（円）

　　　(3) ア（→）ウ（→）エ（→）イ　(4) 1400（円）

6．図形の性質

§1．平面図形（42ページ）

[1] (1)　n 角形とすると，$180° \times (n - 2) = 1080°$ より，$n - 2 = 6$ なので，$n = 8$　よって，八角形。

(2)　多角形の外角の和は 360° で，正六角形には同じ大きさの外角が 6 つあるので，

正六角形の 1 つの外角は，$360° \div 6 = 60°$

(3)　正 n 角形の 1 つの内角の大きさは

$\dfrac{180° \times (n - 2)}{n}$，

1 つの外角の大きさは $\dfrac{360°}{n}$ で求められるから，

$\dfrac{180° \times (n - 2)}{n} = \dfrac{360°}{n} \times 7$ が成り立つ。

これを解くと，$n = 16$

答　(1) 八角形　(2) 60　(3) 16

[2] (1)　次図の四角形 ABCD で，

$115° + 70° + 35° + \angle a + \angle b + 50° = 360°$ より，

$\angle a + \angle b = 90°$

したがって，△CDE で，

$\angle x = 180° - (\angle a + \angle b) = 180° - 90° = 90°$

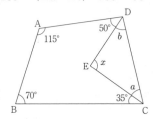

(2)　外角の和は 360° なので，

$\angle x + (180° - 129°) + (180° - 118°)$

$+ (180° - 105°) + 55° + 60°$

$= 360°$

よって，$\angle x + 303° = 360°$ より，

$\angle x = 360° - 303° = 57°$

(3)　次図で，△ABC の内角について，

$\angle x = 180° - 48° - 25° = 107°$

内角と外角の関係より，△DEF で，

$\angle CFG = 50° + 27° = 77°$

△CFG で，$\angle y = 107° - 77° = 30°$

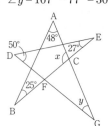

答　(1) 90°　(2) 57°

(3) （∠x＝）107°　（∠y＝）30°

$\boxed{3}$ (1) 次図で，∠OAB＝90° なので，

∠AOC＝90°＋20°＝110°

△OAC は二等辺三角形だから，

∠x＝(180°－110°)÷2＝35°

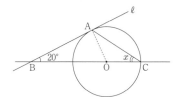

(2) △ABC＝$\dfrac{1}{2}$×4×3＝6

円の半径を r とすると，

$\dfrac{1}{2}$×r×3＋$\dfrac{1}{2}$×r×4＋$\dfrac{1}{2}$×r×5＝6 より，

$6r＝6$ なので，$r＝1$

 (1) 35°　(2) 1

$\boxed{4}$ (1) AC＝2＋3＝5 (cm) だから，

四角形 ABCD＝$\dfrac{1}{2}$×5×5＝$\dfrac{25}{2}$ (cm^2)

四角形 ABCD の中の左下のおうぎ形の面積は，

π×2^2×$\dfrac{90}{360}$＝π (cm^2)，

右上のおうぎ形の面積は，

π×3^2×$\dfrac{90}{360}$＝$\dfrac{9}{4}\pi$ (cm^2) だから，

求める面積は，

$\dfrac{25}{2}$－$\left(\pi+\dfrac{9}{4}\pi\right)$＝$\dfrac{25}{2}$－$\dfrac{13}{4}\pi$ (cm^2)

(2) 円 O の半径は $2r$ なので，

2π×$2r$＝8π が成り立つ。

よって，$r＝2$

また，斜線部分の面積は，

π×$(2r)^2$－πr^2×2＝$2\pi r^2$＝2π×2^2＝8π

 (1) $\dfrac{25}{2}$－$\dfrac{13}{4}\pi$ (cm^2)

(2) （r＝）2　（斜線部分の面積）8π

$\boxed{5}$ (1) ●＝∠a，○＝∠b とすると，

三角形の内角の和は 180° だから，

$2\angle a+2\angle b+92°＝180°$

よって，$\angle a+\angle b＝44°$

$3\angle a+3\angle b+\angle x＝180°$ より，

$3(\angle a+\angle b)+\angle x＝180°$

よって，$\angle x＝180°－3×44°＝48°$

(2) 次図のように，EF の延長線と辺 BC との交点を I とする。

正五角形の 1 つの内角の大きさは，

$180°×(5-2)÷5＝108°$ だから，

∠BEF＝180°－(37°＋108°)＝35°

△EBI の内角と外角の関係より，

∠FIG＝∠BEF＋∠EBI＝35°＋60°＝95°

△GFI の内角と外角の関係より，

∠FGI＝∠EFG－∠FIG＝108°－95°＝13°

よって，∠x＝180°－(13°＋108°)＝59°

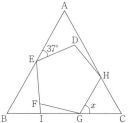

 (1) 48°　(2) 59°

$\boxed{6}$ △ABD：△ABC＝BD：BC＝2：3 より，

△ABD＝$\dfrac{2}{3}$△ABC＝18 (cm^2)

同様に考えて，△ABE＝$\dfrac{2}{3}$△ABD＝12 (cm^2)，

△FBE＝$\dfrac{2}{3}$△ABE＝8 (cm^2)，

△FGE＝$\dfrac{2}{3}$△FBE＝$\dfrac{16}{3}$ (cm^2)

 $\dfrac{16}{3}$ (cm^2)

$\boxed{7}$ AE：EF＝1：1 より，△DEF＝$\dfrac{1}{2}$△ADF

AD：DB＝1：1 より，△ADF＝$\dfrac{1}{2}$△ABF

AF：FC＝(1＋1)：1＝2：1 より，

△ABF＝△ABC×$\dfrac{2}{2+1}$＝$\dfrac{2}{3}$△ABC

よって，

△DEF＝$\dfrac{1}{2}$△ADF＝$\dfrac{1}{2}$×$\dfrac{1}{2}$△ABF

＝$\dfrac{1}{4}$×$\dfrac{2}{3}$△ABC＝$\dfrac{1}{6}$△ABC だから，

△ABC＝6△DEF＝6 (cm^2)

 6 (cm^2)

$\boxed{8}$ (1) 正方形の面積を t とすると，

五等分された図形の面積は，

t×$\dfrac{1}{5}$＝$\dfrac{1}{5}t$ で，△OCD＝t×$\dfrac{1}{4}$＝$\dfrac{1}{4}t$

よって，△ODE＝$\dfrac{1}{4}t－\dfrac{1}{5}t＝\dfrac{1}{20}t$ なので，

△ODF＝$\dfrac{1}{5}t－\dfrac{1}{20}t＝\dfrac{3}{20}t$

また，△OAF＝$\dfrac{1}{4}t－\dfrac{3}{20}t＝\dfrac{1}{10}t$

よって，

AF：FD＝△OAF：△ODF＝$\dfrac{1}{10}t$：$\dfrac{3}{20}t$＝2：3

(2) DE：EC＝△ODE：△OCE＝$\dfrac{1}{20}t$：$\dfrac{1}{5}t$＝1：4

答 (1) 2：3　(2) 1：4

9 平行四辺形の向かい合う辺は等しいから，

AB＝CD＝8 cm

△ABC は直角二等辺三角形だから，AC＝AB＝8 cm

平行四辺形の対角線は互いの中点で交わるから，

AE＝EC

したがって，

$\triangle$EBC＝$\dfrac{1}{2}$△ABC＝$\dfrac{1}{2}\times\left(\dfrac{1}{2}\times 8\times 8\right)$

＝16 (cm²)

答 16 (cm²)

10 円の中心は弦の垂直二等分線上にあるから，線分 AB の垂直二等分線と線分 BC の垂直二等分線との交点を O とすればよい。

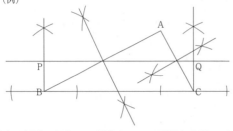

答（右図）

11 条件を満たすためには，PB (QC) の長さが，点 A から辺 BC までの距離の半分となればよい。

辺 AB，辺 AC のそれぞれの中点を結んだ直線は，辺 BC との距離が，点 A と辺 BC との距離の半分になることから，この直線と，点 B，C を通る直線 BC の垂線との交点をそれぞれ P，Q とすればよい。

答（次図）

（例）

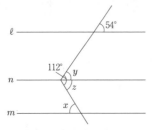

12 (1) 次図のように，直線 ℓ，m に平行な直線 n をひくと，平行線の同位角より，∠y＝54°なので，

∠z＝112°－54°＝58°

よって，平行線の錯角より，∠x＝58°

(2) （上下 2 直線は平行であるものとする。）

次図のように補助線を引き，∠a，∠b，∠c を定める。

三角形の内角と外角の関係より，

∠a＝102°－27°＝75°

平行線の錯角は等しいから，∠c＝∠a＝75°

三角形の内角と外角の関係より，

∠b＝75°－22°＝53°

したがって，∠x＝180°－53°＝127°

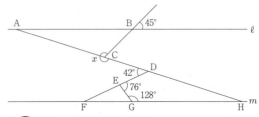

(3) 次図のように，42°の角をつくる 2 辺をのばす。

△EFG で，∠EGF＝180°－128°＝52°だから，

∠EFG＝76°－52°＝24°

△DFH で，∠DHF＝42°－24°＝18°

ℓ∥m より，

∠BAC＝18°で，∠ABC＝45°だから，

△ABC で，∠BCD＝18°＋45°＝63°

よって，∠x＝360°－63°＝297°

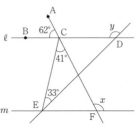

答 (1) 58°　(2) 127°　(3) 297°

13 (1) 次図で，ℓ∥m より，∠CFE＝∠ACB＝62°

よって，∠x＝180°－62°＝118°

∠DCF＝∠ACB＝62° より，

∠ECD＝41°＋62°＝103°

△CED の内角と外角の関係より，

∠y＝33°＋103°＝136°

(2) 次図において，ℓ∥m より，∠a＝51°

三角形の内角と外角の関係より，

∠b＝24°＋51°＝75°

同様に，∠x＋75°＝142°だから，∠x＝67°

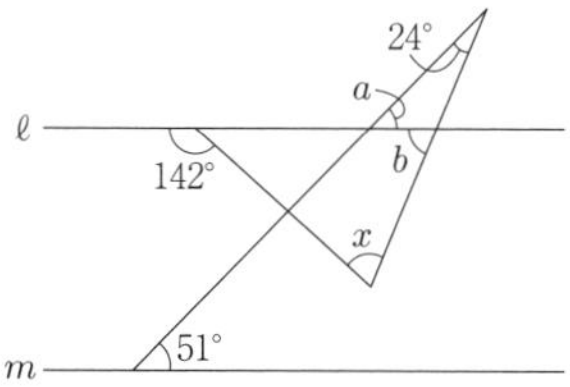

(3) 次図のように，頂点Bを通り，直線ℓ，mに平行な直線nをひく。
$n /\!/ m$より，$\angle b=\angle a=180°-144°=36°$
$\angle \mathrm{ABC}=60°$だから，$\angle c=60°-36°=24°$
$\ell /\!/ n$より，$\angle x=\angle c=24°$

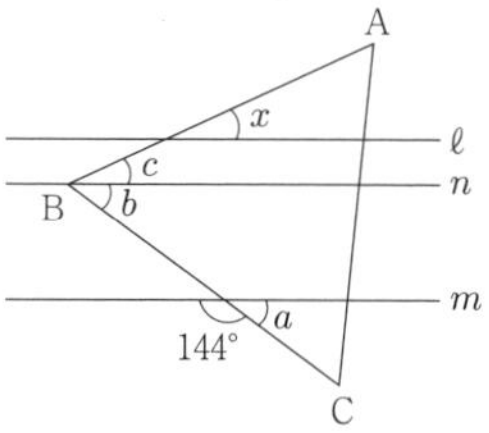

答 (1) ($\angle x=$) 118°　($\angle y=$) 136°　(2) 67°
(3) 24°

§2．図形の証明・平行四辺形

(46ページ)

1 (1) 平行四辺形の対角の大きさは等しいから，
$\angle \mathrm{DCE}=\angle \mathrm{BAD}=45°$
△DECの内角と外角の関係より，
$\angle x=45°+55°=100°$

(2) 次図で，折り返した角だから，
$\angle \mathrm{GEI}=\angle \mathrm{DEI}=70°$
したがって，AD∥BCより，
$\angle x=\angle \mathrm{GED}=70°+70°=140°$
また，GE∥HIより，
$\angle y=\angle \mathrm{EFI}=180°-140°=40°$

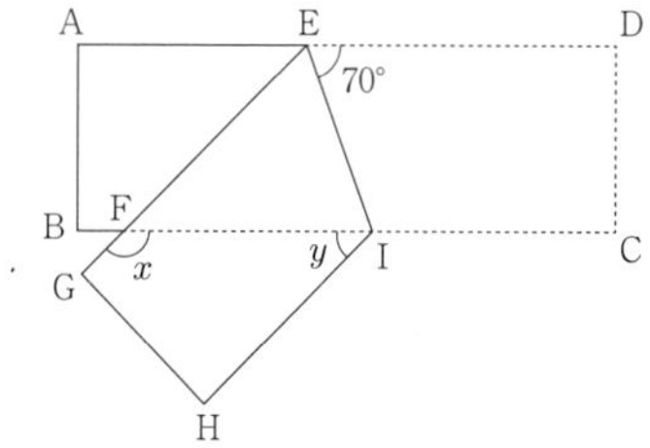

答 (1) 100°　(2) ($\angle x$) 140°　($\angle y$) 40°

2 △CFBと△CAEの合同を証明すればよい。
正方形なので，CF＝CA，CB＝CE
また，その間の角が，$90°+\angle \mathrm{ACB}$で等しいから，
三角形の合同条件は，2組の辺とその間の角が，
それぞれ等しい。
答 (イ)

3 **答** ア．AD　イ．DC
ウ．3組の辺がそれぞれ等しい　エ．∠DAE
オ．2組の辺とその間の角がそれぞれ等しい
カ．180°　キ．90°

4 **答** ア．CAD　イ．∥　ウ．同位角　エ．BEC
オ．錯角　カ．ACE　キ．2角が等しい
ク．二等辺　ケ．AE　コ．BA

5 **答** (1) △ABCと△PBQで，△PBAは正三角形だから，AB＝PB……①
△QBCは正三角形だから，BC＝BQ……②
∠ABC＝60°－∠QBA……③
∠PBQ＝60°－∠QBA……④
③，④より，∠ABC＝∠PBQ……⑤
①，②，⑤より，2組の辺とその間の角がそれぞれ等しいから，△ABC≡△PBQ
(2) △ABCと△RQCで，△QBCは正三角形だから，BC＝QC……㋐
△RACは正三角形だから，AC＝RC……㋑
∠ACB＝60°－∠QCA……㋒
∠RCQ＝60°－∠QCA……㋓
㋒，㋓より，∠ACB＝∠RCQ……㋔
㋐，㋑，㋔より，2組の辺とその間の角がそれぞれ等しいから，△ABC≡△RQC
これと(1)より，△ABC≡△PBQ≡△RQC
よって，PA＝PB＝RQより，PA＝RQ……㋕
AR＝RC＝PQより，AR＝PQ……㋖
㋕，㋖より，向かい合った2組の辺がそれぞれ等しいから，四角形PARQは平行四辺形。

§3．空間図形 (49ページ)

1 (1) 面の数は4，辺の数は6，頂点の数は4だから，
$4+6+4=14$

(2) 立方体は，正方形の面が6個で，正方形の2本の辺が重なって立方体の辺になっているので，
立方体の辺の本数は，$4\times6\div2=12$ (本)
また，立方体の1つの頂点には正方形の頂点3個が集まっているので，
立方体の頂点の数は，$4\times6\div3=8$ (個)
正八面体は，正三角形の面が8個で，正三角形の2本の辺が重なって正八面体の辺になっているので，
正八面体の辺の本数は，$3\times8\div2=12$ (本)
また，正八面体の1つの頂点には正三角形の頂点4個が集まっているので，
正八面体の頂点の数は，$3\times8\div4=6$ (個)
よって，$a+b-c=8+6-12=2$

(3)(ア) 正多面体は，正四面体，正六面体，正八面体，正十二面体，正二十面体の5種類ある。
(イ) 正多面体のすべての面は合同な正多角形とな

るので，誤っている。

(4) 辺 AB と平行でなく，交わらない辺は，
辺 CG，DH，EH，FG の 4 本。

(5) 辺 AB とねじれの位置
にある辺は，右図で○印を
つけた 2 本。

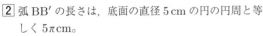

答 (1) 14

(2) ア．12　イ．8

ウ．2

(3) (イ)　(4) 4 (本)　(5) 2 (本)

2 弧 BB′ の長さは，底面の直径 5 cm の円の円周と等
しく 5π cm。

したがって，おうぎ形 OBB′ で，

$2\pi \times \text{OB} \times \dfrac{45}{360} = 5\pi$ が成り立つから，

これを解くと，OB = 20 (cm)

よって，弧 AA′ の長さは，

$2\pi \times (20+8) \times \dfrac{45}{360} = 7\pi$ (cm)

答 7π (cm)

3 (1) 表面積は，$4\pi \times 2^2 = 16\pi$ (cm²)

体積は，$\dfrac{4}{3}\pi \times 2^3 = \dfrac{32}{3}\pi$ (cm³)

(2) 曲面部分の面積は，半径 3 の球の表面積の半分
なので，$4\pi \times 3^2 \times \dfrac{1}{2} = 18\pi$

平面部分は，半径 3 の円なので，

面積は，$\pi \times 3^2 = 9\pi$

よって，この半球の表面積は，$18\pi + 9\pi = 27\pi$

答 (1) (表面積) 16π (cm²)　(体積) $\dfrac{32}{3}\pi$ (cm³)

(2) 27π

4 (1) 投影図から，立体は，
底面の円の半径が，10÷2 = 5 で，
母線の長さが 6 の円錐であることがわかる。

側面積は，$\pi \times 6^2 \times \dfrac{2\pi \times 5}{2\pi \times 6} = 30\pi$，

底面積は，$\pi \times 5^2 = 25\pi$ だから，

表面積は，$30\pi + 25\pi = 55\pi$

(2) $\dfrac{1}{2} \times 4 \times 3 \times 4 = 24$

答 (1) 55π　(2) 24

5 (1) 底面積は，$\pi \times 3^2 = 9\pi$ (cm²)

よって，$9\pi \times 5 = 45\pi$ (cm³)

(2) 対角線の長さが，2×3 = 6 (cm)の正方形なので，

$6 \times 6 \div 2 = 18$ (cm²)

(3) 円柱 B の底面の半径を r cm とすると，
正方形の 1 辺の長さは 2r cm と表せる。

したがって，$2r \times 2r = 18$ より，

$r^2 = \dfrac{9}{2}$ となるので，

円柱 B の底面積は，$\pi r^2 = \dfrac{9}{2}\pi$ (cm²)

よって，求める体積の比は，

$(9\pi \times 5) : \left(\dfrac{9}{2}\pi \times 5\right) = 2 : 1$

答 (1) 45π (cm³)　(2) 18 (cm²)　(3) 2 : 1

6 (1) 直方体の辺のうち，辺 BC と平行なのは，
AD，EH，FG の 3 本。

また，辺 BC とねじれの位置にあるのは，
DH，AE，EF，HG の 4 本。

(2) 底面積は，4×4 = 16，

側面積は，7×(4×4) = 112

よって，表面積は，16×2 + 112 = 144 で，

体積は，16×7 = 112

(3) $\triangle\text{ABC} = \dfrac{1}{2} \times 4 \times 4 = 8$ が底面で，BF = 7 を高

さとする三角錐の体積を求めることになる。

よって，求める体積は，$\dfrac{1}{3} \times 8 \times 7 = \dfrac{56}{3}$

答 (1) (平行) 3 (本)　(ねじれ) 4 (本)

(2) (表面積) 144　(体積) 112　(3) $\dfrac{56}{3}$

7 立方体 ABCD—EFGH の体積は，

6×6×6 = 216 (cm³)

四角形 AIML は一辺が 3 cm の正方形だから，

四角錐 E—AIML の体積は，$\dfrac{1}{3} \times 3^2 \times 6 = 18$ (cm³)

四角錐 E—AIML，F—BJMI，G—CKMJ，

H—DLMK は合同だから，

求める体積は，216 − 18×4 = 144 (cm³)

答 144 (cm³)

8 (1) AP = PB = BQ = QC = 6÷2 = 3 (cm)だから，

△PQD

= (正方形 ABCD) − △APD − △BPQ − △CDQ

$= 6 \times 6 - \dfrac{1}{2} \times 3 \times 6 - \dfrac{1}{2} \times 3 \times 3 - \dfrac{1}{2} \times 3 \times 6$

$= 36 - 9 - \dfrac{9}{2} - 9 = \dfrac{27}{2}$ (cm²)

(2) 三角錐を作ると，AP と BP，CQ と BQ，

AD と CD が重なる。

三角錐の底面を△BPQ とすると，

∠DAP = 90° より AD が高さとなる。

よって，求める体積は，$\dfrac{1}{3} \times \dfrac{9}{2} \times 6 = 9$ (cm³)

(3) 三角錐の底面を△PQD とすると，
頂点から面 PQD に引いた垂線が高さとなる。

この垂線の長さを h cm とすると，
三角錐の体積について，

$\dfrac{1}{3} \times \dfrac{27}{2} \times h = 9$ が成り立つから，

これを解いて，h = 2

答 (1) $\dfrac{27}{2}$ (cm^2)　(2) 9 (cm^3)　(3) 2 (cm)

⑨ ① 容器 A の容積は，$\pi \times 5^2 \times 12 = 300\pi$ (cm^3)

円錐 B の体積は，

$\dfrac{1}{3} \times \pi \times 4^2 \times 12 = 64\pi$ (cm^3) だから，

円錐 B をすべて沈めると，64πcm^3 の水があふれる。

② 球 C の体積は，

$\dfrac{4}{3} \times \pi \times 4^3 = \dfrac{256}{3}\pi$ (cm^3) だから，

球 C をすべて沈めると，

$\dfrac{256}{3}\pi - 64\pi = \dfrac{64}{3}\pi$ (cm^3) の水があふれる。

答 ① 64π　② $\dfrac{64}{3}\pi$

⑩ (1) 右図において，

点 H は，B から直線 m に下ろした垂線と直線 m との交点で，できる回転体は，底面が半径 CD の円，高さが HD の円柱……(I)と，底面が半径 BH の円，高さが AH の円すい……(II)を合わせた形になる。

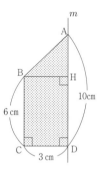

(I)の体積は，

$\pi \times 3^2 \times 6 = 54\pi$ (cm^3)，

(II)の体積は，AH $= 10 - 6 = 4$ (cm) だから，

$\dfrac{1}{3} \times \pi \times 3^2 \times 4 = 12\pi$ (cm^3)

よって，求める体積は，$54\pi + 12\pi = 66\pi$ (cm^3)

(2) できる立体は，底面の半径が 2 cm で高さが 2 cm の円柱から，底面の半径が 2 cm で高さが 1 cm の円錐を 2 個除いた立体。

よって，

$\pi \times 2^2 \times 2 - \dfrac{1}{3} \times \pi \times 2^2 \times 1 \times 2 = \dfrac{16}{3}\pi$ (cm^3)

(3) 底面の円の半径が，$3 + 1 = 4$ (cm) で，

高さが 1 cm の円柱と，

底面の円の半径が，$2 + 1 = 3$ (cm) で，

高さが 3 cm の円柱を合わせた立体から，

底面の円の半径が 1 cm で，

高さが，$1 + 3 = 4$ (cm) の円柱をひけばよいので，

$\pi \times 4^2 \times 1 + \pi \times 3^2 \times 3 - \pi \times 1^2 \times 4$

$= 16\pi + 27\pi - 4\pi = 39\pi$ (cm^3)

(4) できる立体は，半径 OA の半球から，半径 OA，高さ OB の円すいを切り取ったものになる。

よって，求める体積は，

$\dfrac{1}{2} \times \left(\dfrac{4}{3} \times \pi \times 4^3 \right) - \dfrac{1}{3} \times \pi \times 4^2 \times 4$

$= \dfrac{128}{3}\pi - \dfrac{64}{3}\pi = \dfrac{64}{3}\pi$ (cm^3)

答 (1) 66π (cm^3)　(2) $\dfrac{16}{3}\pi$ (cm^3)

(3) 39π (cm^3)　(4) $\dfrac{64}{3}\pi$ (cm^3)

⑪ (1) 次図 1 のような，底面が半径 BH の円，高さが AH の円すいができる。

よって，求める体積は，$\dfrac{1}{3} \times \pi \times 6^2 \times 8 = 96\pi$

図1

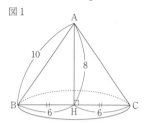

(2) 円すいの側面積は，$\pi \times 10^2 \times \dfrac{2\pi \times 6}{2\pi \times 10} = 60\pi$

底面積は，$\pi \times 6^2 = 36\pi$ だから，

求める表面積は，$60\pi + 36\pi = 96\pi$

(3) 円すいと，内接する球を 3 点 A，B，C を通る平面で切ると，切断面は，次図 2 のようになる。

球の中心を O，半径を r とすると，

△ABC ＝ △OAB ＋ △OBC ＋ △OCA

$= \dfrac{1}{2} \times 10 \times r + \dfrac{1}{2} \times 12 \times r + \dfrac{1}{2} \times 10 \times r$

$= 5r + 6r + 5r = 16r$

また，△ABC $= \dfrac{1}{2} \times 12 \times 8 = 48$ だから，

$16r = 48$ が成り立つ。

よって，$r = 3$ より，

求める球の表面積は，$4 \times \pi \times 3^2 = 36\pi$

図2

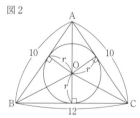

答 (1) 96π　(2) 96π　(3) 36π

7. 確　率

☆☆☆ 標準問題 ☆☆☆（53 ページ）

1 (1) 百の位の数が 1 のとき，
102，103，120，123，130，132 の 6 個できる。
百の位の数が 2，3 のときもそれぞれ 6 個ずつできるので，6×3＝18（個）

(2) 12，14，24，32，34，42 の 6 個。

(3) 条件を満たすのは，百の位が 3 のとき，
321，324，341，342 の 4 個。
百の位が 4 のとき，
412，413，421，423，431，432 の 6 個。
したがって，全部で，4＋6＝10（個）

答 (1) 18（個）　(2) 6（個）　(3) 10（個）

2 (1) 3 人の出し方は全部で，3×3×3＝27（通り）
このうち，A がグーを出して負けるのは，
(B，C)＝(グー，パー)，(パー，グー)，
(パー，パー) の 3 通り。
A がチョキ，パーを出したときもそれぞれ 3 通り
ずつ負ける場合がある。
よって，求める場合の数は，27－3×3＝18（通り）

(2) a が b の倍数になれば，$\dfrac{a}{b}$ が自然数になるので，
$b＝1$ のとき，a が 1 から 6 の 6 通り。
$b＝2$ のとき，a が 2，4，6 の 3 通り。
$b＝3$ のとき，a が 3，6 の 2 通り。
b が 4〜6 のとき，a は b と同じ数のときの 1 通り
ずつ。
よって，6＋3＋2＋1×3＝14（通り）

(3) 4 人の生徒を A，B，C，D とすると，
(委員長，副委員長)＝(A，B)，(A，C)，(A，D)，
(B，A)，(B，C)，(B，D)，(C，A)，(C，B)，
(C，D)，(D，A)，(D，B)，(D，C) の 12 通り。

(4) 第 1 走者が A となるときの，第 2〜第 4 走者の
並びは，
(第 2，第 3，第 4)＝(B，C，D)，(B，D，C)，
(C，B，D)，(C，D，B)，(D，B，C)，
(D，C，B) の 6 通り。

答 (1) 18（通り）　(2) 14（通り）　(3) 12（通り）
　　(4) 6（通り）

3 1 歩目に③を使うので，残り 7 段の上り方を考える。
③は連続して使うことができないので，
③はあと 1 回しか使えない。
③を使う場合，残り，7－3＝4（段）の上り方を考える。
②を 2 回使う場合，
上り方は，(2 歩目，3 歩目，4 歩目) とすると，
(②，③，②)，(②，②，③) の 2 通り。
②を 1 回使う場合，
①を 2 回使うことになり，上り方は，

(②，③，①，①)，(②，①，③，①)，
(②，③，①，①)，(①，③，②，①)，
(①，③，①，②)，(①，①，③，②)，
(①，②，①，③)，(①，①，②，③)，
(①，①，②，③) の 9 通り。
②を使わない場合，
①を 4 回使うことになり，上り方は，
(①，③，①，①，①)，(①，①，③，①，①)，
(①，①，①，③，①)，(①，①，①，①，③) の 4
通り。
よって，③を使う場合は，2＋9＋4＝15（通り）
③を使わない場合，②は 3 回まで使える。
②を 3 回使う場合，①を 1 回使うので，
3＋1＝4（回）のうちのどこで①を使うかで 4 通り
ある。
②を 2 回使う場合，①を 3 回使うので，上り方は，
(②，②，①，①，①)，(②，①，②，①，①)，
(②，①，①，②，①)，(②，①，①，①，②)，
(①，②，②，①，①)，(①，②，①，②，①)，
(①，②，①，①，②)，(①，①，②，②，①)，
(①，①，②，①，②)，(①，①，①，②，②) の 10
通り。
②を 1 回使う場合，①は 5 回使うので，
1＋5＝6（回）のうちのどこで②を使うかで 6 通り
ある。
よって，③を使わないで，②を使う場合の上り方は，
4＋10＋6＝20（通り）
①だけを使う場合は 1 通りだから，
上り方は全部で，15＋20＋1＝36（通り）

答 36 通り

4 (1) 移動のしかたは，A→B→A，A→C→A，
A→D→A の 3 通り。

(2) 点 P が 2 回移動したのち，頂点 B 上にくるのは，
A→C→B，A→D→B の 2 通りあるから，頂点 B
から 3 回目の移動で頂点 A に戻ってくるのは 2 通
りとなる。
点 P が 2 回移動したのち，頂点 C，D 上にくる場
合についても 2 通りずつあるから，
求める移動のしかたは，2×3＝6（通り）となる。

(3) 点 P が 3 回移動したのち，
頂点 B 上にくるのは，右の表
より 7 通りある。
点 P が 3 回移動したのち，頂
点 C，D 上にくる場合につい
ても 7 通りずつあるから，
求める移動のしかたは，7×
3＝21（通り）である。

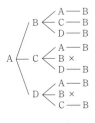

答 (1) ア．3　(2) イ．2　ウ．2　エ．6
　　(3) オ．2　カ．1

5 (1)　それぞれの硬貨の枚数は，
　　（10円，50円，100円）＝(0，1，2)，(5，0，2)，
　　(0，3，1)，(5，2，1)，(10，1，1)，(15，0，1)，
　　(0，5，0)，(5，4，0)，(10，3，0)，(15，2，0)，
　　(20，1，0)，(25，0，0)の12通り。
(2)　500円硬貨を必ず1枚使うので，残りの390円
　　を100円，50円，10円硬貨を使って組み合わせ
　　る方法を考えると，次図のようになる。
　　よって，9通り。

100円硬貨（枚）	3	2	2	2	1	1	1	1	1
50円硬貨（枚）	1	1	2	3	1	2	3	4	5
10円硬貨（枚）	4	14	9	4	24	19	14	9	4

答 (1)12（通り）　(2)9（通り）

6 (1)　a, b, cを1以上12以下の異なる整数とすると，
　　P＝$a×b×c$とおける。
　　77＝7×11だから，
　　a, b, cのうちの2数は7，11となる。
　　a＝7，b＝11とすると，
　　cは残りの10通りの数が考えられるから，
　　3つの整数の選び方は10通り。
(2)　55＝5×11だから，
　　a, b, cのうち1つは11で，他の2数は，
　　5または10が少なくとも1つ含まれる。
　　よって，a＝11，$b<c$とすると，
　　(b, c)＝(1，5)，(1，10)，(2，5)，(2，10)，
　　(3，5)，(3，10)，(4，5)，(4，10)，(5，6)，
　　(5，7)，(5，8)，(5，9)，(5，10)，(5，12)，
　　(6，10)，(7，10)，(8，10)，(9，10)，(10，12)
　　の19通り。
(3)　66＝2×3×11だから，
　　a, b, cのうち，ひとつは11で，他の2数の積は，
　　2×3＝6より，6の倍数になればよい。
　　よって，a＝11
　　$b<c$とすると，
　　(b, c)＝(1，6)，(1，12)，(2，3)，(2，6)，
　　(2，9)，(2，12)，(3，4)，(3，6)，(3，8)，
　　(3，10)，(3，12)，(4，6)，(4，9)，(4，12)，
　　(5，6)，(5，12)，(6，7)，(6，8)，(6，9)，
　　(6，10)，(6，12)，(7，12)，(8，9)，(8，12)，
　　(9，10)，(9，12)，(10，12)の27通り。

答 (1)10通り　(2)19通り　(3)27通り

7 (1)　6点から3点を選ぶ選び方だから，
　　6×5×4÷6＝20（通り）
(2)　三角形が作られないのは，
　　(A，D，E)，(B，C，F)の2通りだから，
　　作られるのは，20－2＝18（通り）
(3)　1辺がADの場合，
　　(A，B，D)，(A，D，F)，(A，C，D)，
　　1辺がBCの場合，

　　(A，B，C)，(B，C，E)，(B，C，D)の場合に
　　面積が最大になるから，6通り。
(4)　頂点Aが直角になる場合，
　　(A，B，E)，(A，B，D)，
　　頂点Bが直角になる場合，
　　(A，B，F)，(A，B，C)，
　　頂点Cが直角になる場合，
　　(B，C，D)，(C，D，F)，
　　頂点Dが直角になる場合，
　　(C，D，E)，(A，C，D)，
　　頂点Eが直角になる場合，
　　(A，E，F)，(B，C，E)，(D，E，F)，
　　頂点Fが直角になる場合，
　　(B，E，F)，(A，D，F)，(C，E，F)
　　よって，14通り。

答 (1)20（通り）　(2)18（通り）　(3)6（通り）
　　　(4)14（通り）

8 (1)　大小2つのさいころの目の出方は，
　　6×6＝36（通り）
　　出た目の数の和が9以上になるのは，
　　(大，小)＝(3，6)，(4，5)，(4，6)，(5，4)，
　　(5，5)，(5，6)，(6，3)，(6，4)，(6，5)，
　　(6，6)の10通りだから，
　　確率は，$\dfrac{10}{36}＝\dfrac{5}{18}$
(2)　大小2個のさいころを同時に投げるとき，
　　目の出方は全部で，6×6＝36（通り）
　　そのうち，出る目の差が3になるのは，
　　(大，小)＝(1，4)，(2，5)，(3，6)，(4，1)，
　　(5，2)，(6，3)の6通り。
　　出る目の差が4になるのは，
　　(大，小)＝(1，5)，(2，6)，(5，1)，(6，2)の4
　　通り。
　　出る目の差が5になるのは，
　　(大，小)＝(1，6)，(6，1)の2通りなので，
　　全部で，6＋4＋2＝12（通り）
　　よって，求める確率は，$\dfrac{12}{36}＝\dfrac{1}{3}$
(3)　全体の場合の数は，6×6＝36（通り）
　　2つのさいころの出た目をa, bとすると，
　　積が奇数になるのは，
　　(a, b)＝(1，1)，(1，3)，(1，5)，(3，1)，
　　(3，3)，(3，5)，(5，1)，(5，3)，(5，5)の9通
　　りだから，
　　確率は，$\dfrac{9}{36}＝\dfrac{1}{4}$
(4)　目の出方は全部で，6×6＝36（通り）
　　$\dfrac{10a＋b}{2}$が3の倍数なので，
　　$10a＋b$は，3×2＝6の倍数で，aが十の位でbが

一の位の 2 ケタの整数となる。

よって，12，24，36，42，54，66 の 6 通りある

ので，確率は，$\dfrac{6}{36} = \dfrac{1}{6}$

答 (1) $\dfrac{5}{18}$　(2) $\dfrac{1}{3}$　(3) $\dfrac{1}{4}$　(4) $\dfrac{1}{6}$

9 (1) 表が出た硬貨の合計金額が 150 円以上になる
のは，100 円玉 1 枚と 50 円玉 1 枚が表の場合と，
100 円玉 1 枚と 50 円玉 2 枚が表の場合。
100 円硬貨を a，2 枚の 50 円硬貨を b，c とすると，
これにあてはまる (a, b, c) の表裏の組み合わせは，
(表，表，裏)，(表，裏，表)，(表，表，表) の 3
通り。
3 枚の硬貨の表裏の組み合わせは全部で，
$2 \times 2 \times 2 = 8$ (通り)あるので，確率は $\dfrac{3}{8}$。

(2) 赤玉と白玉の合計，$3 + 3 = 6$ (個)から 2 個の取
り出し方は全部で，$6 \times 5 \div 2 = 15$ (通り)
赤玉だけを取り出すのは，$3 \times 2 \div 2 = 3$ (通り)で，
白玉だけを取り出すのも同じだけある。
よって，赤玉と白玉を両方取り出すのは，
$15 - 3 \times 2 = 9$ (通り)で，その確率は，$\dfrac{9}{15} = \dfrac{3}{5}$

(3) できる 2 桁の整数は，十の位，一の位がともに
4 通りなので，$4 \times 4 = 16$ (通り)
このうち，4 の倍数になるのは 12，24，32，44 の
4 通りだから，確率は，$\dfrac{4}{16} = \dfrac{1}{4}$

答 (1) $\dfrac{3}{8}$　(2) $\dfrac{3}{5}$　(3) $\dfrac{1}{4}$

10 (1) A，B，C の 3 人それぞれにグー，チョキ，パー
の 3 通りの出し方があるので，
$3 \times 3 \times 3 = 27$ (通り)

(2) A がグーで勝つのは，
(A，B，C) ＝ (グー，チョキ，チョキ)，
(グー，グー，チョキ)，(グー，チョキ，グー) の
3 通り。
A がチョキ，パーを出したときも 3 通りずつある
ので，全部で，$3 \times 3 = 9$ (通り)
よって，確率は，$\dfrac{9}{27} = \dfrac{1}{3}$

(3) C がグーを出したときに C だけが勝つのは，
(A，B，C) ＝ (チョキ，チョキ，グー) の 1 通り。
C がチョキ，パーを出したときも 1 通りずつある
ので，全部で，$1 \times 3 = 3$ (通り)
よって，確率は，$\dfrac{3}{27} = \dfrac{1}{9}$

(4) B がグーを出したとき，B が勝つのは 3 通りで，
あいこになるのは，
(A，B，C) ＝ (パー，グー，チョキ)，
(チョキ，グー，パー)，(グー，グー，グー) の 3

通り。
よって，負けない場合は，$3 + 3 = 6$ (通り)
B がチョキ，パーを出したときも 6 通りずつある
ので，全部で，$6 \times 3 = 18$ (通り)
よって，確率は，$\dfrac{18}{27} = \dfrac{2}{3}$

答 (1) 27 (通り)　(2) $\dfrac{1}{3}$　(3) $\dfrac{1}{9}$　(4) $\dfrac{2}{3}$

11 (1) 3 つの数の積が 18 となるのは，
$1 \times 3 \times 6$，$2 \times 3 \times 3$ の場合だから，
(1 回目，2 回目，3 回目) ＝ (1，3，6)，(1，6，3)，
(3，1，6)，(3，6，1)，(6，1，3)，(6，3，1)，
(2，3，3)，(3，2，3)，(3，3，2) の 9 通り。
3 回のボールの取り出し方は全部で，
$4 \times 4 \times 4 = 64$ (通り)だから，確率は $\dfrac{9}{64}$。

(2) X が奇数となるのは，取り出した 3 回のボール
に書かれた数が 1 と 3 だけの場合で，
(1 回目，2 回目，3 回目) ＝ (1，1，1)，(3，3，3)，
(1，1，3)，(1，3，1)，(3，1，1)，(1，3，3)，
(3，1，3)，(3，3，1) の 8 通り。
よって，求める確率は，$1 - \dfrac{8}{64} = 1 - \dfrac{1}{8} = \dfrac{7}{8}$

答 (1) $\dfrac{9}{64}$　(2) $\dfrac{7}{8}$

12 (1) 3 個のサイコロの目の出方は全部で，
$6 \times 6 \times 6 = 216$ (通り)
飲食代が全額無料になるのは，3 個のサイコロの
目がすべて同じになる場合で，1 から 6 までの 6
通りある。
よって，求める確率は，$\dfrac{6}{216} = \dfrac{1}{36}$

(2) 3 個のサイコロの目がすべて 1 か 2 のときだか
ら，求める確率は，$\dfrac{2}{216} = \dfrac{1}{108}$

(3) 目の和が 6 以下になるのは，
(1 個目，2 個目，3 個目) ＝ (1，1，1)，(1，1，2)，
(1，1，3)，(1，1，4)，(1，2，1)，(1，2，2)，
(1，2，3)，(1，3，1)，(1，3，2)，(1，4，1)，
(2，1，1)，(2，1，2)，(2，1，3)，(2，2，1)，
(2，2，2)，(2，3，1)，(3，1，1)，(3，1，2)，
(3，2，1)，(4，1，1) の 20 通り。
よって，求める確率は，$\dfrac{20}{216} = \dfrac{5}{54}$

答 (1) $\dfrac{1}{36}$　(2) $\dfrac{1}{108}$　(3) $\dfrac{5}{54}$

13 (1) a，b ともに 1 から 6 までの整数なので，
$a \times b = 6$ になるときの (a, b) の組み合わせは，
(1，6)，(2，3)，(3，2)，(6，1) の 4 通り。
2 つのサイコロの出た目の組み合わせは，
全部で，$6 \times 6 = 36$ (通り)なので，

$a \times b = 6$ となる確率は，$\dfrac{4}{36} = \dfrac{1}{9}$

(2)　$a + b = 6$ となるときの (a, b) の組み合わせは，
(1, 5)，(2, 4)，(3, 3)，(4, 2)，(5, 1) の 5 通り。
よって，$a + b = 6$ となる確率は，$\dfrac{5}{36}$。

(3)　$a = 1$ のとき，$2a = 2 \times 1 = 2$ より，
$2a < b$ となるのは，b が 3，4，5，6 の 4 通り。
$a = 2$ のとき，$2a = 2 \times 2 = 4$ より，
$2a < b$ となるのは，b が 5，6 の 2 通り。
$a = 3$ のとき，$2a = 2 \times 3 = 6$ より，
a が 3 以上のとき，$2a < b$ となる場合はない。
よって，$2a < b$ となるのは，$4 + 2 = 6$（通り）なので，
$2a < b$ となる確率は，$\dfrac{6}{36} = \dfrac{1}{6}$

(4)　$y = ax + b$ に，$x = 2$，$y = 7$ を代入すると，
$7 = 2a + b$ より，$b = 7 - 2a$
$a = 1$ のとき，$b = 7 - 2 \times 1 = 5$
$a = 2$ のとき，$b = 7 - 2 \times 2 = 3$
$a = 3$ のとき，$b = 7 - 2 \times 3 = 1$
$a = 4$ のとき，$b = 7 - 2 \times 4 = -1$ より，
a が 4 以上のとき，あてはまる場合はない。
よって，直線 $y = ax + b$ が点 $(2, 7)$ を通る場合は
3 通りだから，求める確率は，$\dfrac{3}{36} = \dfrac{1}{12}$

答 (1) $\dfrac{1}{9}$　(2) $\dfrac{5}{36}$　(3) $\dfrac{1}{6}$　(4) $\dfrac{1}{12}$

14 (1)　B (1, 4) より，次図のように，
C (6, 0)，D (6, 4)，E (0, 4) をおくと，
△OAB は四角形 OCDE から，△OCA，△ADB，
△BEO を取り除いた形だから，

$6 \times 4 - \dfrac{1}{2} \times 6 \times 3 - \dfrac{1}{2} \times (6-1) \times (4-3)$

$\qquad - \dfrac{1}{2} \times 1 \times 4$

$= 24 - 9 - \dfrac{5}{2} - 2 = \dfrac{21}{2}$

(2)　全体の場合の数は，$6 \times 6 = 36$（通り）
直線 OA は，傾きが，$\dfrac{3}{6} = \dfrac{1}{2}$ なので，$y = \dfrac{1}{2}x$
求める場合は，直線 OA 上に点 P がくるとき
よって，点 P の座標が，(2, 1)，(4, 2)，(6, 3)

の 3 通りだから，確率は，$\dfrac{3}{36} = \dfrac{1}{12}$

(3)　△OAM = 6 となるような点 M を y 軸上にとり，
その座標を M $(0, m)$ とすると，
$\dfrac{1}{2} \times m \times 6 = 6$ より，$m = 2$

点 Q は点 M を通り直線 OA に平行な $y = \dfrac{1}{2}x + 2$
の直線上にあればよいので，
点 Q の座標が，(2, 3)，(4, 4)，(6, 5) の 3 通り。
また，△OAN = 6 となるような点 N を x 軸上に
とり，その座標を N $(n, 0)$ とすると，
$\dfrac{1}{2} \times n \times 3 = 6$ より，$n = 4$

よって，点 Q は点 N を通り直線 OA に平行な直
線上にあればよい。
この直線の式を $y = \dfrac{1}{2}x + b$ とすると，

$0 = \dfrac{1}{2} \times 4 + b$ より，$b = -2$ なので，

$y = \dfrac{1}{2}x - 2$ だから，

点 Q の座標は，(6, 1) の 1 通り。

したがって，求める確率は，$\dfrac{3+1}{36} = \dfrac{1}{9}$

答 (1) $\dfrac{21}{2}$　(2) $\dfrac{1}{12}$　(3) $\dfrac{1}{9}$

15 (1)　A さんは，1 回目に投げた後に西に 5 m の位置
にいて，2 回目に投げた後にそこから東に 2 m 動
くので，このときの A さんの位置は，
地点 O から西に，$5 - 2 = 3$（m）の地点。

(2)　2 回とも偶数の場合は地点 O より東にいるので，
奇数と偶数が 1 回ずつ出た場合と，奇数が 2 回出
た場合を考える。
奇数と偶数が 1 回ずつ出た場合，
最も西にいるのは 5 と 2 が出た場合で，A さんと
同じ位置になるので，あてはまる場合はない。
2 回とも奇数が出た場合，
その 2 回の目の和が 4 以上になればよい。
これにあてはまらないのは 2 回とも 1 が出た場合
の 1 通り。
2 回とも奇数の目が出るのは，
$3 \times 3 = 9$（通り）あるので，
B さんが A さんよりも西にいる目の出方は，
$9 - 1 = 8$（通り）

(3)　2 回合わせて東に 3 m 進めばよいので，
偶数が 2 回出た場合と，奇数と偶数が 1 回ずつ出
た場合を考える。
2 回とも偶数が出た場合，
少なくとも東に，$2 + 2 = 4$（m）動くので，あては
まる場合はない。

奇数と偶数が1回ずつ出た場合，
出た偶数が奇数より3大きければよいので，
その目の組み合わせは，1と4，3と6の2通りで，
どちらが1回目に出るかを考えると，
2×2＝4（通り）ある。
2回のさいころの目の出方は全部で，
6×6＝36（通り）あるので，
Oに戻ってくる確率は，$\frac{4}{36}=\frac{1}{9}$

答 (1) 西(に)3(mの地点) (2) 8（通り） (3) $\frac{1}{9}$

16 (1) 三角形とならないのは，3点A，P，Qのうち2
点以上が重なるとき，または，この3点が重なら
ずに一直線上に並ぶときである。
3点A，P，Qのうち2点以上が重なるのは，
(小，大)が，(1，4)，(2，4)，(3，4)，(4，1)，
(4，2)，(4，3)，(4，4)，(4，5)，(4，6)，
(5，4)，(6，4)の11通り。
3点A，P，Qが重ならずに一直線上に並ぶのは，
(1，1)，(1，5)，(3，3)，(5，1)，(5，5)の5通り。
よって，全部で，11＋5＝16（通り）

(2) 大小2つのさいころの目の出方は全部で，
6×6＝36（通り）
△APQが直角三角形になる場合を順に考える。
点Pが頂点B，点Qが頂点Gにあるのは，
(1，3)，(5，3)の2通り。
点Pが頂点C，点Qが頂点Fにあるのは，
(2，2)，(2，6)，(6，2)，(6，6)の4通り。
点Pが頂点D，点Qが頂点Eにあるのは，
(3，1)，(3，5)の2通り。
よって，求める確率は，$\frac{2+4+2}{36}=\frac{8}{36}=\frac{2}{9}$

答 (1) 16通り (2) $\frac{2}{9}$

17 (1) 参加者をA，B，Cとすると，
プレゼントの受け取り方は，Aが3通り，
そのそれぞれに対してBが2通り，
そのそれぞれに対してCが1通りだから，
3×2×1＝6（通り）

(2) 参加者をA，B，C，D，参加者が用意したプレ
ゼントをその順にa，b，c，dとおくと，
受け取り方は全部で，4×3×2×1＝24（通り）
そのうち，自分が用意したプレゼントを必ず自分
以外の他人に渡すのは，
(A，B，C，D)＝(b，a，d，c)，(b，c，d，a)，
(b，d，a，c)，(c，a，d，b)，(c，d，a，b)，
(c，d，b，a)，(d，a，b，c)，(d，c，a，b)，
(d，c，b，a)の9通りだから，
少なくとも1人が自分の用意したプレゼントを自

分で受け取る方法は，24－9＝15（通り）

(3) 参加者をA，B，C，D，E，参加者が用意した
プレゼントをその順にa，b，c，d，eとおくと，
受け取り方は全部で，5×4×3×2×1＝120（通り）
自分が用意したプレゼントを必ず自分以外の他人
に渡すのは，例えばAがbを受け取った場合，
(A，B，C，D，E)＝(b，a，d，e，c)，
(b，a，e，c，d)，(b，c，a，e，d)，
(b，c，d，e，a)，(b，c，e，a，d)，
(b，d，a，e，c)，(b，d，e，c，a)，
(b，d，e，c，a)，(b，e，a，c，d)，
(b，e，d，a，c)，(b，e，d，c，a)の11通りで，
Aがc，d，eを受け取る場合も11通りずつある
から，全部で，11×4＝44（通り）
よって，求める確率は，$\frac{44}{120}=\frac{11}{30}$

答 (1) 6（通り） (2) 15（通り） (3) $\frac{11}{30}$

18 (1) 取り出した玉は袋にもどさず，この順に箱に入
れるので，
入れ方は全部で，4×3×2＝24（通り）

(2) 箱の色と玉の色がすべて一致するのは，取り出
した玉が，
(1個目，2個目，3個目)＝(赤，白，青)の1通り。
よって，求める確率は$\frac{1}{24}$。

(3) 箱の色と玉の色が1つだけ一致する場合のうち，
一致する色が赤であるのは，取り出した玉が，
(赤，青，白)，(赤，青，黄)，(赤，黄，白)の3
通り。
同様に，一致する色が白，黄である場合もそれぞ
れ3通り。
よって，求める確率は，$\frac{3+3+3}{24}=\frac{3}{8}$

答 (1) 24通り (2) $\frac{1}{24}$ (3) $\frac{3}{8}$

19 (1) 硬貨を3回投げたときの表裏の出方は全部で，
2×2×2＝8（通り）
そのうち，並べた駒がすべて黒になるのは，
(黒，黒，黒)，(黒，白，黒)の2通り。
よって，求める確率は，$\frac{2}{8}=\frac{1}{4}$

(2) 並べた駒の中に少なくとも1枚は白が含まれる
のは，(1)より，8－2＝6（通り）
よって，求める確率は，$\frac{6}{8}=\frac{3}{4}$

(3) 硬貨を4回投げたときの表裏の出方は全部で，
2×2×2×2＝16（通り）
そのうち，並べた駒がすべて黒になるのは，
(黒，黒，黒，黒)，(黒，黒，白，黒)，
(黒，白，黒，黒)，(黒，白，白，黒)の4通り。

よって，少なくとも1枚は白が含まれるのは，

16−4＝12（通り）で，求める確率は，$\dfrac{12}{16}=\dfrac{3}{4}$

答 (1) $\dfrac{1}{4}$　(2) $\dfrac{3}{4}$　(3) $\dfrac{3}{4}$

20 (1) 1回目と2回目の目の和が7になればよい。

よって，（1回目の目，2回目の目）＝(1, 6)，
(2, 5)，(3, 4)，(4, 3)，(5, 2)，(6, 1)の6通り。

(2) 1回目で1は必ず裏返り，残る2〜6までは裏返る可能性がある。

また，2回目で7は必ず裏返り，残る2〜6までは裏返る可能性がある。

したがって，1と7は必ず裏返っている。

ここで，2＋3＋4＋5＋6＝20より，

M＝20になるのは1と7だけが裏返っているときだから，1回目で1が出て，2回目も1が出たときが考えられる。

また，1回目で6が出て1〜6が裏返り，2回目も6が出て2〜7が裏返ると，2〜6は2回裏返って表になるので，1と7だけが裏返っている。

したがって，

（1回目，2回目）＝(1, 1)，(6, 6)の2通り。

よって，$\dfrac{2}{36}=\dfrac{1}{18}$

(3) 表のカードが1枚のときを考える。

表が1だけ，または7だけになることはなく，

表のカードが2になるのは，

（1回目の目，2回目の目）＝(1, 5)，(2, 6)の2通り。

同様に表のカードが3，4，5，6になるのはそれぞれ2通りずつあるので，

全部で，2×5＝10（通り）

次に，表のカードが2枚のときを考える。

表のカードが2と3になるのは，

（1回目の目，2回目の目）＝(1, 4)，(3, 6)の2通り。

同様に，表のカードが3と4，4と5になるのもそれぞれ2通りずつあるので，

全部で，2×3＝6（通り）

そして表のカードが2と3と4になるのは，

（1回目の目，2回目の目）＝(1, 3)，(4, 6)の2通り。

よって，全部で，10＋6＋2＝18（通り）考えられるので，求める確率は，$\dfrac{18}{36}=\dfrac{1}{2}$

答 (1) 6（通り）　(2) $\dfrac{1}{18}$　(3) $\dfrac{1}{2}$

★★★ 発展問題 ★★★（59 ページ）

1 2辺の長さが1と3の長方形のタイルをA，2辺の

長さが2と3の長方形のタイルをB，1辺の長さが3の正方形のタイルをCとする。

Cを使う場合，A1枚とC1枚を使うことになり，並べ方は次図1の2通り。

Cを使わない場合，B2枚，A2枚とB1枚，A4枚の使い方があり，B2枚の並べ方は次図2の1通り。

A2枚とB1枚の並べ方は，次図3の7通り。

A4枚の並べ方は，次図4の3通り。

よって，並べ方は全部で，2＋1＋7＋3＝13（通り）

図1　　　　　　　　　　　　　図2

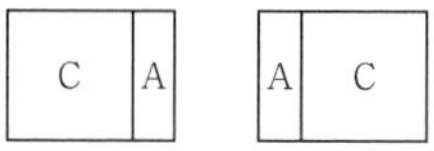

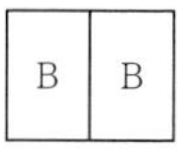

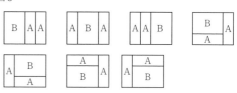

図3

図4

答 13

2 (1) 大小2つのさいころの目の出方は，

6×6＝36（通り）

$2^1=2,\ 2^2=4,\ 2^3=8,\ 2^4=16,\ 2^5=32,\ 2^6=64,$

$3^1=3,\ 3^2=9,\ 3^3=27,\ 3^4=81,\ 3^5=243,$

$3^6=729$ より，

36通りの 2^a+3^b の値は次表になる。

$2^a+3^b<50$ となるのは，

⟨1, 1⟩，⟨1, 2⟩，⟨1, 3⟩，⟨2, 1⟩，⟨2, 2⟩，
⟨2, 3⟩，⟨3, 1⟩，⟨3, 2⟩，⟨3, 3⟩，⟨4, 1⟩，
⟨4, 2⟩，⟨4, 3⟩，⟨5, 1⟩，⟨5, 2⟩の14通りだから，

確率は，$\dfrac{14}{36}=\dfrac{7}{18}$

(2) ⟨a, b⟩ の一の位の数が5となるのは，

⟨1, 1⟩，⟨1, 5⟩，⟨2, 4⟩，⟨3, 3⟩，⟨4, 2⟩，
⟨4, 6⟩，⟨5, 1⟩，⟨5, 5⟩，⟨6, 4⟩の9通りだから，

確率は，$\dfrac{9}{36}=\dfrac{1}{4}$

(3) ⟨a, b⟩ が2けたの素数になるのは，

⟨1, 2⟩，⟨1, 3⟩，⟨1, 4⟩，⟨2, 2⟩，⟨2, 3⟩，
⟨3, 1⟩，⟨3, 2⟩，⟨3, 4⟩，⟨4, 1⟩，⟨4, 3⟩，
⟨4, 4⟩，⟨5, 2⟩，⟨5, 3⟩，⟨6, 1⟩，⟨6, 2⟩の15通りだから，確率は，$\dfrac{15}{36}=\dfrac{5}{12}$

⟨a, b⟩	2^a	3^b	和
⟨1, 1⟩	2	3	5
⟨1, 2⟩	2	9	11
⟨1, 3⟩	2	27	29
⟨1, 4⟩	2	81	83
⟨1, 5⟩	2	243	245
⟨1, 6⟩	2	729	731
⟨2, 1⟩	4	3	7
⟨2, 2⟩	4	9	13
⟨2, 3⟩	4	27	31
⟨2, 4⟩	4	81	85
⟨2, 5⟩	4	243	247
⟨2, 6⟩	4	729	733

⟨a, b⟩	2^a	3^b	和
⟨3, 1⟩	8	3	11
⟨3, 2⟩	8	9	17
⟨3, 3⟩	8	27	35
⟨3, 4⟩	8	81	89
⟨3, 5⟩	8	243	251
⟨3, 6⟩	8	729	737
⟨4, 1⟩	16	3	19
⟨4, 2⟩	16	9	25
⟨4, 3⟩	16	27	43
⟨4, 4⟩	16	81	97
⟨4, 5⟩	16	243	259
⟨4, 6⟩	16	729	745

⟨a, b⟩	2^a	3^b	和
⟨5, 1⟩	32	3	35
⟨5, 2⟩	32	9	41
⟨5, 3⟩	32	27	59
⟨5, 4⟩	32	81	113
⟨5, 5⟩	32	243	275
⟨5, 6⟩	32	729	761
⟨6, 1⟩	64	3	67
⟨6, 2⟩	64	9	73
⟨6, 3⟩	64	27	91
⟨6, 4⟩	64	81	145
⟨6, 5⟩	64	243	307
⟨6, 6⟩	64	729	793

答 (1) $\dfrac{7}{18}$　(2) $\dfrac{1}{4}$　(3) $\dfrac{5}{12}$

3 (1) 1回目に，1と2に色を塗る。
2回目に，1と2の色を消し，3と6に色を塗るから，色が塗られているのは，3と6。

(2) 2つのサイコロの目の出方は，$6×6＝36$（通り）
1つの部分だけに色が塗られているのは，
1回目が1のとき，2回目は，2と3と5の3通り。
1回目が2のとき，2回目は，1と4の2通り。
1回目が3のとき，2回目は，1の1通り。
1回目が4のとき，2回目は，2の1通り。
1回目が5のとき，2回目は，1の1通り。
1回目が6のとき2回目に1つの部分だけ色が塗られている場合は，ない。
よって，全部で，$3＋2＋1＋1＋1＝8$（通り）だから，求める確率は，$\dfrac{8}{36}＝\dfrac{2}{9}$

(3) 図のようになるのは，
1と3，2と4，3と5，4と6，5と1，6と2が塗られる場合。
1は2回目に必ず消されるので，
1と3，5と1の場合はない。
2と4になるのは，
（1回目，2回目）＝（1, 4），（4, 1）の2通り。
3と5になるのは，

（1回目，2回目）＝（3, 5），（5, 3）の2通り。
4と6になる場合はない。
6と2になるのは，
（1回目，2回目）＝（3, 6），（6, 3）の2通り。
よって，全部で，$2＋2＋2＝6$（通り）だから，
求める確率は，$\dfrac{6}{36}＝\dfrac{1}{6}$

答 (1) 3，6　(2) $\dfrac{2}{9}$　(3) $\dfrac{1}{6}$

4 (1) 3個のサイコロの目の出方は全部で，
$6×6×6＝216$（通り）
$a＋b≦6$ となるのは，
$a＝1$ のとき，$b＝1$, 2, 3, 4, 5の5通り。
$a＝2$ のとき，$b＝1$, 2, 3, 4の4通り。
$a＝3$ のとき，$b＝1$, 2, 3の3通り。
$a＝4$ のとき，$b＝1$, 2の2通り。
$a＝5$ のとき，$b＝1$ の1通り。
したがって，$5＋4＋3＋2＋1＝15$（通り）で，これに対して c の値は $c＝1$ の1通りだけなので，条件を満たす場合は15通り。
よって，確率は，$\dfrac{15}{216}＝\dfrac{5}{72}$

(2) $(a＋b)×c≦6$ となるのは，
(i) $a＋b＝2$ のとき，$c＝1$, 2, 3
(ii) $a＋b＝3$ のとき，$c＝1$, 2
(iii) $a＋b＝4$ のとき，$c＝1$
(iv) $a＋b＝5$ のとき，$c＝1$
(v) $a＋b＝6$ のとき，$c＝1$ である。
それぞれについて，a, b の値を考える。
(i) $a＋b＝2$ となるのは，$(a, b)＝(1, 1)$ の1通りで，これに対して c は3通りの場合があるので，
$1×3＝3$（通り）
(ii) $a＋b＝3$ となるのは，$(a, b)＝(1, 2)$, $(2, 1)$ の2通りで，これに対して c は2通りあるから，
$2×2＝4$（通り）
(iii) $a＋b＝4$ となるのは，$(a, b)＝(1, 3)$, $(2, 2)$, $(3, 1)$ の3通りで，これに対して c は1通りなので，$3×1＝3$（通り）
(iv) $a＋b＝5$ となるのは，$(a, b)＝(1, 4)$, $(2, 3)$, $(3, 2)$, $(4, 1)$ の4通りで，これに対して c は1通りなので，$4×1＝4$（通り）
(v) $a＋b＝6$ となるのは，$(a, b)＝(1, 5)$, $(2, 4)$, $(3, 3)$, $(4, 2)$, $(5, 1)$ の5通りで，これに対して c は1通りなので，$5×1＝5$（通り）
よって，求める確率は，$\dfrac{3＋4＋3＋4＋5}{216}＝\dfrac{19}{216}$

(3) $a＋b＋c≦7$ となる場合について，$a＋b$ と c に分けて考えると，
(i) $a＋b＝2$ のとき，$c＝1$, 2, 3, 4, 5
(ii) $a＋b＝3$ のとき，$c＝1$, 2, 3, 4

(iii) $a+b=4$ のとき，$c=1$，2，3
(iv) $a+b=5$ のとき，$c=1$，2
(v) $a+b=6$ のとき，$c=1$ である。
それぞれについて，(2)の結果も使って考えると，
(i) $a+b=2$ となる (a, b) は1通り，
c は5通りだから，$1\times5=5$ (通り)
(ii) $a+b=3$ となる (a, b) は2通り，
c は4通りだから，$2\times4=8$ (通り)
(iii) $a+b=4$ となる (a, b) は3通り，
c は3通りだから，$3\times3=9$ (通り)
(iv) $a+b=5$ となる (a, b) は4通り，
c は2通りだから，$4\times2=8$ (通り)
(v) $a+b=6$ となる (a, b) は5通り，
c は1通りだから，$5\times1=5$ (通り)
　よって，求める確率は，$\dfrac{5+8+9+8+5}{216}=\dfrac{35}{216}$

(4) (3)と同様に考えると，$a+b+c\leqq9$ となるのは，
(i) $a+b=2$ のとき，$c=1$，2，3，4，5，6
(ii) $a+b=3$ のとき，$c=1$，2，3，4，5，6
(iii) $a+b=4$ のとき，$c=1$，2，3，4，5
(iv) $a+b=5$ のとき，$c=1$，2，3，4
(v) $a+b=6$ のとき，$c=1$，2，3
(vi) $a+b=7$ のとき，$c=1$，2
(vii) $a+b=8$ のとき，$c=1$ である。
それぞれについて，(2)の結果も使って考えると，
(i) $a+b=2$ となる (a, b) は1通り，
c は6通りだから，$1\times6=6$ (通り)
(ii) $a+b=3$ となる (a, b) は2通り，
c は6通りだから，$2\times6=12$ (通り)
(iii) $a+b=4$ となる (a, b) は3通り，
c は5通りだから，$3\times5=15$ (通り)
(iv) $a+b=5$ となる (a, b) は4通り，
c は4通りだから，$4\times4=16$ (通り)
(v) $a+b=6$ となる (a, b) は5通り，
c は3通りだから，$5\times3=15$ (通り)
(vi) $a+b=7$ となるのは，$(a, b)=(1, 6)$，$(2, 5)$，$(3, 4)$，$(4, 3)$，$(5, 2)$，$(6, 1)$ の6通り，
c は2通りだから，$6\times2=12$ (通り)
(vii) $a+b=8$ となるのは，$(a, b)=(2, 6)$，$(3, 5)$，$(4, 4)$，$(5, 3)$，$(6, 2)$ の5通り，
c は1通りだから，$5\times1=5$ (通り)
　よって，求める確率は，
$\dfrac{6+12+15+16+15+12+5}{216}=\dfrac{81}{216}=\dfrac{3}{8}$

 (1) $\dfrac{5}{72}$ (2) $\dfrac{19}{216}$ (3) $\dfrac{35}{216}$ (4) $\dfrac{3}{8}$

5 (1) 6の約数である，1，2，3，6が書かれた玉を1個ずつ入れるから，4個。
(2) さいころの出た目によって，箱に入れる玉の数を調べると，

・1の目が出たとき，1の玉の1個。
・2の目が出たとき，1と2の玉の2個。
・3の目が出たとき，1と3の玉の2個。
・4の目が出たとき，1と2と4の玉の3個。
・5の目が出たとき，1と5の玉の2個。
・6の目が出たとき，1と2と3と6の玉の4個。
したがって，[操作]を2回続けて行ったとき，箱の中に4個の玉があるのは，2回のさいころの出た目が，1と4の組み合わせか，または，2，3，5のうちのどれかのときである。これは，
(1回目，2回目)$=(1, 4)$，$(2, 2)$，$(2, 3)$，$(2, 5)$，$(3, 2)$，$(3, 3)$，$(3, 5)$，$(4, 1)$，$(5, 2)$，$(5, 3)$，$(5, 5)$ の11通り。
2回のさいころの目の出方は全部で，
$6\times6=36$ (通り)あるから，確率は $\dfrac{11}{36}$。

(3)① 1回の[操作]で，さいころのどの目が出ても，必ず1が書かれた玉を1個箱に入れるので，1が書かれた玉の数が[操作]の回数を表す。したがって，$n=21$

② 4，6の玉は，それぞれ4と6の目が出たときしか箱に入れないので，箱の中の4の玉と6の玉の個数が等しいことから，4の目が出た回数と6の目が出た回数は等しい。
3の目が出た回数と5の目が出た回数をそれぞれ x 回，4の目が出た回数と6の目が出た回数をそれぞれ y 回とする。
回数について，$2+5+x\times2+y\times2=21$
式を整理すると，$x+y=7$……㋐
また，箱に入れた玉の数について，
$1\times2+2\times5+2\times x+3\times y+2\times x+4\times y=52$
式を整理すると，$4x+7y=40$……㋑
㋑$-$㋐$\times4$ より，$3y=12$ だから，$y=4$
これを㋐に代入して，$x+4=7$ だから，$x=3$
よって，5の目は3回出たことになる。

③ 5の目が出たのは3回だから，箱の中に5の玉は3個入っている。これを取り出すと，箱の中の玉は，$52-3=49$ (個)
この中で，6の約数ではないのは4の玉だけで，その個数は4の目が出た回数と同じだから，②より4個。
よって，取り出した玉に書かれた数が6の約数ではない確率は $\dfrac{4}{49}$ だから，
6の約数である確率は，$1-\dfrac{4}{49}=\dfrac{45}{49}$

 (1) 4 (個) (2) $\dfrac{11}{36}$

(3) ① 21　② 3 (回)　③ $\dfrac{45}{49}$

8．式の計算

§1．単項式と多項式の乗除

(61 ページ)

1 (1) 与式 $= x^2 \times 3x - x^2 \times 2 = 3x^3 - 2x^2$

(2) 与式 $= 3x^2 - 3x - 8x - 14 = 3x^2 - 11x - 14$

(3) 与式 $= 3a^2 - 5a + 2 - 2a^2 - 5a = a^2 - 10a + 2$

(4) 与式 $= x^2 + 3xy - 3xy - y^2 = x^2 - y^2$

答 (1) $3x^3 - 2x^2$　(2) $3x^2 - 11x - 14$

(3) $a^2 - 10a + 2$

(4) $x^2 - y^2$

2 (1) 与式 $= \dfrac{6a^3 b}{2ab} + \dfrac{2ab}{2ab} = 3a^2 + 1$

(2) 与式 $= 8a^2 b \times \left(-\dfrac{3}{2ab}\right) + 4ab^2 \times \left(-\dfrac{3}{2ab}\right)$

$= -12a - 6b$

(3) 与式 $= \left(\dfrac{a^3 b^2}{3} - 2ab^2\right) \times \dfrac{6}{ab^2}$

$= \dfrac{a^3 b^2 \times 6}{3 \times ab^2} - \dfrac{2ab^2 \times 6}{ab^2}$

$= 2a^2 - 12$

答 (1) $3a^2 + 1$　(2) $-12a - 6b$　(3) $2a^2 - 12$

§2．式の展開 (61 ページ)

1 (1) 与式 $= 2x^2 + 12x + x + 6 = 2x^2 + 13x + 6$

(2) 与式 $= 15x^2 + 5x - 6x - 2 = 15x^2 - x - 2$

(3) 与式 $= 14x^2 - 8x - 21x + 12 = 14x^2 - 29x + 12$

(4) 与式 $= 3x^2 - 2xy + 12xy - 8y^2$

$= 3x^2 + 10xy - 8y^2$

(5) 与式 $= x^2 - xy + x - x + y - 1 = x^2 - xy + y - 1$

答 (1) $2x^2 + 13x + 6$　(2) $15x^2 - x - 2$

(3) $14x^2 - 29x + 12$　(4) $3x^2 + 10xy - 8y^2$

(5) $x^2 - xy + y - 1$

2 (1) 与式 $= x^2 + (5 - 4)x + 5 \times (-4) = x^2 + x - 20$

(2) 与式 $= a^2 + (-5b - 3b)a + 15b^2$

$= a^2 - 8ab + 15b^2$

(3) 与式 $= x^2 - 2 \times x \times 7 + 7^2 = x^2 - 14x + 49$

(4) 与式 $= a^2 + 2 \times a \times 4b + (4b)^2 = a^2 + 8ab + 16b^2$

(5) 与式 $= x^2 - 3^2 = x^2 - 9$

(6) 与式 $= (2x)^2 - (3y)^2 = 4x^2 - 9y^2$

(7) 与式 $= (-4a)^2 - \left(\dfrac{1}{2}b\right)^2 = 16a^2 - \dfrac{1}{4}b^2$

答 (1) $x^2 + x - 20$　(2) $a^2 - 8ab + 15b^2$

(3) $x^2 - 14x + 49$　(4) $a^2 + 8ab + 16b^2$

(5) $x^2 - 9$　(6) $4x^2 - 9y^2$　(7) $16a^2 - \dfrac{1}{4}b^2$

3 (1) 与式 $= 3x^2 - 6x + x^2 + 6x + 9 = 4x^2 + 9$

(2) 与式 $= x^2 - 10x + 16 - x^2 - 8x - 16 = -18x$

(3) 与式

$= x^2 - 4 + x^2 - 5x + 4 = 2x^2 - 5x$

(4) 与式 $= 9x^2 + 6xy + y^2 - 6x^2 + 12xy$

$= 3x^2 + 18xy + y^2$

(5) 与式

$= (9x^2 - 12xy + 4y^2) - (5x^2 - 2xy - 10xy + 4y^2)$

$= 4x^2$

(6) 与式 $= x^2 - 2xy - 15y^2 + 4x^2 - 16y^2$

$= 5x^2 - 2xy - 31y^2$

(7) 与式 $= x^2 - x + \dfrac{1}{4} - x^2 + \dfrac{1}{4} = -x + \dfrac{1}{2}$

答 (1) $4x^2 + 9$　(2) $-18x$　(3) $2x^2 - 5x$

(4) $3x^2 + 18xy + y^2$　(5) $4x^2$

(6) $5x^2 - 2xy - 31y^2$　(7) $-x + \dfrac{1}{2}$

4 (1) 与式 $= x^2 + 4x + 4 + x^2 - 4x + 4 - 2(x^2 - 4)$

$= 2x^2 + 8 - 2x^2 + 8 = 16$

(2) 与式 $= 9x^2 - 12xy + 4y^2 - (4x^2 - y^2)$

$- (2x^2 - 3xy + 4xy - 6y^2)$

$= 9x^2 - 12xy + 4y^2 - 4x^2 + y^2 - 2x^2 - xy + 6y^2$

$= 3x^2 - 13xy + 11y^2$

答 (1) 16　(2) $3x^2 - 13xy + 11y^2$

5 (1) $x + y = X$ とおくと，

与式 $= (X + z)(X - z) = X^2 - z^2$

$= (x + y)^2 - z^2 = x^2 + 2xy + y^2 - z^2$

(2) 与式 $= (x - y + 1)(x - y - 1)$

$x - y = A$ とすると，

与式 $= (A + 1)(A - 1) = A^2 - 1^2 = (x - y)^2 - 1$

$= x^2 - 2xy + y^2 - 1$

答 (1) $x^2 + 2xy + y^2 - z^2$　(2) $x^2 - 2xy + y^2 - 1$

6 (1) 6 段目の左から 1 番目の整数は，$11 + 5 = 16$

7 段目の左から 1 番目の整数は，$16 + 6 = 22$ だから，

7 段目の左から 4 番目の整数は，$22 + 4 - 1 = 25$

(2) 8 段目の左から 1 番目の整数は，$22 + 7 = 29$

9 段目の左から 1 番目の整数は，$29 + 8 = 37$

10 段目の左から 1 番目の整数は，$37 + 9 = 46$

したがって，11 段目は，$46 + 10 = 56$ から，

$56 + 11 - 1 = 66$ までの 11 個の整数が並ぶから，

$56 + 57 + \cdots + 65 + 66 = \dfrac{(56 + 66) \times 11}{2} = 671$

(3) $n \geqq 2$ のとき，n 段目の左から 1 番目の整数は，

$1 + 1 + 2 + 3 + \cdots\cdots + (n - 2) + (n - 1)$

$= 1 + \dfrac{\{1 + (n - 1)\}(n - 1)}{2} = 1 + \dfrac{n(n - 1)}{2}$

$= \dfrac{1}{2}n^2 - \dfrac{1}{2}n + 1$

これは，$n=1$ の場合も成り立つ。

答 (1) 25　(2) 671　(3) $\dfrac{1}{2}n^2 - \dfrac{1}{2}n + 1$

7 (1) $1024 = 3 \times 341 + 1$ だから，$f(1024) = 1$

また，$1025 = 3 \times 341 + 2$ だから，

$1024 \times 1025 = (3 \times 341 + 1) \times (3 \times 341 + 2)$

$= (3 \times 341)^2 + 3 \times (3 \times 341) + 2$

$(3 \times 341)^2 + 3 \times (3 \times 341)$ は 3 の倍数だから，

$f(1024 \times 1025) = 2$

(2) $f(1) = 1$，$f(2) = 2$，$f(3) = 0$，$f(4) = 1$，
$f(5) = 2$，$f(6) = 0$，…のように，x が 1 から 1
つずつ大きくなるとき，$f(x)$ の値は 1，2，0 の 3
つの数を順に繰り返す。

$2023 = 3 \times 674 + 1$ より，

$f(1) + f(2) + f(3) + \cdots + f(2023)$ は，

1，2，0 の 3 つの数の和を 674 回たしたあと，

$f(2023) = 1$ をたした値なので，

$(1 + 2 + 0) \times 674 + 1 = 2023$

(3) $2023^2 = (3 \times 674 + 1)^2$

$= (3 \times 674)^2 + 2 \times (3 \times 674) + 1$ だから，

$f(2023^2) = 1$

$71 = 3 \times 23 + 2$ だから，

$f(71) = 2$

また，$71^2 = (3 \times 23 + 2)^2$

$= (3 \times 23)^2 + 2 \times 2 \times (3 \times 23) + 2^2$

$= (3 \times 23)^2 + 4 \times (3 \times 23) + 3 + 1$ だから，

$f(71^2) = 1$

よって，与式

$= f(1 \times 2) + 1 \times 1 = f(2) + 1 = 2 + 1 = 3$

答 (1)（順に）1，2　(2) 2023　(3) 3

8 (1) 正三角形，正五角形，正七角形，正九角形が直
線 ℓ の上側にかかれるから，黒丸の個数は，

$1 + 3 + 5 + 7 = 16$（個）

(2) 正 $(2n+1)$ 角形の黒丸の個数は，

$2n + 1 - 2 = 2n - 1$（個）だから，

直線 ℓ の上側にある黒丸の個数は，

$1 + 3 + 5 + \cdots + (2n - 1)$

$= (2 \times 1 - 1) + (2 \times 2 - 1) + (2 \times 3 - 1) + \cdots + (2n - 1) = 2(1 + 2 + \cdots + n) + (-1) \times n$

$= 2 \times \dfrac{n(n+1)}{2} - n = n^2 + n - n = n^2$（個）

(3) $n^2 = 324$ より，$n = 18$

よって，最後にかいた正多角形は，$2 \times 18 + 1 = 37$
より，正三十七角形で，直線 ℓ の下側にある正多
角形のうち，一番外側にある正多角形は正三十六
角形。

よって，1 つの内角の大きさは，

$\dfrac{180° \times (36 - 2)}{36} = 170°$

答 (1) 16（個）　(2) n^2（個）　(3) 170°

9 (1) イ．$N^2 = (10a + b)^2 = 100a^2 + 20ab + b^2$

ウ．$N^2 = 10(10a^2 + 2ab) + b^2$ より，

N^2 の一の位の数は b^2 の一の位の数と等しい。

b^2 の一の位の数が 4 となるのは，$b = 2$，8 のとき
である。

エ．$b = 2$ のとき，$N^2 = 100a^2 + 40a + 4$ より，N^2
の下 2 桁は $40a + 4$ の下 2 桁と等しい。

$40a + 4$ の下 2 桁が 44 となるのは，$40a$ の十の位
が 4 になるときだから $a = 1$，6

オ．$b = 2$，$a = 6$ のとき，$N = 62$

カ・キ．$b = 8$ のとき，$N^2 = 100a^2 + 160a + 64$ よ
り，N^2 の下 2 桁は $160a + 64$ の下 2 桁と等しい。

$160a + 64$ の下 2 桁が 44 となるのは，$160a$ の十
の位が，$14 - 6 = 8$ になるときだから，

$a = 3$，8

よって，$N = 38$，88

(2) 求める 2 桁の正の整数を $10a + b$ とすると，

十の位と一の位の数を入れかえた数は $10b + a$ だ
から，

2 つの数をかけた数を M とすると，

$M = (10a + b)(10b + a)$

$= 100ab + 10(a^2 + b^2) + ab$

一の位が 4 となるのは，ab の一の位が 4 のときで
ある。

27 の次に小さい数を探すから，まず，$a = 3$ のと
きを考えると，$b = 8$ で，$M = 38 \times 83 = 3154$ とな
り，下 2 桁は 44 とならない。

次に，$a = 4$ のときを考えると，$b = 1$，6 で，$a = 4$，
$b = 1$ のとき，$M = 41 \times 14 = 574$ となり，下 2 桁は
44 とならない。

$a = 4$，$b = 6$ のとき，$M = 46 \times 64 = 2944$ となり，下
2 桁は 44 となる。

よって，27 の次に小さい数は，46。

答 (1) ア．10　イ．20　ウ．8　エ．6　オ．62
　　カ．38　キ．88　(2) ク．46

§3．因数分解（64 ページ）

☆☆☆ 標準問題 ☆☆☆（64 ページ）

1 (1) 共通因数である $2x$ でくくると，

与式 $= 2x(y - 3)$

(2) 共通因数 ax でくくると，与式 $= ax(x + y)$

(3) 共通因数が $2xy$ なので，

与式 $= 2xy(3x - 5y^2)$

(4) 与式 $= 5b \times (-3a^3) + 5b \times 5a + 5b \times (-4b)$

$= 5b \left(-3a^3 + 5a - 4b\right)$

答 (1) $2x \left(y - 3\right)$　(2) $ax \left(x + y\right)$

　　(3) $2xy \left(3x - 5y^2\right)$　(4) $5b \left(-3a^3 + 5a - 4b\right)$

2 (1) 和が 7, 積が 10 となる 2 つの数は 2 と 5 だから,

　　与式 $= \left(x + 2\right) \left(x + 5\right)$

　(2) 積が -24, 和が -5 となる 2 数は -8 と 3 なので,

　　与式 $= \left(x - 8\right) \left(x + 3\right)$

　(3) 和が $-10y$, 積が $16y^2$ となる 2 式は $-2y$ と $-8y$

　　だから,

　　与式 $= \left(x - 2y\right) \left(x - 8y\right)$

　(4) 与式 $= x^2 - 2 \times 6 \times x + 6^2 = \left(x - 6\right)^2$

　(5) 与式 $= \left(7x\right)^2 + 2 \times 7x \times 1 + 1^2 = \left(7x + 1\right)^2$

　(6) 与式 $= \left(2a\right)^2 - 2 \times 2a \times 3b + \left(3b\right)^2 = \left(2a - 3b\right)^2$

　(7) 与式 $= 9 - x^2 = 3^2 - x^2 = \left(3 + x\right) \left(3 - x\right)$

　(8) 与式 $= \left(3a\right)^2 - \left(7b\right)^2 = \left(3a + 7b\right) \left(3a - 7b\right)$

答 (1) $\left(x + 2\right) \left(x + 5\right)$　(2) $\left(x - 8\right) \left(x + 3\right)$

　　(3) $\left(x - 2y\right) \left(x - 8y\right)$　(4) $\left(x - 6\right)^2$

　　(5) $\left(7x + 1\right)^2$

　　(6) $\left(2a - 3b\right)^2$　(7) $\left(3 + x\right) \left(3 - x\right)$

　　(8) $\left(3a + 7b\right) \left(3a - 7b\right)$

3 (1) 与式 $= 3 \left(x^2 + 5x + 4\right) = 3 \left(x + 1\right) \left(x + 4\right)$

　(2) 与式 $= 2a \left(x^2 - 2x - 48\right) = 2a \left(x - 8\right) \left(x + 6\right)$

　(3) 与式 $= 2xy \left(x^2 + 2x - 35\right) = 2xy \left(x + 7\right) \left(x - 5\right)$

　(4) 与式 $= 2 \left(9x^2 - 6x + 1\right) = 2 \left(3x - 1\right)^2$

　(5) 与式 $= 3y^2 \left(x^2 - 2x + 1\right) = 3y^2 \left(x - 1\right)^2$

　(6) 与式 $= xy \left(x^2 - 2xy + y^2\right) = xy \left(x - y\right)^2$

　(7) 与式 $= 7y \left(4x^2 - z^2\right) = 7y \left(2x - z\right) \left(2x + z\right)$

　(8) 与式 $= \dfrac{a^2}{3} - a + 8 - 2a - 2 = \dfrac{a^2}{3} - 3a + 6$

　　$= \dfrac{1}{3} \left(a^2 - 9a + 18\right) = \dfrac{1}{3} \left(a - 3\right) \left(a - 6\right)$

答 (1) $3 \left(x + 1\right) \left(x + 4\right)$　(2) $2a \left(x - 8\right) \left(x + 6\right)$

　　(3) $2xy \left(x + 7\right) \left(x - 5\right)$　(4) $2 \left(3x - 1\right)^2$

　　(5) $3y^2 \left(x - 1\right)^2$　(6) $xy \left(x - y\right)^2$

　　(7) $7y \left(2x - z\right) \left(2x + z\right)$　(8) $\dfrac{1}{3} \left(a - 3\right) \left(a - 6\right)$

4 (1) 与式 $= \left(x - y\right) a - \left(x - y\right) = \left(a - 1\right) \left(x - y\right)$

　(2) $x - 1 = A$ とすると,

　　与式 $= A^2 - A - 12 = \left(A + 3\right) \left(A - 4\right)$

　　$= \left(x - 1 + 3\right) \left(x - 1 - 4\right) = \left(x + 2\right) \left(x - 5\right)$

　(3) $x^2 - 6 = A$ とおくと,

　　与式 $= A^2 + 5xA + 4x^2$

　　$= \left(A + x\right) \left(A + 4x\right) = \left(x^2 - 6 + x\right) \left(x^2 - 6 + 4x\right)$

　　$= \left(x + 3\right) \left(x - 2\right) \left(x^2 + 4x - 6\right)$

　(4) 与式 $= \left(x - 2\right)^2 - 5^2 = \left(x - 2 + 5\right) \left(x - 2 - 5\right)$

　　$= \left(x + 3\right) \left(x - 7\right)$

　(5) 与式 $= \left(5a - 3b\right) x^2 - 4 \left(5a - 3b\right)$

　　$5a - 3b$ を M とすると,

与式 $= Mx^2 - 4M = M \left(x^2 - 4\right) = M \left(x + 2\right) \left(x - 2\right)$

M を $5a - 3b$ に戻して,

与式 $= \left(5a - 3b\right) \left(x + 2\right) \left(x - 2\right)$

　(6) $x + 2y = X$ とおくと,

　　与式 $= X \left(X + 3\right) - 18$

　　$= X^2 + 3X - 18 = \left(X + 6\right) \left(X - 3\right)$

　　$= \left(x + 2y + 6\right) \left(x + 2y - 3\right)$

　(7) 与式

　　$= \left\{\left(2a - b\right) + \left(2b - a\right)\right\} \left\{\left(2a - b\right) - \left(2b - a\right)\right\}$

　　$= \left(a + b\right) \left(3a - 3b\right) = 3 \left(a + b\right) \left(a - b\right)$

　(8) 与式 $= \left(x - 2y\right)^2 - 3^2 = \left(x - 2y + 3\right) \left(x - 2y - 3\right)$

　(9) 与式 $= \left(2x - 3y\right) \left(2x + 3y\right) - xy \left(2x + 3y\right)$

　　$= \left(2x + 3y\right) \left(2x - 3y - xy\right)$

　　$= \left(2x + 3y\right) \left(-xy + 2x - 3y\right)$

答 (1) $\left(a - 1\right) \left(x - y\right)$　(2) $\left(x + 2\right) \left(x - 5\right)$

　　(3) $\left(x + 3\right) \left(x - 2\right) \left(x^2 + 4x - 6\right)$

　　(4) $\left(x + 3\right) \left(x - 7\right)$

　　(5) $\left(5a - 3b\right) \left(x + 2\right) \left(x - 2\right)$

　　(6) $\left(x + 2y + 6\right) \left(x + 2y - 3\right)$

　　(7) $3 \left(a + b\right) \left(a - b\right)$

　　(8) $\left(x - 2y + 3\right) \left(x - 2y - 3\right)$

　　(9) $\left(2x + 3y\right) \left(-xy + 2x - 3y\right)$

5 (1) 与式 $= \left(51 - 50\right)^2 = 1^2 = 1$

　(2) 与式 $= \left(69 + 31\right) \times \left(69 - 31\right) = 100 \times 38 = 3800$

　(3) 与式 $= \left(4.3 + 3.4\right) \times \left(4.3 - 3.4\right) = 7.7 \times 0.9$

　　$= 6.93$

　(4) 与式 $= 48^2 - 52^2 + 103 \times 97$

　　$= \left(48 + 52\right) \times \left(48 - 52\right) + \left(100 + 3\right) \times \left(100 - 3\right)$

　　$= 100 \times \left(-4\right) + 100^2 - 3^2$

　　$= -400 + 10000 - 9 = 9591$

答 (1) 1　(2) 3800　(3) 6.93　(4) 9591

6 (1) $x^2 - 5x + 6 = \left(x - 2\right) \left(x - 3\right)$

　　$= \left(22 - 2\right) \times \left(22 - 3\right) = 20 \times 19 = 380$

　(2) $x^2 + 2xy + y^2 = \left(x + y\right)^2$

　　この式に $x = 14,\ y = -10$ を代入して,

　　$\left\{14 + \left(-10\right)\right\}^2 = 4^2 = 16$

　(3) $a^2 - b^2 = \left(a + b\right) \left(a - b\right)$

　　$= \left(2024 + 2023\right) \times \left(2024 - 2023\right) = 4047$

　(4) 与式 $= \left\{\left(a + b\right) + \left(a - 3b\right)\right\} \left\{\left(a + b\right) - \left(a - 3b\right)\right\}$

　　$= \left(2a - 2b\right) \times 4b = 8b \left(a - b\right)$

　　$= 8 \times \left(-\dfrac{1}{4}\right) \times \left\{5 - \left(-\dfrac{1}{4}\right)\right\}$

　　$= \left(-2\right) \times \dfrac{21}{4} = -\dfrac{21}{2}$

　(5) 与式 $= \left(x + 4\right) \left(x - 6 + x + 14\right) = \left(x + 4\right) \left(2x + 8\right)$

　　$= 2 \left(x + 4\right)^2$

　　この式に x の値を代入すると,

　　$2 \left(16 + 4\right)^2 = 2 \times 400 = 800$

答 (1) 380　(2) 16　(3) 4047　(4) $-\dfrac{21}{2}$　(5) 800

★★★ 発展問題 ★★★ （65 ページ）

1 (1) 与式 $=2x^2-10x-x+5=2x\,(x-5)-(x-5)$
$=(2x-1)(x-5)$

(2) 与式 $=y^2\,(1-x^2)+(1-x^2)$
$=(1-x^2)(y^2+1)=(1-x)(1+x)(y^2+1)$
$=(y^2+1)(-x+1)(x+1)$

(3) 与式 $=9a-6b-(3a^2-5ab+2b^2)$
$=3\,(3a-2b)-(3a-2b)(a-b)$
$=(3a-2b)\{3-(a-b)\}$
$=(3a-2b)(-a+b+3)$

(4) 与式 $=x^2-4x+4+x^2+4x+4-26=2x^2-18$
$=2\,(x^2-9)=2\,(x+3)(x-3)$

(5) 与式 $=4x^2+12xy+9y^2-3\,(x^2-9y^2)-4y^2$
$=4x^2+12xy+9y^2-3x^2+27y^2-4y^2$
$=x^2+12xy+32y^2=(x+4y)(x+8y)$

答 (1) $(2x-1)(x-5)$
(2) $(y^2+1)(-x+1)(x+1)$
(3) $(3a-2b)(-a+b+3)$
(4) $2\,(x+3)(x-3)$　(5) $(x+4y)(x+8y)$

2 (1) a^2+4b^2+ab
$=a^2+4ab+4b^2-3ab$
$=(a+2b)^2-3ab$
$=(-1)^2-3\times(-1)=1+3=4$

(2) $x^2+xy+y^2=(x+y)^2-xy=5^2-4=21$

答 (1) 4　(2) 21

3 (1) $x^2-y^2=7$ と変形して，左辺を因数分解すると，
$(x+y)(x-y)=7$
x，y が自然数のとき，$x+y>x-y$ だから，
$x+y=7$，$x-y=1$
この 2 式を連立方程式として解いて，$x=4$，$y=3$

(2) N $=10a+b$，M $=10b+a$ と表せる。
N$^2-$M$^2=$(N$+$M)(N$-$M)
$=\{(10a+b)+(10b+a)\}\{(10a+b)-(10b+a)\}$
$=(11a+11b)(9a-9b)$
$=99\,(a+b)(a-b)$
よって，$99\,(a+b)(a-b)=693$ より，
$(a+b)(a-b)=7$
ここで，7 は素数で，$a+b>a-b$ より，
$\begin{cases} a+b=7 \\ a-b=1 \end{cases}$ が成り立つ。
これを解いて，$a=4$，$b=3$ だから，
N $=43$

(3) $\dfrac{b^2-a^2}{99}=24$ より，$(b+a)(b-a)=99\times24$
$a=10m+n$（m，n はそれぞれ 1 から 9 までの整

数）とすると，
$b=10n+m$ だから，
$b+a=10n+m+(10m+n)$
$\quad=11n+11m=11\,(n+m)$，
$b-a=10n+m-(10m+n)=9n-9m$
$\quad=9\,(n-m)$
よって，$11\,(n+m)\times9\,(n-m)=99\times24$ だから，
$(n+m)(n-m)=24$
ここで，$n+m>n-m$ で，$n+m$ が自然数より，
$n-m$ も自然数。
$n+m=24$，$n-m=1$ のとき，条件を満たす m，
n はない。
$n+m=12$，$n-m=2$ のとき，$m=5$，$n=7$ だから，
$a=57$
$n+m=8$，$n-m=3$ のとき，条件を満たす m，n
はない。
$n+m=6$，$n-m=4$ のとき，$m=1$，$n=5$ より，
$a=15$

答 (1) $(4,\ 3)$　(2) 43　(3) 15，57

4 (1) n が 2022 以下で最も大きい 2 の累乗の数のと
き，$f\,(n)$ の値が最大となる。
$2^{10}=2^5\times2^5=32\times32=1024$，
$2^{11}=1024\times2=2048$ だから，2022 以下で最も大
きい 2 の累乗の数は 1024 で，
$f\,(1024)=10$ である。

(2) $f\,(n)=2$ となる最小の数は，$2^2=4$
$f\,(n)=3$ となる最小の数は，$2^3=8$ だから，
$f\,(n)=2$ となる数は，4 の倍数であって 8 の倍数
ではないものである。
2022 以下の自然数の中で 4 の倍数は，
$2022\div4=505$ あまり 2 より，505 個。
また，8 の倍数は，$2022\div8=252$ あまり 6 より，
252 個。
よって，求める数は，$505-252=253$（個）

(3)① 例えば，$m=5$，$n=2$ のとき，$m+n=7$
$f\,(7)=0$，$f\,(5)=0$，$f\,(2)=1$ となり，
成り立たない。
② 例えば，$m=6$，$n=2$ のとき，$m+n=8$
$f\,(8)=3$，$f\,(6)=1$，$f\,(2)=1$ となり，
成り立たない。
③ $m=2^p\times r$，$n=2^q\times s$（p，q は 0 以上の整数，
r，s は奇数）とすると，
$f\,(mn)=p+q$，$f\,(m)=p$，$f\,(n)=q$ となる
から，
$f\,(mn)=f\,(m)+f\,(n)$ は常に成り立つ。
④ 例えば，$m=6$，$n=2$ のとき，$mn=12$
$f\,(12)=2$，$f\,(6)=1$，$f\,(2)=1$ となり，
成り立たない。

(4)　$2mn+2m+n+1=2m(n+1)+(n+1)$

　　$=(2m+1)(n+1)$だから，(3)より，

　　$f(2mn+2m+n+1)=f((2m+1)(n+1))$

　　$=f(2m+1)+f(n+1)$

　　m は自然数だから，$2m+1$ は奇数となるので，

　　$f(2m+1)=0$

　　n は 2022 以下の自然数だから，(1)より，

　　$f(n+1)$ が最大となるのは，

　　$n+1=1024$，つまり，$n=1023$ のときで，

　　このとき，$f(1024)=10$ だから，

　　求める最大値は，$0+10=10$

答 (1)（$f(n)$の最大値＝）10　（$n=$）1024

　　(2) 253（個）　(3) ③　(4) 10

9．平 方 根

§1．平 方 根（67ページ）

1 (1)　$2.718=\dfrac{2718}{1000}$，$-\sqrt{16}=-4$ だから，

　　分数の形に表せないのは，$\sqrt{5}$ と π。

(2)　ア：$\sqrt{25}-\sqrt{16}=5-4=1$

　　イ：$\sqrt{(-7)^2}=\sqrt{49}=7$

　　エ：$\sqrt{3}\times2=\sqrt{3\times2^2}=\sqrt{12}$

　　したがって，正しいのは，ウ。

答 (1) $\sqrt{5}$，π　(2) ウ

2 (1)　$\dfrac{2}{3}=\sqrt{\dfrac{4}{9}}$，$\dfrac{\sqrt{2}}{3}=\sqrt{\dfrac{2}{9}}$，$\dfrac{2}{\sqrt{3}}=\sqrt{\dfrac{4}{3}}$ より，

　　$\sqrt{\dfrac{4}{3}}>\sqrt{\dfrac{2}{3}}>\sqrt{\dfrac{4}{9}}>\sqrt{\dfrac{2}{9}}$ なので，

　　$\dfrac{2}{\sqrt{3}}>\sqrt{\dfrac{2}{3}}>\dfrac{2}{3}>\dfrac{\sqrt{2}}{3}$

　　よって，求める答えは(エ)。

(2)　$-2=-\sqrt{4}$，$-\dfrac{\sqrt{3}}{2}=-\sqrt{\dfrac{3}{4}}$ だから，

　　3つの数の絶対値の大小は，$\sqrt{\dfrac{3}{4}}<\sqrt{2}<\sqrt{4}$

　　負の数は絶対値が大きいほど小さいから，

　　$-2<-\sqrt{2}<-\dfrac{\sqrt{3}}{2}$

(3)　$6.7=\sqrt{44.89}$，$\dfrac{\sqrt{174}}{2}=\sqrt{\dfrac{174}{4}}=\sqrt{43.5}$ より，

　　③＜①＜②

答 (1) (エ)　(2) -2，$-\sqrt{2}$，$-\dfrac{\sqrt{3}}{2}$

　　(3) ③（＜）①（＜）②

3 (1)　$\sqrt{25}<\sqrt{a}<\sqrt{36}$ より，

　　a にあてはまる自然数は，26，27，28，29，30，

　　31，32，33，34，35 の10個。

(2)　$\sqrt{16}<\sqrt{3n}<\sqrt{25}$ より，$16<3n<25$

　　よって，$\dfrac{16}{3}<n<\dfrac{25}{3}$ より，

　　n に当てはまるのは6，7，8の3個。

(3)　$-2\sqrt{2}=-\sqrt{8}$ より，

　　$-\sqrt{9}<-\sqrt{8}<-\sqrt{4}$ だから，

　　$-2\sqrt{2}$ より大きい整数で最小のものは-2。

　　また，$\dfrac{24}{5}=4.8$ だから，

　　$-2\sqrt{2}$ より大きく $\dfrac{24}{5}$ より小さい整数は，

　　-2，-1，0，1，2，3，4 の7個。

(4) $\dfrac{1}{6}=\dfrac{1}{\sqrt{36}}$, $\dfrac{1}{5}=\dfrac{1}{\sqrt{25}}$ だから,

n は, $25<n<36$ を満たす自然数である。

よって, 26, 27, 28, 29, 30, 31, 32, 33, 34, 35 の 10 個。

(5) n が自然数より, それぞれを 2 乗しても大小関係は変わらないから, $n^2 \leqq x \leqq (n+1)^2$

自然数 x の個数が 100 個だから,

$(n+1)^2 - n^2 + 1 = 100$ が成り立つ。

これを解くと, $n=49$

答 (1) 10（個） (2) 3（個） (3) 7（個） (4) 10（個）
(5) 49

4 (1) $\sqrt{75n} = \sqrt{3 \times 5^2 \times n} = 5\sqrt{3n}$

よって, $\sqrt{75n}$ が整数となる最小の自然数 n は 3。

(2) $60 - 3a = 3(20 - a)$ より,

$20 - a = 3n^2$（n は整数）ならば, $\sqrt{60 - 3a}$ は整数になる。

$n=0$ のとき, $20 - a = 0$ より, $a = 20$

$n=1$ のとき, $20 - a = 3$ より, $a = 17$

$n=2$ のとき, $20 - a = 12$ より, $a = 8$

$n=3$ のとき, $20 - a = 27$ より, $a = -7$ となり,

$n \geqq 3$ のとき, a は自然数にならない。

よって, $a = 8,\ 17,\ 20$

(3) $\dfrac{2n-1}{3}$ が整数の 2 乗になるので,

$2n-1$ は整数の 2 乗に 3 をかけた数になる。

n が自然数より, $2n-1$ は奇数になるので,

整数の 2 乗も奇数にならなければならない。

$2n-1 = 1^2 \times 3 = 3$ より, $2n = 4$

よって, $n=2$ が最も小さいもの。

$2n-1 = 3^2 \times 3 = 27$ より, $2n = 28$

よって, $n=14$ が 2 番目に小さいもの。

答 (1) 3 (2) 8, 17, 20 (3) 14

§2. 平方根の計算 (68 ページ)

1 (1) 与式 $= 5\sqrt{2} - 4\sqrt{2} = \sqrt{2}$

(2) 与式 $= \sqrt{2^2 \times 6} - \sqrt{4^2 \times 6} = 2\sqrt{6} - 4\sqrt{6}$
$= -2\sqrt{6}$

(3) 与式 $= 4\sqrt{2} - 2\sqrt{2} + \sqrt{2} = 3\sqrt{2}$

(4) 与式 $= 2\sqrt{2} - 3\sqrt{2} + 4\sqrt{2} = 3\sqrt{2}$

(5) 与式 $= 3\sqrt{3} - 5\sqrt{3} + 2\sqrt{3} = 0$

(6) 与式 $= \sqrt{3^2 \times 3} - 2\sqrt{2^2 \times 3} + 3\sqrt{4^2 \times 3}$
$= 3\sqrt{3} - 4\sqrt{3} + 12\sqrt{3} = 11\sqrt{3}$

(7) 与式 $= 4\sqrt{3} - 3\sqrt{2} + 2\sqrt{3} + 2\sqrt{2}$
$= 6\sqrt{3} - \sqrt{2}$

(8) 与式 $= \dfrac{2\sqrt{6} - 2\sqrt{3}}{2} - \dfrac{3\sqrt{3} + 3\sqrt{6}}{3}$
$= \sqrt{6} - \sqrt{3} - (\sqrt{3} + \sqrt{6})$
$= \sqrt{6} - \sqrt{3} - \sqrt{3} - \sqrt{6} = -2\sqrt{3}$

答 (1) $\sqrt{2}$ (2) $-2\sqrt{6}$ (3) $3\sqrt{2}$ (4) $3\sqrt{2}$
(5) 0 (6) $11\sqrt{3}$ (7) $6\sqrt{3} - \sqrt{2}$ (8) $-2\sqrt{3}$

2 (1) 与式 $= 3\sqrt{2} \times 3\sqrt{2} = 9 \times 2 = 18$

(2) 与式 $= 2\sqrt{7} \times \sqrt{2 \times 7} = 2 \times 7 \times \sqrt{2} = 14\sqrt{2}$

(3) 与式 $= 6\sqrt{2} \times (-2\sqrt{3}) = -12\sqrt{6}$

(4) 与式 $= \sqrt{\dfrac{32 \times 12}{6}} = \sqrt{64} = 8$

(5) 与式 $= 2\sqrt{7} \times \dfrac{2}{\sqrt{7}} = 4$

(6) 与式 $= \dfrac{\sqrt{2}}{\sqrt{17}} \times \dfrac{\sqrt{7 \times 17 \times 17}}{\sqrt{3}} \times \dfrac{\sqrt{9}}{\sqrt{14}} = \sqrt{51}$

答 (1) 18 (2) $14\sqrt{2}$ (3) $-12\sqrt{6}$ (4) 8 (5) 4
(6) $\sqrt{51}$

3 (1) 与式 $= \sqrt{15} + \sqrt{15} = 2\sqrt{15}$

(2) 与式 $= -\dfrac{\sqrt{144}}{2\sqrt{6}} + 5\sqrt{6} = -\dfrac{\sqrt{24}}{2} + 5\sqrt{6}$
$= -\sqrt{6} + 5\sqrt{6} = 4\sqrt{6}$

(3) 与式 $= (6\sqrt{6} + 2\sqrt{6}) \div 2\sqrt{3} = 8\sqrt{6} \div 2\sqrt{3}$
$= \dfrac{8\sqrt{6}}{2\sqrt{3}} = 4\sqrt{2}$

(4) 与式 $= 3\sqrt{2} - \sqrt{24} + \sqrt{6} - 3\sqrt{2}$
$= 3\sqrt{2} - 2\sqrt{6} + \sqrt{6} - 3\sqrt{2} = -\sqrt{6}$

(5) 与式 $= \left(\dfrac{1}{2\sqrt{5}} - 3\sqrt{5} + 4\sqrt{5} \right) \times \dfrac{10}{\sqrt{5}}$
$= \dfrac{1}{2\sqrt{5}} \times \dfrac{10}{\sqrt{5}} - 3\sqrt{5} \times \dfrac{10}{\sqrt{5}}$
$+ 4\sqrt{5} \times \dfrac{10}{\sqrt{5}}$
$= 1 - 30 + 40 = 11$

(6) 与式 $= -3 \times 3 \times \sqrt{3} - \sqrt{9 \times 3} + 3 \times \sqrt{3}$
$= -9\sqrt{3} - 3\sqrt{3} + 3\sqrt{3} = -9\sqrt{3}$

答 (1) $2\sqrt{15}$ (2) $4\sqrt{6}$ (3) $4\sqrt{2}$ (4) $-\sqrt{6}$
(5) 11 (6) $-9\sqrt{3}$

4 (1) 与式 $= -\sqrt{5} + 5\sqrt{5} = 4\sqrt{5}$

(2) 与式 $= 4\sqrt{2} - \dfrac{12}{2\sqrt{2}} = 4\sqrt{2} - \dfrac{6}{\sqrt{2}}$
$= 4\sqrt{2} - 3\sqrt{2} = \sqrt{2}$

(3) 与式 $= \sqrt{3^2 \times 6} + \dfrac{12\sqrt{2} \times \sqrt{3}}{\sqrt{3} \times \sqrt{3}} - \sqrt{2^2 \times 6}$
$= 3\sqrt{6} + 4\sqrt{6} - 2\sqrt{6} = 5\sqrt{6}$

(4) 与式 $= \sqrt{4^2 \times 2} - \dfrac{6 \times \sqrt{2}}{\sqrt{2} \times \sqrt{2}} + \dfrac{4\sqrt{11}}{\sqrt{2} \times \sqrt{11}}$

$$=4\sqrt{2}-3\sqrt{2}+\frac{4}{\sqrt{2}}$$

$$=4\sqrt{2}-3\sqrt{2}+\frac{4\times\sqrt{2}}{\sqrt{2}\times\sqrt{2}}$$

$$=4\sqrt{2}-3\sqrt{2}+2\sqrt{2}=3\sqrt{2}$$

答 (1) $4\sqrt{5}$　(2) $\sqrt{2}$　(3) $5\sqrt{6}$　(4) $3\sqrt{2}$

5 (1) 与式 $=3\sqrt{2}+2\sqrt{2}=5\sqrt{2}$

(2) 与式 $=\dfrac{12\sqrt{3}}{3}+\sqrt{2\times3}\times(\sqrt{3}-\sqrt{2})$

$$=4\sqrt{3}+3\sqrt{2}-2\sqrt{3}=2\sqrt{3}+3\sqrt{2}$$

(3) 与式 $=\sqrt{2}-3\sqrt{2}+2\sqrt{3}-\dfrac{6\sqrt{3}}{3}$

$$=-2\sqrt{2}+2\sqrt{3}-2\sqrt{3}=-2\sqrt{2}$$

(4) 与式 $=-2\sqrt{2}-\sqrt{4^2\times2}+\dfrac{10\sqrt{3}}{\sqrt{2}\times\sqrt{3}}$

$$=-2\sqrt{2}-4\sqrt{2}+\dfrac{5\times2}{\sqrt{2}}$$

$$=-6\sqrt{2}+5\sqrt{2}=-\sqrt{2}$$

(5) 与式 $=\dfrac{(\sqrt{3}+\sqrt{2})\times\sqrt{5}}{\sqrt{5}\times\sqrt{5}}-\dfrac{3\sqrt{3}}{5\sqrt{5}}$

$$=\dfrac{\sqrt{15}+\sqrt{10}}{5}-\dfrac{3\sqrt{15}}{25}$$

$$=\dfrac{5\sqrt{15}+5\sqrt{10}-3\sqrt{15}}{25}=\dfrac{2\sqrt{15}+5\sqrt{10}}{25}$$

(6) 与式 $=\dfrac{2(\sqrt{3}+\sqrt{2}-1)}{\sqrt{2}}-2\sqrt{6}+2\sqrt{2}-2$

$$=\sqrt{2}(\sqrt{3}+\sqrt{2}-1)-2\sqrt{6}+2\sqrt{2}-2$$

$$=\sqrt{6}+2-\sqrt{2}-2\sqrt{6}+2\sqrt{2}-2$$

$$=\sqrt{2}-\sqrt{6}$$

(7) 与式 $=3\sqrt{2}+1-\sqrt{2}-1+\dfrac{\sqrt{2}}{2}=\dfrac{5\sqrt{2}}{2}$

答 (1) $5\sqrt{2}$　(2) $2\sqrt{3}+3\sqrt{2}$　(3) $-2\sqrt{2}$

(4) $-\sqrt{2}$　(5) $\dfrac{2\sqrt{15}+5\sqrt{10}}{25}$　(6) $\sqrt{2}-\sqrt{6}$

(7) $\dfrac{5\sqrt{2}}{2}$

§3. 平方根と式の計算 (69ページ)

☆☆☆ **標準問題** ☆☆☆ (69ページ)

1 (1) 与式 $=6-\sqrt{6}+6\sqrt{6}-6=5\sqrt{6}$

(2) 与式 $=1^2+2\times1\times2\sqrt{5}+(2\sqrt{5})^2$

$$=1+4\sqrt{5}+20=21+4\sqrt{5}$$

(3) 与式 $=(\sqrt{6})^2-(\sqrt{3})^2=6-3=3$

(4) 与式 $=(\sqrt{3}+\sqrt{5})(\sqrt{3}-\sqrt{5})=3-5=-2$

(5) 与式 $=(\sqrt{7}+2\sqrt{3})(\sqrt{7}-\sqrt{3})+\dfrac{\sqrt{21}}{3}$

$$=7+\sqrt{21}-6+\dfrac{\sqrt{21}}{3}=1+\dfrac{4\sqrt{21}}{3}$$

(6) 与式 $=\dfrac{(1+\sqrt{2})^2-(\sqrt{3})^2}{2}=\dfrac{1+2\sqrt{2}+2-3}{2}$

$$=\dfrac{2\sqrt{2}}{2}=\sqrt{2}$$

答 (1) $5\sqrt{6}$　(2) $21+4\sqrt{5}$　(3) 3　(4) -2

(5) $1+\dfrac{4\sqrt{21}}{3}$　(6) $\sqrt{2}$

2 (1) 与式 $=3^2-(2\sqrt{2})^2+\dfrac{1}{2\sqrt{3}}(1-2\sqrt{3}+3)$

$$=9-8+\dfrac{\sqrt{3}}{6}(4-2\sqrt{3})=1+\dfrac{2\sqrt{3}}{3}-1$$

$$=\dfrac{2\sqrt{3}}{3}$$

(2) 与式 $=6-\sqrt{12}+\dfrac{2}{4}-(3-4\sqrt{3}+4)$

$$=6-2\sqrt{3}+\dfrac{1}{2}-7+4\sqrt{3}=2\sqrt{3}-\dfrac{1}{2}$$

(3) 与式

$$=3-2\sqrt{3}+1+2\sqrt{3}+2\sqrt{2}-\sqrt{6}-2-2\sqrt{2}$$

$$=2-\sqrt{6}$$

(4) 与式

$$=(1+\sqrt{2}+2+2\sqrt{2}+4+4\sqrt{2})(1-\sqrt{2}+2-$$
$$2\sqrt{2}+4-4\sqrt{2})=(7+7\sqrt{2})(7-7\sqrt{2})$$

$$=49-98=-49$$

答 (1) $\dfrac{2\sqrt{3}}{3}$　(2) $2\sqrt{3}-\dfrac{1}{2}$　(3) $2-\sqrt{6}$

(4) -49

3 (1) x の値を代入して,

与式

$$=(\sqrt{5}-2)(\sqrt{5}-2+2)-\sqrt{5}(\sqrt{5}-2-1)$$

$$=5-2\sqrt{5}-5+3\sqrt{5}=\sqrt{5}$$

(2) 与式 $=\dfrac{3(2x-1)-4(3x-4)-12}{12}$

$$=\dfrac{6x-3-12x+16-12}{12}$$

$$=\dfrac{-6x+1}{12}$$

分子の $-6x+1$ に, $x=\dfrac{\sqrt{2}-1}{2}$ を代入して,

$$-6\times\dfrac{\sqrt{2}-1}{2}+1=4-3\sqrt{2}$$

よって, 求める値は, $\dfrac{4-3\sqrt{2}}{12}$

(3) $x^2+4x+3=(x+1)(x+3)$

$$=\{(\sqrt{3}-2)+1\}\times\{(\sqrt{3}-2)+3\}$$

$$=(\sqrt{3}-1)(\sqrt{3}+1)$$

$$=3-1=2$$

(4) $x^2y-xy^2=xy(x-y)$

$$= (\sqrt{5} + \sqrt{2})(\sqrt{5} - \sqrt{2})$$
$$\times \{(\sqrt{5} + \sqrt{2}) - (\sqrt{5} - \sqrt{2})\}$$
$$= (5-2) \times 2\sqrt{2} = 6\sqrt{2}$$

(5) $x+y = 3+\sqrt{7}+3-\sqrt{7}=6$,

$xy = (3+\sqrt{7})(3-\sqrt{7}) = 9-7 = 2$ より,

与式 $= (x+y)^2 - 10 \times (xy)^2 = 6^2 - 10 \times 2^2$
$$= 36 - 40 = -4$$

(6) $x^2 + 4xy + 3y^2 = (x+y)(x+3y)$
$$= \{(3-\sqrt{3}) + (\sqrt{3}-1)\}$$
$$\times \{(3-\sqrt{3}) + 3(\sqrt{3}-1)\}$$
$$= 2 \times (3-\sqrt{3}+3\sqrt{3}-3)$$
$$= 2 \times 2\sqrt{3} = 4\sqrt{3}$$

答 (1) $\sqrt{5}$ (2) $\dfrac{4-3\sqrt{2}}{12}$ (3) 2 (4) $6\sqrt{2}$

(5) -4 (6) $4\sqrt{3}$

$\boxed{4}$ (1) 与式 $= x^2 - 2x + 1 + 2 = (x-1)^2 + 2$

この式に x の値を代入すると,
$$(\sqrt{2}+1-1)^2 + 2 = (\sqrt{2})^2 + 2 = 2+2 = 4$$

(2) $a+b = (\sqrt{3}-1) + (\sqrt{3}+1) = 2\sqrt{3}$,

$ab = (\sqrt{3}-1)(\sqrt{3}+1) = 3-1 = 2$ だから,

$a^2 + ab + b^2 = (a+b)^2 - ab = (2\sqrt{3})^2 - 2$
$$= 12 - 2 = 10$$

(3) $x^2 + y^2 - 6xy = (x-y)^2 - 4xy$ で,

$$(x-y)^2 = \left(\frac{\sqrt{7}+\sqrt{2}}{2} - \frac{\sqrt{7}-\sqrt{2}}{2} \right)^2$$
$$= (\sqrt{2})^2 = 2,$$

$xy = \dfrac{(\sqrt{7})^2 - (\sqrt{2})^2}{4} = \dfrac{7-2}{4} = \dfrac{5}{4}$ だから,

求める値は, $2 - 4 \times \dfrac{5}{4} = -3$

答 (1) 4 (2) 10 (3) -3

$\boxed{5}$ (1) $3 < 2\sqrt{3} < 4$ より, $a = 2\sqrt{3} - 3$

よって,

$a^2 + 6a = a(a+6) = (2\sqrt{3}-3)(2\sqrt{3}+3)$
$$= (2\sqrt{3})^2 - 3^2 = 12 - 9 = 3$$

(2) $4 < 5 < 9$ より, $2 < \sqrt{5} < 3$ だから,

$4 < \sqrt{5}+2 < 5$ より, $1 < \dfrac{\sqrt{5}+2}{3} < 2$ となる。

したがって,

$a = \dfrac{\sqrt{5}+2}{3} - 1 = \dfrac{\sqrt{5}+2-3}{3} = \dfrac{\sqrt{5}-1}{3}$

だから,

$9a^2 + 6a + 2 = 3a(3a+2) + 2$
$$= (\sqrt{5}-1)(\sqrt{5}+1) + 2 = 5-1+2 = 6$$

(3) $\sqrt{49} < \sqrt{51} < \sqrt{64}$ より, $7 < \sqrt{51} < 8$ なので,

$a = 7$

よって, $\sqrt{51} = 7+b$ より, $b = \sqrt{51}-7$ なので,

与式 $= 2 \times 7 + (\sqrt{51}-7) = 7 + \sqrt{51}$

答 (1) 3 (2) 6 (3) $7+\sqrt{51}$

★★★ 発展問題 ★★★ (71 ページ)

$\boxed{1}$ (1) 与式
$$= \{(\sqrt{2}+\sqrt{3}) + \sqrt{5}\}\{(\sqrt{2}+\sqrt{3}) - \sqrt{5}\}$$
$$\times \{\sqrt{5} + (\sqrt{2}-\sqrt{3})\}\{\sqrt{5} - (\sqrt{2}-\sqrt{3})\}$$
$$= \{(\sqrt{2}+\sqrt{3})^2 - (\sqrt{5})^2\}$$
$$\times \{(\sqrt{5})^2 - (\sqrt{2}-\sqrt{3})^2\}$$
$$= (2+2\sqrt{6}+3-5) \times \{5 - (2-2\sqrt{6}+3)\}$$
$$= 2\sqrt{6} \times 2\sqrt{6} = 24$$

(2) $1 + \dfrac{1}{\sqrt{2}} = A$, $\dfrac{1}{\sqrt{3}} = B$ とすると,

与式 $= (A-B)^2 + (A+B)^2 = 2A^2 + 2B^2$
$$= 2(A^2 + B^2)$$

$A^2 = \left(1 + \dfrac{1}{\sqrt{2}} \right)^2 = 1 + \dfrac{2}{\sqrt{2}} + \dfrac{1}{2} = \dfrac{3}{2} + \sqrt{2}$

$B^2 = \left(\dfrac{1}{\sqrt{3}} \right)^2 = \dfrac{1}{3}$

よって, 与式 $= 2 \times \left(\dfrac{3}{2} + \sqrt{2} + \dfrac{1}{3} \right)$

$$= 2 \times \dfrac{9+6\sqrt{2}+2}{6} = \dfrac{11+6\sqrt{2}}{3}$$

(3) 与式
$$= \dfrac{(3\sqrt{3}-3\sqrt{2})(4\sqrt{3}+4\sqrt{2})}{4\sqrt{6}} - \dfrac{5-2\sqrt{6}}{2}$$
$$= \dfrac{36+12\sqrt{6}-12\sqrt{6}-24}{4\sqrt{6}} - \dfrac{5-2\sqrt{6}}{2}$$
$$= \dfrac{12}{4\sqrt{6}} - \dfrac{5-2\sqrt{6}}{2} = \dfrac{\sqrt{6}}{2} - \dfrac{5-2\sqrt{6}}{2}$$
$$= \dfrac{-5+3\sqrt{6}}{2}$$

答 (1) 24 (2) $\dfrac{11+6\sqrt{2}}{3}$ (3) $\dfrac{-5+3\sqrt{6}}{2}$

$\boxed{2}$ $\pi \fallingdotseq 3.14$ より, $\pi - 3 > 0$, $3 - \pi < 0$ だから,

$\sqrt{(\pi-3)^2} + \sqrt{(3-\pi)^2} = \pi - 3 + \{-(3-\pi)\}$
$$= \pi - 3 - 3 + \pi = 2\pi - 6$$

答 $2\pi - 6$

$\boxed{3}$ 与式を順に①, ②とする。

②より, $3\sqrt{7}x - 2\sqrt{2}y = 7$ ……③

①×2+③より, $37\sqrt{7}x = 37$ だから,

$x = \dfrac{1}{\sqrt{7}} = \dfrac{\sqrt{7}}{7}$

これを①に代入して, $17\sqrt{7} \times \dfrac{\sqrt{7}}{7} + \sqrt{2}y = 15$ より, $\sqrt{2}y = -2$ だから,

$y = -\dfrac{2}{\sqrt{2}} = -\sqrt{2}$

答 $x = \dfrac{\sqrt{7}}{7}$, $y = -\sqrt{2}$

4 $(\sqrt{15} + \sqrt{10})^2 = 15 + 2\sqrt{150} + 10 = 25 + 10\sqrt{6}$ で，

$(10\sqrt{6})^2 = 600$

ここで，$24^2 = 576$，$25^2 = 625$ より，$24 < 10\sqrt{6} < 25$ だから，$49 < 25 + 10\sqrt{6} < 50$

よって，$49 < (\sqrt{15} + \sqrt{10})^2 < 64$ より，

$7 < \sqrt{15} + \sqrt{10} < 8$ だから，$a = 7$

これより，$b = \sqrt{15} + \sqrt{10} - 7$ で，$b - \sqrt{15} = \sqrt{10} - 7$

ここで，$b^2 - 2\sqrt{15}b + 14\sqrt{10}$

$= (b - \sqrt{15})^2 - 15 + 14\sqrt{10}$ だから，

これに $b - \sqrt{15} = \sqrt{10} - 7$ を代入して，

$(\sqrt{10} - 7)^2 - 15 + 14\sqrt{10}$

$= 10 - 14\sqrt{10} + 49 - 15 + 14\sqrt{10}$

$= 44$

答 （順に）7，44

5 $x^2 = 74 - p^2$ より，x は自然数なので，

$x = \sqrt{74 - p^2}$

よって，$74 - p^2$ が平方数となればよい。

$p = 2$ のとき，$74 - 2^2 = 70$，

$p = 3$ のとき，$74 - 3^2 = 65$，

$p = 5$ のとき，$74 - 5^2 = 49 = 7^2$，

$p = 7$ のとき，$74 - 7^2 = 25 = 5^2$，

$p \geqq 11$ のときは，$74 - p^2 < 0$ となるから合わない。

したがって，$x = 5$，7

答 5，7

6 (1) $2^2 = 4$, $3^2 = 9$, $8^2 = 64$, $9^2 = 81$, $27^2 = 729$, $28^2 = 784$ より，$\sqrt{2^2} < \sqrt{7} < \sqrt{3^2}$，$\sqrt{8^2} < \sqrt{77} < \sqrt{9^2}$，$\sqrt{27^2} < \sqrt{777} < \sqrt{28^2}$

よって，〔7〕$= 2$，〔77〕$= 8$，〔777〕$= 27$ だから，

〔7〕$+$〔77〕$+$〔777〕$= 2 + 8 + 27 = 37$

(2) $\sqrt{7^2} \leqq \sqrt{x} < \sqrt{8^2}$ のときに〔x〕$= 7$ となる。

このとき，$49 \leqq x < 64$ だから，

条件を満たす x は，$63 - 49 + 1 = 15$（個）

(3) (2)と同様に考えると，$\sqrt{a^2} \leqq \sqrt{x} < \sqrt{(a+1)^2}$

のときに〔x〕$= a$ で，条件を満たす x の個数は，

$\{(a+1)^2 - 1\} - a^2 + 1 = 2a + 1$（個）と表せる。

よって，$2a + 1 = 111$ より，$a = 55$

答 (1) 37　(2) 15（個）　(3) 55

---

10. 2次方程式

§1. 2次方程式 (72ページ)

☆☆☆ 標準問題 ☆☆☆ (72ページ)

1 (1) 両辺の平方根をとって，$x = \pm\sqrt{70}$

(2) $x^2 = 4$ より，$x = \pm 2$

(3) $x^2 = 64$ より，両辺の平方根をとって，$x = \pm 8$

(4) $x + 3 = \pm\sqrt{2}$ より，$x = -3 \pm\sqrt{2}$

(5) $(x+1)^2 = 15$ より，$x + 1 = \pm\sqrt{15}$ なので，$x = -1 \pm\sqrt{15}$

(6) $4x + 3 = \pm\sqrt{2}$ より，$4x = -3 \pm\sqrt{2}$ だから，$x = \dfrac{-3 \pm\sqrt{2}}{4}$

答 (1) $x = \pm\sqrt{70}$　(2) $x = \pm 2$　(3) $x = \pm 8$

(4) $x = -3 \pm\sqrt{2}$　(5) $x = -1 \pm\sqrt{15}$

(6) $x = \dfrac{-3 \pm\sqrt{2}}{4}$

2 (1) $x(x+4) = 0$ より，$x = 0$，-4

(2) $(x+1)(x+10) = 0$ より，$x = -1$，-10

(3) 左辺を因数分解して，$(x+3)(x-5) = 0$ より，$x = -3$，5

(4) 左辺を因数分解して，$(x-3)^2 = 0$ より，$x = 3$

(5) $(4x)^2 - 2 \times 1 \times 4x + 1^2 = 0$ より，$(4x-1)^2 = 0$ だから，$4x = 1$

よって，$x = \dfrac{1}{4}$

(6) $3x^2 - 6x + 3 = 0$

両辺を3で割ると，$x^2 - 2x + 1 = 0$ より，$x^2 - 2 \times 1 \times x + 1^2 = 0$ だから，$(x-1)^2 = 0$

よって，$x = 1$

答 (1) $x = 0$，-4　(2) $x = -1$，-10

(3) $x = -3$，5　(4) $x = 3$　(5) $x = \dfrac{1}{4}$

(6) $x = 1$

3 (1) 式を展開して整理すると，$x^2 - x - 12 = 0$

$(x+3)(x-4) = 0$ だから，$x = -3$，4

(2) $x^2 + 3x - 4 = 5x - 4$ より，$x^2 - 2x = 0$ なので，$x(x-2) = 0$

よって，$x = 0$，2

(3) 両辺を展開して，$3x^2 + 3x = x^2 + 3x + 2$

移項して整理すると，

$2x^2 - 2 = 0$ より，$2(x+1)(x-1) = 0$

よって，$x = 1$，-1

(4) 展開して，$2x^2 - 5x + 6x - 15 = x^2 + 2x - 3$

整理すると，$x^2 - x - 12 = 0$ だから，

$(x+3)(x-4) = 0$

よって，$x = -3$，4

(5) 左辺を展開して，
$4x^2+4x+1-(x^2-2x-8)=18$
整理して，$3x^2+6x-9=0$ より，
$x^2+2x-3=0$ だから，$(x+3)(x-1)=0$
よって，$x=-3$，1

(6) 左辺を展開して，$4x^2+4x+1-3x^2+3=0$ より，
$x^2+4x+4=0$ だから，$(x+2)^2=0$
よって，$x=-2$

(7) $x+1=$A とおくと，$A^2-4A+3=0$
左辺を因数分解して，$(A-1)(A-3)=0$
A をもどして，$(x+1-1)(x+1-3)=0$ より，
$x(x-2)=0$
よって，$x=0$，2

(8) $X=5x+9$ とおくと，
方程式は $X^2-20X-96=0$ となるので，
$(X+4)(X-24)=0$ より，$X=-4$，24
したがって，$5x+9=-4$ より，
$5x=-13$ だから，$x=-\dfrac{13}{5}$
また，$5x+9=24$ より，$5x=15$ だから，$x=3$

答 (1) $x=-3$，4　(2) $x=0$，2　(3) $x=1$，-1
(4) $x=-3$，4　(5) $x=-3$，1　(6) $x=-2$
(7) $x=0$，2　(8) $x=-\dfrac{13}{5}$，3

4 (1) 解の公式より，
$x=\dfrac{-(-4)\pm\sqrt{(-4)^2-4\times1\times1}}{2\times1}=\dfrac{4\pm\sqrt{12}}{2}$
$=\dfrac{4\pm2\sqrt{3}}{2}=2\pm\sqrt{3}$

(2) 両辺を 2 でわると，$x^2+3x-7=0$ だから，
解の公式より，
$x=\dfrac{-3\pm\sqrt{3^2-4\times1\times(-7)}}{2\times1}=\dfrac{-3\pm\sqrt{37}}{2}$

(3) 左辺を展開して整理すると，$x^2-2x-1=0$
解の公式より，
$x=\dfrac{-(-2)\pm\sqrt{(-2)^2-4\times1\times(-1)}}{2\times1}$
$=\dfrac{2\pm2\sqrt{2}}{2}=1\pm\sqrt{2}$

(4) 展開して，$4(x^2+2x+1)=x^2+2x-3+8$ より，
$4x^2+8x+4=x^2+2x+5$ となるから，
$3x^2+6x-1=0$
解の公式より，
$x=\dfrac{-6\pm\sqrt{6^2-4\times3\times(-1)}}{2\times3}=\dfrac{-6\pm\sqrt{48}}{6}$
$=\dfrac{-6\pm4\sqrt{3}}{6}=\dfrac{-3\pm2\sqrt{3}}{3}$

(5) 両辺を 12 倍して，
$2(9x^2+9x+5)-4(3x-4)^2=-3x$

整理すると，$-18x^2+117x-54=0$
両辺を -9 でわって，$2x^2-13x+6=0$
解の公式より，
$x=\dfrac{-(-13)\pm\sqrt{(-13)^2-4\times2\times6}}{2\times2}$
$=\dfrac{13\pm\sqrt{121}}{4}=\dfrac{13\pm11}{4}$
よって，$x=\dfrac{13-11}{4}=\dfrac{1}{2}$，$x=\dfrac{13+11}{4}=6$

答 (1) $x=2\pm\sqrt{3}$　(2) $x=\dfrac{-3\pm\sqrt{37}}{2}$
(3) $x=1\pm\sqrt{2}$　(4) $x=\dfrac{-3\pm2\sqrt{3}}{3}$
(5) $x=\dfrac{1}{2}$，6

5 (1) この 2 次方程式に $x=-1$ を代入すると，
$(-1)^2-3\times(-1)-a=0$ より，
$1+3-a=0$ だから，$-a=-4$
よって，$a=4$

(2) この方程式に $x=1$ を代入して，
$1^2+4a\times1+3=0$ より，
$4a=-4$ だから，$a=-1$
この方程式は，$x^2-4x+3=0$ だから，
$(x-1)(x-3)=0$
よって，$x=1$，3 なので，もう 1 つの解は，$x=3$

(3) $x=2$ のとき，$2\times2^2+3a\times2+b=0$ より，
$6a+b=-8$……①
$x=\dfrac{1}{2}$ のとき，$2\times\left(\dfrac{1}{2}\right)^2+3a\times\dfrac{1}{2}+b=0$ より，
$\dfrac{3}{2}a+b=-\dfrac{1}{2}$ なので，$3a+2b=-1$……②
よって，①×2－②より，
$9a=-15$ なので，$a=-\dfrac{5}{3}$
①に代入して，$6\times\left(-\dfrac{5}{3}\right)+b=-8$ より，$b=2$

(4) 方程式に，$x=a$ を代入して，
$3a^2+(-a+1)\times a-a^2-3a-8=0$
展開して，$3a^2-a^2+a-a^2-3a-8=0$ より，
$a^2-2a-8=0$
因数分解して，$(a+2)(a-4)=0$ より，$a=-2$，4
$a>0$ だから，$a=4$

(5) ①を解くと，$(x-2)(x+1)=0$ より，
$x=2$，-1
$x=2$ が②の解の 1 つになっているとき，
②に $x=2$ を代入して，
$4+2a-5a+2=0$ が成り立つ。
これを解くと，$a=2$
また，$x=-1$ が②の解の 1 つになっているとき，
②に $x=-1$ を代入して，

$1-a-5a+2=0$ が成り立つ。

これを解くと，$a=\dfrac{1}{2}$

よって，求める a の値は，$a=2,\ \dfrac{1}{2}$

(6) $a,\ b$ は 2 次方程式 $x^2-2x-2=0$ の解だから，

$a^2-2a-2=0$……①，

$b^2-2b-2=0$……②が成り立つ。

①より，$a^2-2a=2$

また，②より，$b^2-2b=2$ だから，

$(a^2-2a)(b^2-2b+3)=2\times(2+3)=10$

答 (1) 4　(2) $x=3$　(3) $(a=)-\dfrac{5}{3}$　$(b=)\,2$

(4) 4　(5) 2,　$\dfrac{1}{2}$　(6) 10

★★★ 発展問題 ★★★（73 ページ）

1 与式を順に①，②とする。

①より，$x=y+2$

これを②に代入すると，

$(y+2-1)^2-(y-2)^2=-11$

整理して，$6y=-8$ より，$y=-\dfrac{4}{3}$

これを①に代入して，$x-\left(-\dfrac{4}{3}\right)=2$ より，$x=\dfrac{2}{3}$

答 $x=\dfrac{2}{3},\ y=-\dfrac{4}{3}$

2 $3(x+a)^2=(2a^2-1)(x+a)+(x+a)(x-3a)$

だから，

移項して整理すると，

$(x+a)\{3(x+a)-(2a^2-1)-(x-3a)\}=0$ より，

$(x+a)(2x-2a^2+6a+1)=0$

この 2 次方程式は解を 1 つしかもたないから，

解は，$x=-a$

これを，$2x-2a^2+6a+1$ に代入して，

$-2a-2a^2+6a+1=0$ より，$2a^2-4a-1=0$

解の公式より，

$a=\dfrac{-(-4)\pm\sqrt{(-4)^2-4\times2\times(-1)}}{2\times2}$

$=\dfrac{2\pm\sqrt{6}}{2}$

答 (2) $\dfrac{2\pm\sqrt{6}}{2}$

§2．2次方程式の利用（74 ページ）

☆☆☆ 標準問題 ☆☆☆（74 ページ）

1 (1) 大きい方の数を x とすると，

小さい方の数は，$4-x$ なので，

$x(4-x)=2$

整理して，$x^2-4x+2=0$

解の公式より，

$x=\dfrac{-(-4)\pm\sqrt{(-4)^2-4\times1\times2}}{2\times1}=\dfrac{4\pm2\sqrt{2}}{2}$

$=2\pm\sqrt{2}$

$x=2-\sqrt{2}$ のとき，

$4-x=4-(2-\sqrt{2})=2+\sqrt{2}$

で，条件に合わない。

$x=2+\sqrt{2}$ のとき，

$4-x=4-(2+\sqrt{2})=2-\sqrt{2}$

で，条件に合う。

よって，$x=2+\sqrt{2}$

(2) $x^2+2=(x+2)^2-26$ が成り立つ。

よって，$x^2+2=x^2+4x+4-26$ より，

$-4x=-24$ となるので，$x=6$

(3) 大きい方の自然数を n とすると，

小さい方の自然数は $n-1$ と表せる。

よって，$n^2-2(n-1)=50$ が成り立ち，

式を整理すると，$n^2-2n-48=0$

左辺を因数分解して，$(n-8)(n+6)=0$

よって，$n=8,\ -6$

n は自然数だから，$n=8$

答 (1) $2+\sqrt{2}$　(2) 6　(3) 8

2 (2) 連続する 3 つの正の整数は，中央の数を x とすると $x-1,\ x,\ x+1$ と表せる。

中央の数の 2 乗が，他の 2 数の和の 3 倍に等しいから，$x^2=3(x-1+x+1)$

式を整理して，$x^2-6x=0$ より，$x(x-6)=0$

よって，$x=0,\ 6$

x は正の整数だから，$x=6$

したがって，連続する 3 つの正の整数は，5，6，7。

答 (1) $x-1$　(2) 5，6，7

3 (1) できる食塩水は，$(100-40)\times\dfrac{25}{100}=15$（g）の

食塩が含まれる 100g の食塩水なので，

その濃度は，$15\div100\times100=15$（%）

(2) 2 回目の作業後の食塩水は，$(100-40)\times\dfrac{15}{100}=$

9（g）の食塩が含まれる 100g の食塩水なので，

その濃度は，$9\div100\times100=9$（%）

(3) 100g の食塩水から x g を取り出すと，食塩水の

量が $\dfrac{100-x}{100}$ 倍になるので，

そこに含まれる食塩の量も $\dfrac{100-x}{100}$ 倍になり，こ

れに水を加えても食塩の量は変わらない。

はじめの食塩水に含まれる食塩の量は，

$100\times\dfrac{25}{100}=25$（g）で，作業後の食塩水に含まれ

る食塩の量は, $100 \times \dfrac{16}{100} = 16$ (g) なので,

$25 \times \dfrac{100-x}{100} \times \dfrac{100-x}{100} = 16$ より,

$\dfrac{(100-x)^2}{400} = 16$ だから,

$(100-x)^2 = 6400$ より, $x^2 - 200x + 3600 = 0$

左辺を因数分解して, $(x-20)(x-180) = 0$

題意より, $0 \le x \le 100$ なので,

適する x の値は, $x = 20$

答 (1) 15 (%) (2) 9 (%) (3) 20

4 (1) $y = at - 5t^2$ とおき, $t=3$, $y=75$ を代入すると,

$75 = a \times 3 - 5 \times 3^2$ より, $a = 40$

(2) $y = 40t - 5t^2$ に $t=4$ を代入して,

$y = 40 \times 4 - 5 \times 4^2 = 80$

(3) $y = 40t - 5t^2$ に $y=35$ を代入して,

$35 = 40t - 5t^2$

移項して, $5t^2 - 40t + 35 = 0$

両辺を5でわって, $t^2 - 8t + 7 = 0$

左辺を因数分解して, $(t-1)(t-7) = 0$ より,

$t = 1, 7$

したがって, 1回目が1秒後で, 2回目は7秒後。

答 (1) 40 (2) 80 (m) (3) 7 (秒後)

5 (1) 商品が, $222 - 150 = 72$ (個) 増えたので,

$3x = 72$ より, $x = 24$

よって, 求める値段は, $200 - 24 = 176$ (円)

(2) $x = 200 - 190 = 10$ なので,

売れる個数は, $150 + 3 \times 10 = 180$ (個)

よって, 予想利益は, $190 \times 180 - 120 \times 180$

$= 12600$ (円)

(3) さらに y 円下げたとすると,

1個の値段は, $190 - y$ (円)で, 売れる個数は,

$180 + 3 \times y = 180 + 3y$ (個) なので,

予想利益について, $(190-y) \times (180+3y) - 120$

$\times (180+3y) = 12600$ が成り立つ。

式を整理すると,

$y^2 - 10y = 0$ となり, $y(y-10) = 0$

$y > 0$ より, $y = 10$

よって, 求める値段は, $190 - 10 = 180$ (円)

(4) 予想での1個の値段は $(200-x)$ 円, 売れる個数は $(150+3x)$ 個だから,

$(200-x) \times (150+3x-15) - 120 \times (150+3x) = 8400$ が成り立つ。

式を整理すると,

$x^2 - 35x - 200 = 0$ なので, $(x-40)(x+5) = 0$

$x > 0$ より, $x = 40$

よって, 求める値段は, $200 - 40 = 160$ (円)

答 (1) 176 (円) (2) 12600 (円) (3) 180 (円)

(4) 160 (円)

6 (1) 直方体の容器の縦は, $16 - 4 \times 2 = 8$ (cm),

横は, $20 - 4 \times 2 = 12$ (cm)で, 高さは 4 cm となる。

よって, 求める容積は, $8 \times 12 \times 4 = 384$ (cm³)

(2) 切り取る正方形の1辺の長さを x cm ($0 < x < 8$)とすると,

直方体の容器の縦は $(16-2x)$ cm,

横は $(20-2x)$ cm, 高さは x cm となる。

このとき, 底面積について,

$(16-2x) \times (20-2x) = 192$ が成り立つ。

式を展開して整理すると,

$x^2 - 18x + 32 = 0$ だから,

$(x-2)(x-16) = 0$ より, $x = 2, 16$

$0 < x < 8$ より, $x = 2$

よって, 直方体の高さは 2 cm。

答 (1) 384 (cm³) (2) 2 (cm)

7 (1) $AB : AP = AP : PB$ より,

$x : 3 = 3 : (x-3)$ だから, $x(x-3) = 9$

これを整理すると, $x^2 - 3x - 9 = 0$

解の公式より,

$x = \dfrac{-(-3) \pm \sqrt{(-3)^2 - 4 \times 1 \times (-9)}}{2 \times 1}$

$= \dfrac{3 \pm 3\sqrt{5}}{2}$

$x > 3$ より, $x = \dfrac{3 + 3\sqrt{5}}{2}$

(2) $AQ = 3 - (x-3) = 6 - x$,

$PQ = x - (6-x) - (x-3) = x - 3$ より,

$(x-3) : (6-x) = y : 1$

よって, $y = \dfrac{x-3}{6-x}$

これに, $x = \dfrac{3 + 3\sqrt{5}}{2}$ を代入して,

$y = \dfrac{-3 + 3\sqrt{5}}{2} \div \dfrac{9 - 3\sqrt{5}}{2} = \dfrac{-3 + 3\sqrt{5}}{9 - 3\sqrt{5}}$

$= \dfrac{-1 + \sqrt{5}}{3 - \sqrt{5}} = \dfrac{(-1 + \sqrt{5})(3 + \sqrt{5})}{(3 - \sqrt{5})(3 + \sqrt{5})}$

$= \dfrac{-3 - \sqrt{5} + 3\sqrt{5} + 5}{9 - 5} = \dfrac{2 + 2\sqrt{5}}{4}$

$= \dfrac{1 + \sqrt{5}}{2}$

答 (1) $\dfrac{3 + 3\sqrt{5}}{2}$ (2) $\dfrac{1 + \sqrt{5}}{2}$

8 (1) 1列目が平方数なので,

48に一番近い平方数は, $6^2 = 36$, $7^2 = 49$ より,

7段目の1列目にある, 49。

よって, 48は, 7段目の2列目。

(2) 8段目の1列目は, $8^2 = 64$ なので,

1段目の9列目は, $64 + 1 = 65$

よって，8段目の9列目は，$65+(8-1)=72$

(3)　n段目の1列目は，n^2 なので，

1段目の$(n+1)$列目は，n^2+1

よって，n段目の$(n+1)$列目は，

$n^2+1+(n-1)=132$ より，

$n^2+n-132=0$ だから，

$(n+12)(n-11)=0$ から，$n>0$ なので，

$n=11$

答 (1)(ア) 7　(イ) 2　(2) 72　(3) 11

9 (1)(ア)　ゲーム数は，$\dfrac{5\times4}{2}=10$ で，すべてのゲームで両チーム合わせて，$3+0=3$（点）が入る。

よって，5チームの得点の合計は，

$3\times10=30$（点）

(イ)　5チームの得点は，勝負がついた5ゲームで，$3\times5=15$（点），引き分けた5ゲームでは，両チーム合わせて，$1+1=2$（点）入るから，

$2\times5=10$（点）

よって，5チームの得点の合計は，$15+10=25$（点）

(2)(ア)　引き分けたゲーム数をaとすると，

勝負がついたゲーム数は，$a+17$

よって，$3(a+17)+2a=146$ が成り立つ。

$5a=95$ より，$a=19$

(イ)　勝負がついたゲーム数は，$19+17=36$ だから，ゲームの総数は，$19+36=55$

$\dfrac{n(n-1)}{2}=55$ だから，

$n(n-1)=110$ となり，$n^2-n-110=0$ より，

$(n+10)(n-11)=0$

よって，$n=-10$，11

nは自然数だから，$n=11$

答 (1)(ア) 30（点）　(イ) 25（点）　(2)(ア) 19　(イ) 11

★★★ 発展問題 ★★★（77ページ）

1 (1)　ア．$15\div3=5$（秒）イ．$5+9\div3=8$（秒）

(2)　ウ．12cmから1秒ごとに2cm短くなるので，$(12-2x)$cm。

エ．点QはAC上にあるので，

△PBQで，PBの底辺としたときの高さは，0cmから1秒ごとに，$9\div5=\dfrac{9}{5}$cm長くなる。

よって，x秒後の△PBQで，PBを底辺としたときの高さは $\dfrac{9}{5}x$cmになるので，

△PBQの面積は，

$\dfrac{1}{2}\times(12-2x)\times\dfrac{9}{5}x=-\dfrac{9}{5}x^2+\dfrac{54}{5}x$（cm^2）

オ．①と同様，PBの長さは$(12-2x)$cmと表される。

点QはCB上にあるので，

CBの長さは，5秒後が9cmで，そこから1秒ごとに3cm短くなり，

$9-3\times(x-5)=-3x+24$（cm）

よって，△PBQの面積は，

$\dfrac{1}{2}\times(12-2x)\times(-3x+24)$

$=3x^2-42x+144$（cm^2）

(3)　①のとき，$-\dfrac{9}{5}x^2+\dfrac{54}{5}x=9$

両辺を$-\dfrac{5}{9}$倍して整理すると，

$x^2-6x+5=0$ より，

$x^2+(-1-5)x+(-1)\times(-5)=0$ だから，

$(x-1)(x-5)=0$

よって，$x=1$，5で，両方当てはまる。

また$x=5$のとき，点Qは頂点Cにあり，ここから6秒後まではBPもBQも短くなっていくので，△PBQの面積は小さくなっていく。

よって，当てはまる数は1，5ですべて。

答 (1) ア．5　イ．8

(2) ウ．$12-2x$　エ．$-\dfrac{9}{5}x^2+\dfrac{54}{5}x$

オ．$3x^2-42x+144$

(3) 1，5

2 (1)(a)　PQ間の距離は，2人が初めて出会うまでに進んだ距離の和だから，

$(60+x)\times t=60t+tx$（m）

(b)　1回目に出会ってから2回目に出会うまでに2人が進む距離の和は，PQ間の距離の2倍。

よって，出発してから2回目に出会うまでに，2人が進む距離の和はPQ間の距離の3倍で，かかった時間も，初めて出会うまでにかかった時間の3倍になるから，$t\times3=3t$（分）

(2)　1往復するのにかかった時間は，

太郎が$(3t+12)$分，次郎が$(3t+2)$分となるから，

1往復の距離について，$60(3t+12)=x(3t+2)$ が成り立つ。

これより，$3tx+2x=180t+720$……①

また，(1)より，1往復の距離は，$2(60t+tx)$m と表せるから，$60(3t+12)=2(60t+tx)$ が成り立つ。

これより，$tx=30t+360$……②

②を①に代入して，$3(30t+360)+2x=180t+720$ より，$x=45t-180$……③

③を②に代入して，$t(45t-180)=30t+360$

整理すると，

$3t^2-14t-24=0$ となるから，解の公式より，

$$t = \frac{-(-14) \pm \sqrt{(-14)^2 - 4 \times 3 \times (-24)}}{2 \times 3}$$

$$= \frac{14 \pm 22}{6}$$

よって，$t = 6,\ -\dfrac{4}{3}$

$t > 0$ だから，$t = 6$

③に代入して，$x = 45 \times 6 - 180 = 90$

答 (1) (a) $60t + tx$　(b) $3t$　(2) 90

11. 2次関数

§1. 2次関数とグラフ (78 ページ)

1 (1)① 比例の式だから，直線のグラフで原点を通る。
また，傾きが2だから，右上がりのグラフである。
よって，⑦。

② 1次関数の式だから，直線のグラフである。
また，傾きが−1だから，右下がりのグラフで，切片が負だから，⑰。

③ 反比例の式だから，双曲線のグラフである。
よって，⑦。

④ y が x の2乗に比例する関数だから，放物線のグラフである。
よって，①。

(2) アは，$y = \left(\dfrac{1}{4}x\right)^2 = \dfrac{1}{16}x^2$ で，y は x の2乗に比例する。

イは $y = x^3$，ウは，$y = 2 \times \pi \times x \times 6 = 12\pi x$ で，y は x の2乗に比例しない。

エは，$y = x \times \dfrac{1}{2}x = \dfrac{1}{2}x^2$ で，y は x の2乗に比例する。

答 (1)① ⑦　② ⑰　③ ⑦　④ ①　(2) ア，エ

2 (1) 比例定数が正で，x の変域に0を含むので，
$x = 0$ のとき，最小値 $y = 0$ をとる。

また，x の変域のうち，絶対値が最大の $x = -3$ のとき，最大値，$y = 2 \times (-3)^2 = 18$ をとる。

よって，$0 \leq y \leq 18$

(2) y の変域が0以上だから，
$a > 0$ で，$y = ax^2$ のグラフは，上に開いた放物線となる。

よって，$-2 \leq x \leq 1$ において，$x = -2$ のとき，y は最大値3をとるから，$3 = a \times (-2)^2$

$4a = 3$ より，$a = \dfrac{3}{4}$

(3) y の変域が正より $a > 0$ であり，$2 \leq y \leq 8$ より x の変域には $x = 0$ を含まないから，$b < 0$

このとき，x の絶対値が大きいほど，y の値も大きくなるから，$x = -2$ のとき $y = 8$ をとり，

$8 = a \times (-2)^2$ より，$a = 2$

よって，関数は，$y = 2x^2$

また，$x = b$ のとき，$y = 2$ をとるから，$2 = 2 \times b^2$ より，$b^2 = 1$ となり，$b = \pm 1$

したがって，$b < 0$ より，$b = -1$

答 (1) 18　(2) $\dfrac{3}{4}$　(3) $(a =)\ 2$　$(b =)\ -1$

$\boxed{3}$ (1) $-2 \leqq x \leqq 1$ より，$y = 3x^2$ は，$x = 0$ のとき $y = 0$ で最小値，$x = -2$ のとき，$y = 3 \times (-2)^2 = 12$ で最大値をとるので，$0 \leqq y \leqq 12$

よって，$y = ax + b \, (a > 0)$ は，$x = -2$ のとき $y = 0$，$x = 1$ のとき $y = 12$ だから，

$0 = -2a + b$……①

$12 = a + b$……②

②－①より，$12 = 3a$ だから，$a = 4$

これを②に代入して，$12 = 4 + b$ より，$b = 8$

(2) $a > 0$ より，関数 $y = ax^2$ は，x の絶対値が大きいほど y の値が大きくなるので，

$x = 0$ のとき，最小値 $y = 0$ をとり，$x = -3$ のとき，最大値，$y = a \times (-3)^2 = 9a$ をとる。

よって，$c = 0$，$d = 9a$

また，$b < 0$ より，関数 $y = bx + 1$ は，$x = 1$ のとき，$y = c = 0$ となる。

$0 = b + 1$ より，$b = -1$

したがって，関数 $y = -x + 1$ は，$x = -3$ のとき，$y = d = 9a$ だから，$9a = -3 \times (-1) + 1$

これを解いて，$a = \dfrac{4}{9}$

答 (1) $(a =) \, 4$ 　$(b =) \, 8$

(2) $(a =) \, \dfrac{4}{9}$ 　$(b =) \, -1$

$\boxed{4}$ (1) $x = -4$ のとき，$y = \dfrac{1}{4} \times (-4)^2 = 4$，

$x = 2$ のとき，$y = \dfrac{1}{4} \times 2^2 = 1$ より，

変化の割合は，$\dfrac{1 - 4}{2 - (-4)} = -\dfrac{1}{2}$

(2) $2 \leqq x \leqq 6$ における，$y = ax^2$ の変化の割合は，

$\dfrac{a \times 6^2 - a \times 2^2}{6 - 2} = \dfrac{32a}{4} = 8a$

また，$y = 2x + 3$ の変化の割合は 2 で一定だから，

$8a = 2$

よって，$a = \dfrac{1}{4}$

答 (1) $-\dfrac{1}{2}$ 　(2) $\dfrac{1}{4}$

$\boxed{5}$ (1) $y = \dfrac{1}{2}x^2$ に $x = 2$ を代入して，$y = \dfrac{1}{2} \times 2^2 = 2$

(2) $y = \dfrac{1}{2}x^2$ に $x = 4$ を代入して，$y = \dfrac{1}{2} \times 4^2 = 8$ より，4秒後までに球の進んだ距離は 8m。

よって，$4 - 2 = 2$（秒）で，$8 - 2 = 6$（m）進んでいるので，

平均の速さは，毎秒 $6 \div 2 = 3$（m）

(3) $y = \dfrac{1}{2}x^2$ に $y = 3$ を代入して，$3 = \dfrac{1}{2}x^2$ より，

$x^2 = 6$

よって，$x = \pm\sqrt{6}$

$x > 0$ なので，あてはまるのは $\sqrt{6}$ 秒後。

(4) $y = \dfrac{1}{2}x^2$ に $x = 6$ を代入して，$y = \dfrac{1}{2} \times 6^2 = 18$ より，6秒後までに球の進んだ距離は 18m なので，球がブロックに追いつく地点は B 地点から，

$18 - 3 = 15$（m）

ブロックはこれを 6 秒で進むので，

速さは，毎秒，$15 \div 6 = \dfrac{5}{2}$（m）

答 (1)(イ)　(2)(ウ)　(3)(イ)　(4)(ア)

$\boxed{6}$ (1) $y = -x^2$ について，$x = 1$ のとき，$y = -1^2 = -1$ で，$x = 3$ のとき，$y = -3^2 = -9$ だから，

変化の割合は，$\dfrac{-9 - (-1)}{3 - 1} = -4$

(2) $y = ax^2$ に $x = 2$，$y = 2$ を代入して，$2 = a \times 2^2$ より，$a = \dfrac{1}{2}$

関数 $y = \dfrac{1}{2}x^2$ のグラフは原点，$(2, 2)$，$(4, 8)$，$(-2, 2)$，$(-4, 8)$ などの点を通るから，これらをなめらかに結んだ放物線をかく。

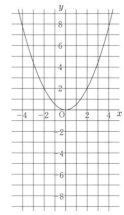

(3) A $(t, 2t^2)$，B $(t, -t^2)$ より，

$AB = 2t^2 - (-t^2) = 3t^2$

また，$AC = t - (-t) = 2t$ より，

$3t^2 + 2t = 1$ が成り立つ。

これを整理して，$3t^2 + 2t - 1 = 0$

解の公式より，$x = \dfrac{-2 \pm \sqrt{2^2 - 4 \times 3 \times (-1)}}{2 \times 3}$

$= \dfrac{-2 \pm 4}{6}$

$t > 0$ より，$t = \dfrac{-2 + 4}{6} = \dfrac{1}{3}$

(4) $y = 2x^2$ は，$x = 0$ のとき最小値 $y = 0$，$x = 3$ のとき最大値，$y = 2 \times 3^2 = 18$ となる。

$b < 0$ より，$y = bx + c$ は右下がりのグラフだから，

$x=-1$ のとき y は最大となり $y=18$, $x=3$ のとき y は最小となり $y=0$ となる。

したがって，b, c についての連立方程式

$$\begin{cases} 18=-b+c \\ 0=3b+c \end{cases} \text{が成り立つから，}$$

これを解くと，$b=-\dfrac{9}{2}$, $c=\dfrac{27}{2}$

答 (1) -4　(2) $(a=)\dfrac{1}{2}$　（グラフ）（前図）

(3) $\dfrac{1}{3}$　(4) $(b=)-\dfrac{9}{2}$　$(c=)\dfrac{27}{2}$

7 (1) $y=ax^2$ に点 A の座標を代入すると，

$4=a\times 4^2$ より，$a=\dfrac{1}{4}$

(2) $y=x^2$ に $y=4$ を代入すると，

$4=x^2$ より，$x=\pm 2$

点 B の x 座標は負だから，B $(-2, 4)$

点 C は線分 AB の中点だから，

その x 座標は，$\dfrac{-2+4}{2}=1$

したがって，C $(1, 4)$

$y=bx^2$ に点 C の座標を代入すると，

$4=b\times 1^2$ より，$b=4$

(3) $y=x^2$ に $x=-1$ を代入すると，

$y=(-1)^2=1$ より，P $(-1, 1)$

直線 BP は傾きが，$\dfrac{1-4}{-1-(-2)}=-3$ だから，

式を $y=-3x+c$ とおいて，点 P の座標を代入すると，

$1=-3\times(-1)+c$ より，$c=-2$

したがって，$y=-3x-2$……㋐

直線 OA の式を求めると，$y=x$……㋑

㋐に㋑を代入すると，

$x=-3x-2$ より，これを解くと，$x=-\dfrac{1}{2}$

$x=-\dfrac{1}{2}$ を㋑に代入して，$y=-\dfrac{1}{2}$ だから，

求める座標は，$\left(-\dfrac{1}{2}, -\dfrac{1}{2}\right)$

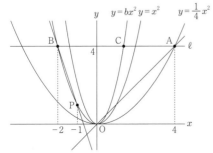

答 (1) $\dfrac{1}{4}$　(2) 4　(3) $\left(-\dfrac{1}{2}, -\dfrac{1}{2}\right)$

8 (1) 点 A の y 座標は，$y=2^2=4$ なので，A $(2, 4)$

(2) $y=ax^2$ に点 D の座標を代入して，$-8=16a$ より，$a=-\dfrac{1}{2}$

(3) $y=x^2$ に $x=-1$ を代入して，$y=(-1)^2=1$ より，B $(-1, 1)$ なので，

直線 AB の式を $y=bx+c$ とおいて，点 A，B の座標をそれぞれ代入すると，

$$\begin{cases} 4=2b+c \\ 1=-b+c \end{cases} \text{が成り立つ。}$$

これを解いて，$b=1$, $c=2$ より，直線 AB の式は，

$y=x+2$

また，点 C の座標は $(-2, -2)$ なので，

直線 CD の式を $y=dx+e$ とおいて，

点 C，D の座標をそれぞれ代入すると，

$$\begin{cases} -2=-2d+e \\ -8=4d+e \end{cases} \text{が成り立つ。}$$

これを解いて，$d=-1$, $e=-4$ より，

直線 CD の式は，$y=-x-4$

したがって，求める交点の x 座標は，

$x+2=-x-4$ より，

$2x=-6$ となるので，$x=-3$

また，y 座標は，$y=-3+2=-1$ なので，

求める交点の座標は $(-3, -1)$

答 (1) $(2, 4)$　(2) $-\dfrac{1}{2}$　(3) $(-3, -1)$

9 (1) 点 A は関数 $y=x^2$ のグラフ上の点で，x 座標が -2 なので，

この 2 次関数の式に $x=-2$ を代入すると，

$y=(-2)^2=4$

よって，点 A の y 座標は 4。

(2) $y=x^2$ の式に $x=5$ を代入すると，

$y=5^2=25$ なので，B $(5, 25)$

2 点 A，B を通る直線の方程式を $y=ax+b$ とすると，2 点 A，B はこの直線上の点なので，

その座標の値をそれぞれ代入して，

$$\begin{cases} 4=-2a+b \\ 25=5a+b \end{cases}$$

これを連立方程式として解くと，$a=3$, $b=10$ なので，2 点 A，B を通る直線の方程式は，

$y=3x+10$

(3) 直線 AB の切片より，P $(0, 10)$ なので，

OP の中点は，x 座標が 0 で，y 座標が，

$\dfrac{0+10}{2}=5$

直線 ℓ は，点 $(0, 5)$ を通り，傾きが 3 なので，その式は $y=3x+5$

2 点 C，D は $y=x^2$ のグラフと $y=3x+5$ のグラ

フの交点なので,

$x^2 = 3x + 5$ より, $x^2 - 3x - 5 = 0$

解の公式より,

$$x = \frac{-(-3) \pm \sqrt{(-3)^2 - 4 \times 1 \times (-5)}}{2 \times 1}$$

$$= \frac{3 \pm \sqrt{29}}{2} \text{ なので,}$$

2点C, Dの x 座標は, $\dfrac{3 + \sqrt{29}}{2}$ と $\dfrac{3 - \sqrt{29}}{2}$ で,

その和は, $\dfrac{3 + \sqrt{29}}{2} + \dfrac{3 - \sqrt{29}}{2} = 3$

答 (1) 4　(2) $y = 3x + 10$　(3) 3

10 (1) $y = \dfrac{1}{2}x^2$ に, $x = 2$ を代入して, $y = \dfrac{1}{2} \times 2^2 = 2$

よって, P (2, 2)だから,

直線 ℓ の式は, $y = 2$

(2) A (0, 18), R (0, 2)だから,

AR $= 18 - 2 = 16$

(3) $y = \dfrac{1}{2}x^2$ に, $y = 18$ を代入して, $18 = \dfrac{1}{2}x^2$ より, $x^2 = 36$ だから, $x = \pm 6$

よって, S $(-6, 18)$, T $(6, 18)$ となる。

また, P $\left(a, \dfrac{1}{2}a^2\right)$, Q $\left(-a, \dfrac{1}{2}a^2\right)$ と表せる

から, ST $= 6 - (-6) = 12$, PQ $= a - (-a) = 2a$,

AR $= 18 - \dfrac{1}{2}a^2$ となる。

よって, $12 + 2a = 2\left(18 - \dfrac{1}{2}a^2\right)$ が成り立つから,

$12 + 2a = 36 - a^2$ より, $a^2 + 2a - 24 = 0$

よって, $(a-4)(a+6) = 0$ より, $a = 4$, -6

$a > 0$ だから, $a = 4$

したがって, $\dfrac{1}{2}a^2 = \dfrac{1}{2} \times 4^2 = 8$ より, P (4, 8)

答 (1) $y = 2$　(2) 16　(3) (4, 8)

11 (1) $t = 2$ のとき,

A (2, 24), B (6, 36), B$'$ $(-6, 36)$だから,

直線 AB$'$ の傾きは, $\dfrac{24 - 36}{2 - (-6)} = \dfrac{-12}{8} = -\dfrac{3}{2}$

(2) A $(t, 6t^2)$, B$'$ $(-3t, 9t^2)$ だから,

直線 AB$'$ の傾きは, $\dfrac{6t^2 - 9t^2}{t - (-3t)} = \dfrac{-3t^2}{4t} = -\dfrac{3}{4}t$

よって, 直線 AB$'$ の式は, $y = -\dfrac{3}{4}tx + b$ と表せる。

点Aの座標の値を代入して, $6t^2 = -\dfrac{3}{4}t \times t + b$ よ

り, $b = \dfrac{27}{4}t^2$

したがって, 直線 AB$'$ の式は, $y = -\dfrac{3}{4}tx + \dfrac{27}{4}t^2$

(3) 点Bと点B$'$は y 軸について対称だから,

点Pが y 軸上のどこにあっても,

AP + BP = AP + B$'$P

よって, 3点A, P, B$'$ が一直線上に並ぶとき,

AP + BP が最小となる。

このとき, 点Pは直線 AB$'$ の切片だから,

$\dfrac{27}{4}t^2 = 3$ より, $t^2 = \dfrac{4}{9}$

$t > 0$ より, $t = \dfrac{2}{3}$

答 (1) ア．－　イ．3　ウ．2

(2) エ．－　オ．3　カ．4　キ．2　ク．7

ケ．4

(3) コ．2　サ．3

12 (1)① 3秒間で進む長さは, 点Pが, $1 \times 3 = 3$ (cm)

で, 点Qが, $2 \times 3 = 6$ (cm)なので,

$0 \leqq x \leqq 3$ のとき, 点Pは辺 AB 上, 点Qは辺

AD 上にあり,

AP $= 1 \times x = x$ (cm), AQ $= 2 \times x = 2x$ (cm)な

ので, $y = \dfrac{1}{2} \times x \times 2x$

よって, $y = x^2$

② 6秒間で進む長さは, 点Pが, $1 \times 6 = 6$ (cm)

で, 点Qが, $2 \times 6 = 12$ (cm)なので,

$3 \leqq x \leqq 6$ のとき, 点Pは辺 AB 上, 点Qは辺

DC 上にあり, △APQ は, 底辺 AP, 高さ6cm

の三角形になる。

よって, $y = \dfrac{1}{2} \times x \times 6$ より, $y = 3x$

(2) 点P, Qが再び出会うまでに点P, Qが進む長

さの和は, 正方形 ABCD の周の長さで,

$6 \times 4 = 24$ (cm)

点P, Qが x 秒後に再び出会うとすると,

そのときまでに点Pは x cm, 点Qは $2x$ cm進む

ので, $x + 2x = 24$ より, $3x = 24$

よって, $x = 8$

(3) $6 \leqq x \leqq 8$ のとき, 点P, Qともに辺 BC 上にあ

るので, △APQ は, 底辺 PQ, 高さ6cm の三角

形になる。

このとき, PQ $= 24 - 3x$ (cm)なので,

$6 \leqq x \leqq 8$ のとき, x と y の関係式は,

$y = \dfrac{1}{2} \times (24 - 3x) \times 6$ より,

$y = -9x + 72$

$0 \leqq x \leqq 3$ のとき, $9 = x^2$ より, $x = \pm 3$

$0 \leqq x \leqq 3$ なので, 適するのは, $x = 3$

$3 \leqq x \leqq 6$ のとき, $9 = 3x$ より, $x = 3$

$3 \leqq x \leqq 6$ なので, 適する。

$6 \leqq x \leqq 8$ のとき, $9 = -9x + 72$ より, $9x = 63$

よって, $x = 7$

$6 \leqq x \leqq 8$ なので, 適する。

したがって, $y = 9$ となるときの x の値は,

$x = 3, 7$

答 (1) ① $y = x^2$ ② $y = 3x$ (2) 8 (3) 3, 7

13 (1) 点 P が頂点 D に到着するのと点 Q が頂点 C を通るのは同時で, $6 \div 1 = 6$ (秒後), 点 Q が頂点 B を通るのは, $6 \times 2 \div 1 = 12$ (秒後), 頂点 A を通るのは, $6 \times 3 \div 1 = 18$ (秒後)だから,

x の範囲を $0 \leqq x \leqq 6$, $6 \leqq x \leqq 12$, $12 \leqq x \leqq 18$ に分けて考える。

$x = 1$ のとき, $\triangle AQP$ は底辺が $AP = 1$ cm, 高さが $QD = 1$ cm だから,

$y = \dfrac{1}{2} \times 1 \times 1 = \dfrac{1}{2}$

また, $0 \leqq x \leqq 6$ のとき, 点 Q は辺 DC 上で, $\triangle AQP$ は底辺が x cm, 高さが x cm だから,

$y = \dfrac{1}{2} \times x \times x = \dfrac{1}{2} x^2$

$6 \leqq x \leqq 12$ のとき, 点 Q は辺 CB 上で, 底辺が 6 cm, 高さが 6 cm だから,

$y = \dfrac{1}{2} \times 6 \times 6 = 18$

$12 \leqq x \leqq 18$ のとき, 点 Q は辺 BA 上で, 底辺が 6 cm, 高さが $(18-x)$ cm だから,

$y = \dfrac{1}{2} \times 6 \times (18-x) = -3x + 54$

よって, グラフは(ウ)になる。

(2) $0 < x \leqq 6$ のとき, $\triangle RQD$ は底辺が x cm, 高さが 3 cm だから,

面積は, $\dfrac{1}{2} \times x \times 3 = \dfrac{3}{2} x$ (cm²)

$\triangle RQD = \triangle AQP$ だから,

$\dfrac{3}{2} x = \dfrac{1}{2} x^2$ より, $x^2 - 3x = 0$

左辺を因数分解して, $x(x-3) = 0$ より, $x = 0, 3$

$0 < x \leqq 6$ だから, $x = 3$

$6 \leqq x \leqq 12$ のとき, $\triangle RQD$ の底辺を RD としたときの高さが最も高いのは点 Q が頂点 C にいるときだが, そのときの面積は, $6 \times 6 \div 4 = 9$ (cm²)となり, $\triangle AQP$ よりも小さい。

したがって, $6 \leqq x \leqq 12$ のとき, $\triangle RQD$ の面積が $\triangle AQP$ の面積と等しくなることはない。

$12 \leqq x \leqq 18$ のとき, $\triangle RQD$ は次図のようになる。$AQ = (18-x)$ cm, $BQ = (x-12)$ cm だから,

$\triangle RQD = \triangle ABD - \triangle AQD - \triangle QBR$

$= \dfrac{1}{2} \times 6 \times 6 - \dfrac{1}{2} \times (18-x) \times 6$

$\qquad - \dfrac{1}{2} \times (x-12) \times 3$

$= \dfrac{3}{2} x - 18$ (cm²)

よって, $\dfrac{3}{2} x - 18 = -3x + 54$ より, $x = 16$

これは $12 \leqq x \leqq 18$ を満たす。

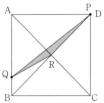

答 (1) $(y =) \dfrac{1}{2}$, (ウ) (2) 3, 16

§2. 2次関数と図形 (84ページ)

☆☆☆ 標準問題 ☆☆☆ (84ページ)

1 (1) $y = 3^2 = 9$ より, 点 A の座標は $(3, 9)$

(2) $y = (-2)^2 = 4$ より, 点 B の座標は $(-2, 4)$

直線 AB の式を $y = ax + b$ とおくと,

$\begin{cases} 9 = 3a + b \\ 4 = -2a + b \end{cases}$ が成り立つ。

これを解いて, $a = 1$, $b = 6$ より, 求める直線の式は, $y = x + 6$

(3) $y = x + 6$ に $y = 0$ を代入して, $0 = x + 6$ より, $x = -6$

(4) 直線 AB と y 軸との交点を D とすると,

$OD = 6$

よって, $\triangle OAB = \triangle OAD + \triangle OBD$

$= \dfrac{1}{2} \times 6 \times 3 + \dfrac{1}{2} \times 6 \times 2 = 15$

答 (1) $(3, 9)$ (2) $y = x + 6$ (3) -6 (4) 15

2 (1) $x = 2$ を $y = 2x^2$ に代入して, $y = 2 \times 2^2 = 8$

(2) $OB = 2$, $AB = 8$ なので,

$\triangle OAB = \dfrac{1}{2} \times 2 \times 8 = 8$

(3) 直線 OA の式を $y = ax$ とおくと, 点 A の座標より, $8 = 2a$

よって, $a = 4$ より, $y = 4x$

(4) $x = 3$ のとき, $y = 2 \times 3^2 = 18$ で最大値, $x = 0$ のとき, $y = 0$ で, 最小値をとる。

よって, $0 \leqq y \leqq 18$

答 (1) 8 (2) 8 (3) $y = 4x$ (4) $0 \leqq y \leqq 18$

3 (1) ①の式に点 B の x 座標の値を代入すると,

$y = \dfrac{1}{3} \times 3^2 = 3$

(2) ②の式に点 B の座標の値を代入すると,

$3 = -3 + b$ よって, $b = 6$

(3) ②のグラフと y 軸との交点を C $(0, 6)$ とすると,

$\triangle OAB = \triangle OAC + \triangle OBC$

$= \dfrac{1}{2} \times 6 \times 6 + \dfrac{1}{2} \times 6 \times 3 = 27$

(4) 原点 O を通り，②に平行な直線を③とすると，

式は，$y = -x$

点 P がこの直線上にあれば，$\triangle OAB$ と $\triangle PAB$ で共通な辺 AB を底辺としたときの高さが等しくなるので，面積は等しくなる。

よって，点 P は①と③のグラフの交点なので，

x 座標は，$\dfrac{1}{3}x^2 = -x$ の解である。

両辺を 3 倍して整理すると，

$x^2 + 3x = 0$ より，$x(x+3) = 0$

よって，$x = 0$，-3 で，0 は原点 O の x 座標なので，点 P の x 座標は -3。

答 (1) 3　(2) 6　(3) 27　(4) -3

4 (1) $y = \dfrac{2}{3} \times 3^2 = 6$ より，A$(3,\ 6)$

(2) 直線 m の方程式は $y = ax + 7$ とおける。

点 A の座標を代入して，$6 = a \times 3 + 7$ より，

$a = -\dfrac{1}{3}$　よって，$y = -\dfrac{1}{3}x + 7$

(3) 点 B は点 A と y 軸について対称な点だから

B$(-3,\ 6)$

直線 n は直線 m と平行だから，

その式は $y = -\dfrac{1}{3}x + b$ とおける。

点 B の座標を代入して，$6 = -\dfrac{1}{3} \times (-3) + b$ より，

$b = 5$

よって，$y = -\dfrac{1}{3}x + 5$

点 C は放物線 $y = \dfrac{2}{3}x^2$ と直線 n の交点だから，

その x 座標は $\dfrac{2}{3}x^2 = -\dfrac{1}{3}x + 5$ の解。

式を整理して，$2x^2 + x - 15 = 0$

解の公式より，$x = \dfrac{-1 \pm \sqrt{1^2 - 4 \times 2 \times (-15)}}{2 \times 2}$

$= \dfrac{-1 \pm \sqrt{121}}{4} = \dfrac{-1 \pm 11}{4}$

よって，$x = \dfrac{-1 - 11}{4} = -3$

または，$x = \dfrac{-1 + 11}{4} = \dfrac{5}{2}$

点 C の x 座標は正だから，$x = \dfrac{5}{2}$

$y = \dfrac{2}{3} \times \left(\dfrac{5}{2}\right)^2 = \dfrac{25}{6}$ より，C$\left(\dfrac{5}{2},\ \dfrac{25}{6}\right)$

(4) $\triangle ABC$ の底辺を AB とすると，

$AB = 3 - (-3) = 6$，高さは点 A と点 C の y 座標

の差より，$6 - \dfrac{25}{6} = \dfrac{11}{6}$

よって，$\triangle ABC = \dfrac{1}{2} \times 6 \times \dfrac{11}{6} = \dfrac{11}{2}$

また，直線 n と y 軸との交点を D とすると，

D$(0,\ 5)$

$\triangle BCO = \triangle OBD + \triangle OCD$

$= \dfrac{1}{2} \times 5 \times 3 + \dfrac{1}{2} \times 5 \times \dfrac{5}{2} = \dfrac{15}{2} + \dfrac{25}{4} = \dfrac{55}{4}$

よって，$\triangle ABC : \triangle BCO = \dfrac{11}{2} : \dfrac{55}{4}$

$= 22 : 55 = 2 : 5$

答 (1) $(3,\ 6)$　(2) $y = -\dfrac{1}{3}x + 7$　(3) $\left(\dfrac{5}{2},\ \dfrac{25}{6}\right)$

(4) $2 : 5$

5 (1) $y = -\dfrac{1}{2}x^2$ に点 A の座標を代入して，

$a = -\dfrac{1}{2} \times (-2)^2 = -2$

また，点 B の座標を代入して，$-8 = -\dfrac{1}{2}b^2$ より，

$b^2 = 16$　$b > 0$ より，$b = 4$

(2) 傾きは，$\dfrac{-8 - (-2)}{4 - (-2)} = -1$ なので，

$y = -x + c$ とおくと，$-2 = -(-2) + c$

より，$c = -4$　よって，$y = -x - 4$

(3) $\triangle OAC = \dfrac{1}{2} \times 4 \times 2 = 4$

$\triangle OBC = \dfrac{1}{2} \times 4 \times 4 = 8$

よって，$\triangle OAC : \triangle OBC = 4 : 8 = 1 : 2$

(4) $\triangle OAB = \triangle OAC + \triangle OBC = 4 + 8 = 12$

点 D の x 座標を t とすると，

四角形 OACD $= \triangle OAC + \triangle OCD$

$= 4 + \dfrac{1}{2} \times 4 \times t = 4 + 2t$ となるから，

$4 + 2t = 12 \times \dfrac{1}{2}$ より，$t = 1$

よって，D$\left(1,\ -\dfrac{1}{2}\right)$

(5) 点 E の x 座標を p とすると，

四角形 OECB $= \triangle OCE + \triangle OBC$

$= \dfrac{1}{2} \times 4 \times (-p) + 8 = -2p + 8$ となるから，

$-2p + 8 = 12 \times 2$ より，$p = -8$

よって，$y = -\dfrac{1}{2} \times (-8)^2 = -32$

答 (1) $(a =) -2$　$(b =) 4$　(2) $y = -x - 4$　(3) イ

(4) $\left(1,\ -\dfrac{1}{2}\right)$　(5) ア

6 (1) $y = \dfrac{1}{4}x^2$ に $x = -4$ を代入して，

$y = \dfrac{1}{4} \times (-4)^2 = 4$

(2) $y = \dfrac{1}{4}x^2$ に $x = 6$ を代入して,

$y = \dfrac{1}{4} \times 6^2 = 9$ より, B (6, 9)

直線 ℓ は, 傾きが, $\dfrac{9-4}{6-(-4)} = \dfrac{1}{2}$ だから,

直線の式を $y = \dfrac{1}{2}x + b$ とおいて点 B の座標を代

入すると, $9 = \dfrac{1}{2} \times 6 + b$ より, $b = 6$

よって, 直線 ℓ の式は, $y = \dfrac{1}{2}x + 6$

(3) 直線 ℓ と y 軸との交点を P とすると,

点 P の座標は(0, 6)。

よって, △OAB＝△OAP＋△OBP

$= \dfrac{1}{2} \times 6 \times 4 + \dfrac{1}{2} \times 6 \times 6 = 30$

(4) 点 C の x 座標は, $0 = \dfrac{1}{2}x + 6$ より, $x = -12$

したがって, △OBC $= \dfrac{1}{2} \times 12 \times 9 = 54$

よって, $54 \div 30 = \dfrac{9}{5}$ (倍)

答 (1) 4　(2) $y = \dfrac{1}{2}x + 6$　(3) 30　(4) $\dfrac{9}{5}$ (倍)

7 (1) $4 = a \times (-4)^2$ より, $a = \dfrac{1}{4}$

(2) 点 B の y 座標は, $y = \dfrac{1}{4} \times 6^2 = 9$ なので,

B (6, 9)

直線 AB は, 傾きが, $\dfrac{9-4}{6-(-4)} = \dfrac{1}{2}$ なので,

$y = \dfrac{1}{2}x + b$ とすると, $9 = \dfrac{1}{2} \times 6 + b$ より, $b = 6$

よって, $y = \dfrac{1}{2}x + 6$

(3) 直線 AB と y 軸の交点を H とすると,

△OAB＝△OHA＋△OHB

$= \dfrac{1}{2} \times 6 \times 4 + \dfrac{1}{2} \times 6 \times 6 = 12 + 18 = 30$

(4) 点 C の x 座標は, $0 = \dfrac{1}{2}x + 6$ より, $x = -12$ な

ので, C $(-12, 0)$

点 P の x 座標を p とすると, P $\left(p, \dfrac{1}{4}p^2\right)$ なので,

△PCO $= \dfrac{1}{2} \times 12 \times \dfrac{1}{4}p^2 = \dfrac{3}{2}p^2$

△OAB：△PCO＝4：5 より, $30 : \dfrac{3}{2}p^2 = 4 : 5$ だ

から, $p^2 = 25$

$p > 0$ より, $p = 5$

$y = \dfrac{1}{4} \times 5^2 = \dfrac{25}{4}$ より, P $\left(5, \dfrac{25}{4}\right)$

答 (1) $\dfrac{1}{4}$　(2) $y = \dfrac{1}{2}x + 6$　(3) 30　(4) $\left(5, \dfrac{25}{4}\right)$

8 (1) $y = (-2)^2 = 4$

(2) $x^2 = -x + 2$ より, $(x+2)(x-1) = 0$

よって, $x = -2$, 1 より, 点 B の x 座標は 1。

直線 AB と y 軸との交点を C とすると, C (0, 2)。

△OAB＝△OAC＋△OBC

$= \dfrac{1}{2} \times 2 \times 2 + \dfrac{1}{2} \times 2 \times 1 = 3$

(3) 点 B の y 座標は, $y = -1 + 2 = 1$ なので,

2 点 A, B の中点 D の座標は,

$\left(\dfrac{-2+1}{2}, \dfrac{4+1}{2}\right) = \left(-\dfrac{1}{2}, \dfrac{5}{2}\right)$

直線 OD の式を $y = ax$ とおくと,

$\dfrac{5}{2} = -\dfrac{a}{2}$ より, $a = -5$

よって, $y = -5x$

(4) 点 Q の x 座標を t とすると,

PQ $= (-t+2) - t^2 = -t^2 - t + 2$

また, QR $= t^2$ と表せるので,

$-t^2 - t + 2 = 3t^2$ が成り立つ。

式を整理すると, $4t^2 + t - 2 = 0$ となるので,

解の公式より,

$t = \dfrac{-1 \pm \sqrt{1^2 - 4 \times 4 \times (-2)}}{2 \times 4} = \dfrac{-1 \pm \sqrt{33}}{8}$

点 Q の x 座標は負の数なので,

$x = \dfrac{-1 - \sqrt{33}}{8}$

答 (1) 4　(2) 3　(3) $y = -5x$　(4) $\dfrac{-1-\sqrt{33}}{8}$

9 (1) 点 B の y 座標が, $y = \dfrac{1}{3} \times (-3)^2 = 3$ より,

B $(-3, 3)$

(2) C (3, 3)で, BC $= 3 - (-3) = 6$ なので,

△ABC の高さは, $27 \times 2 \div 6 = 9$

よって, 点 A の y 座標が, $3 + 9 = 12$ より,

A (0, 12)

(3) △ABC と△BCD の面積が等しいので,

BC∥DA　よって, 点 D の y 座標は 12 だから,

x 座標について, $12 = \dfrac{1}{3}x^2$ から, $x^2 = 36$

$x < 0$ より, $x = -6$ なので, D $(-6, 12)$

直線 BD は, 傾きが, $\dfrac{3-12}{-3-(-6)} = -3$ なので,

$y = -3x + b$ とすると,

$3 = -3 \times (-3) + b$ より, $b = -6$

したがって, $y = -3x - 6$

(4) 点Bと点Cはy軸について対称なので，

BP＋PD＝CP＋PDで，CP＋PDの長さが最小になるのは，直線CDとy軸との交点をPとするとき。

直線CDは，傾きが，$\dfrac{3-12}{3-(-6)}=-1$なので，

$y=-x+c$とすると，$3=-3+c$より，

$c=6$だから，$y=-x+6$

よって，P $(0,\ 6)$

答 (1) $(-3,\ 3)$　(2) $(0,\ 12)$　(3) $y=-3x-6$

　　(4) $(0,\ 6)$

10 (1) A $(2,\ 8)$は，$y=ax^2$上の点だから，

$8=a\times 2^2$より，$4a=8$　よって，$a=2$

(2) 点Aとy軸について対称だから，

C $(-2,\ 8)$より，AC＝$2-(-2)=4$

また，AB⊥ACだから，

△ABCの面積について，$\dfrac{1}{2}\times 4\times\text{AB}=18$より，

$2\text{AB}=18$で，AB＝9

よって，点Bのy座標は，$8-9=-1$で，x座標は点Aと同じだから，B $(2,\ -1)$

これを$y=bx^2$に代入して，$-1=b\times 2^2$より，

$4b=-1$　よって，$b=-\dfrac{1}{4}$

(3) 点Bとy軸について対称な点をDとすると，

D $(-2,\ -1)$で，四角形ABDCは長方形だから，

△ABC＝△BCDとなる。

また，点Dを通り，BCに平行な直線をℓとし，

ℓと$y=-\dfrac{1}{4}x^2$との交点をEとすると，

△BCD＝△BCEだから，

点Pとして適当なのは，2点D，Eとなる。

2点B，Cの座標より，直線ℓは，傾きが，

$\dfrac{-1-8}{2-(-2)}=-\dfrac{9}{4}$だから，

直線の式を，$y=-\dfrac{9}{4}x+c$と表して点Dの座標を

代入すると，

$-1=-\dfrac{9}{4}\times(-2)+c$より，$c=-\dfrac{11}{2}$だから，

直線ℓの式は，$y=-\dfrac{9}{4}x-\dfrac{11}{2}$

したがって，点Eのx座標は，

$-\dfrac{1}{4}x^2=-\dfrac{9}{4}x-\dfrac{11}{2}$の$-2$以外の解となる。

整理して，$x^2-9x-22=0$より，

$(x+2)(x-11)=0$

よって，$x=-2,\ 11$だから，

点Eのx座標は11で，

求める点Pのx座標は-2と11。

答 (1) 2　(2) $-\dfrac{1}{4}$　(3) -2（と）11

11 (1) 点Pのy座標は，$y=2\times 2^2=8$より，P $(2,\ 8)$

だから，PS＝PQ＝8

よって，点Sのx座標は，$2+8=10$なので，

S $(10,\ 8)$

(2) Q $(2,\ 0)$で，正方形の対角線の交点をMとすると，x座標は，$(10+2)\div 2=6$，

y座標は，$8\div 2=4$より，M $(6,\ 4)$

求める直線はMを通るから，式を$y=ax$とすると，

$4=6a$より，$a=\dfrac{2}{3}$

よって，$y=\dfrac{2}{3}x$

(3) 点Pのx座標をtとおくと，

P $(t,\ 2t^2)$，Q $(2t,\ 0)$

PQ＝$2t^2$より，$2t^2=10$なので，$t^2=5$

$t>0$から，$t=\sqrt{5}$

よって，P $(\sqrt{5},\ 10)$より，点Sのx座標は，

$x=10+\sqrt{5}$なので，S $(10+\sqrt{5},\ 10)$

答 (1) $(10,\ 8)$　(2) $\dfrac{2}{3}$

　　(3) $(10+\sqrt{5},\ 10)$

12 (1) $y=ax^2$に$x=-2,\ y=2$を代入して，

$2=a\times(-2)^2$より，$a=\dfrac{1}{2}$

(2) $y=\dfrac{1}{2}x^2$に$y=8$を代入して，

$8=\dfrac{1}{2}\times x^2$より，$x^2=16$　よって，$x=\pm 4$

点Bのx座標は-2より大きいから，4。

(3) 直線ABの傾きは，$\dfrac{8-2}{4-(-2)}=1$

式を$y=x+b$とおき，$x=-2,\ y=2$を代入して，

$2=-2+b$より，$b=4$

よって，$y=x+4$

(4) AC＝$2-(-4)=6$，2点A，Bのx座標の差は

6だから，△ACB＝$\dfrac{1}{2}\times 6\times 6=18$

$\ell /\!/ m$より，△ADB＝△ACB＝18

(5) 四角形ACPB＝△ACP＋△APB

$\ell /\!/ m$より，△APB＝△ACB＝18

よって，△ACP＝42－18＝24

△ACPの底辺をACとみて，高さをhとおくと，

$\dfrac{1}{2}\times 6\times h=24$より，$h=8$

したがって，$p=-2+8=6$

答 (1) $\dfrac{1}{2}$　(2) 4　(3) $y=x+4$　(4) 18　(5) 6

13 (1) ①の式に点Aの座標の値を代入すると，

$2 = a \times 2^2$ よって，$a = \dfrac{1}{2}$

(2) 点 B は①と②の交点なので，$\dfrac{1}{2}x^2 = -4x$

両辺を 2 倍して移項すると，

$x^2 + 8x = 0$ だから，$x(x+8) = 0$

よって，$x = 0$，-8 だから，

点 B の x 座標は -8。

$y = \dfrac{1}{2} \times (-8)^2 = 32$ より，B$(-8, 32)$

(3) 2 秒後の点 P の x 座標は，$-8 + 2 \times 2 = -4$

②の式に $x = -4$ を代入すると，

$y = -4 \times (-4) = 16$

よって，2 秒後の点 P の座標は，$(-4, 16)$

(4) 四角形 PCAD は次図のように長方形になる。

2 秒後の点 C の座標は $(-4, 2)$ なので，

四角形 PCAD は，横の長さが，$2 - (-4) = 6$，縦の長さが，$16 - 2 = 14$ で，面積は，$14 \times 6 = 84$

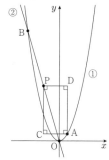

(5) 点 P は $\dfrac{15}{4}$ 秒で，x 座標が，$2 \times \dfrac{15}{4} = \dfrac{15}{2}$ 増加するので，$\dfrac{15}{4}$ 秒後に，x 座標は，$-8 + \dfrac{15}{2} = -\dfrac{1}{2}$，

y 座標は，$y = -4 \times \left(-\dfrac{1}{2}\right) = 2$ となり，PD と CA が重なり，四角形ができなくなるが，$0 < t < \dfrac{15}{4}$ の間は，四角形 PCAD は長方形になる。

t 秒後の点 P の x 座標は，$-8 + 2 \times t = 2t - 8$ なので，四角形 PCAD の横の長さは，

$2 - (2t - 8) = -2t + 10$

t 秒後の点 P の y 座標は，

$y = -4 \times (2t - 8) = -8t + 32$ なので，

四角形 PCAD の縦の長さは，

$-8t + 32 - 2 = -8t + 30$

よって，t 秒後の四角形 PCAD の面積は，

$(-8t + 30)(-2t + 10) = 16t^2 - 80t - 60t + 300$

$= 16t^2 - 140t + 300$

答 (1) $\dfrac{1}{2}$ (2) $(-8, 32)$ (3) $(-4, 16)$ (4) 84

(5) $16t^2 - 140t + 300$

14 (1) 点 A の y 座標は，$y = x^2$ に $x = -4$ を代入して，

$y = (-4)^2 = 16$ よって，A$(-4, 16)$

(2) 点 B の y 座標は，$y = x^2$ に $x = 3$ を代入して，

$y = 3^2 = 9$ よって，B$(3, 9)$

これより，2 点 A，B を通る 1 次関数の変化の割合は，$\dfrac{9 - 16}{3 - (-4)} = -1$

1 次関数の式を $y = -x + b$ として，$x = 3$，$y = 9$ を代入すると，

$9 = -3 + b$ より，$b = 12$

よって，求める 1 次関数の式は，$y = -x + 12$

(3) 四角形 AOBQ が平行四辺形のとき，次図のように，OB $=$ AQ，OB $\parallel$ AQ となる。

点 B は，点 O から x 軸の正の方向に 3，y 軸の正の方向に 9 移動した点だから，

点 Q は点 A から x 軸の正の方向に 3，y 軸の正の方向に 9 移動した点となる。

よって，Q の x 座標は，$-4 + 3 = -1$，y 座標は，$16 + 9 = 25$

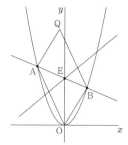

(4) 直線が平行四辺形の面積を 2 等分するとき，直線は前図のように，平行四辺形の対角線の交点，つまり，線分 AB の中点を通る。

この点を E とすると，

E の座標は，$\left(\dfrac{-4 + 3}{2}, \dfrac{16 + 9}{2}\right) = \left(-\dfrac{1}{2}, \dfrac{25}{2}\right)$

求める直線の傾きは 2 だから，

$y = 2x + c$ として，$x = -\dfrac{1}{2}$，$y = \dfrac{25}{2}$ を代入すると，

$\dfrac{25}{2} = 2 \times \left(-\dfrac{1}{2}\right) + c$ より，$c = \dfrac{27}{2}$

よって，求める直線の式は，$y = 2x + \dfrac{27}{2}$

答 (1) $(-4, 16)$ (2) $y = -x + 12$

(3) $(-1, 25)$ (4) $y = 2x + \dfrac{27}{2}$

15 (1) $y = x^2$ に $x = 1$ を代入して，$y = 1^2 = 1$ より，

A$(1, 1)$

点 B は，y 軸について点 A と対称な点だから，

B$(-1, 1)$

線分 OA の傾きは 1 より，直線 BC の傾きも 1 だから，直線 BC の式を $y = x + b$ とおき，$x = -1$，

$y=1$ を代入して，$1=-1+b$ より，$b=2$

よって，直線 BC の式は $y=x+2$

これに $y=x^2$ を代入して，$x^2=x+2$ より，

$x^2-x-2=0$

左辺を因数分解して，

$(x+1)(x-2)=0$ より，$x=-1$，2

よって，点 C の x 座標は 2 で，$y=x^2$ に $x=2$ を

代入して，$y=2^2=4$ より，C $(2, 4)$

よって，D $(-2, 4)$

直線 DE の式を $y=x+c$ とおき，$x=-2$，$y=4$

を代入して，$4=-2+c$ より，$c=6$

よって，直線 DE の式は，$y=x+6$

これに $y=x^2$ を代入して，

$x^2=x+6$ より，$x^2-x-6=0$

左辺を因数分解して，

$(x+2)(x-3)=0$ より，$x=-2$，3

よって，点 E の x 座標は 3 で，$y=x^2$ に $x=3$ を

代入して，$y=3^2=9$ より，E $(3, 9)$

(2)　△ABC は底辺を，AB $=1-(-1)=2$ とみると

高さは，$4-1=3$ だから，

$\triangle ABC=\dfrac{1}{2}\times 2\times 3=3$

△CDE は底辺を，CD $=2-(-2)=4$ とみると高

さは，$9-4=5$ だから，

$\triangle CDE=\dfrac{1}{2}\times 4\times 5=10$

よって，$\triangle ABC:\triangle CDE=3:10$

(3)　$\triangle OAB=\dfrac{1}{2}\times 2\times 1=1$，

$\triangle BDC=\dfrac{1}{2}\times 4\times (4-1)=6$ だから，

六角形 OACEDB

$=\triangle OAB+\triangle ABC+\triangle BDC+\triangle CDE$

$=1+3+6+10=20$

よって，$\triangle OAB:$ 六角形 OACEDB $=1:20$

(4)　六角形 OACEDB の面積の半分は，

$\dfrac{1}{2}\times 20=10$ で，△CDE の面積と等しい。

DE ∥ BC だから，$\triangle DBE=\triangle CDE=10$

よって，求める直線は，直線 BE とわかる。

直線 BE の傾きは，$\dfrac{9-1}{3-(-1)}=2$ より，$y=2x+$

d とおき，点 B の座標を代入して，

$1=2\times (-1)+d$ より，$d=3$

よって，求める直線の式は，$y=2x+3$

答 (1) $y=x+2$，E $(3, 9)$　(2) $3:10$　(3) $1:20$

　　(4) $y=2x+3$

16 (1)　E $(4, 4)$ は，$y=ax^2$ 上の点だから，

$4=a\times 4^2$ より，$16a=4$

よって，$a=\dfrac{1}{4}$

(2)　2 点 A，D の x 座標を t (>0) とすると，

A (t, t^2)，B $(-t, t^2)$，D $\left(t, \dfrac{1}{4}t^2\right)$ となる。

四角形 ABCD は正方形だから，

AB $=$ AD

よって，$t-(-t)=t^2-\dfrac{1}{4}t^2$

$2t=\dfrac{3}{4}t^2$ より，$3t^2-8t=0$

$t(3t-8)=0$ より，$t=0$，$\dfrac{8}{3}$

$t>0$ だから，$t=\dfrac{8}{3}$

$\dfrac{1}{4}\times\left(\dfrac{8}{3}\right)^2=\dfrac{16}{9}$ より，D $\left(\dfrac{8}{3}, \dfrac{16}{9}\right)$

(3)　直線 ℓ と BC，AD との交点を，それぞれ P，Q

とする。

正方形 ABCD の 1 辺は，$\dfrac{8}{3}\times 2=\dfrac{16}{3}$ だから，

台形 PCDQ $=\dfrac{16}{3}\times\dfrac{16}{3}\times\dfrac{3}{4}=\dfrac{64}{3}$

よって，$\dfrac{1}{2}\times$ (PC $+$ QD) $\times\dfrac{16}{3}=\dfrac{64}{3}$ より，

PC $+$ QD $=8$

直線 ℓ の式を，$y=bx+c$ とすると，

P $\left(-\dfrac{8}{3}, -\dfrac{8}{3}b+c\right)$，Q $\left(\dfrac{8}{3}, \dfrac{8}{3}b+c\right)$ と表せ

るから，PC $=-\dfrac{8}{3}b+c-\dfrac{16}{9}$，QD $=\dfrac{8}{3}b+c-\dfrac{16}{9}$

となる。

よって，$\left(-\dfrac{8}{3}b+c-\dfrac{16}{9}\right)+\left(\dfrac{8}{3}b+c-\dfrac{16}{9}\right)=8$

$2c=\dfrac{104}{9}$ より，$c=\dfrac{52}{9}$

$y=bx+\dfrac{52}{9}$ に，点 E の座標の値を代入して，

$4=4b+\dfrac{52}{9}$ より，$b=-\dfrac{4}{9}$

よって，求める式は，$y=-\dfrac{4}{9}x+\dfrac{52}{9}$

答 (1) $\dfrac{1}{4}$　(2) $\left(\dfrac{8}{3}, \dfrac{16}{9}\right)$　(3) $y=-\dfrac{4}{9}x+\dfrac{52}{9}$

17 (1)　$y=2x^2$ と $y=\dfrac{1}{3}x^2$ は，どちらも比例定数が正

で，$y=2x^2$ の方が比例定数は大きいので，

2 つの関数で，x の値が等しいとき（$x=0$ 以外），

$y=2x^2$ の方が y の値が大きい。

よって，㋐の関数の式は $y=2x^2$ で，

㋑の関数の式は $y=\dfrac{1}{3}x^2$

(2)　2 点 A，B は関数 $y=\dfrac{1}{3}x^2$ のグラフ上の点な

ので，
その x 座標をそれぞれこの式に代入すると，
$y = \dfrac{1}{3} \times (-3)^2 = 3$, $y = \dfrac{1}{3} \times 6^2 = 12$ より，
A$(-3, 3)$, B$(6, 12)$
直線 AB の式を $y = ax + b$ として，この直線が通る2点 A，B の座標の値をそれぞれ代入すると，
$$\begin{cases} 3 = -3a + b \\ 12 = 6a + b \end{cases}$$
これを連立方程式として解くと，$a = 1$, $b = 6$ なので，直線の式は，$y = x + 6$

(3)① 円 C と直線 AB の接点を P とすると，
直線 OP と直線 AB は垂直なので，
直線 OP の式を $y = cx$ としたとき，$c \times 1 = -1$ より，$c = -1$ で，直線 OP の式は，$y = -x$
直線 AB と直線 OP の交点が円 C の接点 P なので，
直線 AB の式と直線 OP の式を連立方程式として解くと，$x = -3$, $y = 3$ で，直線 AB と円 C の接点は，$(-3, 3)$
② ①より，直線 AB と円 C の接点は点 A。
円周上の2点を結んだ線分の長さが最大になるのは，この線分が円の直径になるときなので，
△ABD の面積が最大になるとき，辺 AB を底辺としたときの高さは，円 C の直径 AD になる。
AD が直径になるとき，2点 A，D は円 C の中心である原点を対称の中心として点対称な位置にあるので，
D の x 座標，y 座標はそれぞれ A の x 座標，y 座標と絶対値が等しく，符号が逆になる。
よって，D$(3, -3)$

答 (1)(ア) $y = 2x^2$ (イ) $y = \dfrac{1}{3}x^2$ (2) $y = x + 6$
(3)① $(-3, 3)$ ② $(3, -3)$

18 (1) $y = x^2$ に，$x = -1$ を代入して，$y = (-1)^2 = 1$ だから，A$(-1, 1)$
直線 ℓ の式は，$y = ax + \dfrac{3}{2}$ と表せ，点 A を通ることから，$1 = -a + \dfrac{3}{2}$ より，$a = \dfrac{1}{2}$
よって，求める式は，$y = \dfrac{1}{2}x + \dfrac{3}{2}$

(2) 次図において，点 B は，y 軸について点 A と対称だから，B$(1, 1)$
また，$\ell \parallel m$ より，直線 m の式は，$y = \dfrac{1}{2}x + b$ と表せ，
点 B を通ることから，$1 = \dfrac{1}{2} + b$ より，$b = \dfrac{1}{2}$

よって，D$\left(0, \dfrac{1}{2}\right)$ で，直線 m の式は，
$y = \dfrac{1}{2}x + \dfrac{1}{2}$
したがって，CD $= \dfrac{3}{2} - \dfrac{1}{2} = 1$ より，四角形 ACBD
$= △ACD + △BCD = \dfrac{1}{2} \times 1 \times 1 + \dfrac{1}{2} \times 1 \times 1 = 1$

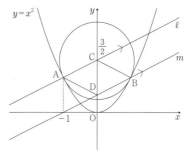

(3) 点 E の x 座標を e $(e < 0)$ とすると，
E は直線 m 上の点より，E$\left(e, \dfrac{1}{2}e + \dfrac{1}{2}\right)$ だから，
AB を底辺としたときの△ABE の高さは，
$1 - \left(\dfrac{1}{2}e + \dfrac{1}{2}\right) = \dfrac{1}{2} - \dfrac{1}{2}e$
よって，$\dfrac{1}{2} \times 2 \times \left(\dfrac{1}{2} - \dfrac{1}{2}e\right) = 1 \times 3$ が成り立つから，$\dfrac{1}{2}e = -\dfrac{5}{2}$
よって，$e = -5$ だから，E$(-5, -2)$

答 (1) $y = \dfrac{1}{2}x + \dfrac{3}{2}$ (2) 1 (3) $(-5, -2)$

19 (1) 点 A の y 座標は，$y = -\dfrac{1}{3} \times (-6)^2 = -12$ より，A$(-6, -12)$
点 B の y 座標は，$y = -\dfrac{1}{3} \times 2^2 = -\dfrac{4}{3}$ より，
B$\left(2, -\dfrac{4}{3}\right)$
直線 AB は，傾きが，
$\left\{-\dfrac{4}{3} - (-12)\right\} \div \{2 - (-6)\} = \dfrac{32}{3} \div 8 = \dfrac{4}{3}$ なので，
$y = \dfrac{4}{3}x + b$ とすると，
$-12 = \dfrac{4}{3} \times (-6) + b$ より，$b = -4$ だから，
$y = \dfrac{4}{3}x - 4$

(2) 直線 AB と y 軸の交点を D とすると，
D$(0, -4)$
$△OAB = △ODA + △ODB =$
$\dfrac{1}{2} \times 4 \times 6 + \dfrac{1}{2} \times 4 \times 2 = 12 + 4 = 16$

(3) $△OAB = △PAB$ より，直線 OP と直線 AB の

傾きが等しいから，直線 OP は，$y = \dfrac{4}{3}x$

よって，点 P の x 座標は，$-\dfrac{1}{3}x^2 = \dfrac{4}{3}x$ より，

$x^2 + 4x = 0$ なので，$x(x+4) = 0$

$x < 0$ から，$x = -4$

したがって，点 P の y 座標は，

$y = \dfrac{4}{3} \times (-4) = -\dfrac{16}{3}$ だから，P$\left(-4, -\dfrac{16}{3}\right)$

(4)　点 C の x 座標は，$0 = \dfrac{4}{3}x - 4$ より，$x = 3$ なので，C$(3, 0)$

次図のように，点 P を通り y 軸と平行な直線と x 軸の交点を H とすると，

H$(-4, 0)$ で，点 A を通り y 軸と平行な直線と x 軸の交点を I とすると，I$(-6, 0)$

直線 AP は，傾きが，

$\left\{-\dfrac{16}{3} - (-12)\right\} \div \{-4 - (-6)\} = \dfrac{20}{3} \div 2 = \dfrac{10}{3}$

なので，

$y = \dfrac{10}{3}x + c$ とすると，

$-12 = \dfrac{10}{3} \times (-6) + c$ より，$c = 8$ だから，

$y = \dfrac{10}{3}x + 8$

直線 AP と x 軸の交点を J とすると，

x 座標は，$0 = \dfrac{10}{3}x + 8$ より，$x = -\dfrac{12}{5}$ なので，

J$\left(-\dfrac{12}{5}, 0\right)$

△JAC を x 軸に 1 回転させてできる立体の体積は，底面の円の半径が，AI = 12 で，高さが，

CI = 3 − (−6) = 9 の円錐から，底面の円の半径が，

AI = 12 で，高さが，JI = $-\dfrac{12}{5} - (-6) = \dfrac{18}{5}$ の円錐をひけばよいので，

$\dfrac{1}{3}\pi \times 12^2 \times 9 - \dfrac{1}{3}\pi \times 12^2 \times \dfrac{18}{5}$

$= \dfrac{1}{3}\pi \times 12^2 \times \dfrac{27}{5}$

また，△JPC を x 軸に 1 回転させてできる立体の体積は，底面の円の半径が，PH = $\dfrac{16}{3}$ で，高さが，CH = 3 − (−4) = 7 の円錐から，底面の円の半径が，PH = $\dfrac{16}{3}$ で，高さが，

JH = $-\dfrac{12}{5} - (-4) = \dfrac{8}{5}$ の円錐をひけばよいので，

$\dfrac{1}{3}\pi \times \left(\dfrac{16}{3}\right)^2 \times 7 - \dfrac{1}{3}\pi \times \left(\dfrac{16}{3}\right)^2 \times \dfrac{8}{5}$

$= \dfrac{1}{3}\pi \times \left(\dfrac{16}{3}\right)^2 \times \dfrac{27}{5}$

したがって，求める体積は，

$\dfrac{1}{3}\pi \times 12^2 \times \dfrac{27}{5} - \dfrac{1}{3}\pi \times \left(\dfrac{16}{3}\right)^2 \times \dfrac{27}{5}$

$= \dfrac{1}{3}\pi \times \left(144 - \dfrac{256}{9}\right) \times \dfrac{27}{5} = 208\pi$

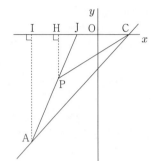

答 (1) $y = \dfrac{4}{3}x - 4$　(2) 16　(3) $\left(-4, -\dfrac{16}{3}\right)$

　　　(4) 208π

20 (1) $y = ax^2$ に $x = 3$，$y = \dfrac{9}{2}$ を代入して，

$\dfrac{9}{2} = a \times 3^2$ より，$a = \dfrac{1}{2}$

(2) $y = \dfrac{1}{2}x^2$ に $x = -1$ を代入して，

$y = \dfrac{1}{2} \times (-1)^2 = \dfrac{1}{2}$ より，B$\left(-1, \dfrac{1}{2}\right)$

直線 AB の傾きは，$\left(\dfrac{9}{2} - \dfrac{1}{2}\right) \div \{3 - (-1)\} = 1$

より，$y = x + b$ とおき，$x = -1$，$y = \dfrac{1}{2}$ を代入して，$\dfrac{1}{2} = -1 + b$ より，$b = \dfrac{3}{2}$

よって，$y = x + \dfrac{3}{2}$

(3) C$\left(0, \dfrac{3}{2}\right)$ で，△PAC を 1 回転させてできる立体の体積は，

$\dfrac{1}{3} \times \pi \times 3^2 \times \left(t - \dfrac{9}{2}\right)$

$\quad + \dfrac{1}{3} \times \pi \times 3^2 \times \left(\dfrac{9}{2} - \dfrac{3}{2}\right)$

$= 3\pi\left(t - \dfrac{3}{2}\right)$

△PBC を 1 回転させてできる立体の体積は，

$\dfrac{1}{3} \times \pi \times 1^2 \times \left(t - \dfrac{1}{2}\right)$

$\quad - \dfrac{1}{3} \times \pi \times 1^2 \times \left(\dfrac{3}{2} - \dfrac{1}{2}\right)$

$= \dfrac{1}{3}\pi\left(t - \dfrac{3}{2}\right)$

よって，$3\pi\left(t - \dfrac{3}{2}\right) = \dfrac{1}{3}\pi\left(t - \dfrac{3}{2}\right) \times \dfrac{3}{2}t$ が成り立つ。

両辺に $\dfrac{2}{\pi}$ をかけて，$6\left(t-\dfrac{3}{2}\right)=t\left(t-\dfrac{3}{2}\right)$ から，

$t\left(t-\dfrac{3}{2}\right)-6\left(t-\dfrac{3}{2}\right)=0$

左辺を因数分解して，$(t-6)\left(t-\dfrac{3}{2}\right)=0$

$t>\dfrac{9}{2}$ だから，$t=6$

答 (1) $\dfrac{1}{2}$　(2) $y=x+\dfrac{3}{2}$　(3) 6

21 (1) $y=\dfrac{8}{x}$ に $x=2$ を代入して，$y=\dfrac{8}{2}=4$ より，

A $(2,\ 4)$

$y=ax^2$ に $x=2$，$y=4$ を代入して，$4=a\times 2^2$ より，

$a=1$

(2) $y=x^2$ に $x=-1$ を代入して，

$y=(-1)^2=1$ より，B $(-1,\ 1)$

直線 AB の式は $y=x+2$ で，C $(0,\ 2)$ とおくと，

$\triangle\text{OAB}=\triangle\text{OAC}+\triangle\text{OBC}$

$=\dfrac{1}{2}\times 2\times 1+\dfrac{1}{2}\times 2\times 2=3$

(3) 直線 AB と x 軸の交点を D とおくと，$0=x+2$

より，$x=-2$ だから，D $(-2,\ 0)$

ここで，次図のように，点 A，B から x 軸に垂線

をひき，交点を E $(2,\ 0)$，F $(-1,\ 0)$ とおく。

求める立体は，底面の半径が AE で高さが DE の

円錐から，底面の半径が BF で高さが DF の円錐，

底面の半径が BF で高さが OF の円錐，底面の半

径が AE で高さが OE の円錐を除いた立体だか

ら，求める体積は，

$\dfrac{1}{3}\times\pi\times 4^2\times\{2-(-2)\}$

$\quad-\dfrac{1}{3}\times\pi\times 1^2\times\{-1-(-2)\}$

$\quad-\dfrac{1}{3}\times\pi\times 1^2\times\{0-(-1)\}-\dfrac{1}{3}\times\pi\times 4^2\times 2$

$=10\pi$

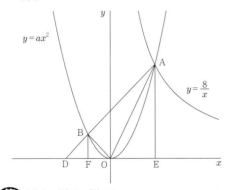

答 (1) 1　(2) 3　(3) 10π

★★★ **発展問題** ★★★ （91ページ）

1 (1) 2点 B，C は，関数 $y=2x^2$ 上の点だから，

B $(s+2,\ 2(s+2)^2)$，C $(-2,\ 8)$ となる。

よって，直線 BC の傾きは，

$\dfrac{2(s+2)^2-8}{s+2-(-2)}=\dfrac{2s^2+8s}{s+4}$

$=\dfrac{2s(s+4)}{s+4}=2s$

(2) $a=\dfrac{1}{3}$ のとき，

D $\left(s,\ \dfrac{1}{3}s^2\right)$，E $\left(s+2,\ \dfrac{1}{3}(s+2)^2\right)$ と表せるか

ら，ED の傾きは，

$\left\{\dfrac{1}{3}(s+2)^2-\dfrac{1}{3}s^2\right\}\div\{(s+2)-s\}$

$=\dfrac{1}{3}(4s+4)\div 2=\dfrac{2s+2}{3}$

BC∥ED より，$2s=\dfrac{2s+2}{3}$ だから，

$6s=2s+2$

よって，$s=\dfrac{1}{2}$

(3) 次図のように，点 D を通り y 軸に平行な直線と

BC との交点を F とする。

BC の傾きは，$2\times 3=6$ だから，

直線 BC の式は，$y=6x+b$ と表せる。

点 C を通ることから，

$8=6\times(-2)+b$ より，$b=20$

よって，$y=6x+20$

この式に，$x=3$ を代入して，$y=6\times 3+20=38$ だ

から，F $(3,\ 38)$ となる。

$\triangle\text{BCD}=\triangle\text{BFD}+\triangle\text{CFD}$ で，$\triangle\text{BFD}$ と $\triangle\text{CFD}$

の底辺を FD とすると，

D $(3,\ 9a)$ より FD $=38-9a$

また，$\triangle\text{BFD}$ の高さは，$5-3=2$，$\triangle\text{CFD}$ の高

さは，$3-(-2)=5$

よって，

$\triangle\text{BCD}=\dfrac{1}{2}\times(38-9a)\times 2+\dfrac{1}{2}\times(38-9a)\times 5$

$=\dfrac{7}{2}(38-9a)$

したがって，$\dfrac{7}{2}(38-9a)=84$

これを解いて，$a=\dfrac{14}{9}$

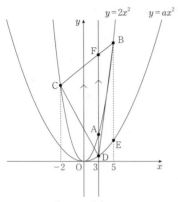

答 (1) $2s$ (2) $\dfrac{1}{2}$ (3) $\dfrac{14}{9}$

2 (1) $\triangle$OAC は OC を底辺としたときの高さが，

$0-(-2)=2$ だから，

$\dfrac{1}{2} \times OC \times 2 = 6$ より，OC $= 6$

よって，点 C の y 座標は 6。

直線 AB の傾きは 2 で切片は 6 だから，

直線 AB の式は $y = 2x + 6$

(2) 点 A の y 座標は，$y = 2x + 6$ に $x = -2$ を代入

して，$y = 2 \times (-2) + 6 = 2$

よって，A$(-2, 2)$ だから，

$2 = a \times (-2)^2$ より，$a = \dfrac{1}{2}$

(3) 点 P を通り直線 AB と平行な直線をひき，y 軸

との交点を D とすると，

$\triangle$PAB $= \triangle$DAB となるから，

$\triangle$DAB : $\triangle$OAB $= 7 : 12$ となる点 D を考える。

点 B は，放物線 $y = \dfrac{1}{2}x^2$ と放物線 $y = 2x + 6$ の交

点だから，$\dfrac{1}{2}x^2 = 2x + 6$ より，$x^2 - 4x - 12 = 0$

よって，$(x + 2)(x - 6) = 0$ より，$x = -2$，6 とな

るから，点 B の x 座標は 6。

これより，$\triangle$OAB $= \triangle$OAC $+ \triangle$OBC

$= \dfrac{1}{2} \times 6 \times 2 + \dfrac{1}{2} \times 6 \times 6 = 24$

$\triangle$DAB $= \triangle$DAC $+ \triangle$DBC

$= \dfrac{1}{2} \times CD \times 2 + \dfrac{1}{2} \times CD \times 6 = 4CD$ だから，

$\triangle$DAB の面積について，$4CD = 24 \times \dfrac{7}{12}$ が成り

立つ。

これを解くと，CD $= \dfrac{7}{2}$ だから，

D の y 座標は，$6 - \dfrac{7}{2} = \dfrac{5}{2}$

これより，直線 PD の式は，$y = 2x + \dfrac{5}{2}$ で，P は

これと放物線 $y = \dfrac{1}{2}x^2$ との交点だから，

その x 座標は，$\dfrac{1}{2}x^2 = 2x + \dfrac{5}{2}$ の負の解。

式を整理して，$x^2 - 4x - 5 = 0$ より，

$(x + 1)(x - 5) = 0$ となり，$x = -1$，5 だから，

点 P の x 座標は -1。

また，y 座標は，$y = \dfrac{1}{2} \times (-1)^2 = \dfrac{1}{2}$

よって，P$\left(-1, \dfrac{1}{2}\right)$

(4) 次図のように，直線 AP と y 軸との交点を E と

すると，

$\triangle$CPA を y 軸まわりに 1 回転させた図形は，

$\triangle$CAE を y 軸まわりに 1 回転させた図形から，

$\triangle$CPE を y 軸まわりに 1 回転させた図形を取り

除いたものになる。

$\triangle$CAE を y 軸まわりに 1 回転させた図形は，底

面が半径 2 の円錐を 2 つ合わせた立体で，高さの

和が CE となり，$\triangle$CPE を y 軸まわりに 1 回転

させた図形は，底面が半径 1 の円錐を 2 つ合わせ

た立体で，高さの和が CE となる。

直線 AP の傾きは，

$\left(\dfrac{1}{2} - 2\right) \div \{-1 - (-2)\} = -\dfrac{3}{2}$ だから，

直線 AP の式を $y = -\dfrac{3}{2}x + b$ として，

$x = -2$，$y = 2$ を代入すると，

$2 = -\dfrac{3}{2} \times (-2) + b$ より，$b = -1$

よって，直線 AP の式は，$y = -\dfrac{3}{2}x - 1$ だから，

E の y 座標は -1。

したがって，CE $= 6 - (-1) = 7$ より，求める立体

の体積は，$\dfrac{1}{3} \times \pi \times 2^2 \times 7 - \dfrac{1}{3} \times \pi \times 1^2 \times 7 = 7\pi$

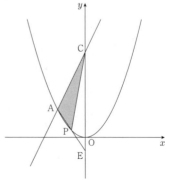

答 (1) $y = 2x + 6$ (2) $\dfrac{1}{2}$ (3) $\left(-1, \dfrac{1}{2}\right)$ (4) 7π

3 (1) $y = 2^2 = 4$ より，B$(2, 4)$

次図アのように，点 A から y 軸に垂線をひいて

交点をGとし，点Bを通りx軸に平行な直線と，点Cを通りy軸に平行な直線との交点をHとおくと，$\triangle \mathrm{DAG} \equiv \triangle \mathrm{CBH}$だから，

$\mathrm{BH} = \mathrm{AG} = 3$

よって，H$(5, 4)$より，C$\left(5, \dfrac{15}{2}\right)$

$y = ax^2$に$x = 5$，$y = \dfrac{15}{2}$を代入して，$\dfrac{15}{2} = a \times 5^2$

から，$a = \dfrac{3}{10}$

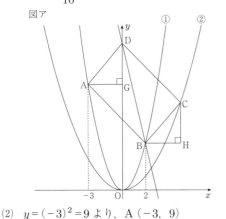

図ア

(2) $y = (-3)^2 = 9$より，A$(-3, 9)$

$\mathrm{DG} = \mathrm{CH} = \dfrac{15}{2} - 4 = \dfrac{7}{2}$だから，

点Dのy座標は，$9 + \dfrac{7}{2} = \dfrac{25}{2}$

直線BDの傾きは，$\left(4 - \dfrac{25}{2}\right) \div (2 - 0) = -\dfrac{17}{4}$だ

から，式は，$y = -\dfrac{17}{4}x + \dfrac{25}{2}$

(3) $y = \dfrac{3}{10}x^2$に$x = -4$を代入して，$y = \dfrac{24}{5}$より，

E$\left(-4, \dfrac{24}{5}\right)$

次図イのように点Fを通り，直線OEに平行な直線mをひき，この直線とy軸との交点をIとすると，OE∥mより，$\triangle \mathrm{OIE} = \triangle \mathrm{OFE} = 16$

$\triangle \mathrm{OIE}$の底辺をOIとすると，

高さは点Eのx座標より4だから，

$\dfrac{1}{2} \times \mathrm{OI} \times 4 = 16$より，$\mathrm{OI} = 8$

よって，I$(0, 8)$

直線OEの傾きは，$\dfrac{24}{5} \div (-4) = -\dfrac{6}{5}$より，直線

mは傾きが$-\dfrac{6}{5}$，切片が8だから，

式は，$y = -\dfrac{6}{5}x + 8$

点Fは直線mとBDの交点だから，

$-\dfrac{6}{5}x + 8 = -\dfrac{17}{4}x + \dfrac{25}{2}$を解いて，$x = \dfrac{90}{61}$

したがって，点Fのx座標は$\dfrac{90}{61}$。

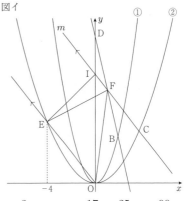

図イ

答 (1) $\dfrac{3}{10}$　(2) $y = -\dfrac{17}{4}x + \dfrac{25}{2}$　(3) $\dfrac{90}{61}$

4 (1) OAの式は$y = -2x$だから，

点Aのx座標は，$2x^2 = -2x$の負の解。

移項して，$2x^2 + 2x = 0$より，$x(x + 1) = 0$

よって，$x = 0$，-1だから，

点Aのx座標は-1，

y座標は，$y = -2 \times (-1) = 2$

したがって，A$(-1, 2)$

直線ABの式を$y = 2x + b$として，$x = -1$，$y = 2$

を代入すると，$2 = 2 \times (-1) + b$より，$b = 4$

よって，直線ABの式は$y = 2x + 4$

点Bのx座標は，$2x^2 = 2x + 4$の正の解。

移項して，$2x^2 - 2x - 4 = 0$より，

$(x + 1)(x - 2) = 0$

よって，$x = -1$，2だから，

点Bのx座標は2，y座標は，$y = 2 \times 2 + 4 = 8$

したがって，B$(2, 8)$

(2) 次図のように，点Aとy軸について対称な点を

A$'$とすると，A$'(1, 2)$

直線ABとy軸との交点をCとすると，C$(0, 4)$

OBのA$'$Cとの交点をDとすると，

求める立体の体積は，$\triangle \mathrm{OAC}$を回転させてできる

立体の体積（V_1とする）と，$\triangle \mathrm{OBC}$を回転させて

できる立体の体積（V_2とする）の和から，$\triangle \mathrm{ODC}$

を回転させてできる立体の体積（V_3とする）をひ

いて求められる。

V_1は，底面の半径が1，高さの合計が4になる2

つの円錐を合わせた立体の体積だから，

$\dfrac{1}{3} \times \pi \times 1^2 \times 4 = \dfrac{4}{3}\pi$

V_2は，底面の半径が2，高さが8の円錐から，底

面の半径が2，高さが，$8 - 4 = 4$の円錐を取り除

いた立体の体積だから，

$\dfrac{1}{3} \times \pi \times 2^2 \times 8 - \dfrac{1}{3} \times 2^2 \times 4 = \dfrac{16}{3}\pi$

V_3 について，直線 A′C の式は $y=-2x+4$，直線 OB の式は $y=4x$ だから，

点 D の座標は，$y=-2x+4$ と $y=4x$ を連立方程式として解いて，$x=\dfrac{2}{3}$，$y=\dfrac{8}{3}$

よって，底面の半径が $\dfrac{2}{3}$，高さの合計が 4 の 2 つの円錐を合わせた立体の体積だから，

$\dfrac{1}{3}\times\pi\times\left(\dfrac{2}{3}\right)^2\times4=\dfrac{16}{27}\pi$

したがって，求める立体の体積は，

$\dfrac{4}{3}\pi+\dfrac{16}{3}\pi-\dfrac{16}{27}\pi=\dfrac{164}{27}\pi$

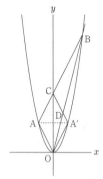

答 (1) A $(-1,\ 2)$　B $(2,\ 8)$　(2) $\dfrac{164}{27}\pi$

5 (1) 円の中心を P $(0,\ 2)$ とすると，半径は，OP $=2$
AB $=4$ より，AB は円 P の直径で，円 P も放物線①も y 軸について対称な図形だから，
点 A と点 B は y 軸について対称な点で，
A $(-2,\ 2)$，B $(2,\ 2)$
$y=ax^2$ に点 B の座標を代入して，$2=a\times2^2$ より，
$a=\dfrac{1}{2}$

(2) 点 C の y 座標を t とすると，
△ABC ＞△OAB より，$t>2$ となり，
△ABC $=\dfrac{1}{2}\times\{2-(-2)\}\times(t-2)=2(t-2)$
△OAB $=\dfrac{1}{2}\times4\times2=4$ だから，
△ABC の面積について，$2(t-2)=4\times8$ が成り立つ。これを解くと，$t=18$
$y=\dfrac{1}{2}x^2$ に $y=18$ を代入して，$18=\dfrac{1}{2}x^2$ より，
$x^2=36$ だから，$x=\pm6$
点 C の x 座標は正だから，
C $(6,\ 18)$

(3) 次図で，△OCA ＝△ODA より，DC ∥ AO
ここで，直線 AO の式は $y=-x$ だから，
直線 DC の式を $y=-x+b$ とおき，点 C の座標を代入すると，

$18=-6+b$ より，$b=24$

$y=-x+24$ に $y=\dfrac{1}{2}x^2$ を代入すると，

$\dfrac{1}{2}x^2=-x+24$

式を整理すると，

$x^2+2x-48=0$ となり，$(x+8)(x-6)=0$ だから，
$x=-8,\ 6$
点 D の x 座標は負だから，

$y=\dfrac{1}{2}x^2$ に $x=-8$ を代入して，

$y=\dfrac{1}{2}\times(-8)^2=32$ より，D $(-8,\ 32)$

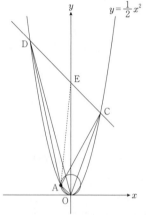

(4) 前図のように直線 DC と y 軸の交点を E $(0,\ 24)$ とすると，
△OCD ＝△OCE ＋△OED
$=\dfrac{1}{2}\times24\times6+\dfrac{1}{2}\times24\times8=168$
また，△ODA ＝△OEA $=\dfrac{1}{2}\times24\times2=24$
よって，四角形 OCDA ＝△OCD ＋△ODA
$=168+24=192$

答 (1) $\dfrac{1}{2}$　(2) $(6,\ 18)$　(3) $(-8,\ 32)$　(4) 192

6 (1) 直線 ℓ の傾きは，

$\dfrac{a^2-16}{a-(-4)}=\dfrac{(a+4)(a-4)}{a+4}=a-4$ だから，

点 R を通り直線 ℓ に平行な直線の式を
$y=(a-4)x+b$ として，
$x=-2$，$y=4$ を代入すると，
$4=(a-4)\times(-2)+b$ より，$b=2a-4$
よって，点 R を通り直線 ℓ に平行な直線の式は
$y=(a-4)x+(2a-4)$ と表せる。
点 S はこの直線と放物線 C との交点のうち，点 R でない点だから，
その x 座標は，$x^2=(a-4)x+(2a-4)$ の解のうち，$x=-2$ 以外の解である。

$x^2-(a-4)x-(2a-4)=0$ より，

$(x+2)\{x-(a-2)\}=0$

よって，$x=-2$，$a-2$ だから，

点Sの x 座標は $a-2$ で，

y 座標は，$y=(a-2)^2=a^2-4a+4$

(2) 直線PQ の式を，$y=(a-4)x+c$ として，

$x=-4$，$y=16$ を代入すると，

$16=(a-4)\times(-4)+c$ より，$c=4a$

よって，直線PQ の式は，$y=(a-4)x+4a$

次図で，点Rを通り y 軸に平行な直線は $x=-2$

だから，これを $y=(a-4)x+4a$ に代入して，

$y=(a-4)\times(-2)+4a=2a+8$

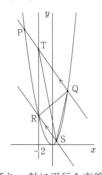

(3) 点Rを通り y 軸に平行な直線と直線PQ との

交点をTとすると，(2)より$(-2,\ 2a+8)$

PQ∥RS より，△QRS＝△TRS

$TR=2a+8-4=2a+4$ で，△TRS は TR を底辺

とすると高さは，$a-2-(-2)=a$ だから，

$\dfrac{1}{2}\times(2a+4)\times a=\dfrac{5}{4}$ が成り立つ。

これを変形すると，

$4a^2+8a-5=0$ となるから，解の公式より，

$a=\dfrac{-8\pm\sqrt{8^2-4\times4\times(-5)}}{2\times4}=\dfrac{-8\pm12}{8}$

よって，$a=-\dfrac{5}{2}$，$\dfrac{1}{2}$

a は正の定数だから，$a=\dfrac{1}{2}$

答 (1) (順に) $a-2$，a^2-4a+4　(2) $2a+8$　(3) $\dfrac{1}{2}$

7 (1) $A\left(2,\ \dfrac{1}{2}\right)$ は $y=ax^2$ 上の点だから，

$\dfrac{1}{2}=a\times2^2$ より，$a=\dfrac{1}{8}$

(2) 直線AB の傾きは，$\left(\dfrac{1}{2}-1\right)\div(2-1)=-\dfrac{1}{2}$

式を $y=-\dfrac{1}{2}x+b$ とすると，

$B(1,\ 1)$ を通るから，$1=-\dfrac{1}{2}\times1+b$

よって，$b=\dfrac{3}{2}$ だから，$y=-\dfrac{1}{2}x+\dfrac{3}{2}$

(3) 点Bと点Cは原点に関して対称な点だから，

$OB=OC$

よって，$\triangle OAB=\dfrac{1}{2}\triangle ABC$ より，

$\triangle OAB=\triangle ABD$ となるので，原点Oを通り直

線AB に平行な直線と放物線 $y=\dfrac{1}{8}x^2$ の交点が

Dである。原点Oを通り，AB に平行な直線の式

は，$y=-\dfrac{1}{2}x$ だから，

点Dの x 座標は $\dfrac{1}{8}x^2=-\dfrac{1}{2}x$ の負の解。

整理して，$x^2+4x=0$ より，$x(x+4)=0$

よって，$x=0$，-4 だから，点Dの x 座標は -4

となり，

y 座標は，$y=-\dfrac{1}{2}\times(-4)=2$

(4) 次図のように，点A，C，Dを通る長方形を，長

方形DEFG とすると，

$E(-4,\ -1)$，$F(2,\ -1)$，$G(2,\ 2)$

また，直線BC の式は $y=x$ なので，

点Gは直線BC 上にある。

ここで，$AG=2-\dfrac{1}{2}=\dfrac{3}{2}$，$CF=2-(-1)=3$，線

分AG と点Bの距離が，$2-1=1$ なので，

$\triangle ABC=\triangle AGC-\triangle AGB=$

$\dfrac{1}{2}\times\dfrac{3}{2}\times3-\dfrac{1}{2}\times\dfrac{3}{2}\times1=\dfrac{3}{2}$

また，$DE=2-(-1)=3$，$DG=2-(-4)=6$，線

分DG と点Bの距離が，$2-1=1$ なので，

(四角形ABDC)＝△DCB＋△ABC

$=\triangle DCG-\triangle DBG+\triangle ABC$

$=\dfrac{1}{2}\times6\times3-\dfrac{1}{2}\times6\times1+\dfrac{3}{2}=\dfrac{15}{2}$

したがって，四角形ABDC は△ABC の，

$\dfrac{15}{2}\div\dfrac{3}{2}=5$ (倍)

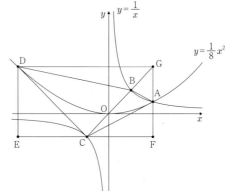

答 (1) $\dfrac{1}{8}$　(2) $y=-\dfrac{1}{2}x+\dfrac{3}{2}$　(3) $(-4,\ 2)$

(4) 5 (倍)

8 (1) $y = -2x - \dfrac{3}{2}$ に $y = \dfrac{1}{2}x^2$ を代入して,

$\dfrac{1}{2}x^2 = -2x - \dfrac{3}{2}$

式を整理すると, $x^2 + 4x + 3 = 0$ だから,

$(x+3)(x+1) = 0$ より, $x = -3,\ -1$

図より, (点 B の x 座標) < (点 A の x 座標) となるから, 点 A の x 座標は -1, 点 B の x 座標は -3。

(2) $y = \dfrac{1}{2}x^2$ に $x = -1$ を代入して,

$y = \dfrac{1}{2} \times (-1)^2 = \dfrac{1}{2}$ より, A$\left(-1,\ \dfrac{1}{2}\right)$

また, $x = -3$ を代入して, $y = \dfrac{1}{2} \times (-3)^2 = \dfrac{9}{2}$ より, B$\left(-3,\ \dfrac{9}{2}\right)$

四角形 ABCD は平行四辺形だから,

BA ∥ CD, BA = CD

点 A は点 B から右へ, $-1-(-3) = 2$,

下へ, $\dfrac{9}{2} - \dfrac{1}{2} = 4$ 進んだ点だから,

同様に点 D も点 C から右へ 2, 下へ 4 進んだ点となるので, D$\left(t+2,\ \dfrac{1}{2}t^2 - 4\right)$

点 E は辺 AD の中点だから,

その x 座標は, $\dfrac{-1+(t+2)}{2} = \dfrac{t+1}{2}$,

y 座標は,

$\left\{\dfrac{1}{2} + \left(\dfrac{1}{2}t^2 - 4\right)\right\} \div 2 = \dfrac{t^2-7}{4}$ より,

E$\left(\dfrac{t+1}{2},\ \dfrac{t^2-7}{4}\right)$

点 E は放物線 $y = \dfrac{1}{2}x^2$ 上の点だから,

この式に点 E の座標を代入すると,

$\dfrac{t^2-7}{4} = \dfrac{1}{2} \times \left(\dfrac{t+1}{2}\right)^2$

式を整理して, $t^2 - 2t - 15 = 0$ だから,

$(t+3)(t-5) = 0$ より, $t = -3,\ 5$

$t > 0$ より, $t = 5$

(3) 平行四辺形は, 対角線の交点を中心とした点対称な図形なので, 対角線の交点を通る直線により面積は二等分される。

これより, 次図のように平行四辺形 ABCD の 2 本の対角線の交点を M として, 2 点 O, M を通る直線をひいたとき, 直線 OM は平行四辺形 ABCD の面積を二等分する。

A$\left(-1,\ \dfrac{1}{2}\right)$, C$\left(5,\ \dfrac{25}{2}\right)$ だから,

点 M の x 座標は, $\dfrac{-1+5}{2} = 2$,

y 座標は, $\left(\dfrac{1}{2} + \dfrac{25}{2}\right) \div 2 = \dfrac{13}{2}$ より, M$\left(2,\ \dfrac{13}{2}\right)$

よって, 直線 OM の傾きは, $\dfrac{13}{2} \div 2 = \dfrac{13}{4}$ だから,

求める式は $y = \dfrac{13}{4}x$

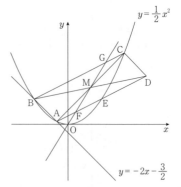

答 (1) (順に) -1, -3　(2) (順に) $\dfrac{t+1}{2}$, 5

(3) $\dfrac{13}{4}x$

12. 相　似

§1. 相似な図形 (94 ページ)

1 **答** (1) エ　(2) カ　(3) イ　(4) コ

2 ∠B は共通で，∠BAC＝∠BED＝90° より，
△ABC∽△EBD
したがって，AB：EB＝BC：BD より，
(3＋7)：6＝BC：7
よって，BC＝$\dfrac{35}{3}$ (cm) より，
EC＝$\dfrac{35}{3}-6=\dfrac{17}{3}$ (cm)

答 $\dfrac{17}{3}$ (cm)

3 (1) △AED で，
　∠AED＝180°－60°－50°＝70° だから，
　∠DEB＝180°－70°＝110°
　よって，∠DEF＝110°×$\dfrac{1}{2}$＝55°

(2)① △AED と△CDF で，∠DAE＝∠FCD＝60°
　また，
　∠ADE＝180°－60°－∠CDF＝120°－∠CDF
　∠CFD＝180°－60°－∠CDF＝120°－∠CDF
　よって，∠ADE＝∠CFD
　2 組の角がそれぞれ等しいから，
　△AED∽△CDF
　ED＝EB＝6－2＝4 (cm)，
　CD＝(6－x) cm だから，
　AE：CD＝ED：DF より，2：(6－x)＝4：DF
　よって，2DF＝4 (6－x) だから，
　DF＝2 (6－x)＝－2x＋12 (cm)

② △AED∽△CDF より，
　AD：CF＝AE：CD だから，
　x：CF＝2：(6－x)
　よって，CF＝$\dfrac{x(6-x)}{2}$ (cm)
　BF＝DF＝(－2x＋12) cm より，
　BC の長さについて，
　$-2x+12+\dfrac{x(6-x)}{2}=6$ が成り立つ。
　両辺を 2 倍して，－4x＋24＋x (6－x)＝12
　移項して整理して，$x^2-2x-12=0$
　解の公式より，
　$x=\dfrac{-(-2)\pm\sqrt{(-2)^2-4\times1\times(-12)}}{2\times1}$
　$=\dfrac{2\pm2\sqrt{13}}{2}=1\pm\sqrt{13}$
　x＞0 より，x＝1＋$\sqrt{13}$

答 (1) 55°　(2)① －2x＋12 (cm)　② 1＋$\sqrt{13}$

§2. 平行線と比 (95 ページ)

☆☆☆ **標準問題** ☆☆☆ (95 ページ)

1 (1) AB∥CD より，BE：CE＝AB：DC＝2：3
　また，EF∥CD より，
　EF：CD＝BE：BC＝2：(2＋3)＝2：5
　よって，EF＝$\dfrac{2}{5}$CD＝$\dfrac{12}{5}$ (cm)

(2) 平行線の性質より，
　EF：FB＝DG：GC＝(3＋2)：5＝1：1 だから，
　EF＝FB＝4

(3) 次図のように，点 A～F を定め，点 D を通り直
　線 AC に平行な直線を引く。
　この直線と直線 m, n との交点をそれぞれ G, H
　とする。
　BG＝CH＝AD＝4 cm より，
　GE＝5－4＝1 (cm)，HF＝6－4＝2 (cm)
　△DHF で，GE∥HF だから，
　DE：DF＝GE：HF＝1：2
　DF＝2DE＝6 (cm) より，x＝6－3＝3 (cm)

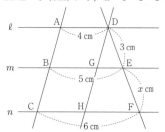

答 (1) $\dfrac{12}{5}$ (cm)　(2) 4　(3) 3 (cm)

2 (1) △BDE∽△BAF で，中点連結定理より，
　AF＝2DE＝6 (cm)
　また，△CGF∽△CDE で，中点連結定理より，
　GF＝$\dfrac{1}{2}$DE＝$\dfrac{3}{2}$ (cm)
　よって，AG＝AF－GF＝$\dfrac{9}{2}$ (cm)

(2) AD は∠BAC の二等分線だから，
　角の二等分線の性質より，
　BD：DC＝AB：AC が成り立つ。
　よって，BD：DC＝6：9＝2：3 だから，
　BD＝BC×$\dfrac{2}{2+3}$＝10×$\dfrac{2}{5}$＝4 (cm)

答 (1) $\dfrac{9}{2}$ (cm)　(2) 4 (cm)

3 (1) △EDC で，FG∥DC より，
　FG：DC＝EF：ED＝1：(1＋2)＝1：3
　したがって，DC＝3FG
　点 D は辺 BC の中点だから，BC＝2DC＝6FG
　よって，FG：BC＝FG：6FG＝1：6

(2) △ABC で，FG∥BC より，

AF：AB＝FG：BC＝1：6

よって，AF：FB＝1：$(6-1)$＝1：5

(3) △EDC で，FG∥DC より，

EG：GC＝EF：FD＝1：2

よって，EG＝$\dfrac{1}{2}$GC

また，△ABC で，FG∥BC より，

AG：GC＝AF：FB＝1：5

よって，AG＝$\dfrac{1}{5}$GC

したがって，

AC＝AG＋GC＝$\dfrac{1}{5}$GC＋GC＝$\dfrac{6}{5}$GC，

AE＝EG－AG＝$\dfrac{1}{2}$GC－$\dfrac{1}{5}$GC＝$\dfrac{3}{10}$GC より，

AC：AE＝$\dfrac{6}{5}$GC：$\dfrac{3}{10}$GC＝12：3＝4：1

答 (1) 1：6　(2) 1：5　(3) 4：1

4 (1) CF∥BE より △ABE∽△ACF

また，AE∥CD より，△ABE∽△CBD

(2)① △ACF∽△ABE より，

AF：AE＝CF：BE が成り立つ。

よって，AF：10＝x：15

② AF：10＝x：15 より，

15AF＝10x となるので，AF＝$\dfrac{2}{3}x$

よって，EF＝AE－AF＝10－$\dfrac{2}{3}x$

(3) CF＝EF であればよいから，

x＝10－$\dfrac{2}{3}x$ が成り立つ。

よって，3x＝30－2x より，

5x＝30 となるので，x＝6

答 (1) △ACF（または，△CBD）

　(2)① (ア) 10　(イ) 15　② (ウ) 10　(エ) $\dfrac{2}{3}$　(3) 6

5 AD∥BE より，

BG：DG＝BE：DA＝2：$(2+3)$＝2：5

また，AB∥DF より，

DH：BH＝DF：BA＝1：$(1+1)$＝1：2

BD＝a とすると，

BG＝BD×$\dfrac{2}{2+5}$＝$\dfrac{2}{7}a$，

BH＝BD×$\dfrac{2}{1+2}$＝$\dfrac{2}{3}a$ より，

GH＝$\dfrac{2}{3}a$－$\dfrac{2}{7}a$＝$\dfrac{8}{21}a$

よって，BG：GH＝$\dfrac{2}{7}a$：$\dfrac{8}{21}a$＝6：8＝3：4

答 3：4

6 (1) DF∥BC より，

　GF：EC＝AG：AE＝AD：AB＝1：$(1+2)$

　＝1：3

(2) DE∥AC より，BE：EC＝BD：DA＝2：1

さらに，(1)より，GF：EC：BE＝1：3：6 となる。

したがって，GF∥BE より，

GH：HE＝GF：BE＝1：6

(3) △EFH＝S とする。

GH：HE＝1：6 より，△EFG＝$\dfrac{1+6}{6}$×S＝$\dfrac{7}{6}$S

GF∥EC，GF：EC＝1：3 より，

△CEF＝3△EFG＝3×$\dfrac{7}{6}$S＝$\dfrac{7}{2}$S

▱DECF＝2△CEF＝2×$\dfrac{7}{2}$S＝7S より，

△EFH：▱DECF＝S：7S＝1：7

答 (1) 1：3　(2) 1：6　(3) 1：7

7 (1) 次図のように，直線 GB，DF の交点を J とおく。

△JGD∽△JBF で，GD：BF＝1：2 だから，

JD：JF＝1：2

よって，JD＝DF より，JF＝2DF

四角形 ABFD は平行四辺形だから，

AB∥JF で，△EHB∽△FHJ より，

EH：HF＝EB：FJ＝AB×$\dfrac{2}{1+2}$：2AB＝1：3

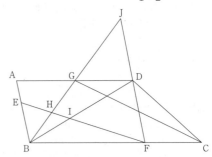

(2) △EIB∽△FID で，EI：FI＝EB：FD＝2：3 だから，

EI＝EF×$\dfrac{2}{2+3}$＝$\dfrac{2}{5}$EF で，

FI＝EF×$\dfrac{3}{2+3}$＝$\dfrac{3}{5}$EF

また，EH＝EF×$\dfrac{1}{1+3}$＝$\dfrac{1}{4}$EF より，

HI＝EI－EH＝$\dfrac{2}{5}$EF－$\dfrac{1}{4}$EF＝$\dfrac{3}{20}$EF

よって，

EH：HI：IF＝$\dfrac{1}{4}$EF：$\dfrac{3}{20}$EF：$\dfrac{3}{5}$EF＝5：3：12

(3) △EBH＝S とおくと，EH：IF＝5：12 より，

△IBF＝△EBH×$\dfrac{12}{5}$＝$\dfrac{12}{5}$S

四角形 DIFC＝7S だから，

△DBC＝$\dfrac{12}{5}$S＋7S＝$\dfrac{47}{5}$S

また，BI：ID＝2：3だから，

$\triangle DBF = \triangle IBF \times \dfrac{2+3}{2} = \dfrac{12}{5}S \times \dfrac{5}{2} = 6S$

よって，$\triangle DFC = \triangle DBC - \triangle DBF = \dfrac{47}{5}S - 6S$

$= \dfrac{17}{5}S$ より，

BF：FC＝$\triangle DBF$：$\triangle DFC = 6S : \dfrac{17}{5}S = 30 : 17$

答 (1) 1：3　(2) 5：3：12　(3) 30：17

8 (1) PC＝AQ＝4 (cm) なので，BP＝6－4＝2 (cm)
よって，相似比は，AQ：BP＝4：2＝2：1

(2) $\triangle ABP = \dfrac{1}{2} \times 2 \times 6 = 6$ (cm²)
$\triangle AQR \varpropto \triangle BPR$ より，
AR：RP＝AQ：BP＝2：1なので，
$\triangle BPR = \triangle ABP \times \dfrac{1}{2+1} = 6 \times \dfrac{1}{3} = 2$ (cm²)

(3) 四角形 QRPC＝$\triangle QBC - \triangle BPR$
$= \dfrac{1}{2} \times 6 \times 6 - 2 = 18 - 2 = 16$ (cm²)
$\triangle QPC = \dfrac{1}{2} \times 4 \times 6 = 12$ (cm²) で，
四角形 QRPC を 2 等分した面積は，
16÷2＝8 (cm²) だから，点 S は，PC の間にある。
よって，PS＝t とすると，
$\triangle QSC = \dfrac{1}{2} \times (4-t) \times 6 = 8$ より，
$4-t = \dfrac{8}{3}$ なので，$t = \dfrac{4}{3}$

答 (1) 2：1　(2) 2 (cm²)　(3) $\dfrac{4}{3}$ (cm)

9 (1) 円の接線より，∠ODB＝90°で，
DO∥AC になるので，$\triangle DBO \varpropto \triangle ABC$
よって，BD：OD＝BA：CA＝8：6＝4：3

(2) 円の接線より，四角形 ADOE はすべての角が
直角で，AD＝AE なので，正方形で，すべての辺
の長さが等しく，OD＝AD
よって，BD：OD＝BD：AD＝4：3なので，
円 O の半径は，OD＝AB$\times \dfrac{3}{4+3} = \dfrac{24}{7}$

(3) 円の接線より，∠OEC＝90°で，
EO∥AB になるので，$\triangle EOC \varpropto \triangle ABC$
よって，EO：OC＝AB：BC＝8：10＝4：5 より，
OC＝$\dfrac{5}{4}$OE＝$\dfrac{5}{4} \times \dfrac{24}{7} = \dfrac{30}{7}$

(4) $\triangle EOC \varpropto \triangle ABC$ より，
EO：CE＝AB：CA＝4：3で，OE＝AE より，
CE：AC＝3：(4＋3)＝3：7
したがって，$\triangle BEC = \dfrac{3}{7}\triangle ABC$

また，BF＝BC－(OC＋OF)＝$10 - \dfrac{54}{7} = \dfrac{16}{7}$ だか

ら，BF：BC＝$\dfrac{16}{7}$：10＝8：35

したがって，$\triangle BEF = \dfrac{8}{35}\triangle BEC$

ここで，$\triangle ABC = \dfrac{1}{2} \times 8 \times 6 = 24$ より，

$\triangle BEF = \dfrac{8}{35} \times \dfrac{3}{7} \times 24 = \dfrac{576}{245}$

答 (1) 4：3　(2) $\dfrac{24}{7}$　(3) $\dfrac{30}{7}$　(4) $\dfrac{576}{245}$

★★★ 発展問題 ★★★（98 ページ）

1 (1) 正方形 ABCD の面積を t とすると，
$\triangle ABD = \dfrac{1}{2}t$
また，AI：AD＝1：(1＋1)＝1：2 より，
$\triangle BAI = \dfrac{1}{2}t \times \dfrac{1}{2} = \dfrac{1}{4}t$
よって，求める面積比は，$t : \dfrac{1}{4}t = 4 : 1$

(2) 正方形の 1 辺の長さを p とすると，
AI＝$\dfrac{1}{2}p$ で，$\triangle BEJ \varpropto \triangle BAI$ より，
EJ：AI＝BE：BA＝2：3だから，
EJ＝AI$\times \dfrac{2}{3} = \dfrac{1}{3}p$
$\triangle CBK \varpropto \triangle EJK$ より，
BK：JK＝BC：JE＝$p : \dfrac{1}{3}p = 3 : 1$
よって，BJ：JI＝BE：EA＝2：1 から，
$\triangle BAJ = \triangle BAI \times \dfrac{2}{2+1} = \dfrac{1}{6}t$ なので，
$\triangle BEJ = \triangle BAJ \times \dfrac{2}{2+1} = \dfrac{1}{9}t$，
$\triangle EKJ = \triangle BEJ \times \dfrac{1}{3+1} = \dfrac{1}{36}t$
したがって，求める面積比は，$t : \dfrac{1}{36}t = 36 : 1$

(3) $\triangle HEL \equiv \triangle BCL$ より，HL：BL＝1：1だから，
$\triangle BCD = \triangle ABD = \dfrac{1}{2}t$，
$\triangle BCH = \triangle BCD \times \dfrac{2}{2+1} = \dfrac{1}{3}t$，
$\triangle BCL = \triangle HEL = \triangle BCH \times \dfrac{1}{1+1} = \dfrac{1}{6}t$
$\triangle EKJ \equiv \triangle HMN$ より，五角形 JKLMN の面積は，
$\triangle HEL - \triangle EKJ - \triangle HMN = \dfrac{1}{6}t - \dfrac{1}{36}t - \dfrac{1}{36}t$
$= \dfrac{1}{9}t$
よって，求める面積比は，$t : \dfrac{1}{9}t = 9 : 1$

答 (1) 4：1　(2) 36：1　(3) 9：1

2 (2)　GC＝GD＋DC＝EB＋DC＝(2＋3)＋3
　　　　＝8 (cm)
　　　AB：HC＝EB：EC より，
　　　3：HC＝5：2 で，HC＝$\dfrac{6}{5}$cm となり，
　　　GH＝GC－HC＝8－$\dfrac{6}{5}$＝$\dfrac{34}{5}$ (cm)
　　　△IAH∽△IFG で，
　　　IH：IG＝AH：FG＝AH：AE より，
　　　IH：IG＝3：5
　　　よって，IH＝$\dfrac{34}{5}$×$\dfrac{3}{3＋5}$＝$\dfrac{51}{20}$ (cm)
　　　DH＝DC－HC＝3－$\dfrac{6}{5}$＝$\dfrac{9}{5}$ (cm)だから，
　　　ID＝IH－DH＝$\dfrac{51}{20}$－$\dfrac{9}{5}$＝$\dfrac{3}{4}$ (cm)

答 (1) △ABE と△ADG で，仮定より，
　　　AB＝AD……①
　　　AE＝AG……②
　　　∠DAE＝a と表すと，∠BAE＝90°－a……③
　　　∠DAG＝90°－a……④
　　　③，④より，∠BAE＝∠DAG……⑤
　　　①，②，⑤より，2 組の辺とその間の角がそれ
　　　ぞれ等しいから，△ABE≡△ADG
　　　合同な三角形の対応する角は等しいので，
　　　∠ABE＝∠ADG
　　(2) $\dfrac{3}{4}$ (cm)

§3．相似比と面積比・体積比
（99 ページ）

☆☆☆ 標準問題 ☆☆☆（99 ページ）

1 EG∥DC だから，△AEG∽△ADC で，
　　相似比は，AE：AD＝1：(1＋2)＝1：3 だから，
　　面積比は，1²：3²＝1：9
　　したがって，平行四辺形 ABCD の面積を S とす
　　ると，
　　(台形 GCDE)＝△ADC×$\dfrac{9－1}{9}$＝$\dfrac{1}{2}$S×$\dfrac{8}{9}$＝$\dfrac{4}{9}$S
　　よって，
　　(台形 GCDE)：(平行四辺形 ABCD)＝$\dfrac{4}{9}$S：S
　　＝4：9

答 4：9

2 (2)　△OED∽△OBC で，
　　　△OED：△OBC＝8：32＝1：4＝1²：2² より，
　　　△OED と△OBC の相似比は 1：2
　　　よって，△OED：△OBD＝OE：OB＝1：2 より，
　　　△OBD＝2△OED＝16 (cm²)

また，△OED：△OEC＝OD：OC＝1：2 より，
　　　△OEC＝2△OED＝16 (cm²)
次に，DE∥BC，DE：BC＝1：2 なので，
中点連結定理の逆より，
点 D，E はそれぞれ辺 AB，AC の中点である。
したがって，△ADE：△BDE＝1：1 で，
△BDE＝8＋16＝24 (cm²)なので，
△ADE＝24 (cm²)
よって，
△ABC＝△ADE＋△BDE＋△OBC＋△OEC
＝24＋24＋32＋16＝96 (cm²)

答 (1) △OED と△OBC において，
　　　DE∥BC より，錯角は等しいので，
　　　∠OED＝∠OBC，∠ODE＝∠OCB
　　　2 組の角がそれぞれ等しいから，
　　　△OED∽△OBC
　　(2) 96 (cm²)

3 (1)　AD：DG＝AE：EC＝10：8＝5：4 より，
　　　DG＝$\dfrac{4}{5}$AD＝6 (cm)
　　(2)　GC：DE＝AC：AE＝(10＋8)：10＝9：5 より，
　　　DE＝$\dfrac{5}{9}$GC＝5 (cm)
　　(3)　GC∥DF より，△BCG∽△BFD で，
　　　相似比は，BG：BD＝4：(4＋6)＝2：5 より，
　　　△BCG：△BFD＝2²：5²＝4：25

答 (1) 6 (cm)　(2) 5 (cm)　(3) 4：25

4 (1)　AD：AB＝DF：BC より，
　　　AD：(AD＋6)＝1：3 だから，
　　　3AD＝AD＋6 より，2AD＝6
　　　よって，AD＝3
　　(2)　△ADF∽△AEG∽△ABC で，
　　　相似比は，DF：EG：BC＝1：2：4 だから，
　　　面積比は，1²：2²：4²＝1：4：16 となる。
　　　よって，△ADF＝S とすると，
　　　△AEG＝4S，△ABC＝16S
　　　したがって，
　　　四角形 DEGF＝△AEG－△ADF＝4S－S＝3S，
　　　四角形 EBCG＝△ABC－△AEG＝16S－4S
　　　＝12S だから，
　　　四角形 DEGF の面積は四角形 EBCG の面積の，
　　　3S÷12S＝$\dfrac{1}{4}$ (倍)
　　(3)　AD：DE：EB＝a：1：1 とすると，
　　　AD：AE：AB＝a：(a＋1)：(a＋2)
　　　△ADF∽△AEG∽△ABC より，
　　　△ADF：△AEG：△ABC
　　　＝a^2：(a＋1)²：(a＋2)²
　　　よって，
　　　四角形 DEGF：四角形 EBCG

$= \{(a+1)^2 - a^2\} : \{(a+2)^2 - (a+1)^2\}$

$= (2a+1) : (2a+3)$ だから，

$(2a+1) : (2a+3) = 10 : 20 = 1 : 2$

よって，$2a+3 = 2(2a+1)$ より，

$2a = 1$ となるから，$a = \dfrac{1}{2}$

△ADF：四角形DEGF $= a^2 : (2a+1) = \dfrac{1}{4} : 2$

$= 1 : 8$ だから，

△ADF $= \dfrac{1}{8} \times 10 = \dfrac{5}{4}$

答 (1) 3　(2) $\dfrac{1}{4}$（倍）　(3) $\dfrac{5}{4}$

⑤(1)　AP = PB，PS∥BC より，

PS : BC = AP : AB = 1 : (1+1) = 1 : 2

(2)　PS $= \dfrac{1}{2}$ BC $= \dfrac{9}{2}$

また，PR $= \dfrac{1}{2}$ AD $= 3$ もいえるから，

RS $= \dfrac{9}{2} - 3 = \dfrac{3}{2}$

(3)　RS∥BC より，△TRS∽△TBC で，

相似比は，RS : BC $= \dfrac{3}{2} : 9 = 1 : 6$ だから，

△TRS：△TBC $= 1^2 : 6^2 = 1 : 36$

したがって，

△TRS：台形RBCS $= 1 : (36-1) = 1 : 35$

答 (1) ア．1　イ．2　(2) ウ．3　エ．2
　　　(3) オ．1　カ．3　キ．5

⑥(1)　△BFH∽△BAE より，

EH : HB = AF : FB = 3 : 2

したがって，△EHI∽△EBC より，

HI : BC = EH : EB = 3 : (3+2) = 3 : 5

(2)　△EHI：△EBC $= 3^2 : 5^2 = 9 : 25$ より，

$9 \div 25 = \dfrac{9}{25}$（倍）

(3)　△BAE：△EBC = AE : BC = 1 : 2

また，△BFH：△BAE $= 2^2 : 5^2 = 4 : 25$

よって，

△BFH $= $△EBC $\times \dfrac{1}{2} \times \dfrac{4}{25} = \dfrac{2}{25}$△EBC より，

△BFH：△EHI $= \dfrac{2}{25} : \dfrac{9}{25} = 2 : 9$

答 (1) 3 : 5　(2) $\dfrac{9}{25}$（倍）　(3) 2 : 9

⑦(1)　△APQ，△BQR，△CRS，△DSP において，
仮定より，AP = BQ = CR = DS……①

AB = BC = CD = DA = 1 cm と①より，

AQ = BR = CS = DP……②

正方形の外角より，

∠PAQ = ∠QBR = ∠RCS = ∠SDP = 90°……③

①～③より，2辺とその間の角がそれぞれ等しい

ので，△APQ≡△BQR≡△CRS≡△DSP

したがって，PQ = QR = RS = SP，

∠PQA + ∠BQR = ∠PQA + ∠APQ

$= 180° - 90° = 90°$ なので，

四角形PQRSは面積が13cm² の正方形。

よって，PQ $= \sqrt{13}$ cm

(2)　正方形ABCD の面積が，$1 \times 1 = 1$ (cm²) より，

△APQ の面積は，$(13-1) \div 4 = 3$ (cm²)

AP $= x$ cm とすると，

BQ = AP より，AQ $= (1+x)$ cm なので，

△APQ の面積より，$\dfrac{1}{2} \times x \times (1+x) = 3$

両辺を2倍して整理すると，$x^2 + x - 6 = 0$ だから，

$(x+3)(x-2) = 0$ より，$x = -3$，2

$x > 0$ なので，$x = 2$

(3)　△BQE と△QPA において，

△APQ と△BQR は合同なので，

∠EQB = ∠APQ……④

平行線の錯角より，∠EBQ = ∠AQP……⑤

④，⑤より，2組の角がそれぞれ等しいので，

△BQE∽△QPA で，

相似比が，QB : PQ = AP : PQ $= 2 : \sqrt{13}$ より，

面積比は，$2^2 : (\sqrt{13})^2 = 4 : 13$

よって，△BQE の面積は，$\dfrac{4}{13}$△QPA $= \dfrac{12}{13}$ (cm²)

答 (1) $\sqrt{13}$ (cm)　(2) 2 (cm)　(3) $\dfrac{12}{13}$ (cm²)

⑧(1)　2つの円すい A，B は相似で，相似比は 4 : 7 だ
から，表面積の比は，$4^2 : 7^2 = 16 : 49$

よって，A の表面積は，$147 \times \dfrac{16}{49} = 48$ (cm²)

(2)　相似比が 2 : 3 なので，

体積比は，$2^3 : 3^3 = 8 : 27$

よって，三角すい B の体積は，$24 \times \dfrac{27}{8} = 81$ (cm³)

(3)　円錐と円柱の容器の高さを h，底面の半径を r
とすると，

円錐の容器の体積は，$\dfrac{1}{3} \times \pi \times r^2 \times h = \dfrac{1}{3} \pi h r^2$

円柱の体積は，$\pi \times r^2 \times h = \pi h r^2$

よって，円錐と円柱の容器の体積比は，

$\dfrac{1}{3} \pi h r^2 : \pi h r^2 = 1 : 3$

また，円錐の容器と，深さ $\dfrac{1}{2}$ まで水の入った部

分は相似で，相似比は，$1 : \dfrac{1}{2} = 2 : 1$

よって，体積比は，$2^3 : 1^3 = 8 : 1$

したがって，図の水の入った部分の体積を V とす
ると，

円錐の容器の体積は 8V,

円柱の容器の体積は, 8V×3＝24V と表せるから,

24V÷V＝24（回）

答 (1) 48（cm²）　(2) 81（cm³）　(3) 24（回）

9 (1) 図 1 の線分 DE と線分 DA が重なるから,

点 A と重なるのは点 E。

(2) 立体 Q と正四角錐 P は相似で,

相似比は, OI：OA＝1：(1＋2)＝1：3 だから,

体積比は, 1³：3³＝1：27

よって, 立体 Q と R の体積比は,

1：(27－1)＝1：26

答 (1) E　(2) 1：26

★★★ 発展問題 ★★★（102 ページ）

1 △EAC と △ABC において,

∠ECA＝∠ACB, ∠AEC＝∠BAC＝90° より,

△EAC∽△ABC だから,

EC：AC＝CA：CB＝4：5

CD は ∠C の二等分線だから, 角の二等分線の性質

より, EF：FA＝EC：AC＝4：5

ここで, △ECF＝4S とすると, △ACF は 5S と表

せる。

また, △ECF と △ACD において, ∠ECF＝∠ACD,

∠FEC＝∠DAC＝90° より, △ECF∽△ACD で,

相似比が, EC：AC＝4：5 だから,

面積比は, 4²：5²＝16：25

よって, △ACD＝$\frac{25}{16}$△ECF＝$\frac{25}{16}$×4S＝$\frac{25}{4}$S

これより, △ADF＝△ACD－△ACF

＝$\frac{25}{4}$S－5S＝$\frac{5}{4}$S だから,

△ADF：△ECF＝$\frac{5}{4}$S：4S＝5：16

答 5：16

2 (1) AD∥BC で, 点 M は辺 AD の中点だから,

MI：BI＝AM：CB＝1：2

四角形 ABCD の面積を S とすると,

△ABM＝$\frac{1}{2}$△ABD

＝$\frac{1}{2}$×$\frac{1}{2}$×（四角形 ABCD）＝$\frac{1}{4}$S だから,

△AIM＝△ABM×$\frac{1}{1＋2}$＝$\frac{1}{4}$S×$\frac{1}{3}$＝$\frac{1}{12}$S

よって, △AIM：（四角形 ABCD）

＝$\frac{1}{12}$S：S＝1：12

(2) AM：EJ＝$\frac{1}{2}$：$\frac{3}{5}$＝5：6

また, AI＝$\frac{1}{3}$AC で,

EL：GL＝EJ：GK＝$\frac{3}{5}$：$\frac{9}{10}$＝2：3 より,

EL＝$\frac{2}{5}$EG だから, AI：EL＝$\frac{1}{3}$：$\frac{2}{5}$＝5：6

したがって, 次図のように, 直線 EA, JM, LI は

1 点 P で交わる。

ここで, AE＝h, PA＝x とすると,

△PEJ で AM∥EJ より,

PA：PE＝AM：EJ だから, x：(x＋h)＝5：6

よって, 6x＝5 (x＋h) だから, x＝5h

高さの等しい角柱の体積の比は, 底面積の比に等

しくなるから, 底面が △AIM で高さが PA の三角

柱の体積は, 900×5×$\frac{1}{12}$＝375

したがって, 三角錐 P—AIM の体積は,

375×$\frac{1}{3}$＝125

ここで, 三角錐 P—AIM と三角錐 P—ELJ は相

似で, 相似比は, AM：EJ＝5：6 だから,

体積比は, 5³：6³＝125：216

よって, 立体 AMI—EJL の体積は,

125×$\frac{216－125}{125}$＝91

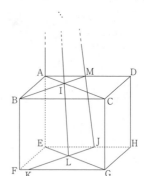

P

（注）直線 PE, PJ, PL
の一部を省略しています。

答 (1) 1：12　(2) 91

3 (1) x mL 必要だとすると, 水道水の量に対する水

質調整剤の割合が等しいことから,

28：x＝5：3 が成り立つ。

5x＝84 より, x＝$\frac{84}{5}$

よって, $\frac{84}{5}$mL。

(2) 5 匹のメダカを飼育するのに必要な水は,

2.7×5＝13.5（L）＝13500（cm³）

次図 1 のように, 水面を四角形 PQRS とする。

このとき水の体積は, 台形 PBCQ と台形 SFGR

を底面とする四角柱の体積となるので,

台形 PBCQ の面積は，$13500 \div 60 = 225$ (cm^2)

次図 2 の台形 ABCD で，点 B，C から辺 AD に

それぞれ垂線 BI，CJ をひくと，△ABI と△DCJ

は合同な三角形となるので，

AI = DJ = $(30 - 20) \div 2 = 5$ (cm)

線分 PQ と BI，CJ との交点をそれぞれ T，U と

し，TB = h cm とすると，

(長方形 TBCU) = $20h$ cm^2

また，PT ∥ AI より，△PBT ∽ △ABI で，

相似比は，BT : BI = h : 20 だから，

面積比は，$h^2 : 20^2 = h^2 : 400$ となり，

$$\triangle BPT = \frac{h^2}{400}\triangle ABI = \frac{h^2}{400} \times \left(\frac{1}{2} \times 5 \times 20\right)$$

$$= \frac{h^2}{8} \ (\text{cm}^2)$$

したがって，(台形 PBCQ)

$$= \frac{h^2}{8} \times 2 + 20h = \frac{h^2}{4} + 20h \ (\text{cm}^2) \text{だから，}$$

$\dfrac{h^2}{4} + 20h = 225$ が成り立つ。

両辺を 4 倍して式を整理すると，

$h^2 + 80h - 900 = 0$

$(h + 90)(h - 10) = 0$ だから，$h = -90$，10

$h > 0$ より，$h = 10$

よって，10cm。

図 1

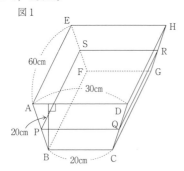

図 2

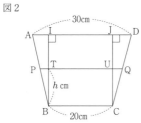

答 (1) $\dfrac{84}{5}$ (mL)　(2) 10 (cm)

13. 三平方の定理

§1. 三平方の定理と多角形

(103 ページ)

☆☆☆ **標準問題** ☆☆☆（103 ページ）

1(1)　次図の△ACD で三平方の定理より，

$$a = \sqrt{3^2 - 2^2} = \sqrt{5}$$

△ABC で，$AB = a + b = \sqrt{5^2 - 2^2} = \sqrt{21}$

よって，$b = \sqrt{21} - \sqrt{5}$

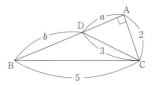

(2)　△ABD は直角二等辺三角形なので，

$AD = BD = 4$

△ADC は 30°，60° の直角三角形なので，

$CD = \sqrt{3}\,AD = 4\sqrt{3}$

△CDE も 30°，60° の直角三角形なので，

$CE = \dfrac{\sqrt{3}}{2}CD = 6$

(3)　次図のように，A から BC に垂線 AH を下ろす。

△ABC の内角の和より，

$\angle C = 180° - (75° + 45°) = 60°$

よって，△ACH は，30°，60° の直角三角形とな

るから，$CH = \dfrac{1}{2}AC = 2$ (cm)，

$AH = \sqrt{3}\,CH = 2\sqrt{3}$ (cm)

また，△ABH は直角二等辺三角形だから，

$BH = AH = 2\sqrt{3}$ cm

したがって，$\triangle ABC = \dfrac{1}{2} \times BC \times AH$

$$= \frac{1}{2} \times (2 + 2\sqrt{3}) \times 2\sqrt{3} = 2\sqrt{3} + 6 \ (\text{cm}^2)$$

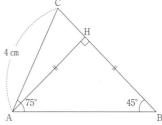

(4)　$BD = x$ とすると，$CD = 7 - x$

△ABD と△ACD は，AD を共有する直角三角形

だから，三平方の定理より，

AD^2 について，$AB^2 - BD^2 = AC^2 - CD^2$ が成り

立つ。

よって，$4^2 - x^2 = (\sqrt{37})^2 - (7 - x)^2$

展開して，$16-x^2=37-49+14x-x^2$ となるから，$14x=28$ より，$x=2$

したがって，$AD=\sqrt{4^2-2^2}=\sqrt{12}=2\sqrt{3}$

答 (1) $(a=)$ $\sqrt{5}$　$(b=)$ $\sqrt{21}-\sqrt{5}$　(2) 6

　　(3) $2\sqrt{3}+6$ (cm^2)　(4) $2\sqrt{3}$

2 △ABC で三平方の定理より，

$BC=\sqrt{8^2+6^2}=\sqrt{100}=10$ (cm)

∠BAC＝∠AHC＝90°，∠ACB＝∠HCA（共通の角）で，2組の角がそれぞれ等しいので，

△ABC∽△HAC

したがって，BA：AH＝BC：AC より，

8：AH＝10：6 だから，

10AH＝48 より，$AH=\dfrac{24}{5}$ cm

また，AC：HC＝BC：AC より，6：HC＝10：6 だから，

10HC＝36 より，$HC=\dfrac{18}{5}$ cm

ここで，点 M は辺 BC の中点だから，

$MC=\dfrac{1}{2}BC=5$ (cm)

よって，$MH=5-\dfrac{18}{5}=\dfrac{7}{5}$ (cm) なので，

△AMH で，

$AM=\sqrt{\left(\dfrac{7}{5}\right)^2+\left(\dfrac{24}{5}\right)^2}=\sqrt{\dfrac{625}{25}}=\sqrt{25}=5$ (cm)

答 (AH) $\dfrac{24}{5}$ (cm)　(AM) 5 (cm)

3 (1) 三角定規なので，

　　∠EBC＝45°，∠ECB＝30°

　　よって，三角形の角の性質より，

　　∠x＝45°＋30°＝75°

(2) △ABC は 30°，60° の直角三角形なので，

　　$BC=\sqrt{3}AB=5\sqrt{3}$

　　次図のように点 E から辺 AB に垂線 EF をひき，$EF=a$ とおくと，△EFB は直角二等辺三角形なので，$FB=EF=a$ より，$AF=5-a$

　　EF∥BC より，AF：AB＝EF：BC が成り立つので，$(5-a):5=a:5\sqrt{3}$

　　よって，$5a=25\sqrt{3}-5\sqrt{3}a$ より，

　　$5(\sqrt{3}+1)a=25\sqrt{3}$ となるので，

　　$a=\dfrac{25\sqrt{3}}{5(\sqrt{3}+1)}=\dfrac{5\sqrt{3}}{\sqrt{3}+1}$

　　ここで，$(\sqrt{3}+1)(\sqrt{3}-1)=(\sqrt{3})^2-1^2=2$ より，$a=\dfrac{5\sqrt{3}(\sqrt{3}-1)}{(\sqrt{3}+1)(\sqrt{3}-1)}=\dfrac{5\sqrt{3}(\sqrt{3}-1)}{2}$

　　FB は△EBC の高さなので，

　　求める面積は，

$\dfrac{1}{2}\times5\sqrt{3}\times\dfrac{5\sqrt{3}(\sqrt{3}-1)}{2}$

$=\dfrac{75(\sqrt{3}-1)}{4}$ (cm^2)

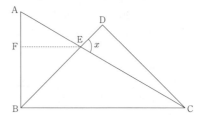

答 (1) 75°　(2) $\dfrac{75(\sqrt{3}-1)}{4}$ (cm^2)

4 (1) AE＝3－1＝2 (cm)

　　△ADE で三平方の定理より，

　　$DE=\sqrt{3^2+2^2}=\sqrt{13}$ (cm)

　　ここで，条件より，∠DCF＝∠EDA

　　また，∠FDC＋∠EDA＝90°，

　　∠AED＋∠EDA＝180°－90°＝90° より，

　　∠FDC＝∠AED だから，△FCD∽△ADE

　　したがって，FD：CD＝AE：DE より，

　　FD：3＝2：$\sqrt{13}$ だから，

　　$FD=\dfrac{6}{\sqrt{13}}=\dfrac{6\sqrt{13}}{13}$ (cm)

(2) △BDE＝$\dfrac{1}{2}\times1\times3=\dfrac{3}{2}$ (cm^2)

　　DF：FE＝$\dfrac{6\sqrt{13}}{13}:\left(\sqrt{13}-\dfrac{6\sqrt{13}}{13}\right)=6:7$ だから，

　　△BFE＝△BDE×$\dfrac{7}{6+7}=\dfrac{3}{2}\times\dfrac{7}{13}=\dfrac{21}{26}$ (cm^2)

答 (1) ②　(2) ④

5 (1) △BCD は，∠BCD＝90° の直角三角形なので，三平方の定理より，

　　$BD=\sqrt{4^2+6^2}=2\sqrt{13}$

(2) BC⊥CD より，台形 ABCD の高さは CD なので，面積は，$\dfrac{1}{2}\times(4+6)\times4=20$

(3) AD∥BC より，△AED∽△CEB で，

　　DE：BE＝AD：CB＝4：6＝2：3

　　△AED の底辺を DE，△ABE の底辺を BE とすると，2つの三角形の高さが等しいので，

　　△AED と△ABE の面積比は，底辺の長さの比と等しく，2：3

　　△ABD＝$\dfrac{1}{2}\times4\times4=8$ なので，

　　△ABE＝$8\times\dfrac{3}{2+3}=\dfrac{24}{5}$

(4) △FBC＝$20\times\dfrac{1}{2}=10$，

$\triangle ABC = \dfrac{1}{2} \times 6 \times 4 = 12$ なので，

$\triangle AFC = 12 - 10 = 2$

$\triangle AFC$ の底辺を AF，$\triangle FBC$ の底辺を FB とすると，2 つの三角形は高さが等しいので，底辺の長さの比は，面積比に等しくなる。

よって，$AF : FB = 2 : 10 = 1 : 5$

答 (1) $2\sqrt{13}$　(2) 20　(3) $\dfrac{24}{5}$　(4) $1 : 5$

6 (1) $\triangle ABD$ において三平方の定理より，

$BD = \sqrt{15^2 + 20^2} = 25$ (cm)

(2) $\triangle BED = \triangle BCD = \dfrac{1}{2} \times 15 \times 20 = 150$ (cm²) より，長方形 BEFD の面積は，$150 \times 2 = 300$ (cm²)

(3) $BE \times 25 = 300$ より，$BE = 12$ (cm)

$\triangle BCE$ において，$CE = \sqrt{20^2 - 12^2} = 16$ (cm)

(4) $BD /\!/ EC$ より，

$DG : GE = BD : EC = 25 : 16$ なので，

$\triangle BGE = \triangle BED \times \dfrac{16}{16 + 25} = 150 \times \dfrac{16}{41} = \dfrac{2400}{41}$ (cm²)，

$\triangle BGD = 150 - \dfrac{2400}{41} = \dfrac{3750}{41}$ (cm²)

よって，求める面積の比は，

$\dfrac{2400}{41} : \left(150 + \dfrac{3750}{41} \right)$

$= \dfrac{2400}{41} : \dfrac{9900}{41} = 8 : 33$

答 (1) 25 (cm)　(2) 300 (cm²)　(3) 16 (cm)
　　(4) $8 : 33$

7 (1) $\triangle EAD$ で三平方の定理より，

$EA = \sqrt{8^2 + 6^2} = 10$ (cm)

$\angle EDA = \angle EFC = 90°$，$\angle AED = \angle CEF$ より，$\triangle EAD \backsim \triangle ECF$ となり，$ED : EF = EA : EC$ だから，$6 : EF = 10 : 12$

よって，$10EF = 6 \times 12$ から，$EF = \dfrac{36}{5}$ (cm)

(2) $FG /\!/ AD$ より，$\triangle EFG \backsim \triangle EAD$ で，

$FG : AD = EF : EA$ だから，$FG : 8 = \dfrac{36}{5} : 10$

よって，$10FG = \dfrac{36}{5} \times 8$ から，$FG = \dfrac{144}{25}$ (cm)

(3) $\triangle EFG \backsim \triangle EAD$ で，$EG : ED = EF : EA$ だから，

$EG : 6 = \dfrac{36}{5} : 10$ より，$10EG = \dfrac{36}{5} \times 6$

よって，$EG = \dfrac{108}{25}$ cm

$\triangle EBG = \dfrac{1}{2} \times \dfrac{108}{25} \times 8 = \dfrac{432}{25}$ (cm²) で，

$EH : HB = ED : DC = 1 : 1$ だから，

$\triangle BGH = \triangle EBG \times \dfrac{1}{1 + 1} = \dfrac{432}{25} \times \dfrac{1}{2}$

$= \dfrac{216}{25}$ (cm²)

(4) $GC = EC - EG = 12 - \dfrac{108}{25} = \dfrac{192}{25}$ (cm) より，

$\triangle FGC = \dfrac{1}{2} \times FG \times GC = \dfrac{1}{2} \times \dfrac{144}{25} \times \dfrac{192}{25}$

よって，$\triangle GFP = \triangle FGC \times \dfrac{25}{23 + 25}$

$= \dfrac{1}{2} \times \dfrac{144}{25} \times \dfrac{192}{25} \times \dfrac{25}{48} = \dfrac{288}{25}$ (cm²)

$\triangle EFC \backsim \triangle EDA$ で，$EF : ED = FC : DA$ より，

$\dfrac{36}{5} : 6 = FC : 8$ から，$6FC = \dfrac{288}{5}$ となり，

$FC = \dfrac{48}{5}$ cm

よって，$FP = FC \times \dfrac{25}{23 + 25} = 5$ (cm) となり，

$AF = EA - EF = 10 - \dfrac{36}{5} = \dfrac{14}{5}$ (cm) だから，

$\triangle AFP = \dfrac{1}{2} \times \dfrac{14}{5} \times 5 = 7$ (cm²)

したがって，四角形 APGF $= \triangle GFP + \triangle AFP$

$= \dfrac{288}{25} + 7 = \dfrac{463}{25}$ (cm²)

答 (1) $\dfrac{36}{5}$ (cm)　(2) $\dfrac{144}{25}$ (cm)　(3) $\dfrac{216}{25}$ (cm²)
　　(4) $\dfrac{463}{25}$ (cm²)

8 (1) $\angle BEF = 180° - (90° + 30°) = 60°$

(2) $\angle ABF = 90° - 30° = 60°$ より，$\triangle ABF$ は 30°，60° の直角三角形。

よって，$AB : AF = 1 : \sqrt{3}$ より，

$\sqrt{3} : AF = 1 : \sqrt{3}$ となるので，$AF = 3$

(3) $\triangle ABF$ について，$AB : BF = 1 : 2$ より，

$BF = 2\sqrt{3}$

$\triangle BEF$ も 30°，60° の直角三角形なので，

$BF : BE = \sqrt{3} : 2$

よって，$2\sqrt{3} : BE = \sqrt{3} : 2$ より，

$\sqrt{3} BE = 4\sqrt{3}$ となるので，$BE = 4$

(4) $BC = AD = 5$ なので，$EC = 5 - 4 = 1$

(5) $DF = 5 - 3 = 2$ なので，求める面積は，

$\dfrac{1}{2} \times (2 + 1) \times \sqrt{3} = \dfrac{3\sqrt{3}}{2}$

答 (1) 60°　(2) 3　(3) 4　(4) 1　(5) $\dfrac{3\sqrt{3}}{2}$

9 (1) 四角形 ABCD はひし形だから，対角線はそれぞれの中点で交わる。

したがって，$AC = 2OA = 2x$

$AC : BD = 2 : 3$ より，$BD = \dfrac{3}{2}AC = 3x$ だから，

$OB = \dfrac{1}{2}BD = \dfrac{3}{2}x$

【別解】四角形 ABCD はひし形だから，$AC \perp BD$ である。

$\triangle ABO$ は $\angle AOB = 90°$ の直角三角形となるから，三平方の定理より，

$OB = \sqrt{(3\sqrt{13})^2 - x^2} = \sqrt{117 - x^2}$

(2)　$\triangle ABO$ で，$x^2 + \left(\dfrac{3}{2}x\right)^2 = (3\sqrt{13})^2$ が成り立つ。

式を整理して，$\dfrac{13}{4}x^2 = 117$ より，$x^2 = 36$ だから，

$x = \pm 6$

$x > 0$ より，$x = 6$

(3)　$AC = 2 \times 6 = 12$，$BD = 3 \times 6 = 18$ だから，

$(\text{ひし形 ABCD}) = \dfrac{1}{2} \times 12 \times 18 = 108$

(4)　次図の $\triangle BAO$ で，$PQ /\!/ AO$ より，

$PQ : AO = BP : BA = 2 : (2+1) = 2 : 3$ だから，

$PQ : 6 = 2 : 3$ より，$3PQ = 12$

よって，$PQ = 4$

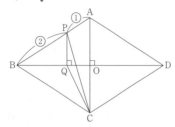

(5)　前図で，$\triangle PQC$ の底辺を PQ としたとき，高さは線分 OQ の長さと等しくなる。

$\triangle BAO$ で $PQ /\!/ AO$ より，

$OQ : OB = AP : AB = 1 : (1+2) = 1 : 3$ だから，

$OQ = \dfrac{1}{3}OB = 3$

よって，$\triangle PQC = \dfrac{1}{2} \times 4 \times 3 = 6$

答　(1) $\dfrac{3}{2}x$（または，$\sqrt{117 - x^2}$）(2) 6　(3) 108

(4) 4　(5) 6

10 (1)　点 A と点 C，点 A と点 F，点 C と点 F をそれぞれ結ぶ。

$\triangle ABC$ において三平方の定理より，

$AC = \sqrt{4^2 + 3^2} = 5$ (cm)

線分 AC が移動した線分が線分 AF だから，

$AF = AC = 5$ (cm)，$\angle CAF = 60°$ より，$\triangle ACF$ は正三角形である。

よって，$CF = 5$ cm

(2)　$\pi \times 5^2 \times \dfrac{60}{360} = \dfrac{25}{6}\pi$ (cm²)

(3)　線分 CD が通過した部分は次図の色のついた部分なので，

面積は，（おうぎ形 ACF）＋$\triangle$AGF－$\triangle$ADC－（おうぎ形 ADG）で求められる。

$\triangle AGF \equiv \triangle ADC$ より，求める面積は，

（おうぎ形 ACF）－（おうぎ形 ADG）

$= \dfrac{25}{6}\pi - \pi \times 3^2 \times \dfrac{60}{360}$

$= \dfrac{25}{6}\pi - \dfrac{9}{6}\pi = \dfrac{8}{3}\pi$ (cm²)

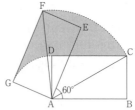

答　(1) 5 (cm)　(2) $\dfrac{25}{6}\pi$ (cm²)　(3) $\dfrac{8}{3}\pi$ (cm²)

11 (1)　$\triangle AED$ で，三平方の定理より，

$AE = \sqrt{9^2 - 3^2} = 6\sqrt{2}$ (cm)

$AB /\!/ DC$ だから，

$\angle EAP = \angle DEA = 90°$

$AP = 2 \times 1 = 2$ (cm)

よって，$\triangle APE = \dfrac{1}{2} \times 2 \times 6\sqrt{2} = 6\sqrt{2}$ (cm²)

(2)　$\angle APB = 90°$ のとき，

$\angle ABP = \angle ADE$，$\angle APB = \angle AED = 90°$ となり，$\triangle ABP \backsim \triangle ADE$ となる。

よって，$BP : AB = DE : AD = 3 : 9 = 1 : 3$ より，

$BP = \dfrac{1}{3}AB = 2$

したがって，$AB + BP = 6 + 2 = 8$ より，

$8 \div 2 = 4$（秒後）

(3)　$\triangle ABE$ の面積は平行四辺形 ABCD の $\dfrac{1}{2}$ だから，1 回目に $\triangle APE$ の面積が平行四辺形 ABCD の $\dfrac{1}{3}$ になるのは点 P が辺 AB 上にあるとき。

$\triangle ACE$ の面積は平行四辺形 ABCD の $\dfrac{1}{4}$ だから，2 回目に $\triangle APE$ の面積が平行四辺形 ABCD の $\dfrac{1}{3}$ になるのは点 P が辺 BC 上にあるとき。

平行四辺形 ABCD $= 6 \times 6\sqrt{2} = 36\sqrt{2}$ (cm²) なので，$\triangle APE = 36\sqrt{2} \times \dfrac{1}{3} = 12\sqrt{2}$ (cm²)

$\triangle ADE = \dfrac{1}{2} \times 3 \times 6\sqrt{2} = 9\sqrt{2}$ (cm²) だから，

$\triangle ABP + \triangle PCE = 36\sqrt{2} - 12\sqrt{2} - 9\sqrt{2}$

$=15\sqrt{2}$ (cm^2)

次図のように，点 P を通り AE に平行な直線を引き，直線 AB，直線 DC との交点を H，I とする。

PI $= 6\sqrt{2} -$ PH (cm) だから，

△ABP＋△PCE の値について，

$$\frac{1}{2}\times 6\times \text{PH}+\frac{1}{2}\times 3\times (6\sqrt{2}-\text{PH})=15\sqrt{2}$$

が成り立つ。

これを解くと，PH $= 4\sqrt{2}$ (cm)

BP : PC $=$ PH : PI $= 4\sqrt{2} : (6\sqrt{2}-4\sqrt{2})$

$= 2 : 1$ だから，BP $= 9\times \dfrac{2}{2+1}=6$ (cm)

よって，AB＋BP $= 6+6=12$ (cm) だから，

$12\div 2=6$（秒後）

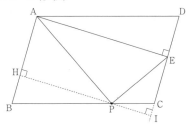

答 (1) $6\sqrt{2}$ (cm^2) (2) 4（秒後） (3) 6（秒後）

★★★ 発展問題 ★★★ （107 ページ）

1 次図のように，B を通り PQ に平行な直線と，直線 AQ，AC との交点をそれぞれ R，S とし，A を通り PQ に平行な直線と直線 BC との交点を T とする。

AP : AB $= 1 : (1+2)=1 : 3$ より，AP $= \dfrac{1}{3}$ AB $= \sqrt{5}$

だから，△APQ で三平方の定理より，

PQ $= \sqrt{\text{AP}^2-\text{AQ}^2}=1$

PQ ∥ BS より，△APQ∽△ABR で，

その相似比は，AP : AB $= 1 : 3$ より，

BR $= 3$PQ $= 3$，AR $= 3$AQ $= 6$ で，QR $= 6-2=4$

よって，△QBR で，QB $= \sqrt{\text{QR}^2+\text{BR}^2}=5$

次に，AT ∥ SB より，△QTA∽△QBR で，その相似比は，QA : QR $= 2 : 4=1 : 2$ だから，

TA $= \dfrac{1}{2}$BR $= \dfrac{3}{2}$，QT $= \dfrac{1}{2}$BQ $= \dfrac{5}{2}$

ここで，△ASR と △ABR は，∠RAS $=$ ∠RAB，AR $=$ AR，∠BRA $=$ ∠PQA $= 90°$ で，

∠SRA $= 180°-90°=90°$ より，

∠SRA $=$ ∠BRA だから，合同で，BS $= 2$BR $= 6$

さらに，BT $=$ QB＋QT $= \dfrac{15}{2}$ と，△CAT∽△CSB

で，その相似比が，TA : BS $= \dfrac{3}{2} : 6=1 : 4$ より，

CT $=$ BT$\times \dfrac{1}{1+4}=\dfrac{1}{5}$BT $= \dfrac{3}{2}$

よって，CQ $=$ QT－CT $= \dfrac{5}{2}-\dfrac{3}{2}=1$

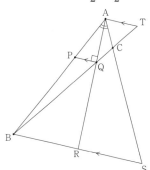

答 あ．5 い．1

2 (2) BE $=$ EM $= x$ cm とすると，

AE $= (a-x)$ cm

△AEM において，三平方の定理より，

AE^2＋AM^2 $=$ EM^2 だから，

$(a-x)^2+\left(\dfrac{a}{2}\right)^2=x^2$ が成り立つ。

整理すると，$x=\dfrac{5}{8}a$

よって，AE $= a-\dfrac{5}{8}a=\dfrac{3}{8}a$ (cm) だから，

AE : AM : EM $= \dfrac{3}{8}a : \dfrac{a}{2} : \dfrac{5}{8}a=3 : 4 : 5$

ここで，∠MAE $=$ ∠HDM $= 90°$，

(1)より，∠AME $=$ ∠DHM だから，

△AEM∽△DMH

よって，DM : DH $=$ AE : AM $= 3 : 4$

DM $= \dfrac{a}{2}$ cm だから，

DH $= \dfrac{a}{2}\times \dfrac{4}{3}=\dfrac{2}{3}a$ (cm)

HC $= a-\dfrac{2}{3}a=\dfrac{1}{3}a$ (cm) だから，

DH : HC $= \dfrac{2}{3}a : \dfrac{1}{3}a=2 : 1$

答 (1) △AEM と △GFH において，

∠EAM $=$ ∠FGH $= 90°$……①

∠AME $= 180°-$∠HME－∠HMD

$= 90°-$∠HMD……②

△MDH の内角より，

∠DHM $= 180°-$∠MDH－∠HMD

$= 90°-$∠HMD……③

対頂角は等しいから，∠DHM $=$ ∠GHF……④

②，③，④より，∠AME $=$ ∠GHF……⑤

①，⑤より，2 組の角がそれぞれ等しいから，

△AEM∽△GFH

(2) 2 : 1

3 ∠ABP $=$ ∠CB′P（移動した角），∠APB $=$ ∠CPB′（対頂角）より，2 組の角がそれぞれ等しいので，

△ABP∽△CB′P である。

したがって，AP：CP＝BP：B′P

ここで，AB′＝AB＝10 だから，

AP＝a $(a>5)$ とすると，B′P＝$10-a$

また，CP＝BC－BP＝3 だから，

$a:3=8:(10-a)$ が成り立ち，$a(10-a)=24$

式を整理すると，$a^2-10a+24=0$ となるから，

$(a-4)(a-6)=0$ より，$a=4$，6

$a>5$ より，$a=6$

よって，AP＝6

また，△ABP は，AP＝6，BP＝8，AB＝10 より，

$AP^2+BP^2=AB^2$ が成り立つので，

∠APB＝90°の直角三角形である。

したがって，$\triangle ABC=\dfrac{1}{2}\times 11\times 6=33$

△AB′C′＝△ABC＝33 だから，

$\triangle ACC'=\triangle AB'C'-\triangle AB'C=33-\dfrac{1}{2}\times 10\times 3$

$=33-15=18$

答 （順に）6，18

4 (1) 次図1のように，長方形 ABCD を線分 EF で
折り曲げたとき，点 C が移動した点を C′ とする。

∠ECF＝90°だから，

△ECF で，∠CEF＝180°－$(90°+30°)$＝60°

折り曲げた部分だから，

∠C′EF＝∠CEF＝60°

よって，∠x＝180°－60°×2＝60°

図1

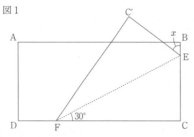

(2) 点 E と点 F が重なるように折ると，次図2のよ
うに，折り曲げた線は線分 HG，折ってできる図
形は五角形 ADFGH となる。

点 H から線分 CD に垂線 HJ をひく。

EC＝6－1＝5 で，△CEF は 30°，60°の直角三角
形だから，

EF＝2EC＝10，CF＝$\sqrt{3}$EC＝$5\sqrt{3}$

したがって，DF＝$7\sqrt{3}-5\sqrt{3}=2\sqrt{3}$

ここで，直線 HG と線分 CD の交点を I とすると，

直線 HI は線分 EF の垂直二等分線となるから，

HI⊥EF，FG＝$\dfrac{1}{2}$EF＝5

△FGI も 30°，60°の直角三角形となるから，

$GI=\dfrac{1}{\sqrt{3}}FG=\dfrac{5\sqrt{3}}{3}$，$FI=\dfrac{2}{\sqrt{3}}FG=\dfrac{10\sqrt{3}}{3}$

よって，$DI=2\sqrt{3}+\dfrac{10\sqrt{3}}{3}=\dfrac{16\sqrt{3}}{3}$

また，△HJI も 30°，60°の直角三角形となるので，

$JI=\dfrac{1}{\sqrt{3}}HJ=2\sqrt{3}$

したがって，$AH=DJ=\dfrac{16\sqrt{3}}{3}-2\sqrt{3}=\dfrac{10\sqrt{3}}{3}$

だから，

（五角形 ADFGH）＝（台形 ADIH）－△FGI＝

$\dfrac{1}{2}\times\left(\dfrac{10\sqrt{3}}{3}+\dfrac{16\sqrt{3}}{3}\right)\times 6-\dfrac{1}{2}\times 5\times\dfrac{5\sqrt{3}}{3}$

$=26\sqrt{3}-\dfrac{25\sqrt{3}}{6}=\dfrac{131\sqrt{3}}{6}$

図2

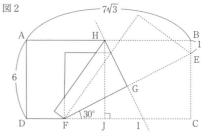

答 (1) 60°　(2) $\dfrac{131\sqrt{3}}{6}$

§2．三平方の定理と空間図形
（108 ページ）

☆☆☆ **標準問題** ☆☆☆（108 ページ）

1 (1)① 底面の円の周の長さは，展開図で側面を表す
おうぎ形の弧の長さと同じで，

$2\pi\times 6\times\dfrac{240}{360}=8\pi$ (cm)

底面の円の半径を r cm とすると，

$2\pi r=8\pi$ なので，$r=4$

② 底面積は，$\pi\times 4^2=16\pi$ (cm²)で，側面積は，

$\pi\times 6^2\times\dfrac{240}{360}=24\pi$ (cm²)なので，

表面積は，$16\pi+24\pi=40\pi$ (cm²)

③ 展開図を組み立てると，次図のような円すい
になる。

△OAP は直角三角形なので，

三平方の定理より，

高さ OP は，$\sqrt{6^2-4^2}=2\sqrt{5}$ (cm)

よって，この円すいの体積は，

$\dfrac{1}{3}\times 16\pi\times 2\sqrt{5}=\dfrac{32\sqrt{5}\,\pi}{3}$ (cm³)

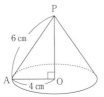

(2)① 展開図を組み立てると，次図のようになる。
　　この立体の高さは，三平方の定理より，

$$\sqrt{12^2-6^2}=\sqrt{108}=6\sqrt{3}\ \text{(cm)}$$

② 底面のおうぎ形の中心角を $a°$ とすると，

$$2\pi\times12\times\frac{135}{360}=2\pi\times6\times\frac{a}{360}\ \text{より，}\ a=270$$

したがって，この立体は底面の半径が $6\,\text{cm}$ で
高さが $6\sqrt{3}\,\text{cm}$ の円錐の，$270°\div360°=\dfrac{3}{4}$ の
立体なので，求める体積は，

$$\frac{1}{3}\pi\times6^2\times6\sqrt{3}\times\frac{3}{4}=54\sqrt{3}\,\pi\ \text{(cm}^3)$$

(3)　1回転させてできる立体は，次図のように，半
　　径が 2 の球の半分と，底面の半径が 2 の円錐を合
　　わせたものである。
　　円錐の高さは，三平方の定理より，

$$\sqrt{(2\sqrt{5})^2-2^2}=4$$

よって，求める体積は，

$$\frac{4}{3}\times\pi\times2^3\times\frac{1}{2}+\frac{1}{3}\times\pi\times2^2\times4=\frac{32}{3}\pi$$

(4)　次図1の△ABC において，三平方の定理より，

$$AB=\sqrt{2^2+(4\sqrt{2})^2}=\sqrt{36}=6\ \text{(cm)}$$

よって，円錐の母線の長さは $6\,\text{cm}$ だから，
側面の展開図は，次図2のようなおうぎ形で，かけ
た糸が最も短くなるときの糸の長さは，線分 BB′
の長さと等しくなる。
図2において，∠BAB′ $=x°$ とすると，

$$2\times\pi\times6\times\frac{x}{360}=2\times\pi\times2\ \text{が成り立つ。}$$

$$\frac{12\pi}{360}x=4\pi\ \text{より，}\ x=120$$

よって，図2のように，A から BB′ に垂線 AH
を下ろすと，H は BB′ の中点で，△BAH は30°，
60°の直角三角形だから，

$$BH=\frac{\sqrt{3}}{2}AB=3\sqrt{3}\ \text{(cm)}$$

したがって，BB′$=2BH=6\sqrt{3}\ \text{(cm)}$

図1

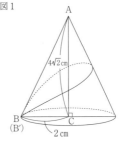

図2

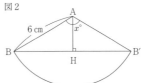

答 (1)① $4\,\text{cm}$　② $40\pi\,\text{cm}^2$　③ $\dfrac{32\sqrt{5}\,\pi}{3}\ \text{cm}^3$

　　(2)① $6\sqrt{3}\ \text{(cm)}$　② $54\sqrt{3}\,\pi\ \text{(cm}^3)$

　　(3) $\dfrac{32}{3}\pi$　(4) $6\sqrt{3}$

2 (1)　$2\times\pi\times3=6\pi\ \text{(cm)}$

(2)　底面の円周の3倍の長さが，母線を半径とする
　　円の円周と等しくなる。
　　よって，母線の長さを $x\,\text{cm}$ とすると，

$$2\times\pi\times x=6\pi\times3$$

よって，$x=9$

(3)　次図1において，円すい P の頂点 O から底面
　　に垂線 OH を下ろすと，△OBH において，三平
　　方の定理より，

$$OH=\sqrt{9^2-3^2}=\sqrt{72}=6\sqrt{2}\ \text{(cm)}$$

よって，円すい P の体積は，

$$\frac{1}{3}\times\pi\times3^2\times6\sqrt{2}=18\sqrt{2}\,\pi\ \text{(cm}^3)$$

(4)　次図2において，H から BO に垂線 HI を下ろ
　　すと，△OBH∽△HBI で，
　　OB：HB＝9：3＝3：1 だから，

$$HI=\frac{1}{3}OH=2\sqrt{2}\ \text{(cm)}$$

よって，O′O＝HI＝$2\sqrt{2}\,\text{cm}$
また，BI＝$\dfrac{1}{3}$BH＝1 (cm) だから，

HO′＝IO＝BO－BI＝9－1＝8 (cm)

したがって，求める体積は，

$$\frac{1}{3} \times \pi \times 8^2 \times 2\sqrt{2} = \frac{128\sqrt{2}}{3} \pi \ (\text{cm}^3)$$

図1

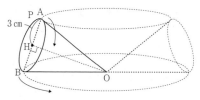

図2

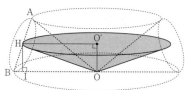

答 (1) 6π (cm)　(2) 9 (cm)　(3) $18\sqrt{2}\pi$ (cm^3)

(4) $\dfrac{128\sqrt{2}}{3}\pi$ (cm^3)

$\boxed{3}$ (1) 辺 BC の中点を M とすると，AM⊥BC
　　よって，△ABM は 30°，60° の直角三角形だから，

$$AM = 6 \times \frac{\sqrt{3}}{2} = 3\sqrt{3} \ (\text{cm})$$

　　したがって，
　　$\triangle ABC = \dfrac{1}{2} \times 6 \times 3\sqrt{3} = 9\sqrt{3}$ (cm^2)だから，正
　　四面体 ABCD の表面積は，
　　$9\sqrt{3} \times 4 = 36\sqrt{3}$ (cm^2)

(2)　MD = MA = $3\sqrt{3}$cm, DA = 6 cm だから，
　　△MDA は次図のような二等辺三角形となり，
　　$DH = \dfrac{1}{2} \times 6 = 3$ (cm)
　　△MDH で三平方の定理より，
　　$MH = \sqrt{(3\sqrt{3})^2 - 3^2} = 3\sqrt{2}$ (cm)

```
              M
          ╱   │   ╲
    3√3cm╱    │    ╲3√3cm
        ╱     │     ╲
      D───────H───────A
              6 cm
```

(3)　正四面体 ABCD
　　= (三角錐 B—AMD) + (三角錐 C—AMD)
　　三角錐 B—AMD と三角錐 C—AMD は合同で，
　　BC⊥AM，BC⊥DM だから，
　　三角錐 B—AMD の体積は，$\dfrac{1}{3} \times \triangle AMD \times BM$
　　$= \dfrac{1}{3} \times \left(\dfrac{1}{2} \times 6 \times 3\sqrt{2}\right) \times 3 = 9\sqrt{2}$ (cm^3)
　　よって，正四面体 ABCD の体積は，

$9\sqrt{2} \times 2 = 18\sqrt{2}$ (cm^3)

答 (1) $36\sqrt{3}$ (cm^2)　(2) $3\sqrt{2}$ (cm)

(3) $18\sqrt{2}$ (cm^3)

$\boxed{4}$ (1)　△ABC は正三角形で，線分 CE は点 C を頂点
　　としたときに，底辺 AB に引いた垂線を表すので，
　　正三角形の高さとなる。
　　よって，$CE = 4\sqrt{2} \times \dfrac{\sqrt{3}}{2} = 2\sqrt{6}$ (cm)
　　また，△ABD で，点 E, G はそれぞれ辺 AB, AD
　　の中点なので，
　　中点連結定理より，$EG = \dfrac{1}{2}BD = 2\sqrt{2}$ (cm)

(2)　△CEG は CE = CG の二等辺三角形だから，
　　点 C から線分 EG に垂線 CH を引くと，H は線
　　分 EG の中点で，$EH = \dfrac{1}{2}EG = \sqrt{2}$ (cm)
　　△CEH で三平方の定理より，
　　$CH = \sqrt{(2\sqrt{6})^2 - (\sqrt{2})^2} = \sqrt{22}$ (cm)
　　よって，△CEG
　　$= \dfrac{1}{2} \times 2\sqrt{2} \times \sqrt{22} = 2\sqrt{11}$ (cm^2)

(3)　立体 AEFG は正四面体なので，
　　正四面体 ABCD と立体 AEFG は相似で，相似比
　　は，AB : AE = 2 : 1 より，
　　体積比は，$2^3 : 1^3 = 8 : 1$

(4)　正四面体 ABCD の体積が $\dfrac{64}{3}$cm^3 のとき，
　　立体 AEFG の体積は，$\dfrac{64}{3} \times \dfrac{1}{8} = \dfrac{8}{3}$ (cm^3)
　　立体 AEFG と立体 FECG は，底面を△EFG と
　　すると，高さが等しいので，
　　体積が等しく，(立体 FECG) $= \dfrac{8}{3}$cm^3
　　また，立体 FECG の底面を△ECG とすると，
　　高さは FH となるので，
　　体積について，$\dfrac{1}{3} \times 2\sqrt{11} \times FH = \dfrac{8}{3}$ が成り立つ。
　　これを解くと，$FH = \dfrac{4}{\sqrt{11}} = \dfrac{4\sqrt{11}}{11}$
　　よって，線分 FH の長さは $\dfrac{4\sqrt{11}}{11}$cm。

答 (1) (CE) $2\sqrt{6}$ (cm)　(EG) $2\sqrt{2}$ (cm)

(2) $2\sqrt{11}$ (cm^2)　(3) $8 : 1$

(4) (体積) $\dfrac{8}{3}$ (cm^3)　(FH) $\dfrac{4\sqrt{11}}{11}$ (cm)

$\boxed{5}$ (1)　OP : OQ = 2 : 4 = 1 : 2，∠POQ = 60° より，
　　△OPQ は 30°，60° の直角三角形。
　　よって，∠OPQ = 90°

(2)　$PQ = \sqrt{3} OP = 2\sqrt{3}$ (cm)
　　△OQR∽△OBC だから，

△OQR も正三角形で，QR＝4 cm

△PQR は PQ＝PR の二等辺三角形で，次図のように P から QR に垂線 PI を引くと，

QI＝4÷2＝2 (cm)

三平方の定理より，

$PI = \sqrt{(2\sqrt{3})^2 - 2^2} = 2\sqrt{2}$ (cm)

したがって，

$\triangle PQR = \dfrac{1}{2} \times 4 \times 2\sqrt{2} = 4\sqrt{2}$ (cm²)

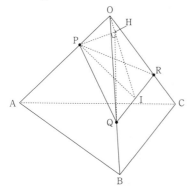

(3) $OI = 4 \times \dfrac{\sqrt{3}}{2} = 2\sqrt{3}$ (cm) より，

△OPI で，$2^2 + (2\sqrt{2})^2 = (2\sqrt{3})^2$ が成り立つから，∠OPI＝90°

よって，三角錐 O—PQR で底面を△PQR とした ときの高さは OP。

また，$\triangle OQR = \dfrac{1}{2} \times 4 \times 2\sqrt{3} = 4\sqrt{3}$ (cm²)

三角錐 O—PQR の体積について，

$\dfrac{1}{3} \times \triangle PQR \times OP = \dfrac{1}{3} \times \triangle OQR \times PH$ より，

$\dfrac{1}{3} \times 4\sqrt{2} \times 2 = \dfrac{1}{3} \times 4\sqrt{3} \times PH$ なので，

これを解くと，$PH = \dfrac{2\sqrt{6}}{3}$ (cm)

(4) PH⊥面 OQR より，PH⊥HQ なので，

$QH = \sqrt{(2\sqrt{3})^2 - \left(\dfrac{2\sqrt{6}}{3}\right)^2} = \dfrac{2\sqrt{21}}{3}$ (cm)

求める立体は，底面の円の半径が QH で，高さが PH の円錐だから，

体積は，$\dfrac{1}{3} \times \pi \times \left(\dfrac{2\sqrt{21}}{3}\right)^2 \times \dfrac{2\sqrt{6}}{3}$

$= \dfrac{56\sqrt{6}}{27}\pi$ (cm³)

答 (1) 90° (2) $4\sqrt{2}$ (cm²) (3) $\dfrac{2\sqrt{6}}{3}$ (cm)

(4) $\dfrac{56\sqrt{6}}{27}\pi$ (cm³)

---

6 (1) $\dfrac{1}{3} \times \left(\dfrac{1}{2} \times 4 \times 4\right) \times 8 = \dfrac{64}{3}$ (cm³)

(2) 図 1 で，三角錐 O—DEF と三角錐 O—ABC は 相似で，相似比は，3：(3＋1)＝3：4 だから，
体積比は，$3^3 : 4^3 = 27 : 64$

よって，水の体積は，$\dfrac{64}{3} \times \dfrac{64-27}{64} = \dfrac{37}{3}$ (cm³)

(3) △OAC において，三平方の定理より，

$OA = \sqrt{4^2 + 8^2} = \sqrt{80} = 4\sqrt{5}$ (cm)

また，$AB = \sqrt{2}\,AC = 4\sqrt{2}$ (cm) より，△OAB は，次図のような二等辺三角形となる。

O から AB に垂線 OM を下ろすと，M は AB の 中点で，$AM = \dfrac{AB}{2} = 2\sqrt{2}$ (cm) だから，

△OAM において，$OM = \sqrt{(4\sqrt{5})^2 - (2\sqrt{2})^2}$
$= \sqrt{72} = 6\sqrt{2}$ (cm)

したがって，$\triangle OAB = \dfrac{1}{2} \times 4\sqrt{2} \times 6\sqrt{2}$

$= 24$ (cm²)

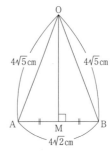

(4) 図 2 で，面 OAB が底面のときの三角錐の高さ を h cm とすると，

三角錐 C—OAB の体積について，

$\dfrac{1}{3} \times 24 \times h = \dfrac{64}{3}$ が成り立つから，$h = \dfrac{8}{3}$

水面の高さを g cm とすると，

$h : g = (3+1) : 1 = 4 : 1$ となるから，$g = \dfrac{1}{4}h = \dfrac{2}{3}$

答 (1) $\dfrac{64}{3}$ (cm³) (2) $\dfrac{37}{3}$ (cm³) (3) 24 (cm²)

(4) $\dfrac{2}{3}$ (cm)

7 (1) △OAB は二等辺三角形だから，

O から AB に垂線 OH を引くと，

$AH = \dfrac{1}{2}AB = 2$ (cm)

△OAH で三平方の定理より，

$OH = \sqrt{6^2 - 2^2} = 4\sqrt{2}$ (cm)

(2) 中点連結定理より，MN∥BC だから，
四角形 MBCN は台形。

また，$MN = \dfrac{1}{2}BC = 2$ (cm)

△OAB≡△OBC より，△OBC の底辺を BC と
したときの高さは $4\sqrt{2}$ cm だから，

四角形 MBCN の高さは，$4\sqrt{2} \times \dfrac{1}{2} = 2\sqrt{2}$ (cm)

よって，求める面積は，$\dfrac{1}{2} \times (2+4) \times 2\sqrt{2}$

$= 6\sqrt{2}$ (cm^2)

(3)　AC と BD の交点を I とすると，

AC $= \sqrt{2}$ AB $= 4\sqrt{2}$ (cm) より，

AI $= \dfrac{1}{2}$ AC $= 2\sqrt{2}$ (cm) で，

OI $= \sqrt{6^2 - (2\sqrt{2})^2} = 2\sqrt{7}$ (cm)

四角形 ABCD $= 4 \times 4 = 16$ (cm^2) だから，

求める体積は，$\dfrac{1}{3} \times 16 \times 2\sqrt{7} = \dfrac{32\sqrt{7}}{3}$ (cm^3)

答 (1) $4\sqrt{2}$ (cm)　(2) $6\sqrt{2}$ (cm^2)

(3) $\dfrac{32\sqrt{7}}{3}$ (cm^3)

8 (1)① 四角形 ABCD $= 12 \times 12 = 144$ (cm^2)

△ABE $=$ △ADF $= \dfrac{1}{2} \times 12 \times 6 = 36$ (cm^2)

△ECF $= \dfrac{1}{2} \times 6 \times 6 = 18$ (cm^2) だから，

△AEF $= 144 - 36 \times 2 - 18 = 54$ (cm^2)

② 底面を△ECF とみると高さは 12cm だから，

$\dfrac{1}{3} \times 18 \times 12 = 72$ (cm^3)

③ 求める三角錐の高さを h cm とおくと，

$\dfrac{1}{3} \times 54 \times h = 72$ より，$h = 4$

(2)① △PQR は直角二等辺三角形だから，

PR $= \sqrt{2}$ PQ $= \sqrt{2} \times 4\sqrt{2} = 8$ (cm)

② P から AB に垂線をひき，交点を E とおく

と，AE $= \dfrac{1}{2}$ AB $= 6$ (cm)，

EP $= (12 - 8) \times \dfrac{1}{2} = 2$ (cm) だから，

△AEP で三平方の定理より，

AP $= \sqrt{6^2 + 2^2} = \sqrt{40} = 2\sqrt{10}$ (cm)

③ △ABP $= \dfrac{1}{2} \times 12 \times 2 = 12$ (cm^2) で，正四角錐
の表面積は，正方形 ABCD の面積から，△ABP，
△BCQ，△CDR，△DAS の面積を除いた大き
さだから，

$12 \times 12 - 12 \times 4 = 96$ (cm^2)

④ 次図のように，正四角錐の頂点を O とし，O
から底面に垂線をひき，交点を F とおく。
△OPF で，

OP $= 2\sqrt{10}$cm，PF $= \dfrac{1}{2} \times 8 = 4$ (cm) だから，

△OPF で三平方の定理より，

OF $= \sqrt{(2\sqrt{10})^2 - 4^2} = \sqrt{24} = 2\sqrt{6}$ (cm)

⑤ $\dfrac{1}{3} \times (4\sqrt{2})^2 \times 2\sqrt{6} = \dfrac{64\sqrt{6}}{3}$ (cm^3)

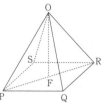

答 (1)① 54 (cm^2)　② 72 (cm^3)　③ 4 (cm)

(2)① 8 (cm)　② $2\sqrt{10}$ (cm)　③ 96 (cm^2)

④ $2\sqrt{6}$ (cm)　⑤ $\dfrac{64\sqrt{6}}{3}$ (cm^3)

9 (1) A から BC に垂線 AH を下ろすと，H は BC の
中点で，BH $= 2$

△ABH において，三平方の定理より，

AH $= \sqrt{(2\sqrt{10})^2 - 2^2} = \sqrt{40 - 4} = \sqrt{36} = 6$

よって，△ABC $= \dfrac{1}{2} \times 4 \times 6 = 12$

(2) O は BD の中点で，BD $= 4\sqrt{2}$ より，

BO $= 2\sqrt{2}$

よって，△ABO において，

AO $= \sqrt{(2\sqrt{10})^2 - (2\sqrt{2})^2} = \sqrt{40 - 8} = \sqrt{32}$

$= 4\sqrt{2}$

(3) 三角錐 OABC について，△OBC を底面とし
て体積を求めると，△OBC $= 4 \times 4 \times \dfrac{1}{4} = 4$ より，

$\dfrac{1}{3} \times 4 \times 4\sqrt{2} = \dfrac{16\sqrt{2}}{3}$

よって，求める高さを h とすると，

$\dfrac{1}{3} \times 12 \times h = \dfrac{16\sqrt{2}}{3}$ だから，$h = \dfrac{4\sqrt{2}}{3}$

(4) 正四角錐 ABCDE の側面積は，$12 \times 4 = 48$，底
面積は，$4 \times 4 = 16$ だから，S $= 48 + 16 = 64$
また，三角錐 OABC について，

△OAB $=$ △OAC $= \dfrac{1}{2} \times 2\sqrt{2} \times 4\sqrt{2} = 8$，

△ABC $= 12$，△OBC $= 4$ だから，

T $= 8 \times 2 + 12 + 4 = 32$

したがって，$\dfrac{\text{S}}{\text{T}} = \dfrac{64}{32} = 2$

答 (1) 12　(2) $4\sqrt{2}$　(3) $\dfrac{4\sqrt{2}}{3}$　(4) 2

10 (1) △ABG は 1 辺の長さが 2cm の正三角形だから，

AG $= 2$cm

△OAG で三平方の定理より，

OG $= \sqrt{4^2 - 2^2} = 2\sqrt{3}$ (cm)

(2) 1 辺の長さが 2cm の正三角形の高さは，

$2 \times \dfrac{\sqrt{3}}{2} = \sqrt{3}$ (cm) だから,

$\triangle ABG = \dfrac{1}{2} \times 2 \times \sqrt{3} = \sqrt{3}$ (cm²)

よって, 正六角形 ABCDEF

$= \sqrt{3} \times 6 = 6\sqrt{3}$ (cm²)

(3) $\dfrac{1}{3} \times 6\sqrt{3} \times 2\sqrt{3} = 12$ (cm³)

(4)① (P, Q, R はそれぞれ, AP:PB=1:2, FQ:QA=1:2, OR:RA=1:2 となる点であるとする。)

次図のように, 直線 AF に P から垂線をひき, 交点を H とおく。

$AQ = AF \times \dfrac{2}{2+1} = \dfrac{4}{3}$ (cm)

$AP = AB \times \dfrac{1}{2+1} = \dfrac{2}{3}$ (cm)

$\triangle APH$ は 30°, 60° の直角三角形だから,

$PH = \dfrac{\sqrt{3}}{2} AP = \dfrac{\sqrt{3}}{3}$ (cm)

よって,

$\triangle APQ = \dfrac{1}{2} \times \dfrac{4}{3} \times \dfrac{\sqrt{3}}{3} = \dfrac{2\sqrt{3}}{9}$ (cm²)

② OR:RA=1:2 より, 四面体 APQR で底面を $\triangle APQ$ としたときの高さは OG の $\dfrac{2}{3}$ だから,

$2\sqrt{3} \times \dfrac{2}{3} = \dfrac{4\sqrt{3}}{3}$ (cm)

よって, 求める体積は,

$\dfrac{1}{3} \times \dfrac{2\sqrt{3}}{9} \times \dfrac{4\sqrt{3}}{3} = \dfrac{8}{27}$ (cm³)

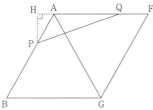

答 (1) $2\sqrt{3}$ (cm)　(2) $6\sqrt{3}$ (cm²)

(3) 12 (cm³)

(4)① $\dfrac{2\sqrt{3}}{9}$ (cm²)　② $\dfrac{8}{27}$ (cm³)

11 (1) 次図 a のように, 直方体の対角線を通る平面で切って, 各点 P〜V をとり, P から底辺に垂線 PH をひき, 線分 ST との交点を W とする。

$\triangle PQH$ で三平方の定理より,

$PH = \sqrt{(\sqrt{6})^2 - (\sqrt{2})^2} = 2$

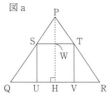
図 a

(2) 立方体 A の 1 辺の長さを x とおくと, $SU = x$, $ST = \sqrt{2} x$ で, $PW = PH - WH = 2 - x$

$\triangle PST \infty \triangle PQR$ だから,

$PW:PH = ST:QR$ より,

$(2-x):2 = \sqrt{2} x : 2\sqrt{2}$ だから,

$2\sqrt{2} x = 2\sqrt{2} (2-x)$ から, $x = 2 - x$

よって, $x = 1$

(3) 次図 b で, $PH = 2$

$SU = 1$ より, $PW = 2 - 1 = 1$

よって, $\triangle PST$ と $\triangle PQR$ の相似比は 1:2 より,

立方体 B の 1 辺の長さは, 立方体 A の 1 辺の長さの $\dfrac{1}{2}$ だから, $1 \times \dfrac{1}{2} = \dfrac{1}{2}$

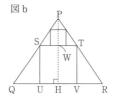
図 b

(4) 左にも立方体 C をおいて立方体 C, A, C をならべ, C の上の面を通る平面で円すいを切ると, 次図 c のようになる。

立方体 C の一辺の長さを x cm とすると,

$YZ = 2x + 1$ (cm) だから,

$\triangle XYZ$ で三平方の定理より,

$XY = \sqrt{(2x+1)^2 + x^2}$ ……①

次図 d で, 底面の直径は $2\sqrt{2}$ で円すいの高さは 2 cm だから,

$XY = 2\sqrt{2} \times \dfrac{2-x}{2} = \sqrt{2} (2-x)$ ……②

①, ②より, $\sqrt{(2x+1)^2 + x^2} = \sqrt{2} (2-x)$ で,

$x < 2$ より, 両辺は正なので,

両辺を 2 乗して, $(2x+1)^2 + x^2 = 2 (2-x)^2$

展開して整理すると, $3x^2 + 12x - 7 = 0$

解の公式より, $x = \dfrac{-12 \pm \sqrt{12^2 - 4 \times 3 \times (-7)}}{2 \times 3}$

$= \dfrac{-12 \pm 2\sqrt{57}}{6} = \dfrac{-6 \pm \sqrt{57}}{3}$

$x > 0$ より, $x = \dfrac{\sqrt{57} - 6}{3}$

図 c

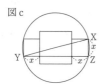

図 d

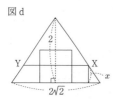

答 (1) 2　(2) 1　(3) $\dfrac{1}{2}$　(4) $\dfrac{\sqrt{57}-6}{3}$

12 (1)　$FG = 6 \times \dfrac{2}{1+2} = 4$

(2)　△CFG で三平方の定理より，

$CG = \sqrt{4^2+5^2} = \sqrt{41}$

(3)　△FGH の面積を S とおくと，

△FGH∽△FDE で，相似比は 2：3 だから，

△FGH：△FDE＝2^2：3^2＝4：9

よって，△FDE＝$\dfrac{9}{4}$S

三角柱 ABC－DEF の体積は，

$\dfrac{9}{4}$S×5＝$\dfrac{45}{4}$S,

三角錐 C－GHF の体積は，

$\dfrac{1}{3}$×S×5＝$\dfrac{5}{3}$S だから，

$\dfrac{45}{4}$S÷$\dfrac{5}{3}$S＝$\dfrac{27}{4}$（倍）

答 (1) 4　(2) $\sqrt{41}$　(3) $\dfrac{27}{4}$ 倍

13 (1)　1 辺の長さが 8 cm の正三角形の高さは，

$8 \times \dfrac{\sqrt{3}}{2} = 4\sqrt{3}$ （cm）

よって，△ABC＝$\dfrac{1}{2} \times 8 \times 4\sqrt{3} = 16\sqrt{3}$ （cm²）

(2)　正三角柱の体積について，

$16\sqrt{3} \times AD = 128\sqrt{6}$ が成り立つから，

$AD = 8\sqrt{2}$ （cm）

(3)　次図のように側面の展開図で，求める長さは線分 AD′ となる。

$DD′ = 8 \times 3 = 24$ （cm）なので，

三平方の定理より，

$AD′ = \sqrt{(8\sqrt{2})^2 + 24^2} = 8\sqrt{11}$ （cm）

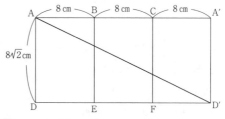

答 (1) $16\sqrt{3}$ （cm²）　(2) $8\sqrt{2}$ （cm）

(3) $8\sqrt{11}$ （cm）

14 次図 1 のように，点 P から辺 EF に垂線 PI をひき，点 R から辺 BC に垂線 RJ をひく。

△APD で三平方の定理より，

$PD = \sqrt{3^2+4^2} = \sqrt{25} = 5$

$CJ = GR = 4 - 1 = 3$ だから，

同様に，△CDJ で，$DJ = 5$

ここで，面 PIHD と面 JRHD を展開すると，

次図 2 のようになるから，P から線分 DH 上の Q を通って R に至るもののうち最短の長さの経路は，線分 PR となる。

よって，△PIR で，$IR = 5 + 5 = 10$ だから，

$PR = \sqrt{4^2+10^2} = \sqrt{116} = 2\sqrt{29}$

図 1

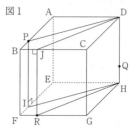

図 2

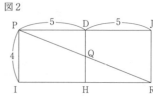

答 $2\sqrt{29}$

15 (1)　四角形 BCJI が正方形のとき，$IB = BC = 5$ cm

△ABI で三平方の定理より，

$AI = \sqrt{5^2 - 4^2} = 3$ （cm）

(2)　外に出した水の量は，図 2 の三角柱 ABI－DCJ の体積と等しい。

よって，$\left(\dfrac{1}{2} \times 3 \times 4 \right) \times 5 = 30$ （cm³）

(3)　容器の中の水の量がもとの半分，つまり，直方体の体積の半分になるのは，次図のように，点 I が点 E と，点 J が点 H と一致する場合。

よって，$BI = \sqrt{8^2 + 4^2} = 4\sqrt{5}$ （cm）

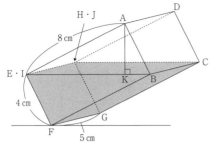

（4） 前図で，A から水面 BCJI までの距離は，A から線分 BI までの距離となる。

A から線分 BI に垂線 AK をひくと，△ABI の面積について，$\dfrac{1}{2} \times AB \times AI = \dfrac{1}{2} \times BI \times AK$ となるから，$\dfrac{1}{2} \times 4 \times 8 = \dfrac{1}{2} \times 4\sqrt{5} \times AK$

よって，$AK = \dfrac{8\sqrt{5}}{5}$（cm）

答 (1) 3 cm　(2) 30cm³　(3) $4\sqrt{5}$ cm

　　(4) $\dfrac{8\sqrt{5}}{5}$ cm

16 (1)　△ABD で三平方の定理より，

　$BD = \sqrt{1^2 + 3^2} = \sqrt{10}$

(2)　△AED は AE＝AD の直角二等辺三角形だから，

$DE = \sqrt{2} AD = \sqrt{2}$

また，△ABE で，$BE = \sqrt{1^2 + 3^2} = \sqrt{10}$ より，

△BDE は BD＝BE の二等辺三角形で，点 M は辺 DE の中点だから，

$BM \perp DE$，$DM = \dfrac{1}{2} DE = \dfrac{\sqrt{2}}{2}$

したがって，△BDM で，

$BM = \sqrt{(\sqrt{10})^2 - \left(\dfrac{\sqrt{2}}{2}\right)^2} = \sqrt{\dfrac{38}{4}} = \dfrac{\sqrt{38}}{2}$

よって，△BDE

$= \dfrac{1}{2} \times DE \times BM = \dfrac{1}{2} \times \sqrt{2} \times \dfrac{\sqrt{38}}{2} = \dfrac{\sqrt{19}}{2}$

(3)　立体 ABDE の体積は，$\dfrac{1}{3} \times \triangle ABD \times AE$

$= \dfrac{1}{3} \times \left(\dfrac{1}{2} \times 3 \times 1\right) \times 1 = \dfrac{1}{2}$

したがって，△BDE を底面と考えると，

$\dfrac{1}{3} \times \dfrac{\sqrt{19}}{2} \times AN = \dfrac{1}{2}$ が成り立つので，

$AN = \dfrac{3}{\sqrt{19}}$

△AED は直角二等辺三角形で，点 M は辺 DE の中点だから，

△AMD も直角二等辺三角形となるので，

$AM = \dfrac{1}{\sqrt{2}} AD = \dfrac{1}{\sqrt{2}}$

△AMN は∠ANM＝90°の直角三角形だから，

$MN = \sqrt{\left(\dfrac{1}{\sqrt{2}}\right)^2 - \left(\dfrac{3}{\sqrt{19}}\right)^2} = \sqrt{\dfrac{1}{38}} = \dfrac{1}{\sqrt{38}}$

$= \dfrac{\sqrt{38}}{38}$

答 (1) $\sqrt{10}$　(2) $\dfrac{\sqrt{19}}{2}$　(3) $\dfrac{\sqrt{38}}{38}$

17 (1)　△ACD は直角二等辺三角形だから，

$AC = \sqrt{2} AD = 4\sqrt{2}$

(2)　四面体 ACFH は，立方体 ABCD－EFGH から，四面体 ABCF と合同な 4 つの四面体を切り取った形となる。

立方体 ABCD－EFGH の体積は，$4^3 = 64$

四面体 ABCF の体積は，

$\dfrac{1}{3} \times \left(\dfrac{1}{2} \times 4 \times 4\right) \times 4 = \dfrac{32}{3}$

したがって，求める体積は，$64 - \dfrac{32}{3} \times 4 = \dfrac{64}{3}$

(3)　EG と FH の交点を O とすると，

EO：OG＝1：1

面 AEGC を表した次図において，△ACG は直角三角形だから，

$AG = \sqrt{(4\sqrt{2})^2 + 4^2} = \sqrt{48} = 4\sqrt{3}$

AC∥EG より，

AI：GI＝AC：GO＝(1＋1)：1＝2：1

よって，$AI = AG \times \dfrac{2}{2+1} = 4\sqrt{3} \times \dfrac{2}{3} = \dfrac{8\sqrt{3}}{3}$

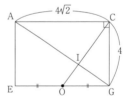

答 (1) $4\sqrt{2}$　(2) $\dfrac{64}{3}$　(3) $\dfrac{8\sqrt{3}}{3}$

18 (1)　1 秒後に，$AP = 3 \times 1 = 3$（cm），

$AQ = 2 \times 1 = 2$（cm）なので，三平方の定理より，

$PQ = \sqrt{2^2 + 3^2} = \sqrt{13}$（cm）

(2)　$GD = \sqrt{2^2 + 3^2} = \sqrt{13}$（cm），

$AG = \sqrt{6^2 + (\sqrt{13})^2} = 7$（cm）

1 秒後に，$AR = \dfrac{7}{3} \times 1 = \dfrac{7}{3}$（cm）

点 R から辺 AD に垂線 RI を引くと，

△ARI∽△AGD なので，

$AR : RI = AG : GD = 7 : \sqrt{13}$ より，

$$RI = AR \times \frac{\sqrt{13}}{7} = \frac{\sqrt{13}}{3} \text{ (cm)}$$

したがって，$\triangle ARQ = \frac{1}{2} \times AQ \times RI$

$$= \frac{1}{2} \times 2 \times \frac{\sqrt{13}}{3} = \frac{\sqrt{13}}{3} \text{ (cm}^2\text{)}$$

(3) P は 1 秒後には B についており，

C までは，$6 \div 3 = 2$（秒）かかるから，

1 秒後から 3 秒後の間は辺 BC 上にある。

また，点 Q は D まで，$6 \div 2 = 3$（秒）かかるから，

点 Q は辺 AD 上にあり，点 R も G まで，

$7 \div \frac{7}{3} = 3$（秒）かかるから，辺 AG 上にある。

求める時間を t 秒後とすると，

$$AQ = 2 \times t = 2t \text{ (cm)}$$

$$AR = \frac{7}{3} \times t = \frac{7}{3}t \text{ (cm)}$$

点 R から AC に垂線 RJ を引くと，

$\triangle ARJ \circ \triangle AGC$ なので，

$AR : RJ = AG : GC = 7 : 2$ より，

$$RJ = AR \times \frac{2}{7} = \frac{2}{3}t \text{ (cm)}$$

よって，三角錐 R－APQ の体積について，

$\frac{1}{3} \times \triangle APQ \times RJ = \frac{3}{2}$ が成り立つので，

$\frac{1}{3} \times \frac{1}{2} \times 2t \times 3 \times \frac{2}{3}t = \frac{3}{2}$ より，$t^2 = \frac{9}{4}$

$1 \leq t \leq 3$ より，$t = \frac{3}{2}$

答 (1) $\sqrt{13}$ (cm)　(2) $\frac{\sqrt{13}}{3}$ (cm)　(3) $\frac{3}{2}$（秒後）

19 (1) $DF = \sqrt{5^2 + 8^2 + 6^2} = \sqrt{125} = 5\sqrt{5}$

(2) $\triangle PFJ$ は，$\angle PFJ = 30°$，$\angle PJF = 90°$ の直角三角形だから，

$$FJ = \frac{\sqrt{3}}{2}PF = \frac{\sqrt{3}}{2} \times 6 = 3\sqrt{3}$$

$FI = 6$ だから，$IJ = 6 - 3\sqrt{3}$

(3) 次図において，$PJ \parallel DH$ より，

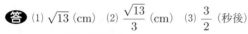

$PJ : DH = FP : FD$ だから，

$PJ : 6 = 6 : 5\sqrt{5}$ より，$5\sqrt{5}PJ = 36$

よって，$PJ = \frac{36}{5\sqrt{5}} = \frac{36\sqrt{5}}{25}$

PJ は，四角すい P－EFGH の高さだから，

求める体積は，

$$\frac{1}{3} \times 5 \times 8 \times \frac{36\sqrt{5}}{25} = \frac{96\sqrt{5}}{5}$$

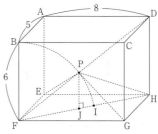

答 (1) $5\sqrt{5}$　(2) $6 - 3\sqrt{3}$　(3) $\frac{96\sqrt{5}}{5}$

20 (1) 三平方の定理より，

$$EG = \sqrt{10^2 + 10^2} = 10\sqrt{2} \text{ (cm)}$$

(2) 四角形 AEFB は等脚台形だから，

頂点 A から辺 EF に垂線 AJ をひくと，

$EJ = (10 - 4) \div 2 = 3$ (cm)

直角三角形 AEJ において，

$$AJ = \sqrt{6^2 - 3^2} = 3\sqrt{3} \text{ (cm)}$$

よって，求める面積は，

$$\frac{1}{2} \times (4 + 10) \times 3\sqrt{3} = 21\sqrt{3} \text{ (cm}^2\text{)}$$

(3) $AC = \sqrt{4^2 + 4^2} = 4\sqrt{2}$ (cm)

四角形 AEGC も等脚台形だから，

$EI = (10\sqrt{2} - 4\sqrt{2}) \div 2 = 3\sqrt{2}$ (cm)

直角三角形 AEI において，

$$AI = \sqrt{6^2 - (3\sqrt{2})^2} = 3\sqrt{2} \text{ (cm)}$$

(4) 次図のように，AE，BF，CG，DH の延長上の交点を K とすると，

$\triangle KAB \circ \triangle KEF$ なので，

$KA : KE = 4 : 10 = 2 : 5$

K から正方形 EFGH に引いた垂線の交点を L とし，KL と正方形 ABCD の交点を M とすると，

$\triangle KEL \circ \triangle AEI$ より，

$KL : AI = KE : AE = 5 : (5 - 2) = 5 : 3$ だから，

$KL = AI \times \frac{5}{3} = 5\sqrt{2}$ (cm) で，

$KM = 5\sqrt{2} - 3\sqrt{2} = 2\sqrt{2}$ (cm)

四角錐 K－ABCD の体積は，

$$\frac{1}{3} \times 4 \times 4 \times 2\sqrt{2} = \frac{32\sqrt{2}}{3} \text{ (cm}^3\text{)}$$

四角錐 K－EFGH の体積は，

$$\frac{1}{3} \times 10 \times 10 \times 5\sqrt{2} = \frac{500\sqrt{2}}{3} \text{ (cm}^3\text{)}$$

よって，求める体積は，

$$\frac{500\sqrt{2}}{3} - \frac{32\sqrt{2}}{3} = 156\sqrt{2} \text{ (cm}^3\text{)}$$

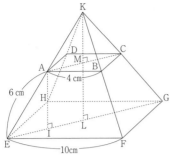

答 (1) $10\sqrt{2}$ (cm)　(2) $21\sqrt{3}$ (cm^2)

(3) $3\sqrt{2}$ (cm)　(4) $156\sqrt{2}$ (cm^3)

21 容器 B の高さを x とする。

容器 A の底面の対角線の長さは $6\sqrt{2}$ だから，

容器 B の底面の直径は $3\sqrt{2}$ となる。

容器 B の容器 A より上の部分に入っている水の体積は，

$$\pi \times \left(\frac{3\sqrt{2}}{2}\right)^2 \times (x-4) = \frac{9}{2}\pi(x-4)$$

容器 A の体積は，$6 \times 6 \times 4 = 144$

よって，$\frac{9}{2}\pi(x-4) + 144 = 144 \times \frac{5}{4}$ が成り立つ。

整理して，$\frac{9}{2}\pi(x-4) = 36$ より，$x-4 = \frac{8}{\pi}$

したがって，$x = 4 + \frac{8}{\pi}$

答 $4 + \frac{8}{\pi}$

22 (1) もとの四角柱の底面積は，

$\frac{1}{2} \times (10+16) \times 4 = 52$ (m^2)で，

取り除いた円柱の半分の底面の半径は，

$4 \div 2 = 2$ (m)なので，

四角柱の底面から取り除いた円柱の半分の底面積は，$\frac{1}{2} \times \pi \times 2^2 = 2\pi$ (m^2)

この立体の底面は次図のようになっており，

△ABC と△DEF は合同な直角三角形で，

BC = EF = $(16-10) \div 2 = 3$ (m)なので，

三平方の定理より，

AB = DE = $\sqrt{4^2 + 3^2} = 5$ (m)

もとの立体の底面のまわりの長さは，

$3 + 5 + 16 + 5 + 3 + \frac{1}{2} \times 4\pi = 32 + 2\pi$

よって，この立体の表面積は，

$2 \times (52 - 2\pi) + (32 + 2\pi) \times 50$

$= 1704 + 96\pi$ (m^2)

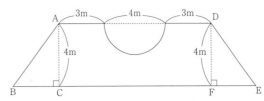

(2)　$(52 - 2\pi) \times 50 = 2600 - 100\pi$ (m^3)

答 (1) $1704 + 96\pi$ (m^2)　(2) $2600 - 100\pi$ (m^3)

★★★ 発展問題 ★★★（115 ページ）

1 (1)　1辺が 6 cm の正三角形の高さだから，

$$AM = 6 \times \frac{\sqrt{3}}{2} = 3\sqrt{3} \text{ (cm)}$$

(2)　BN⊥AD，CN⊥AD より，△BCN⊥AD である。

△BCN は BN = CN の二等辺三角形で，M が BC の中点より，NM⊥BC

BN = AM = $3\sqrt{3}$ (cm)，BM = $\frac{1}{2}$BC = 3 (cm)

△BNM で三平方の定理より，

$MN = \sqrt{(3\sqrt{3})^2 - 3^2} = 3\sqrt{2}$ (cm)

よって，（正四面体 ABCD）$= 2$（四面体 ABCN）

$= 2 \times \left\{\frac{1}{3} \times \left(\frac{1}{2} \times 6 \times 3\sqrt{2}\right) \times 3\right\}$

$= 18\sqrt{2}$ (cm^3)

また，正四面体 ABCD の底面を△BCD とすると高さが AH だから，

$\frac{1}{3} \times \left(\frac{1}{2} \times 6 \times 3\sqrt{3}\right) \times AH = 18\sqrt{2}$

が成り立つ。これを解いて，AH $= 2\sqrt{6}$ (cm)

(3)　△ABH，△ACH，△ADH において，AH が共通，∠AHB = ∠AHC = ∠AHD = 90°，

AB = AC = AD より，直角三角形の斜辺と他の1辺がそれぞれ等しいので，

△ABH ≡ △ACH ≡ △ADH

よって，BH = CH = DH

また，△HBD と△HCD において，BH = CH，DH が共通，BD = CD より，3組の辺がそれぞれ等しいから，△HBD ≡ △HCD

したがって，∠HDB = ∠HDC より，点 H は線分 DM 上にある。

ここで，△ADH で，

DH $= \sqrt{6^2 - (2\sqrt{6})^2} = 2\sqrt{3}$ (cm) より，

DH : DM $= 2\sqrt{3} : 3\sqrt{3} = 2 : 3$

よって，（四面体 AHCN）$= \frac{1}{2}$（四面体 AHCD）

$= \frac{1}{2} \times \frac{2}{3}$（四面体 AMCD）

$= \frac{1}{3} \times \frac{1}{2}$（正四面体 ABCD）

$= \dfrac{1}{6} \times 18\sqrt{2} = 3\sqrt{2}$ (cm³)

(4) 次図のように△AHD において，点 N から AH，DH にそれぞれ垂線 NJ，NK を引く。

NJ∥DH より，NJ：DH＝AN：AD＝1：2

よって，NJ＝$\dfrac{1}{2}$DH＝$\sqrt{3}$ (cm)

また，NK∥AH より，

NK：AH＝DN：DA＝1：2

よって，NK＝$\dfrac{1}{2}$AH＝$\sqrt{6}$ (cm)

四角形 JHKN は長方形より，

NH＝$\sqrt{(\sqrt{3})^2 + (\sqrt{6})^2} = 3$ (cm)

したがって，CH＝DH＝$2\sqrt{3}$ (cm)，

CN＝AM＝$3\sqrt{3}$ (cm)だから，

NH＋CH＋CN＝$3 + 2\sqrt{3} + 3\sqrt{3}$

　　　　　　＝$3 + 5\sqrt{3}$ (cm)

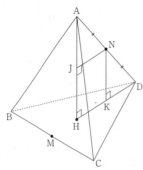

答 (1) $3\sqrt{3}$ (cm)　(2) $2\sqrt{6}$ (cm)
　　(3) $3\sqrt{2}$ (cm³)　(4) $3 + 5\sqrt{3}$ (cm)

2 (1)　次図1のように，辺 BC の中点を E とすると，点 H は線分 AE 上の点となり，△ABC，△DBC は正三角形だから，AE⊥BC，DE⊥BC

△ABE は30°，60°の直角三角形だから，

AE＝$\dfrac{\sqrt{3}}{2}$AB＝$3\sqrt{3}$

同様に，DE＝$3\sqrt{3}$

AH＝x とすると，

△ADH で三平方の定理より，

DH²＝AD²－AH²＝6²－x^2＝36－x^2

EH＝$3\sqrt{3} - x$ だから，

△EDH で，DH²＝DE²－EH²

＝$(3\sqrt{3})^2 - (3\sqrt{3} - x)^2 = 6\sqrt{3}x - x^2$

したがって，36－x^2＝$6\sqrt{3}x - x^2$ となるから，

$x = 2\sqrt{3}$

よって，AH＝$2\sqrt{3}$

また，DH²＝36－$(2\sqrt{3})^2$＝24 だから，

DH＝$\sqrt{24} = 2\sqrt{6}$

図1

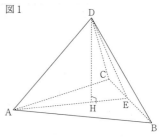

(2)　(1)と同様に考えると，BH＝CH＝AH＝$2\sqrt{3}$ となるので，

DH を軸として四面体 ABCD を1回転させると，次図2のような，底面の円の半径が $2\sqrt{3}$ で高さが DH（＝$2\sqrt{6}$）の円錐となる。

よって，V₁＝$\dfrac{1}{3} \times \pi \times (2\sqrt{3})^2 \times 2\sqrt{6} = 8\sqrt{6}\pi$

また，次図3のように，辺 AB の中点を F とすると，HF＝HE＝AE－AH＝$\sqrt{3}$ となるので，

DH を軸として△DAB を1回転させると，底面の円の半径が $2\sqrt{3}$ で高さが $2\sqrt{6}$ の円錐（図2の円錐）から，底面の円の半径が $\sqrt{3}$ で高さが $2\sqrt{6}$ の円錐をくりぬいたものになる。

したがって，V₂＝V₁$- \dfrac{1}{3} \times \pi \times (\sqrt{3})^2 \times 2\sqrt{6}$

＝$8\sqrt{6}\pi - 2\sqrt{6}\pi = 6\sqrt{6}\pi$

図2

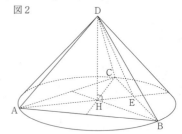

図3

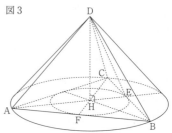

答 (1) (AH) $2\sqrt{3}$　(DH) $2\sqrt{6}$
　　(2) (V₁) $8\sqrt{6}\pi$　(V₂) $6\sqrt{6}\pi$

3 (1)　次図1のように，点 A，D から辺 BC にそれぞれ垂線 AI，DJ をひくと，長方形 BCGF を底面としたときの高さは，AI である。

IJ＝AD＝8cm で，四角形 ABCD は等脚台形より，BI＝CJ＝(16－8)÷2＝4 (cm)

よって，AB：BI＝8：4＝2：1と∠AIB＝90°より，△ABI は30°，60°の直角三角形だから，

AI＝$\sqrt{3}$ BI＝4$\sqrt{3}$（cm）

図1

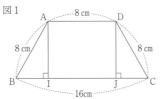

(2) 次図2のように，水面と辺 AB，DC との交点をそれぞれ K，L とし，点 K，L から辺 BC にそれぞれ垂線 KM，LN をひくと，△KBM は30°，60°の直角三角形だから，

BM＝CN＝$\dfrac{1}{\sqrt{3}}$KM＝3（cm）

よって，KL＝16－3×2＝10（cm）

したがって，台形 KBCL の面積は，

$\dfrac{1}{2}$×(10＋16)×3$\sqrt{3}$＝39$\sqrt{3}$（cm^2）であるから，容器に入っている水の体積は，

39$\sqrt{3}$×4＝156$\sqrt{3}$（cm^3）

図2

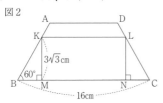

(3) 次図3のように，点 A を通り辺 CD に平行な直線と辺 BC との交点を P，辺 AB の延長と辺 CD の延長との交点を Q とする。

AP∥DC より，∠BPA＝∠BCD＝∠CBA＝60°だから，△BPA，△BCQ はともに正三角形。

図2で，台形 AKLD

＝$\dfrac{1}{2}$×(8＋10)×(4$\sqrt{3}$－3$\sqrt{3}$)＝9$\sqrt{3}$（cm^2）

図3で，

△BPA＝$\dfrac{1}{2}$×8×$\left(8×\dfrac{\sqrt{3}}{2}\right)$＝16$\sqrt{3}$（cm^2）

16$\sqrt{3}$＞9$\sqrt{3}$ より，水面は線分 AP よりも上にある。

水面と辺 BA，BC との交点をそれぞれ R，S とすると，△BSR∽△BPA∽△BCQ

ここで，△BSR の1辺を x cm とすると，

$\dfrac{1}{2}$×x×$\dfrac{\sqrt{3}}{2}x$＝9$\sqrt{3}$ が成り立つから，

$\dfrac{\sqrt{3}}{4}x^2$＝9$\sqrt{3}$ より，x^2＝36

よって，x＞0 より x＝6

したがって，△BSR と△BCQ の相似比は，

BS：BC＝6：16＝3：8

△BCQ の高さは，16×$\dfrac{\sqrt{3}}{2}$＝8$\sqrt{3}$（cm）より，

水面の高さは，8$\sqrt{3}$×$\dfrac{8-3}{8}$＝5$\sqrt{3}$（cm）

図3

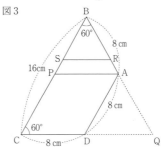

答 (1) 4$\sqrt{3}$（cm） (2) 156$\sqrt{3}$（cm^3）
(3) 5$\sqrt{3}$（cm）

4 (1) △ACB で，DE∥BC より，

DE：BC＝AE：AC だから，DE：8＝6：12

よって，DE＝4

△DEF は1辺が4の正三角形だから，

高さは，4×$\dfrac{\sqrt{3}}{2}$＝2$\sqrt{3}$

したがって，△DEF＝$\dfrac{1}{2}$×4×2$\sqrt{3}$＝4$\sqrt{3}$

(2) 次図で，直線 ℓ と△DEF は AE＝6のときを表し，直線 ℓ' と△D′E′F′ は AE′＝9のときを表す。このとき，点 F は線分 AF′ 上の点となり，△DEF が通過してできるのは立体 DEF－D′E′F′。

平面 ABC 上で，D から線分 AC に垂線 DH をひくと，∠AED＝∠ACB＝120°より，

∠DEH＝180°－120°＝60°で，

△DEH は30°，60°の直角三角形。

よって，DH＝$\dfrac{\sqrt{3}}{2}$DE＝2$\sqrt{3}$ だから，

△ADE＝$\dfrac{1}{2}$×6×2$\sqrt{3}$＝6$\sqrt{3}$

三角錐 F－ADE の高さは正三角形 DEF の高さと等しく2$\sqrt{3}$ だから，

三角錐 F－ADE の体積は，

$\dfrac{1}{3}$×6$\sqrt{3}$×2$\sqrt{3}$＝12

三角錐 F－ADE と三角錐 F′－AD′E′ は相似で，相似比は，AE：AE′＝6：9＝2：3だから，

体積の比は，2^3：3^3＝8：27

したがって，立体 DEF－D′E′F′ の体積は，

12×$\dfrac{27-8}{8}$＝$\dfrac{57}{2}$

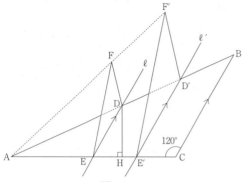

答 (1) $4\sqrt{3}$　(2) $\dfrac{57}{2}$

5 (1)① 次図1のように，正方形 GFBC の対角線の交点を P とすると，BP⊥CF で，

$$BP = CP = FP = \frac{BC}{\sqrt{2}} = 2\sqrt{2}\ (cm)$$

できる立体は，半径が BP の円を底面とする高さが CP の円すいを2つ合わせた立体となるから，体積は，$\left\{\dfrac{1}{3} \times \pi \times (2\sqrt{2})^2 \times 2\sqrt{2}\right\} \times 2$

$$= \frac{32\sqrt{2}}{3}\pi\ (cm^3)$$

② 直角三角形 EAD において，三平方の定理より，

$$ED = \sqrt{2^2 + 4^2} = 2\sqrt{5}\ (cm)$$

よって，直角三角形 DEC において，

$$EC = \sqrt{(2\sqrt{5})^2 + 4^2} = 6\ (cm)$$

③ JK∥FB より，JK：FB＝CJ：CF
IJ∥EF より，CJ：CF＝CI：CE だから，
JK：FB＝CI：CE
よって，EI＝JK＝x cm とすると，
x：4＝(6－x)：6 が成り立つ。
これを解くと，$x = \dfrac{12}{5}$

図1

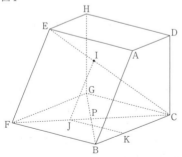

(2)① 次図2のように，A から BC に垂線をひき，OM，BC との交点をそれぞれ Q，R とすると，
QM＝RC＝AD＝2 cm
OQ∥BR より，

OQ：BR＝AQ：AR＝(4－1)：4＝3：4
BR＝4－2＝2 (cm) だから，

$$OQ = \frac{3}{4}BR = \frac{3}{2}\ (cm)$$

よって，$OM = \dfrac{3}{2} + 2 = \dfrac{7}{2}\ (cm)$

② L を通り HD に平行な直線と DC との交点を S，S を通り AD に平行な直線と AB との交点を T とし，T から BC に垂線をひき，OM との交点を U，AR と ST との交点を V とする。
立体 OBCM—NFGL は，
四角柱 TBCS—NFGL から，
三角柱 LSM—NTU と三角すい N—TOU をとりのぞいた立体。
TV∥BR より，TV：BR＝AV：AR＝1：4 だから，

$$TV = \frac{1}{4}BR = \frac{1}{2}\ (cm),$$

$$TS = UM = \frac{1}{2} + 2 = \frac{5}{2}\ (cm)$$

また，TU＝SM＝4－1×2＝2 (cm)
三角柱 LSM—NTU の体積は，

$$\left(\frac{1}{2} \times 4 \times 2\right) \times \frac{5}{2} = 10\ (cm^3)$$

さらに，OU＝OM－UM＝1 (cm) より，
三角錐 N—TOU の体積は，

$$\frac{1}{3} \times \left(\frac{1}{2} \times 1 \times 2\right) \times 4 = \frac{4}{3}\ (cm^3)$$

四角柱 TBCS—NFGL の体積は，

$$\left\{\frac{1}{2} \times \left(\frac{5}{2} + 4\right) \times (4-1)\right\} \times 4$$

$$= 39\ (cm^3) だから，$$

求める体積は，$39 - \left(10 + \dfrac{4}{3}\right) = \dfrac{83}{3}\ (cm^3)$

図2

答 (1)① $\dfrac{32\sqrt{2}}{3}\pi\ (cm^3)$　② 6 (cm)

③ $\dfrac{12}{5}\ (cm)$

(2)① $\dfrac{7}{2}\ (cm)$　② $\dfrac{83}{3}\ (cm^3)$

14. 円

§1. 円周角の定理 (119 ページ)

1 (1) 同じ弧に対する円周角は等しいから,
$x = 42°$, $y = 28°$

(2) 次図のように各点を A〜E とおくと, $\overset{\frown}{DC}$ に対する円周角だから,
$\angle CAD = \angle CBD = 25°$
△AED の内角と外角の関係より,
$\angle x = 25° + 40° = 65°$

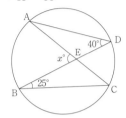

(3) 円周角の定理より, $\angle BAC = \dfrac{1}{2} \angle BOC = 55°$

OA をひくと, OA = OB = OC より, △OAB,
△OAC はともに二等辺三角形だから,
$\angle OAB = \angle ABO = 30°$ で,
$\angle x = \angle OAC = 55° - 30° = 25°$

(4) 中心角は円周角の 2 倍なので,
$\angle x = 28° × 2 + 22° × 2 = 100°$

答 (1) $(x =) 42°$ $(y =) 28°$ (2) 65 (3) 25°
(4) 100°

2 (1) $\angle ACB = 180° - (73° + 51° + 35°) = 21°$
また, $\angle BAC = \angle BDC = 73°$ より, 4 点 A, B, C,
D は同一円周上にある。
よって, $\overset{\frown}{AB}$ に対する円周角より,
$\angle ADB = \angle ACB = 21°$

(2) △ABC は二等辺三角形だから,
$\angle ACB = (180° - 52°) ÷ 2 = 64°$
次図で, BD は直径だから,
$\angle BCD = 90°$ で, $\angle ACD = 90° - 64° = 26°$
$\overset{\frown}{AD}$ に対する円周角なので,
$\angle ABD = \angle ACD = 26°$
よって, $\angle x = 180° - 52° - 26° = 102°$

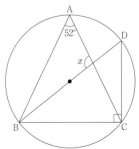

(3) $\angle ABC = a$ とする。
BD = DC より, △DBC は二等辺三角形だから,
$\angle DCB = a$
また, BE = EA より, △ABE は二等辺三角形だから, $\angle BAE = a$
よって, 円周角の定理の逆より, 4 点 A, D, E,
C は同一円上の点とわかる。
$\overset{\frown}{AD}$ に対する円周角より, $\angle ACD = \angle DEA = 32°$
DC = CA より △CAD は二等辺三角形だから,
$\angle CDA = \angle CAD = (180° - 32°) ÷ 2 = 74°$
△DBC で内角と外角の関係より,
$\angle CDA = a + a = 2a$ だから,
$2a = 74°$ となり, $a = 37°$

答 (1) 21° (2) 102° (3) 37

3 (1) $\overset{\frown}{CD}$ に対する円周角より,
$\angle CBD = \angle CAD = 32°$
また, AC は直径だから, $\angle ABC = 90°$
よって, $\angle x = 90° - 32° = 58°$

(2) $\overset{\frown}{CD}$ に対する円周角だから,
$\angle CBD = \angle CED = 34°$
$\angle CBE = 33° + 34° = 67°$ で,
△EBC は EB = EC の二等辺三角形だから,
$\angle BEC = 180° - 67° × 2 = 46°$
線分 AC は直径だから,
$\angle AEC = 90°$ で, $\angle AEB = 90° - 46° = 44°$
よって, $\overset{\frown}{AB}$ に対する円周角だから,
$\angle x = \angle AEB = 44°$

答 (1) 58° (2) 44°

4 (1) 点 A と点 D を結ぶ。
△APD で内角と外角の関係より,
$\angle BAD = \angle APD + \angle ADP = 43°$
$\overset{\frown}{BD}$ に対する円周角より, $\angle BTD = \angle BAD = 43°$
円の半径と接線は垂直に交わるので,
$\angle OTQ = 90°$
よって, $\angle DTQ = 90° - 43° = 47°$

(2) $\overset{\frown}{PB}$ に対する円周角と中心角の関係より,
$\angle POB = 28° × 2 = 56°$
$\angle AQC = 90°$, $\angle OPC = 90°$ だから,
AQ ∥ OP
よって, $\angle QAC = \angle POC = 56°$
したがって, $\angle PAQ = 56° - 28° = 28°$

答 (1) 47 (2) 28

5 (1) 円周角の定理より, $\angle CAB = \dfrac{1}{2} \angle COB = 19°$

AB ∥ OC より, $\angle ABO = \angle COB = 38°$
三角形の内角の和から,
$\angle x = 180° - (19° + 38°) = 123°$

(2) OD ∥ BC より, $\angle OCB = 52°$
△OCB は, OB = OC の二等辺三角形だから,

$\angle x = \angle OCB = 52°$

また，$\angle BOC = 180° - 52° × 2 = 76°$ だから，

$\angle BOD = 52° + 76° = 128°$

円周角の定理より，$\angle y = 128° × \dfrac{1}{2} = 64°$

(3) 半円の弧に対する円周角より，

$\angle BAD = 90°$ なので，

$\triangle ADB$ の外角より，$\angle ABD = 117° - 90° = 27°$

平行線の錯角より，$\angle BDC = \angle ABD = 27°$

よって，同じ弧に対する円周角より，

$\angle x = \angle BDC = 27°$

答 (1) 123° (2) ($\angle x =$) 52° ($\angle y =$) 64°

(3) 27°

6 (1) 点 D，E で半円の弧が 3 等分されているから，

$\overset{\frown}{CD}$ に対する中心角は，$180° ÷ 3 = 60°$ で，

円周角は，$60° × \dfrac{1}{2} = 30°$

$\overset{\frown}{AB} = \overset{\frown}{CD}$ より，$\angle x = 30°$

(2) 次図で，$\overset{\frown}{IJ}$ に対する中心角は，$360° × \dfrac{1}{10} = 36°$ だ

から，円周角の定理より，$\angle ICJ = 36° × \dfrac{1}{2} = 18°$

$\overset{\frown}{CE} = 2\overset{\frown}{IJ}$ より，$\angle CJE = 18° × 2 = 36°$

$\triangle CJK$ の内角と外角の関係より，

$\angle x = 18° + 36° = 54°$

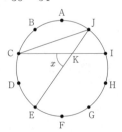

(3) A と B，A と E をそれぞれ結ぶと，BE は直径

だから，$\angle BAE = 90°$

$\overset{\frown}{AB} : \overset{\frown}{BC} : \overset{\frown}{CD} = 2 : 3 : 2$ より，$\overset{\frown}{AC} = \overset{\frown}{BD}$ だから，

$\angle BAD = \angle ADC = 60°$

よって，$\angle DAE = 90° - 60° = 30°$

また，$\overset{\frown}{AB} : \overset{\frown}{AC} = 2 : (2 + 3) = 2 : 5$ だから，

$\angle AEB = 60° × \dfrac{2}{5} = 24°$

したがって，三角形の内角と外角の関係より，

$\angle x = 30° + 24° = 54°$

(4) 同じ円で，等しい弧に対する円周角は等しい

ので，

$\angle BCA = \angle CAB = 37°$

$\overset{\frown}{AB}$ に対する円周角だから，

$\angle BEA = \angle BCA = 37°$

$AE \parallel BD$ より，錯角は等しいので，

$\angle EBD = \angle BEA = 37°$

また，$\overset{\frown}{CD}$ に対する円周角だから，

$\angle CBD = \angle CED = 20°$

$\triangle ABC$ の内角の和について，

$37° × 3 + 20° + \angle ABE = 180°$ だから，

$\angle ABE = 180° - 111° - 20° = 49°$

よって，$\overset{\frown}{AE}$ に対する円周角だから，

$\angle x = \angle ABE = 49°$

答 (1) 30° (2) 54° (3) 54° (4) 49°

7 (1) 次図において，円の中心を O とすると，

$\overset{\frown}{DF}$，$\overset{\frown}{GI}$ は円周の $\dfrac{1}{6}$ だから，

$\angle DOF = \angle GOI = 360° × \dfrac{1}{6} = 60°$

よって，円周角の定理より，

$\angle DIF = \angle GDI = \dfrac{1}{2} \angle GOI = 30°$

$\triangle DMI$ の内角の和について，

$\angle DMI = 180° - 30° × 2 = 120°$

(2) AG は直径だから，O を通る。

また，IO の延長と円周との交点は C となる。

$\overset{\frown}{CF}$ は円周の $\dfrac{1}{4}$ だから，$\angle COF = 360° × \dfrac{1}{4} = 90°$

よって，$\angle CIF = 45°$

また，$\angle GOI = 60°$ だから，$\triangle NOI$ の内角と外角

の関係より，

$\angle ANF = 60° + 45° = 105°$

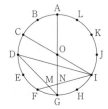

答 (1) 120° (2) 105°

§2. 相似と円 (123 ページ)

☆☆☆ **標準問題** ☆☆☆ (123 ページ)

1 (1) 次図で，$\triangle ABE \backsim \triangle DCE$ なので，

$AE : DE = BE : CE$ だから，$x : 9 = 2 : 6$

よって，$6x = 18$ より，$x = 3$

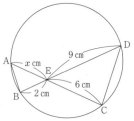

(2) 円周角の定理より，$\triangle ACP \backsim \triangle DBP$ がいえる

から，$AP : DP = CP : BP$

よって，$DP = x$ とすると，

3：x＝$(10-x)$：8

$x(10-x)=24$ より，$x^2-10x+24=0$

$(x-4)(x-6)=0$ より，$x=4$，6

DP＞CP より，$x>5$ だから，$x=6$

答 (1) 3 (2) 6

2 (2) BC＝AB＝6 cm で，DE＝x cm とすると，

DB＝$(x+4)$ cm と表せる。

△DBC∽△CBE より，DB：CB＝CB：BE が成

り立つので，$(x+4)$：6＝6：4

これを解いて，$x=5$

答 (1) ア. ② イ. ④ ウ. ⑥ エ. ① オ. ⑩

(2) 5 (cm)

3 (1) ∠BAD＝a，∠ABC＝b とすると，

円周角の定理より，∠ADC＝∠ABC＝b

△ADE で内角と外角の関係より，∠AEC＝$a+b$

△ABC は AB＝AC の二等辺三角形だから，

∠ACB＝∠ABC＝b

円周角の定理より，∠BCD＝∠BAD＝a

よって，∠ACE＝$a+b$ だから，

△AEC は∠AEC＝∠ACE の二等辺三角形であ

り，AE＝AC＝9 (cm)

(2) AE と CF の交点を G とする。

△ABF と△ACG において，

AB＝AC，∠BAF＝∠CAG，∠ABF＝∠ACG

より，1 辺とその両端の角がそれぞれ等しいので，

△ABF≡△ACG

よって，AG＝AF＝5 cm より，

GE＝9－5＝4 (cm)

さらに，△ACE と△CGE において，

∠AEC＝∠CEG，∠EAC＝∠ECG より，2 組の

角がそれぞれ等しいので，

△ACE∽△CGE

CE＝x cm とすると，

AE：CE＝CE：GE より，9：x＝x：4

$x^2=36$ だから，

$x=\pm6$

$x>0$ より，$x=6$

答 (1) 9 cm (2) 6 cm

4 (2) △DEC で，∠ECD＝$180°-36°-82°=62°$

△AEB∽△CED より，∠EAB＝∠ECD＝62°

(3) (1)より，PS×PT＝PQ×PR＝2×(2+5)＝14

また，PS×PT＝PU×PV＝3×(3+UV)

よって，3×(3+UV)＝14 より，UV＝$\dfrac{5}{3}$ (cm)

答 (1) ア. (う) イ. (き) ウ. (い) エ. (そ) オ. (さ)

カ. (し) (2) 62° (3) $\dfrac{5}{3}$ (cm)

★★★ 発展問題 ★★★ （125 ページ）

1 (1) △ABE と△DCE において，

$\overparen{BC}$ に対する円周角だから，∠BAE＝∠CDE，

対頂角だから，∠AEB＝∠DEC

よって，△ABE∽△DCE となるから，

AE：ED＝AB：DC＝2：5

(2) △ABE∽△DCE で，相似比が 2：5 だから，

AE＝$2a$，BE＝$2b$ とすると，

DE＝$5a$，CE＝$5b$ と表せる。

よって，AC＝$2a+5b$，BD＝$2b+5a$

ここで，△ADE∽△BCE もいえ，

相似比は，AD：BC＝6：4＝3：2

よって，AE：BE＝$2a$：$2b$＝a：b＝3：2 となる。

$b=\dfrac{2}{3}a$ より，AC＝$2a+5\times\dfrac{2}{3}a=\dfrac{16}{3}a$，

BD＝$2\times\dfrac{2}{3}a+5a=\dfrac{19}{3}a$ より，

AC：BD＝$\dfrac{16}{3}a$：$\dfrac{19}{3}a$＝16：19

(3) AE：EC＝$2a$：$5b$＝$2a$：$5\times\dfrac{2}{3}a$＝3：5

よって，△ABE＝3S とすると，

△BCE＝5S と表せる。

△ABE と△DCE の面積比は，

2^2：5^2＝4：25 だから，

△DCE＝$\dfrac{25}{4}$△ABE＝$\dfrac{75}{4}$S

△ADE と△BCE の面積比は，

3^2：2^2＝9：4 だから，

△ADE＝$\dfrac{9}{4}$△BCE＝$\dfrac{45}{4}$S

したがって，

（四角形 ABCD）＝$3S+5S+\dfrac{75}{4}S+\dfrac{45}{4}S=38S$

だから，△ABE：（四角形 ABCD）＝3：38

答 (1) 2：5 (2) 16：19 (3) 3：38

2 (2)(i) 次図 I のように，E と G，E と H をそれぞれ

結ぶ。

三角形の相似と(1)を利用して，∠HGE＝∠HIE

を証明し，円周角の定理の逆から 4 点 G，H，I，

E が同一円周上にあることを証明する。

図 I

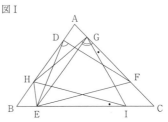

(ii) 次図 II のように，2 点 D と G を結ぶ。

円に内接する四角形の性質から，

∠AGD＝∠DEF を導き，三角形の内角と三角形の相似から，∠ADG＝∠GIH を導いて，円に内接する四角形の性質の逆から，4点 G，H，I，D が同一円周上にあることを証明する。

図Ⅱ

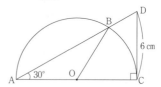

答 (1) △ABC∽△GHI より，

∠BCA＝∠HIG……①

∠BIH＝180°－∠HIG－∠GIC……②

△GIC において，

∠CGI＝180°－∠BCA－∠GIC……③

①，②，③より，∠BIH＝∠CGI

(2)(i) 4点 D，E，F，G が同一円周上にあるから，円周角の定理より，∠EDF＝∠EGF……あ

△DEF∽△GHI より，

∠EDF＝∠HGI……い

あ，いより，∠EGF＝∠HGI

よって，∠HGE＝∠CGI

(1)より，∠HIE＝∠CGI がいえるから，

∠HGE＝∠HIE

よって，円周角の定理の逆より，4点 G，H，I，E は同一円周上にある。

(ii) 4点 D，E，F，G が同一円周上にあるから，円に内接する四角形の性質より，

∠DEF＋∠FGD＝180°

∠AGD＋∠FGD＝180° だから，

∠DEF＝∠AGD……⑦

△ABC∽△DEF より，

∠DAG＝∠BAC＝∠EDF だから，

これと⑦より，△AGD∽△DEF で，

∠ADG＝∠DFE……⑦

△DEF∽△GHI より，∠DFE＝∠GIH だから，これと⑦より，∠ADG＝∠GIH……⑤

四角形 DHIG において，

∠GDH＝180°－∠ADG……⊆

⑤，⊆より，∠GDH＋∠GIH＝180°

よって，円に内接する四角形の性質の逆より，4点 G，H，I，D は同一円周上にある。

§3．三平方の定理と円（126ページ）

☆☆☆ **標準問題** ☆☆☆（126ページ）

1(1)　次図で，△ACD は30°，60°の直角三角形なの

で，AC＝√3 CD＝6√3（cm）で，

半円の半径は，$\frac{1}{2}$AC＝3√3（cm）

△OAB は二等辺三角形なので，

∠AOB＝180°－30°×2＝120°

よって，⌒AB の長さは，

$2\pi \times 3\sqrt{3} \times \frac{120}{360} = 2\sqrt{3}\pi$（cm）

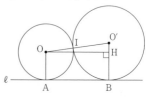

(2)　次図のように，点 O と A，点 O′ と B をそれぞれ結び，点 O から線分 O′B に垂線 OH を引くと，四角形 OABH は長方形で，AB＝OH，OA＝HB である。

円 O と円 O′ の接点を I とすると，

OO′＝OI＋IO′＝5（cm）

また，O′H＝O′B－HB＝1（cm）だから，

△OO′H で三平方の定理より，

OH＝$\sqrt{5^2-1^2}$＝√24＝2√6（cm）

よって，AB＝OH＝2√6 cm

(3)　正方形の1辺の長さを t cm とすると，

点 O は辺 BC の中点なので，OC＝$\frac{1}{2}t$（cm）で，

△OCD において三平方の定理より，

$\left(\frac{1}{2}t\right)^2 + t^2 = 5^2$

よって，$\frac{1}{4}t^2 + t^2 = 25$，$\frac{5}{4}t^2 = 25$ より，$t^2 = 20$

t＞0 より，t＝2√5

したがって，正方形の面積は，

2√5×2√5＝20（cm²）

答 (1) 2√3 π（cm） (2) 2√6（cm） (3) 20

2(1)　次図において，ℓ，m は円の接線だから，

BP＝AP

△QPB は直角三角形で，

BP：PQ＝AP：PQ＝1：2 だから，

30°，60°の直角三角形となる。

これより，△QOA も30°，60°の直角三角形となるから，OQ＝2OA＝2

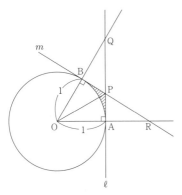

(2) おうぎ形 OAB の面積は，$\pi \times 1^2 \times \dfrac{60}{360} = \dfrac{\pi}{6}$

また，O と P を結ぶと，$\triangle OAP \equiv \triangle OBP$ で，

$AP = BP = \dfrac{1}{\sqrt{3}} OA = \dfrac{\sqrt{3}}{3}$ だから，

四角形 $OAPB = 2\triangle OAP =$

$2 \times \left(\dfrac{1}{2} \times 1 \times \dfrac{\sqrt{3}}{3} \right) = \dfrac{\sqrt{3}}{3}$

したがって，斜線部の面積は，$\dfrac{\sqrt{3}}{3} - \dfrac{\pi}{6}$

(3) $\triangle ROB$ と $\triangle QOA$ は合同で，ともに 30°，60° の直角三角形だから，

$OA : AR = OB : BQ = 1 : (2-1) = 1 : 1$ より，ℓ，m はそれぞれ，OR，OQ の垂直二等分線となる。

したがって，3 点 O，Q，R を通る円の中心は，ℓ と m の交点である点 P となるから，求める半径は，$OP = 2AP = \dfrac{2\sqrt{3}}{3}$

答 (1) 2　(2) $\dfrac{\sqrt{3}}{3} - \dfrac{\pi}{6}$　(3) $\dfrac{2\sqrt{3}}{3}$

3 (1) 直径 OA に対する円周角なので，
∠ADO = 90° で，$\triangle AOD$ は 30°，60° の直角三角形だから，

$AD = \dfrac{\sqrt{3}}{2} OA = \sqrt{3}$ (cm)

(2) $\triangle OAF$ は正三角形になるので，

$DF = OD = \dfrac{1}{2} OA = 1$ (cm)

また，∠AEB = 90° で，OD ∥ BE だから，
$BE : OD = AB : AO = (2\times 2) : 2 = 2 : 1$ で，
$BE = 2OD = 2$ (cm)

DF ∥ BE より，EG : GD = BE : DF = 2 : 1

(3) (2)より，$DE = AD = \sqrt{3}$ (cm) なので，

$DG = DE \times \dfrac{1}{2+1} = \dfrac{\sqrt{3}}{3}$ (cm)

(4) $\triangle AOD = \dfrac{1}{2} \times \sqrt{3} \times 1 = \dfrac{\sqrt{3}}{2}$ (cm²) なので，

$\triangle ACD = \triangle AOD \times \dfrac{1}{2} = \dfrac{\sqrt{3}}{4}$ (cm²)

$AD : DG = \sqrt{3} : \dfrac{\sqrt{3}}{3} = 3 : 1$ なので，

$\triangle CGD = \triangle ACD \times \dfrac{1}{3} = \dfrac{\sqrt{3}}{12}$ (cm²)

答 (1) $\sqrt{3}$ (cm)　(2) 2 : 1　(3) $\dfrac{\sqrt{3}}{3}$ (cm)

　　(4) $\dfrac{\sqrt{3}}{12}$ (cm²)

4 (1) $AE = \dfrac{1}{2} AD = 2$ で，
$\triangle ABE$ は 30°，60° の直角三角形だから，
$AB = \sqrt{3} AE = 2\sqrt{3}$

(2) ∠FBE = ∠ABE = 30° だから，
∠FBG = 90° − 30° × 2 = 30°
円周角の定理より，∠FOG = 2∠FBG = 60°

(3) $\triangle ABE = \triangle FBE = \dfrac{1}{2} \times 2 \times 2\sqrt{3} = 2\sqrt{3}$

FE = AE = DE，∠FED = 180° − 60° × 2 = 60° より，$\triangle DEF$ は 1 辺が 2 の正三角形だから，

高さは，$\dfrac{\sqrt{3}}{2} FE = \sqrt{3}$

よって，$\triangle DEF = \dfrac{1}{2} \times 2 \times \sqrt{3} = \sqrt{3}$

また，$FB = AB = 2\sqrt{3}$ より，$BO = \dfrac{1}{2} FB = \sqrt{3}$

$\triangle OBG$ は二等辺三角形だから，
O から BG に垂線 OH を下ろすと，H は BG の中点で，$\triangle BOH$ は 30°，60° の直角三角形となる。

したがって，$OH = \dfrac{1}{2} BO = \dfrac{\sqrt{3}}{2}$，

$BG = 2BH = 2 \times \sqrt{3} OH = 3$ より，

$\triangle OBG = \dfrac{1}{2} \times 3 \times \dfrac{\sqrt{3}}{2} = \dfrac{3\sqrt{3}}{4}$

さらに，おうぎ形 $OFG = \pi \times (\sqrt{3})^2 \times \dfrac{60}{360} = \dfrac{\pi}{2}$，

長方形 $ABCD = 4 \times 2\sqrt{3} = 8\sqrt{3}$ だから，
斜線部分の面積は，

$8\sqrt{3} - \left(2\sqrt{3} \times 2 + \sqrt{3} + \dfrac{3\sqrt{3}}{4} + \dfrac{\pi}{2} \right)$

$= \dfrac{9\sqrt{3}}{4} - \dfrac{\pi}{2}$

答 (1) $2\sqrt{3}$　(2) 60°　(3) $\dfrac{9\sqrt{3}}{4} - \dfrac{\pi}{2}$

5 (1) BD は直径だから，∠BCD = 90°
$\triangle ABC$ は正三角形より，∠ACB = 60° だから，
∠ACD = 90° − 60° = 30°

(2) $\overparen{AD}$ に対する円周角だから，
∠ABD = ∠ACD = 30°

よって，△BAE は，30°，60° の直角三角形だから，

$$BE = \frac{\sqrt{3}}{2}AB = 2\sqrt{3} \text{ (cm)}$$

(3) △BCD も，30°，60° の直角三角形だから，

$$BD = \frac{2}{\sqrt{3}}BC = \frac{8}{\sqrt{3}} = \frac{8\sqrt{3}}{3} \text{ (cm)}$$

よって，円 O の半径は，$\frac{BD}{2} = \frac{4\sqrt{3}}{3}$ (cm)

(4) 次図のように，AO の延長と BC との交点を G とすると，AG⊥BC，
BG＝GC より，△ABC＝2△ACG
また，四角形 AGCF は長方形より，
△ACF＝△ACG だから，
△ABC：△ACF＝2：1

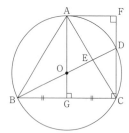

答 (1) 30°　(2) $2\sqrt{3}$ (cm)　(3) $\frac{4\sqrt{3}}{3}$ (cm)

　　(4) 2：1

6 (1) 次図で，$\overparen{AB} = \overparen{CD} = \frac{1}{4}\overparen{AD}$ より，

$$\angle AOB = \angle COD = 180° \times \frac{1}{4} = 45°$$

円周角の定理より，$\angle CAD = \frac{1}{2}\angle COD = 22.5°$

よって，△AOE において内角と外角の関係より，
$\angle AEB = 45° + 22.5° = 67.5°$

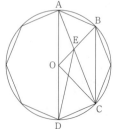

(2) 前図で，$\overparen{AB} = \overparen{CD}$ より，∠ACB＝∠CAD
錯角が等しいので，BC∥AD だから，
△ECB∽△EAO
ここで，円 O の半径を a とすると，
AO＝BO＝CO＝a
(1)より，∠AOB＝∠COD＝45° だから，
∠BOC＝180°－45°×2＝90°
よって，△OBC は直角二等辺三角形となるから，
BC＝$\sqrt{2}$OB＝$\sqrt{2}a$

したがって，△ECB と△EAO の相似比は，
CB：AO＝$\sqrt{2}a$：$a = \sqrt{2}$：1 だから，
面積比は，$(\sqrt{2})^2$：$1^2 = 2$：1
また，AO：OD＝1：1 より，
△EAO＝△EDO なので，
△BCE：△EDO＝△BCE：△EAO＝2：1

答 (1) 67.5°　(2) 2：1

7 (1) 線分 AB は直径なので，∠ACB＝90°
△ABC で三平方の定理より，
$$AB = \sqrt{9^2 + 12^2} = \sqrt{225} = 15 \text{ (cm)}$$
よって，$OB = \frac{1}{2}AB = \frac{15}{2}$ (cm)

(2) DE＝x cm とすると，
DE：EF＝3：1 より，$EF = \frac{1}{3}DE = \frac{1}{3}x$ (cm)
四角形 CDEF は長方形だから，
CF＝DE＝x cm
△ABC で，EF∥AC より，EF：AC＝BF：BC
より，$\frac{1}{3}x$：12＝（9－x）：9 だから，
$\frac{1}{3}x \times 9 = 12(9-x)$ なので，
$3x = 108 - 12x$ より，$15x = 108$
よって，$x = \frac{36}{5}$ より，線分 DE の長さは $\frac{36}{5}$cm。

(3) (2)より，$EF = \frac{1}{3}DE = \frac{12}{5}$ (cm)
△ABC で，EF∥AC より，
$BE：BA = EF：AC = \frac{12}{5}$：12＝1：5
よって，$BE = \frac{1}{5}BA = 3$ (cm)
また，$OE = \frac{15}{2} - 3 = \frac{9}{2}$ (cm) より，
$OA：OE：BE = \frac{15}{2}：\frac{9}{2}：3 = 15：9：6$
$= 5：3：2$
$\triangle OED = \triangle ABD \times \frac{3}{5+3+2} = \frac{3}{10}\triangle ABD$
次に，$CD：CA = \frac{12}{5}$：12＝1：5 だから，
$\triangle ABD = \triangle ABC \times \frac{5-1}{5} = \frac{4}{5}\triangle ABC$ なので，
$\triangle OED = \frac{3}{10}\triangle ABD = \frac{3}{10} \times \frac{4}{5}\triangle ABC$
$= \frac{6}{25}\triangle ABC$　よって，
$\triangle OED：\triangle ABC = \frac{6}{25}\triangle ABC：\triangle ABC = 6：25$

答 (1) $\frac{15}{2}$ (cm)　(2) $\frac{36}{5}$ (cm)　(3) 6：25

8 (2)① △BCG で三平方の定理より，

$BG = \sqrt{6^2 + 8^2} = 10$ (cm)

② $\triangle ADF \equiv \triangle BCG$ より，

DF = CG = 6 cm

ここで，∠FDG = ∠BCG = 90°，

∠FGD = ∠BGC（対頂角）で，2 組の角がそれ

ぞれ等しいので，△FDG∽△BCG

したがって，DG : CG = DF : CB より，

DG : 6 = 6 : 8 で，8DG = 36

よって，DG = $\dfrac{9}{2}$ (cm)

③ △DFG で，

$FG = \sqrt{6^2 + \left(\dfrac{9}{2}\right)^2} = \sqrt{\dfrac{225}{4}} = \dfrac{15}{2}$ (cm)

だから，$BF = 10 + \dfrac{15}{2} = \dfrac{35}{2}$ (cm)

∠AED = ∠ABF（$\overset{\frown}{AF}$に対する円周角），

∠ADE = ∠AFB = 90° で，2 組の角がそれぞれ

等しいので，△AED∽△ABF

AD = BC = 8cm，AF = BG = 10cm だから，

ED : BF = AD : AF より，ED : $\dfrac{35}{2}$ = 8 : 10 で，

10ED = 140 したがって，ED = 14 (cm)

よって，

$\triangle AEF = \dfrac{1}{2} \times EF \times AD = \dfrac{1}{2} \times (14+6) \times 8$

= 80 (cm²)

🅐 (1) △ADF と △BCG において，仮定より，

AD = BC……⑦ ∠ADF = 90°……⑨

AB は円 O の直径なので，∠BCG = 90°……⑨

⑨，⑨より，∠ADF = ∠BCG……⑨

$\overset{\frown}{FC}$に対する円周角だから，

∠FAD = ∠GBC……⑦

⑦，⑨，⑦より，1 組の辺とその両端の角がそ

れぞれ等しいので，△ADF ≡ △BCG

(2)① 10cm ② $\dfrac{9}{2}$cm ③ 80cm²

⑨ (2) AB = AC，∠BAF = ∠CAE = 90°，

∠ABF = ∠ACE（$\overset{\frown}{AD}$に対する円周角）より，

△ABF ≡ △ACE なので，AF = AE = 2

また，三平方の定理より，

$BF = CE = \sqrt{2^2 + 6^2} = 2\sqrt{10}$

△ABF∽△DBE より，相似比は，

BF : BE = $2\sqrt{10}$: (6+2) = $\sqrt{10}$: 4 なので，

面積比は，$(\sqrt{10})^2 : 4^2 = 5 : 8$

$\triangle ABF = \dfrac{1}{2} \times 6 \times 2 = 6$ より，

$\triangle DBE = 6 \times \dfrac{8}{5} = \dfrac{48}{5}$ だから，

求める面積は，$\dfrac{48}{5} - 6 = \dfrac{18}{5}$

(3) △ABF∽△DBE より，

$DB = AB \times \dfrac{4}{\sqrt{10}} = \dfrac{12\sqrt{10}}{5}$ なので，

$DF = \dfrac{12\sqrt{10}}{5} - 2\sqrt{10} = \dfrac{2\sqrt{10}}{5}$

よって，△EBF : △ECF

$= \left(\dfrac{1}{2} \times 8 \times 2\right) : \left(\dfrac{1}{2} \times 2\sqrt{10} \times \dfrac{2\sqrt{10}}{5}\right)$

$= 8 : 4 = 2 : 1$

(4) △ABF : △ADF = BF : FD = $2\sqrt{10} : \dfrac{2\sqrt{10}}{5}$

= 5 : 1

よって，$\triangle ADF = \triangle ABF \times \dfrac{1}{5} = \dfrac{6}{5}$

(5) ∠EAF = ∠EDF = 90° より，3 点 A，D，F を

通る円は点 E も通る。

AE = AF = 2 より，△AFE は直角二等辺三角形だ

から，△ABC∽△AFE

2 つの円も相似で，相似比は，

AB : AF = 6 : 2 = 3 : 1 なので，

面積比は，$3^2 : 1^2 = 9 : 1$

🅐 (1) △ABF と △DBE において，共通な角だか

ら，∠ABF = ∠DBE……①

BC は円 O の直径だから，

∠BAF = ∠BDC = 90°……②

②より，∠BDE = 180° − ∠BDC = 90°……③

②，③より，∠BAF = ∠BDE……④

①，④より，2 組の角がそれぞれ等しいので，

△ABF∽△DBE

(2) $\dfrac{18}{5}$ (3) 2 : 1 (4) $\dfrac{6}{5}$ (5) 9 : 1

⑩ (1) AB は直径だから，∠ADB = 90°

よって，△ABD において，三平方の定理より，

$AD = \sqrt{(6\sqrt{10})^2 - 6^2} = \sqrt{360 - 36} = \sqrt{324} = 18$

(2) DE = x とする。

$\overset{\frown}{AC} = \overset{\frown}{CB}$ より，AC = BC

また，∠ACB = 90° より，△ABC は直角二等辺三

角形だから，

$AC = BC = \dfrac{AB}{\sqrt{2}} = \dfrac{6\sqrt{10}}{\sqrt{2}} = 6\sqrt{5}$ となる。

△AED と △BEC において，$\overset{\frown}{CD}$に対する円周角

だから，∠EAD = ∠EBC

∠EDA = ∠ECB = 90° だから，△AED∽△BEC

よって，AD : BC = DE : CE

18 : $6\sqrt{5}$ = x : CE より，18CE = $6\sqrt{5}x$

よって，CE = $\dfrac{\sqrt{5}}{3}x$

したがって，△BEC において，三平方の定理より，

$\left(\dfrac{\sqrt{5}}{3}x\right)^2 + (6\sqrt{5})^2 = (6+x)^2$ が成り立つ。

展開して，$\dfrac{5}{9}x^2 + 180 = 36 + 12x + x^2$

整理して，$x^2 + 27x - 324 = 0$ より，

$(x-9)(x+36) = 0$

$x > 0$ だから，$x = 9$

(3) △BDF において，DF $= 18 - 10 = 8$ より，

BF $= \sqrt{6^2 + 8^2} = \sqrt{100} = 10$

よって，AF $=$ BF $= 10$ だから，

△FAB は二等辺三角形となる。

$\angle$FAB $= \angle$FBA，$\angle$CAB $= \angle$CBA $= 45°$ より，

$\angle$CAD $= \angle$CBG

また，$\overparen{CD}$に対する円周角だから，

$\angle$CAD $= \angle$CBD

よって，$\angle$CBG $= \angle$CBE より，△BGC $\equiv$ △BEC

で，BG $=$ BE $= 15$，EC $=$ GC となる。

CE $= \dfrac{\sqrt{5}}{3} \times 9 = 3\sqrt{5}$，

AE $= \sqrt{9^2 + 18^2} = \sqrt{405} = 9\sqrt{5}$ だから，

EC $=$ CG $=$ GA $= 3\sqrt{5}$

よって，△BGA $= \dfrac{1}{3}$△BEA

$= \dfrac{1}{3} \times \left(\dfrac{1}{2} \times 9\sqrt{5} \times 6\sqrt{5}\right) = 45$

△CGH ∞ △BGA で，

相似比は，CG : BG $= 3\sqrt{5} : 15$ だから，

面積比は，$(3\sqrt{5})^2 : 15^2 = 45 : 225 = 1 : 5$

したがって，△CGH $= 45 \times \dfrac{1}{5} = 9$

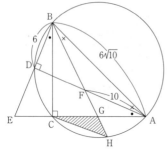

答 (1) 18　(2) 9　(3) 9

11 (1) BE は円の直径だから，$\angle$BAE $= 90°$

よって，△ABE は 30°，60° の直角三角形だから，

BE $= 2$AE $= 8$ (cm)

(2) $\overparen{AD}$に対する円周角は 45°，$\overparen{AE}$に対する円周角は 30° だから，

$\overparen{DE}$に対する円周角は，$45° - 30° = 15°$

よって，$\angle$DAE $= 15°$ だから，

$\angle$BAF $= 90° - 15° = 75°$

$\angle$ABF $= 30°$ だから，

$\angle$BFA $= 180° - (75° + 30°) = 75°$

よって，△ABF は，BA $=$ BF の二等辺三角形。

BA $= \sqrt{3}$AE $= 4\sqrt{3}$ (cm) だから，

BF $= 4\sqrt{3}$ cm

よって，EF $= 8 - 4\sqrt{3}$ (cm)

(3) 次図で，△OBG と△EAF において，

BO $= \dfrac{1}{2}$BE $= 4$ (cm) より，BO $=$ AE……①

$\overparen{DE}$に対する円周角より，

$\angle$OBG $= \angle$EAF……②

△OAB は二等辺三角形だから，

$\angle$OAB $= \angle$OBA $= 30°$

よって，△OAB の内角と外角の関係より，

$\angle$BOG $= 30° + 30° = 60°$……③

△ABE は 30°，60° の直角三角形だから，

$\angle$AEF $= 60°$……④

③，④より，$\angle$BOG $= \angle$AEF……⑤

①，②，⑤より，

1 組の辺とその両端の角がそれぞれ等しいので，

△OBG $\equiv$ △EAF

点 A から BE に垂線 AH を引くと，

△AEH は 30°，60° の直角三角形だから，

AH $= \dfrac{\sqrt{3}}{2}$AE $= 2\sqrt{3}$ (cm)

したがって，△OBG $=$ △EAF

$= \dfrac{1}{2} \times (8 - 4\sqrt{3}) \times 2\sqrt{3} = 8\sqrt{3} - 12$ (cm²)

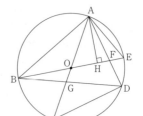

答 (1) 8 (cm)　(2) $8 - 4\sqrt{3}$ (cm)
(3) $8\sqrt{3} - 12$ (cm²)

★★★ 発展問題 ★★★ （130 ページ）

1 (1) 次図 1 のように，点 P，C から辺 AB にそれぞれ垂線 PH，CI をひくと，

AH $=$ BI $= (5 - 3) \div 2 = 1$

△BCI で三平方の定理より，

CI² $= (\sqrt{10})^2 - 1^2 = 9$

AI $= 5 - 1 = 4$ だから，

△ACI で，AC $= \sqrt{AI^2 + CI^2} = \sqrt{4^2 + 9} = 5$

図1

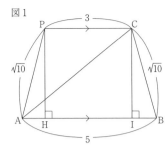

(2) (1)より，$CI = \sqrt{9} = 3$ だから，

$$\triangle PAC = \frac{1}{2} \times PC \times CI = \frac{1}{2} \times 3 \times 3 = \frac{9}{2}$$

よって，△PAC の面積について，

$\frac{1}{2} \times 5 \times PD = \frac{9}{2}$ となるから，$PD = \frac{9}{5}$

(3) 円 C_1 において，$\angle ADP = 90°$ だから，
線分 AP はこの円の直径。
したがって，$\angle AEP = 90°$ となるので，
E は図1の点 H と同じ点である。
同様に，円 C_2 において，$\angle PFC = 90°$
次図2で，(1)より，$\triangle APH \equiv \triangle BCI$ だから，
$\angle PAH = \angle CBI$
$PC /\!/ AB$ より，$\angle PCF = \angle CBI$ だから，
$\angle PAH = \angle PCF$
よって，$\triangle PAE \backsim \triangle PCF$
相似比は，$PA : PC = \sqrt{10} : 3$ だから，
$\triangle AEP : \triangle CFP = (\sqrt{10})^2 : 3^2 = 10 : 9$

図2

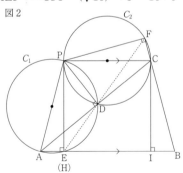

(4) 円 C_1 において，$\overset{\frown}{AE}$ に対する円周角だから，
$\angle APE = \angle ADE$
円 C_2 において，$\overset{\frown}{CF}$ に対する円周角だから，
$\angle CPF = \angle CDF$
(3)より，$\triangle PAE \backsim \triangle PCF$ だから，
$\angle APE = \angle CPF$
したがって，$\angle ADE = \angle CDF$ となるので，
3点 E, D, F は1つの直線上の点。
△PAC と△PEF で，円 C_1 の $\overset{\frown}{PD}$ に対する円周角
より，$\angle PAC = \angle PEF$，円 C_2 の $\overset{\frown}{PD}$ に対する円
周角より，$\angle PCA = \angle PFE$ がいえるから，
$\triangle PAC \backsim \triangle PEF$

相似比は，$PA : PE = PA : PH = \sqrt{10} : 3$ だから，
$\triangle PAC : \triangle PEF = (\sqrt{10})^2 : 3^2 = 10 : 9$
したがって，$\triangle PED + \triangle PDF = \triangle PEF$
$= \frac{9}{10} \triangle PAC = \frac{9}{10} \times \frac{9}{2} = \frac{81}{20}$

答 (1) 5　(2) $\frac{9}{5}$　(3) 10:9　(4) $\frac{81}{20}$

2 (3) $\triangle ABC \backsim \triangle AED$ より，$AB : AE = AC : AD$
ここで，$AC = BC = 4\sqrt{3}$，$AD = \frac{1}{2}AB = 2$ だか
ら，$4 : AE = 4\sqrt{3} : 2$ が成り立ち，$4\sqrt{3}AE = 8$
だから，$AE = \frac{2\sqrt{3}}{3}$
また，△BCD で三平方の定理より，
$CD^2 = (4\sqrt{3})^2 - 2^2 = 44$ だから，
$CD = \sqrt{44} = 2\sqrt{11}$
したがって，$\triangle ABC = \frac{1}{2} \times 4 \times 2\sqrt{11} = 4\sqrt{11}$
ここで，$\triangle ABC \backsim \triangle AED$ で，相似比は，
$AC : AD = 4\sqrt{3} : 2 = 2\sqrt{3} : 1$ だから，
面積の比は，$(2\sqrt{3})^2 : 1^2 = 12 : 1$
よって，$\triangle AED = \frac{1}{12} \triangle ABC = \frac{\sqrt{11}}{3}$

答 (1) △ABC と△AED において，共通な角だか
ら，$\angle BAC = \angle EAD$……①
四角形 DBCE は円に内接しているので，
$\angle ABC = 180° - \angle DEC$……②
また，$\angle AED = 180° - \angle DEC$……③
②，③より，$\angle ABC = \angle AED$……④
①，④より，2組の角がそれぞれ等しいので，
$\triangle ABC \backsim \triangle AED$
(2) 仮定より，$AD = DB$　線分 BC は円の直径
だから，$\angle CDB = 90°$　したがって，CD は線
分 AB の垂直二等分線だから，△ABC は CA =
CB の二等辺三角形である。(1)より，△ABC
$\backsim \triangle AED$ だから，△AED は DA = DE の二等
辺三角形となる。
(3) (順に) $\dfrac{2\sqrt{3}}{3}$, $\dfrac{\sqrt{11}}{3}$

15. 関数と図形

§1. 関数と相似 (131ページ)

☆☆☆ 標準問題 ☆☆☆ (131ページ)

1 (1) $y=x^2$ に，$x=2$ を代入して，$y=2^2=4$ より，

B $(2, 4)$

これを $y=x+a$ に代入して，$4=2+a$ より，$a=2$

(2) A は，$y=x^2$ と $y=x+2$ の交点だから，

その x 座標は，$x^2=x+2$ の，$x=2$ 以外の解となる。

$x^2-x-2=0$ より，$(x+1)(x-2)=0$ だから，

x 座標は -1 で，これを $y=x+2$ に代入して，

$y=-1+2=1$ より，A $(-1, 1)$

よって，直線 OA の式は $y=-x$ で，点 C の x 座標は点 B と同じく 2 だから，

$y=-x$ に，$x=2$ を代入して，$y=-2$ より，

C $(2, -2)$

(3) 点 A，点 C からそれぞれ x 軸に垂線 AH，CI をおろすと，OH$=0-(-1)=1$，OI$=2-0=2$

AH∥CI より，OA : OC＝OH : OI＝1 : 2 だから，

△OAB : △OCB＝1 : 2

答 (1) 2　(2) $(2, -2)$　(3) 1 : 2

2 (1) $y=\dfrac{2}{3}x+4$ に $y=0$ を代入して，

$0=\dfrac{2}{3}x+4$ より，$x=-6$

よって，D $(-6, 0)$ より，OD$=6$

四角形 OBCD は平行四辺形だから，

BC＝OD＝6

よって，点 B の x 座標は 6。

y 座標は，$y=\dfrac{2}{3}\times6+4=8$ だから，B $(6, 8)$

(2) $y=ax^2$ に $x=6$，$y=8$ を代入して，$8=a\times6^2$ より，$a=\dfrac{2}{9}$

(3) 次図で，△OAB と△OAD の底辺を AB，AD とすると，高さが等しいので△OAB : △OAD＝AB : AD であり，点 A，B から x 軸に垂線 AH，BI を引くと，AH∥BI より AB : AD＝IH : HD となる。

点 A は放物線と直線 ℓ の交点だから，

x 座標は，$\dfrac{2}{9}x^2=\dfrac{2}{3}x+4$ の負の解。

式を整理して，$x^2-3x-18=0$ より，

$(x-6)(x+3)=0$ だから，$x=-3$，6

よって，点 A の x 座標は -3 で，△OAB : △OAD＝AB : AD＝$|6-(-3)| : |-3-(-6)|$＝3 : 1

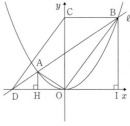

答 (1) $(6, 8)$　(2) $\dfrac{2}{9}$　(3) 3 : 1

3 (1) AD∥BE より，△CAD∽△CBE となるから，

AD : BE＝CA : CB＝1 : (1+3)＝1 : 4

(2) A (a, ka^2)，B (b, kb^2) で，AD : BE＝1 : 4 より，$ka^2 : kb^2=1 : 4$

よって，$kb^2=4ka^2$ より，$b^2=4a^2$

$a>0$，$b>0$ より，$b=2a$

また，CD$=a-4$，CE$=b-4$ で，

CD : CE＝1 : 4 より，$(a-4) : (b-4)=1 : 4$

よって，$b-4=4(a-4)$ だから，

これに $b=2a$ を代入して，$2a-4=4(a-4)$

整理して，$2a=12$ より，$a=6$

(3) $b=2a=12$ より，B $(12, 144k)$ と表せる。

△OCB$=\dfrac{1}{2}\times4\times144k=288k$ で，

CA : CB＝1 : 4 より，

△OAB$=\dfrac{3}{4}$△OCB$=\dfrac{3}{4}\times288k=216k$

よって，$216k=36$ より，$k=\dfrac{36}{216}=\dfrac{1}{6}$

答 (1) 1 : 4　(2) 6　(3) $\dfrac{1}{6}$

4 (1) 点 A は関数 $y=\dfrac{2}{x}$ 上の点だから，

y 座標は，$y=\dfrac{2}{2}=1$ より，A $(2, 1)$

また，点 A は関数 $y=ax^2$ 上の点だから，

$1=a\times2^2$ より，$a=\dfrac{1}{4}$

(2) 次図で，点 A を通り y 軸に平行な直線と，点 B を通り x 軸に平行な直線の交点を H，BH と y 軸との交点を I とする。

CI∥AH より，BI : IH＝BC : CA＝2 : 1

よって，BI＝2IH＝4

$b<0$ より，$b=-4$

(3) (2)より点 B の y 座標は，$y=\dfrac{2}{-4}=-\dfrac{1}{2}$ だから，

B $\left(-4, -\dfrac{1}{2}\right)$

点 P の x 座標は -4 だから，

y 座標は，$y=\dfrac{1}{4}\times(-4)^2=4$ より，P $(-4, 4)$

△ABP の底辺を BP とすると，

$BP = 4 - \left(-\dfrac{1}{2}\right) = \dfrac{9}{2}$，高さは点 A と点 B の x

座標の差から，$2-(-4)=6$ なので，

$\triangle ABP = \dfrac{1}{2} \times \dfrac{9}{2} \times 6 = \dfrac{27}{2}$

(4) $\triangle ABP$ と $\triangle ABQ$ の底辺を AB とする。

点 P を通り，直線 AB に平行な直線と y 軸との交点を Q とすると，

AB ∥ PQ より $\triangle ABP$ と $\triangle ABQ$ の高さは等しくなり，$\triangle ABP = \triangle ABQ$ となる。

直線 AB の傾きは，$\left(-\dfrac{1}{2}-1\right) \div (-4-2)$

$= -\dfrac{3}{2} \div (-6) = -\dfrac{3}{2} \times \left(-\dfrac{1}{6}\right) = \dfrac{1}{4}$

直線 PQ の式は，$y = \dfrac{1}{4}x + c$ とおけ，点 P の座標を代入すると，

$4 = \dfrac{1}{4} \times (-4) + c$ より，$c=5$

よって，直線 PQ の式は $y = \dfrac{1}{4}x + 5$ となり，

点 Q の y 座標は 5 となる。

したがって，Q $(0,\ 5)$

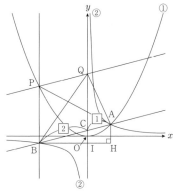

答 (1) $\dfrac{1}{4}$　(2) -4　(3) $\dfrac{27}{2}$　(4) $(0,\ 5)$

5 (1) 点 A の x 座標は，$ax^2 = -ax+1$ の解となる。

よって，この式に，$x=-2$ を代入して，

$4a = 2a+1$　整理して，$2a=1$ より，$a = \dfrac{1}{2}$

よって，放物線は $y = \dfrac{1}{2}x^2$，直線は $y = -\dfrac{1}{2}x+1$

また，点 B の x 座標は，$\dfrac{1}{2}x^2 = -\dfrac{1}{2}x+1$ の，

$x=-2$ 以外の解となる。

$x^2+x-2=0$ より，$(x+2)(x-1)=0$

よって，$x=-2,\ 1$ だから，

点 B の x 座標は 1。

(2) 放物線と直線は，次図のようになり，

A $(-2,\ 2)$，B $\left(1,\ \dfrac{1}{2}\right)$，C $(2,\ 0)$

また，2 点 A，B からそれぞれ x 軸に，垂線 AH，BI を下ろすと，H $(-2,\ 0)$，I $(1,\ 0)$ となる。

よって，$\triangle OAB : \triangle OBC = AB : BC = HI : IC =$

$|1-(-2)| : (2-1) = 3 : 1$

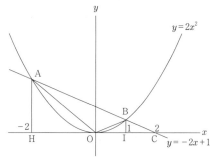

(3) できる立体は，$\triangle CAH$ を回転させてできる立体（X）から，$\triangle OAH$ を回転させてできる立体（Y）と，$\triangle CBO$ を回転させてできる立体（Z）を取りのぞいたもの。

$AH = 2$，$CH = 4$ より，

X の体積は，$\dfrac{1}{3} \times \pi \times 2^2 \times 4 = \dfrac{16}{3}\pi$

また，$OH = 2$ より，

Y の体積は，$\dfrac{1}{3} \times \pi \times 2^2 \times 2 = \dfrac{8}{3}\pi$

Z は，円すいを 2 つ合わせた形で，

$BI = \dfrac{1}{2}$，$OC = 2$ より，

体積は，$\dfrac{1}{3} \times \pi \times \left(\dfrac{1}{2}\right)^2 \times 2 = \dfrac{1}{6}\pi$

したがって，求める体積は，

$\dfrac{16}{3}\pi - \dfrac{8}{3}\pi - \dfrac{1}{6}\pi = \dfrac{5}{2}\pi$

答 (1) $a = \dfrac{1}{2}$，（点 B の x 座標）1　(2) $3:1$

(3) $\dfrac{5}{2}\pi$

6 (1) $y = \dfrac{1}{4} \times 2^2 = 1$ より，B $(2,\ 1)$

$y = \dfrac{1}{4} \times 4^2 = 4$ より，C $(4,\ 4)$

直線 BC は，傾きが，$\dfrac{4-1}{4-2} = \dfrac{3}{2}$ なので，

$y = \dfrac{3}{2}x + b$ とすると，

$4 = \dfrac{3}{2} \times 4 + b$ より，$b = -2$

よって，$y = \dfrac{3}{2}x - 2$

(2) 点 A の座標は，A $(-4,\ 4)$　AD ∥ BC なので，直線 AD の式を $y = \dfrac{3}{2}x + c$ とすると，

$4 = \dfrac{3}{2} \times (-4) + c$ より，$c=10$ だから，

$y=\dfrac{3}{2}x+10$

点 D の x 座標について，$\dfrac{1}{4}x^2=\dfrac{3}{2}x+10$ より，

$x^2-6x-40=0$ だから，$(x+4)(x-10)=0$

よって，$x=-4$，10 より，点 D の x 座標は 10 で，

$y=\dfrac{1}{4}\times10^2=25$ より，D (10，25)

AC $=4-(-4)=8$ だから，

四角形 ABCD $=\triangle$ACD$+\triangle$ACB $=$

$\dfrac{1}{2}\times8\times(25-4)+\dfrac{1}{2}\times8\times(4-1)=96$

(3) 次図のように 3 点 A，F，D から x 軸にそれぞ
れ垂線を引き，交点を H，I，J とすると，

HJ $=10-(-4)=14$

HI : IJ $=$ AF : FD $=3:4$ より，

IJ $=$ HJ $\times\dfrac{4}{3+4}=8$

点 E の x 座標は，$0=\dfrac{3}{2}x+10$ より，$x=-\dfrac{20}{3}$ な

ので，EH $=-4-\left(-\dfrac{20}{3}\right)=\dfrac{8}{3}$

よって，EA : FD $=$ EH : IJ $=\dfrac{8}{3}:8=1:3$

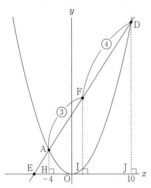

答 (1) $y=\dfrac{3}{2}x-2$　(2) 96　(3) 1 : 3

7(1) 双曲線 m の式は，$y=\dfrac{a}{x}$ と表せる。

B (2，6) を通るから，$6=\dfrac{a}{2}$ より，$a=12$

よって，求める式は，$y=\dfrac{12}{x}$

(2) $y=\dfrac{12}{x}$ に，$x=-4$ を代入して，$y=\dfrac{12}{-4}=-3$

よって，A $(-4，-3)$

AB の傾きは，$\dfrac{6-(-3)}{2-(-4)}=\dfrac{9}{6}=\dfrac{3}{2}$ だから，

直線 n の式は，$y=\dfrac{3}{2}x+b$ と表せる。

点 B を通ることから，$6=\dfrac{3}{2}\times2+b$ より，$b=3$

よって，直線 n の式は，$y=\dfrac{3}{2}x+3$

(3) $\triangle$ABC は，$\angle$ACB $=90°$ の直角三角形となる。

AC $=2-(-4)=6$，BC $=6-(-3)=9$ だから，

$\triangle$ABC $=\dfrac{1}{2}\times6\times9=27$

(4) BC $/\!/$ PQ より，$\triangle$ABC $\infty\triangle$APQ

相似比は，BC : PQ $=9:3=3:1$ だから，

面積比は，$3^2:1^2=9:1$

よって，$\triangle$ABC : $\triangle$APQ $=9:1$

答 (1) $y=\dfrac{12}{x}$　(2) $y=\dfrac{3}{2}x+3$　(3) 27　(4) 9 : 1

★★★ 発展問題 ★★★ （133 ページ）

1(1) 放物線の式に点 D の座標の値を代入すると，

$18=a\times6^2$

これを解くと，$a=\dfrac{1}{2}$

(2) $y=\dfrac{1}{2}x^2$ に，$x=-4$ を代入すると，

$y=\dfrac{1}{2}\times(-4)^2=8$，$x=2$ を代入すると，

$y=\dfrac{1}{2}\times2^2=2$ なので，

A $(-4，8)$，C (2，2)

直線 AC の式を $y=px+q$ として，この式に 2 点
A，C の座標の値をそれぞれ代入すると，

$\begin{cases}8=-4p+q\\2=2p+q\end{cases}$

これを連立方程式として解くと，$p=-1$，$q=4$ な
ので，

直線 AC の式は，$y=-x+4$

(3) 四角形 ABCE $=\triangle$ABC$+\triangle$ACE，

四角形 ABCD $=\triangle$ABC$+\triangle$ACD より，

$\triangle$ACE $=\triangle$ACD だから，

点 E は，AC に平行で，点 D を通る直線と y 軸と
の交点。

点 D を通り，AC に平行な直線の式を $y=-x+b$
として，この式に点 D の座標の値を代入すると，

$18=-6+b$

これを解くと，$b=24$ なので，

AC に平行な直線の式は，$y=-x+24$ で，点 E の
座標は，この切片より，(0，24)

(4) $\triangle$ACE $=\triangle$ACD より，

五角形 ABOCD $=$ 五角形 ABOCE

直線 AC と y 軸との交点を P とすると，

五角形 ABOCE は，$\triangle$OBC，$\triangle$ABC，$\triangle$APE，
$\triangle$CPE に分けられる。

2 点 B，C は，y 軸を対称の軸に線対称な位置に
あるので，B $(-2，2)$

BC＝2－(－2)＝4 を底辺としたときの高さは，
△OBC が，2－0＝2 で，△ABC が，8－2＝6 なので，

面積は合わせて，$\dfrac{1}{2}×4×2+\dfrac{1}{2}×4×6=16$

△直線 AC の切片より，P (0，4)

PE＝24－4＝20 を底辺としたときの高さは，

△APE が，0－(－4)＝4 で，

△CPE が，2－0＝2 なので，面積は合わせて，

$\dfrac{1}{2}×20×4+\dfrac{1}{2}×20×2=60$

よって，五角形 ABOCD の面積は，16＋60＝76

(5) 五角形 ABOCD＝76 で，その半分が，

76÷2＝38，△ACD＝△ACE＝60 より，点 C を
通り，五角形 ABOCD の面積を二等分する直線
と直線 AD との交点を Q とすると，Q は線分 AD
上にある。

△ACQ＝60－38＝22 なので，

AQ：QD＝22：38＝11：19

よって，点 Q の x 座標は，

$-4+\{6-(-4)\}×\dfrac{11}{11+19}=-\dfrac{1}{3}$ で，y 座標は，

$8+(18-8)×\dfrac{11}{11+19}=\dfrac{35}{3}$ で，$\left(-\dfrac{1}{3}, \dfrac{35}{3}\right)$

答 (1) $\dfrac{1}{2}$ (2) $y=-x+4$ (3) (0，24) (4) 76

(5) $\left(-\dfrac{1}{3}, \dfrac{35}{3}\right)$

2 (1) 点 A は①と直線 ℓ との交点だから，

その x 座標は，$ax^2=-2x$ の負の解。

$ax^2+2x=0$ となり，$x(ax+2)=0$

よって，$x=0$，$-\dfrac{2}{a}$ だから，

点 A の x 座標は $-\dfrac{2}{a}$。

y 座標は，$y=-2×\left(-\dfrac{2}{a}\right)=\dfrac{4}{a}$

直線 m の傾きは $\dfrac{1}{2}$ だから，

式を $y=\dfrac{1}{2}x+b$ として，$x=-\dfrac{2}{a}$，$y=\dfrac{4}{a}$ を代入すると，

$\dfrac{4}{a}=\dfrac{1}{2}×\left(-\dfrac{2}{a}\right)+b$ より，$b=\dfrac{5}{a}$

よって，直線 m の式は $y=\dfrac{1}{2}x+\dfrac{5}{a}$

点 B は①と直線 m との交点だから，

その x 座標は，$ax^2=\dfrac{1}{2}x+\dfrac{5}{a}$ の正の解。

両辺を $2a$ 倍して整理すると，

$2a^2x^2-ax-10=0$

$ax=X$ とすると，$2X^2-X-10=0$

解の公式より，

$X=\dfrac{-(-1)±\sqrt{(-1)^2-4×2×(-10)}}{2×2}$

$=\dfrac{1±9}{4}$ だから，$X=\dfrac{5}{2}$，-2

よって，$ax=\dfrac{5}{2}$ のとき，$x=\dfrac{5}{2a}$

$ax=-2$ のとき，$x=-\dfrac{2}{a}$ となるが，$0<a<2$，

$x>0$ より，点 B の x 座標は，$x=\dfrac{5}{2a}$

y 座標は，$y=a×\left(\dfrac{5}{2a}\right)^2=\dfrac{25}{4a}$

したがって，$A\left(-\dfrac{2}{a}, \dfrac{4}{a}\right)$，$B\left(\dfrac{5}{2a}, \dfrac{25}{4a}\right)$

(2)(a) (1)より，C の y 座標は $\dfrac{5}{a}$。

△ODF∽△OCB で，

相似比は，OD：OC＝a：$\dfrac{5}{a}=a^2$：5 だから，

面積比は，$(a^2)^2$：$5^2=a^4$：25

△OCB＝$\dfrac{1}{2}×\dfrac{5}{a}×\dfrac{5}{2a}=\dfrac{25}{4a^2}$ だから，

△ODF＝$\dfrac{a^4}{25}×\dfrac{25}{4a^2}=\dfrac{a^2}{4}$

(b) (a)と同様に，

△ODE：△OCA＝a^4：25

△OCA＝$\dfrac{1}{2}×\dfrac{5}{a}×\dfrac{2}{a}=\dfrac{5}{a^2}$ だから，

△ODE＝$\dfrac{a^4}{25}×\dfrac{5}{a^2}=\dfrac{a^2}{5}$

よって，

四角形 ACDE＝$\dfrac{5}{a^2}-\dfrac{a^2}{5}=\dfrac{25-a^4}{5a^2}$ だから，

△ODF＝四角形 ACDE のとき，

$\dfrac{a^2}{4}=\dfrac{25-a^4}{5a^2}$ が成り立つ。

両辺に $20a^2$ をかけて整理すると，

$9a^4=100$ より，$a^4=\dfrac{100}{9}$

$a^2=Y$ とすると，

$Y^2=\dfrac{100}{9}$ だから，Y＞0 より，$Y=\dfrac{10}{3}$

したがって，$a^2=\dfrac{10}{3}$

$a>0$ だから，$a=\dfrac{\sqrt{10}}{\sqrt{3}}=\dfrac{\sqrt{30}}{3}$

答 (1) (順に) $-\dfrac{2}{a}$，$\dfrac{4}{a}$，$\dfrac{5}{2a}$，$\dfrac{25}{4a}$

(2) (a) $\dfrac{a^2}{4}$ (b) $\dfrac{\sqrt{30}}{3}$

§2．関数と三平方の定理

（134 ページ）

☆☆☆ 標準問題 ☆☆☆（134 ページ）

1(1) 直線 ℓ は，傾きが，$\dfrac{4-3}{2-0}=\dfrac{1}{2}$ なので，

$$y=\dfrac{1}{2}x+3$$

よって，点 B の x 座標について，$\dfrac{1}{2}x^2=\dfrac{1}{2}x+3$

から，$x^2-x-6=0$ なので，

$(x-3)(x+2)=0$ より，$x=3,\ -2$

したがって，点 B の x 座標は 3 で，

y 座標は，

$y=\dfrac{1}{2}\times3^2=\dfrac{9}{2}$ より，$B\left(3,\ \dfrac{9}{2}\right)$

(2) $\triangle\text{AOB}=\triangle\text{OBC}-\triangle\text{OAC}$

$=\dfrac{1}{2}\times3\times3-\dfrac{1}{2}\times3\times2=\dfrac{9}{2}-3=\dfrac{3}{2}$

(3) 三平方の定理より，

$\text{AC}=\sqrt{(2-0)^2+(4-3)^2}=\sqrt{5}$

$\triangle\text{OAC}=\dfrac{1}{2}\times\text{AC}\times\text{OH}$ なので，

$3=\dfrac{1}{2}\times\sqrt{5}\times\text{OH}$ より，$\text{OH}=\dfrac{6\sqrt{5}}{5}$

答 (1) $\left(3,\ \dfrac{9}{2}\right)$ (2) $\dfrac{3}{2}$ (3) $\dfrac{6\sqrt{5}}{5}$

2(1) $y=-x^2$ に $x=-3$ を代入すると，

$y=-(-3)^2=-9$ より，$A(-3,\ -9)$

また，$x=1$ を代入すると，

$y=-1^2=-1$ より，$B(1,\ -1)$

直線 AB は傾きが，$\dfrac{-1-(-9)}{1-(-3)}=\dfrac{8}{4}=2$ だから，

式を $y=2x+b$ とおいて，点 B の座標を代入す

ると，

$-1=2\times1+b$ より，$b=-3$

よって，$y=2x-3$

(2) 次図のように，直線 AB と y 軸との交点を C と

すると，$C(0,\ -3)$

よって，$\triangle\text{OAB}=\triangle\text{OAC}+\triangle\text{OBC}$

$=\dfrac{1}{2}\times3\times3+\dfrac{1}{2}\times3\times1=6$

(3) 線分 AB の長さは三平方の定理より，

$\sqrt{\{1-(-3)\}^2+\{-1-(-9)\}^2}=\sqrt{4^2+8^2}$

$=\sqrt{80}=4\sqrt{5}$

$\triangle\text{OAB}$ の面積について，$\dfrac{1}{2}\times4\sqrt{5}\times\text{OH}=6$ が

成り立つから，これを解くと，$\text{OH}=\dfrac{3\sqrt{5}}{5}$

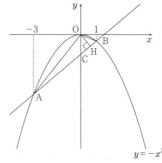

答 (1) $y=2x-3$ (2) 6 (3) $\dfrac{3\sqrt{5}}{5}$

3(1) $y=ax^2$ に点 A の座標の値を代入すると，

$4=a\times(-2)^2$

よって，$a=1$

(2) 正方形 BCDF の 1 辺の長さを k とすると，

点 B の x 座標は k で，y 座標は $6+k$ と表される。

$y=x^2$ に点 B の座標を代入して，$6+k=k^2$ より，

$k^2-k-6=0$ だから，$(k+2)(k-3)=0$

よって，$k=-2,\ 3$

点 B の x 座標は 1 より大きいので，

適するのは，$k=3$

したがって，$B(3,\ 9)$

(3) 正方形 BCDF の 1 辺の長さは 3 なので，

面積は，$3\times3=9$

(4) $\text{BC}=\text{BF}=3$

点 C の y 座標は 9 なので，$\text{OC}=9$

$\triangle\text{FDO}$ は，$\angle\text{FDO}=90°$ の直角三角形で，

$\text{DF}=3$，$\text{DO}=6$ なので，

三平方の定理より，

$\text{OF}=\sqrt{3^2+6^2}=3\sqrt{5}$

よって，台形 OCBF の周の長さは，

$3+3+9+3\sqrt{5}=15+3\sqrt{5}$

答 (1) 1 (2) $(3,\ 9)$ (3) 9 (4) $15+3\sqrt{5}$

4(1) $A\left(a,\ \dfrac{1}{2}a^2\right)$ $(a>0)$ とすると，

$\text{AB}+\text{AC}=12$ のとき，$a+\dfrac{1}{2}a^2=12$

式を整理して，$a^2+2a-24=0$ より，

$(a-4)(a+6)=0$

よって，$a=4,\ -6$　$a>0$ だから，$a=4$

したがって，点 A の座標は，$(4,\ 8)$

(2) 点 A の y 座標は点 B の y 座標と等しく 12 だ

から，$y=\dfrac{1}{2}x^2$ に，$y=12$ を代入して，$12=\dfrac{1}{2}x^2$

だから，

$x^2=24$ より，$x=\pm\sqrt{24}=\pm2\sqrt{6}$

点 A の x 座標は正だから，

$A(2\sqrt{6},\ 12)$ となる。

2点D, Eはy軸について対称で,

DE＝BA＝$2\sqrt{6}$ だから,

点Eのx座標は$\sqrt{6}$

$y=\dfrac{1}{2}x^2$ に, $x=\sqrt{6}$ を代入して,

$y=\dfrac{1}{2}\times(\sqrt{6})^2=3$ だから, E$(\sqrt{6},\ 3)$

したがって, 直線AEの傾きは,

$\dfrac{12-3}{2\sqrt{6}-\sqrt{6}}=\dfrac{9}{\sqrt{6}}=\dfrac{9\sqrt{6}}{6}=\dfrac{3\sqrt{6}}{2}$

(3) 次図において, DE＝$2\sqrt{5}$ だから,

AB＝$2\sqrt{5}$

よって, 点Aのx座標は$2\sqrt{5}$ となる。

$y=\dfrac{1}{2}x^2$ に, $x=\sqrt{5}$ を代入して,

$y=\dfrac{1}{2}\times(\sqrt{5})^2=\dfrac{5}{2}$

$x=2\sqrt{5}$ を代入して, $y=\dfrac{1}{2}\times(2\sqrt{5})^2=10$

よって, D$\left(-\sqrt{5},\ \dfrac{5}{2}\right)$, E$\left(\sqrt{5},\ \dfrac{5}{2}\right)$,

A$(2\sqrt{5},\ 10)$, B$(0,\ 10)$となる。

DEとy軸との交点をFとすると,

BF＝$10-\dfrac{5}{2}=\dfrac{15}{2}$ だから,

△BDFで三平方の定理より,

BD＝$\sqrt{\left(\dfrac{15}{2}\right)^2+(\sqrt{5})^2}=\sqrt{\dfrac{245}{4}}=\dfrac{7\sqrt{5}}{2}$

したがって, ▱ABDEの周の長さは,

$2\sqrt{5}\times 2+\dfrac{7\sqrt{5}}{2}\times 2=4\sqrt{5}+7\sqrt{5}=11\sqrt{5}$

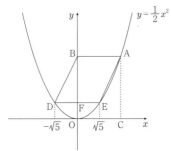

答 (1) $(4,\ 8)$ (2) $\dfrac{3\sqrt{6}}{2}$ (3) $11\sqrt{5}$

5 (1) $y=x+4$ に $y=\dfrac{1}{2}x^2$ を代入して, $\dfrac{1}{2}x^2=x+4$

式を整理すると, $x^2-2x-8=0$ だから,

$(x+2)(x-4)=0$ より, $x=-2,\ 4$

よって, A$(-2,\ 2)$, B$(4,\ 8)$

(2) 四角形OACDは平行四辺形だから,

AC∥OD, AC＝OD

点Cのx座標は点Aのx座標より2大きいから,

点Dのx座標は2。

直線OBの式は $y=2x$ だから,

D$(2,\ 4)$

(3) 点Eのx座標は点Dのx座標と等しいので2。

y座標が, $y=-\dfrac{1}{4}\times 2^2=-1$ より, E$(2,\ -1)$

次図のように, y軸について点Eと対称な点

E$'(-2,\ -1)$をとり, 線分BE$'$とy軸との交点を

Fとすれば, BF＋FE＝BF＋FE$'$＝BE$'$ となり,

BF＋FE が最小になる。

三平方の定理より,

BE$'=\sqrt{\{4-(-2)\}^2+\{8-(-1)\}^2}=\sqrt{6^2+9^2}$

$=3\sqrt{13}$

よって, 求める最小値は$3\sqrt{13}$。

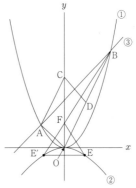

答 (1) A$(-2,\ 2)$ B$(4,\ 8)$ (2) $(2,\ 4)$ (3) $3\sqrt{13}$

6 (1) $y=\dfrac{1}{4}\times(-2)^2=1$, $y=-\dfrac{1}{9}\times 3^2=-1$ より,

A$(-2,\ 1)$, B$(3,\ -1)$

三平方の定理より,

AB＝$\sqrt{\{3-(-2)\}^2+\{1-(-1)\}^2}=\sqrt{29}$

(2) C$(0,\ c)$とおくと,

AC$^2=\{0-(-2)\}^2+(c-1)^2=c^2-2c+5$

AC$^2=$AB^2 だから,

$c^2-2c+5=29$ より, $c^2-2c-24=0$

左辺を因数分解して, $(c-6)(c+4)=0$ より,

$c=6,\ -4$

$c>0$ だから, $c=6$

よって, C$(0,\ 6)$

(3) △ABCは, 等しい辺の長さが$\sqrt{29}$の直角二等

辺三角形だから,

面積は, $\dfrac{1}{2}\times\sqrt{29}\times\sqrt{29}=\dfrac{29}{2}$

(4) 四角形ADECと△ABCの面積が等しいとき,

△CDB＝△CDE

よって, Bを通り直線CDに平行な直線と, ①の

グラフとの交点をEとすると,

CD∥EB より△CDB＝△CDE だから,

この点 E の x 座標を求める。

直線 AB の式を求めると，$y=-\dfrac{2}{5}x+\dfrac{1}{5}$ だから，

x 軸との交点は，$0=-\dfrac{2}{5}x+\dfrac{1}{5}$ より，$x=\dfrac{1}{2}$ と

なり，$D\left(\dfrac{1}{2},\ 0\right)$

直線 CD の傾きは，$(0-6)\div\left(\dfrac{1}{2}-0\right)=-12$

よって，点 B を通り直線 CD に平行な直線の式

を，$y=-12x+b$ とおいて，

点 B の座標より $x=3$，$y=-1$ を代入すると，

$-1=-12\times3+b$ より $b=35$ だから，

$y=-12x+35$

この式に，$y=\dfrac{1}{4}x^2$ を代入して，

$\dfrac{1}{4}x^2=-12x+35$ より，$x^2+48x-140=0$

解の公式より，$x=\dfrac{-48\pm\sqrt{48^2-4\times1\times(-140)}}{2\times1}$

$=\dfrac{-48\pm\sqrt{2864}}{2}=\dfrac{-48\pm4\sqrt{179}}{2}$

$=-24\pm2\sqrt{179}$

点 E の x 座標は正なので，

$x=2\sqrt{179}-24$

答 (1) $\sqrt{29}$　(2) $(0,\ 6)$　(3) $\dfrac{29}{2}$

(4) $2\sqrt{179}-24$

7 (1) $y=ax^2$ に $x=-2$，$y=-2$ を代入して，

$-2=a\times(-2)^2$ より，$a=-\dfrac{1}{2}$

(2) B $(2,\ -2)$ で，直線 OA の傾きは，

$\dfrac{0-(-2)}{0-(-2)}=1$ だから，

$y=x+b$ とおき，$x=2$，$y=-2$ を代入して，

$-2=2+b$ より，$b=-4$

よって，$y=x-4$

(3) $y=x-4$ に $y=-\dfrac{1}{2}x^2$ を代入して，

$-\dfrac{1}{2}x^2=x-4$ より，$x^2=-2x+8$

右辺を移項して，$x^2+2x-8=0$

左辺を因数分解して，$(x+4)(x-2)=0$ より，

$x=-4,\ 2$

よって，点 C の x 座標は -4 だから，

$y=-\dfrac{1}{2}x^2$ に $x=-4$ を代入して，

$y=-\dfrac{1}{2}\times(-4)^2=-8$ より，C $(-4,\ -8)$

(4) D $(0,\ -4)$ とおくと，

$\triangle$BOC $=\triangle$BOD $+\triangle$COD

$=\dfrac{1}{2}\times4\times2+\dfrac{1}{2}\times4\times4=12$

(5) 三平方の定理より，

OA $=\sqrt{|0-(-2)|^2+|0-(-2)|^2}=\sqrt{8}$

$=2\sqrt{2}$

(6) 四角形 OACB $=\triangle$OAB $+\triangle$ABC

$\triangle$OAB で，底辺を AB とみると，

AB $=2-(-2)=4$ で，高さは 2 だから，

$\triangle$OAB $=\dfrac{1}{2}\times4\times2=4$

$\triangle$ABC で，底辺を AB とみると，

高さは，$-2-(-8)=6$ だから，

$\triangle$ABC $=\dfrac{1}{2}\times4\times6=12$

よって，四角形 OACB $=4+12=16$

(7) 四角形 OACB の面積の半分は，$\dfrac{1}{2}\times16=8$

$\triangle$BOD $=\dfrac{1}{2}\times4\times2=4$ だから，

直線①上の $x<0$ の部分に，$\triangle$ODE $=8-4=4$ と

なる点 E をとる。

点 E の x 座標を e とおくと，

$\triangle$ODE $=\dfrac{1}{2}\times4\times(-e)=4$ より，$e=-2$

$y=x-4$ に $x=-2$ を代入して，$y=-2-4=-6$

より，E $(-2,\ -6)$

求める直線は直線 OE で，直線 OE の傾きは，

$\dfrac{0-(-6)}{0-(-2)}=3$ だから，$y=3x$

(8) AO∥CB より，$\triangle$ACB $=\triangle$OCB だから P は

O と一致し，$x=0$

また，E $(0,\ -8)$ とおくと，$\triangle$OCB $=\triangle$ECB

点 E を通り直線①に平行な直線は $y=x-8$ で，点

P がこの直線上にあるとき $\triangle$PCB $=\triangle$ACB だか

ら，点 P は放物線と $y=x-8$ の交点で，$y=x-8$

に $y=-\dfrac{1}{2}x^2$ を代入して，$-\dfrac{1}{2}x^2=x-8$ より，

$x^2+2x-16=0$

解の公式より，$x=\dfrac{-2\pm\sqrt{2^2-4\times1\times(-16)}}{2\times1}$

$=\dfrac{-2\pm2\sqrt{17}}{2}=-1\pm\sqrt{17}$

答 (1) $-\dfrac{1}{2}$　(2) $y=x-4$　(3) $(-4,\ -8)$　(4) 12

(5) $2\sqrt{2}$　(6) 16　(7) $y=3x$　(8) $0,\ -1\pm\sqrt{17}$

8 (1) $1=a\times2^2$ より，$a=\dfrac{1}{4}$

(2) $\dfrac{1}{4}x^2=\dfrac{1}{2}x+6$ より，$x^2-2x-24=0$ なので，

$(x-6)(x+4)=0$ から，$x=6,\ -4$

点 A の x 座標は $x=-4$ なので，

y 座標は, $y = \dfrac{1}{4} \times (-4)^2 = 4$ より, A $(-4,\ 4)$

点 B の x 座標は $x = 6$ なので,

y 座標は, $y = \dfrac{1}{4} \times 6^2 = 9$ より, B $(6,\ 9)$

(3) 直線 OC は, 傾きが $\dfrac{1}{2}$ なので, $y = \dfrac{1}{2}x$

よって, 直線 OC と直線 AB は平行になり,

△ABC＝△AOB

D $(0,\ 6)$ より, △AOB＝△ODA＋△ODB

$= \dfrac{1}{2} \times 6 \times 4 + \dfrac{1}{2} \times 6 \times 6 = 12 + 18 = 30$

(4) 三平方の定理より,

AB $= \sqrt{\{6-(-4)\}^2 + (9-4)^2} = \sqrt{100 + 25}$

$= 5\sqrt{5}$

△ABC＝30 より, $\dfrac{1}{2} \times AB \times CE = 30$ となること

から, $\dfrac{1}{2} \times 5\sqrt{5} \times CE = 30$

よって, CE $= \dfrac{30 \times 2}{5\sqrt{5}} = \dfrac{12\sqrt{5}}{5}$

(5)① △OCB＝△OCD＝$\dfrac{1}{2} \times 6 \times 2 = 6$

△OCF∽△BAF より,

OF：FB＝OC：AB＝1：(2+3)＝1：5

よって, △BFC＝△OCB$\times \dfrac{5}{1+5} = 5$

② △OCB：△OAB＝OC：AB＝1：5 なので,

△OAB＝5△OCB＝30 だから,

四角形 OABC＝△OCB＋△OAB＝36

OC＝t, AD＝$2t$, DB＝$3t$ として, 直線 DF と

直線 OC の交点を I とすると,

IF：FD＝OC：AB＝1：5 で, △CIF∽△ADF

から, CI：AD＝IF：FD＝1：5 より,

CI $= \dfrac{1}{5}$AD $= \dfrac{2}{5}t$

よって, (四角形 OADI)：(四角形 BCID)

$= \left(2t + t - \dfrac{2}{5}t\right) : \left(3t + \dfrac{2}{5}t\right) = \dfrac{13}{5}t : \dfrac{17}{5}t$

$= 13 : 17$ より, 求める面積は,

$36 \times \dfrac{17}{13+17} = \dfrac{102}{5}$

答 (1) $\dfrac{1}{4}$　(2) A $(-4,\ 4)$　B $(6,\ 9)$　(3) 30

(4) $\dfrac{12\sqrt{5}}{5}$　(5)① 5　② $\dfrac{102}{5}$

9 OB, AC は正方形 OABC の対角線だから,

正方形 OABC の面積は, AC×OB×$\dfrac{1}{2}$ で求めら

れる。

OB＝AC より, AC×AC×$\dfrac{1}{2}$＝8 だから,

$AC^2 = 16$

AC＞0 より, AC＝4

正方形の対角線はそれぞれの中点で垂直に交わるか

ら, 次図のように, AC と OB の交点を D とすると,

OD＝AD＝$4 \times \dfrac{1}{2} = 2$ なので, A $(2,\ 2)$ である。

$y = ax^2$ に点 A の座標を代入すると,

$2 = a \times 2^2$ だから, $a = \dfrac{1}{2}$ となる。

また, CD＝2 より C $(-2,\ 2)$,

OB＝4 より B $(0,\ 4)$ だから,

直線 BC の式は $y = x + 4$ となり, 直線 BC と関数

$y = \dfrac{1}{2}x^2$ のグラフとの交点の x 座標は,

$\dfrac{1}{2}x^2 = x + 4$ の解である。

これを整理して,

$x^2 - 2x - 8 = 0$ より, $(x-4)(x+2) = 0$

よって, $x = 4,\ -2$

点 P の x 座標は 4 だから,

y 座標は, $y = 4 + 4 = 8$ より, P $(4,\ 8)$ となる。

このとき, 次図のように, 点 B を通り x 軸に平行な

直線と, 点 P を通り y 軸に平行な直線の交点を H と

すると,

H $(4,\ 4)$ となり, BH＝4, PH＝8－4＝4 だから,

△BPH は BH＝PH の直角二等辺三角形なので,

BP $= \sqrt{2}$ BH $= 4\sqrt{2}$

よって, 線分 BP を一辺とする正方形の面積は,

$(4\sqrt{2})^2 = 32$ となる。

また, 点 P を通り OC に平行な直線と関数 $y = \dfrac{1}{2}x^2$

の交点を Q とすると,

△OCP と△OCQ の底辺を OC としたとき, 高さ

が等しくなるので,

△OCP＝△OCQ となる。

次図のように点 E, F を定めると,

CP⊥AB, ∠PBF＝90° より, 3 点 A, B, F は一直

線上にあり, OC∥AF∥PE である。

よって, 求める点 Q は直線 PE と関数 $y = \dfrac{1}{2}x^2$ の

グラフの交点となる。

2 点 P, F は y 軸について対称な点だから,

F の x 座標は-4 となり, PF＝4－(－4)＝8

よって, BE＝PF＝8 より, 点 E の y 座標は,

4＋8＝12 となる。

直線 OC の傾きが, $\dfrac{0-2}{0-(-2)} = -1$ だから,

直線 PE の式は $y = -x + 12$

直線 PE と関数 $y = \dfrac{1}{2}x^2$ のグラフの交点の x 座標

は，$\dfrac{1}{2}x^2 = -x+12$ の解だから，

これを整理して，$x^2+2x-24=0$ より，

$(x+6)(x-4)=0$

よって，$x=-6$，4

点 Q の x 座標は -6 だから，

y 座標は，$y=-(-6)+12=18$ より，Q $(-6,\ 18)$

となる。

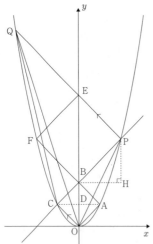

答 ア．2　イ．2　ウ．1　エ．2　オ．4　カ．4

　　キ．8　ク．3　ケ．2　コ．6　サ．1　シ．8

$\boxed{10}$ (1)　次図のように，点 A から y 軸に垂線をひいて交

点を H とおくと，△OAH は $30°$，$60°$ の直角三角

形だから，

OH $=\dfrac{1}{2}$AO $=1$，AH $=\dfrac{\sqrt{3}}{2}$AO $=\sqrt{3}$ より，

A $(-\sqrt{3},\ -1)$

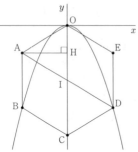

(2)　点 B の x 座標は $-\sqrt{3}$ で，y 座標は，

　　$-1-2=-3$ より，B $(-\sqrt{3},\ -3)$

　　$y=ax^2$ に点 B の座標を代入して，

　　$-3=a\times(-\sqrt{3})^2$ より，$a=-1$

(3)　前図のように，対角線 AD と y 軸の交点を I と

おくと，△AOI は一辺の長さが 2 の正三角形で，

高さは AH $=\sqrt{3}$ だから，

△AOI $=\dfrac{1}{2}\times2\times\sqrt{3}=\sqrt{3}$

よって，正六角形 OABCDE $=\sqrt{3}\times6=6\sqrt{3}$

△AOB は，底辺を AB とみると高さは AH だか

ら，△ABO $=$ △ABI $=$ △AOI $=\sqrt{3}$

よって，大きい部分の面積は，$6\sqrt{3}-\sqrt{3}=5\sqrt{3}$

(4)　小さい部分の面積は，$6\sqrt{3}\times\dfrac{1}{8+1}=\dfrac{2\sqrt{3}}{3}$

辺 AB 上に△OAJ $=\dfrac{2\sqrt{3}}{3}$ となる点 J をとる。

$\dfrac{1}{2}\times$AJ$\times\sqrt{3}=\dfrac{2\sqrt{3}}{3}$ より，AJ $=\dfrac{4}{3}$

よって，点 J の y 座標は，$-1-\dfrac{4}{3}=-\dfrac{7}{3}$

したがって，J $\left(-\sqrt{3},\ -\dfrac{7}{3}\right)$

直線 OP は点 J を通るので，

$y=bx$ とおき，点 J の座標を代入して，

$-\dfrac{7}{3}=b\times(-\sqrt{3})$ より，$b=\dfrac{7\sqrt{3}}{9}$

よって，$y=\dfrac{7\sqrt{3}}{9}x$

答 (1) $(-\sqrt{3},\ -1)$　(2) -1　(3) $5\sqrt{3}$

　　(4) $y=\dfrac{7\sqrt{3}}{9}x$

$\boxed{11}$ (1)　点 P は直線 $y=\dfrac{1}{2}x+1$ のグラフ上の点だから，

P $\left(a,\ \dfrac{1}{2}a+1\right)$

△PAO は PO $=$ PA の二等辺三角形より，点 P か

ら辺 OA に垂線 PH をひくと，H $\left(0,\ \dfrac{1}{2}a+1\right)$

で，OH $=$ AH だから，

OA $=$ 2OH $=a+2$

よって，A $(0,\ a+2)$

(2)　△PAO の面積について，$\dfrac{1}{2}\times(a+2)\times a=12$

が成り立つ。

式を整理して，$a^2+2a-24=0$ より，

$(a+6)(a-4)=0$ だから，$a=-6$，4

点 P の x 座標は正だから，$a=4$

よって，P $(4,\ 3)$

次に，△PAO を y 軸を軸として 1 回転してでき

る回転体は，半径 PH，高さ AH の円錐と，半径

PH，高さ OH の 2 つの合同な円錐を合わせたも

のである。

よって，体積は，$\left(\dfrac{1}{3}\times\pi\times4^2\times3\right)\times2$

$=32\pi$ (cm^3)

また，△OPH で三平方の定理より，

OP $=\sqrt{4^2+3^2}=5$ (cm)

表面積は，円錐の側面積 2 分だから，

$\left(\pi \times 5^2 \times \dfrac{2\pi \times 4}{2\pi \times 5}\right) \times 2 = 40\pi \ (\text{cm}^2)$

答 (1) $(0,\ a+2)$ (2) P $(4,\ 3)$ (体積) 32π (cm^3)
    (表面積) 40π (cm^2)

12 (1) PR：RQ＝3：2 より，点 Q の x 座標は 2。
$y = 2^2 = 4$ より，Q $(2,\ 4)$

(2) P $(-3,\ 9)$ だから，
直線 ℓ の式を $y = ax + b$ とおくと，
$$\begin{cases} 9 = -3a + b \\ 4 = 2a + b \end{cases}$$
これを解くと，$a = -1$，$b = 6$ だから，
直線 ℓ の式は $y = -x + 6$ で，R $(0,\ 6)$
直線 ℓ の傾きが -1 より，△ROH は直角二等辺
三角形で，OH $= \dfrac{\text{OR}}{\sqrt{2}} = 3\sqrt{2}$

(3) 求める立体の体積は，半径 OH，高さ PH の円
錐から，半径 OH，高さ QH の円錐を除いたもの。
三平方の定理より，
$\text{PQ} = \sqrt{\{2-(-3)\}^2 + (4-9)^2} = \sqrt{50} = 5\sqrt{2}$
よって，PR $= 3\sqrt{2}$，RQ $= 2\sqrt{2}$ で，
RH $= 3\sqrt{2}$ より，QH $=$ RH $-$ RQ $= \sqrt{2}$，
PH $=$ PQ $+$ QH $= 6\sqrt{2}$
したがって，求める体積は，
$\dfrac{1}{3}\pi \times (3\sqrt{2})^2 \times 6\sqrt{2} - \dfrac{1}{3}\pi \times (3\sqrt{2})^2 \times \sqrt{2}$
$= 36\sqrt{2}\,\pi - 6\sqrt{2}\,\pi = 30\sqrt{2}\,\pi$

答 (1) $(2,\ 4)$ (2) $3\sqrt{2}$ (3) $30\sqrt{2}\,\pi$

13 (1) $x^2 = x + 2$ より，$x^2 - x - 2 = 0$ だから，
$(x+1)(x-2) = 0$
よって，$x = -1$，2 だから，
A $(2,\ 4)$，B $(-1,\ 1)$

(2) 三平方の定理より，
$\text{AB} = \sqrt{\{2-(-1)\}^2 + (4-1)^2} = \sqrt{3^2 + 3^2}$
$= 3\sqrt{2}$

(3) △OAB $=$ △OAD $+$ △OBD
$= \dfrac{1}{2} \times 2 \times 2 + \dfrac{1}{2} \times 2 \times 1 = 3$ だから，
AB を底辺とした場合の面積について，
$\dfrac{1}{2} \times 3\sqrt{2} \times \text{OH} = 3$ が成り立つ。
これを解いて，OH $= \sqrt{2}$

(4) 次図のように，OB の延長上に OB＝BT となる
点 T をとると，T $(-2,\ 2)$ で，△OAB＝△ABT
となる。
また，点 T を通り，$y = x + 2$ に平行な直線を ℓ と
し，ℓ と y 軸との交点を F とすると，
OD：OF＝OB：OT＝1：2 で，OF＝4 となる。

よって，ℓ の式は $y = x + 4$ で，点 E が ℓ 上にある
とき，△ABT＝△ABE となるから，点 E の x 座
標は，$x^2 = x + 4$ の負の解として求められる。
$x^2 - x - 4 = 0$ だから，
解の公式より，
$$x = \dfrac{-(-1) \pm \sqrt{(-1)^2 - 4 \times 1 \times (-4)}}{2 \times 1}$$
$$= \dfrac{1 \pm \sqrt{17}}{2}$$
したがって，点 E の x 座標は $\dfrac{1 - \sqrt{17}}{2}$。

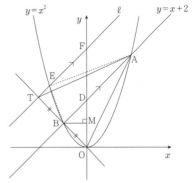

(5) 前図のように，点 B から y 軸に垂線 BM をひ
くと，M $(0,\ 1)$ で，M は OD の中点となる。
よって，できる立体は，合同な円錐を 2 つ合わせ
たもので，
この円錐の底面の半径は 1，高さは 1。
したがって，求める体積は，
$\left(\dfrac{1}{3} \times \pi \times 1^2 \times 1\right) \times 2 = \dfrac{2}{3}\pi$

答 (1) A $(2,\ 4)$ B $(-1,\ 1)$ (2) $3\sqrt{2}$ (3) $\sqrt{2}$
    (4) $\dfrac{1 - \sqrt{17}}{2}$ (5) $\dfrac{2}{3}\pi$

14 (1) $y = \dfrac{1}{27}x^2$ に，$y = 1$ を代入して，$1 = \dfrac{1}{27}x^2$ だから，
$x^2 = 27$ より，$x = \pm\sqrt{27} = \pm 3\sqrt{3}$
点 A の x 座標は正だから $3\sqrt{3}$。

(2) 次図のように，AC と y 軸との交点を H とす
ると，H $(0,\ 1)$
正六角形の 1 つの内角の大きさは，
$180° \times (6-2) \div 6 = 120°$ より，
$\angle \text{ABH} = \dfrac{1}{2}\angle \text{ABC} = 60°$ だから，
△ABH は，30°，60° の直角三角形となる。
AH $= 3\sqrt{3}$ より，AB $= \dfrac{2}{\sqrt{3}}$AH $= 6$
よって，正六角形の 1 辺の長さは 6。

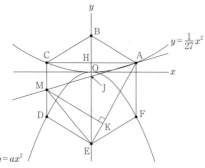

(3) AF＝6 より，F $(3\sqrt{3}, -5)$ となる。

$y＝ax^2$ に，点 F の座標の値を代入して，

$-5＝a×(3\sqrt{3})^2$ だから，

$27a＝-5$ より，$a＝-\dfrac{5}{27}$

(4) 2 点 A，C と F，D はそれぞれ y 軸について対称な点だから，

C $(-3\sqrt{3}, 1)$，D $(-3\sqrt{3}, -5)$

M は CD の中点だから，

M $(-3\sqrt{3}, -2)$ となる。

2 点 A，M の座標より，AM の傾きは，

$\dfrac{1-(-2)}{3\sqrt{3}-(-3\sqrt{3})}＝\dfrac{3}{6\sqrt{3}}＝\dfrac{1}{2\sqrt{3}}＝\dfrac{\sqrt{3}}{6}$

よって，直線 AM の式は，$y＝\dfrac{\sqrt{3}}{6}x+b$ と表せる。

点 A の座標の値を代入して，$1＝\dfrac{\sqrt{3}}{6}×3\sqrt{3}+b$

だから，

$1＝\dfrac{3}{2}+b$ より，$b＝-\dfrac{1}{2}$

よって，求める式は，$y＝\dfrac{\sqrt{3}}{6}x-\dfrac{1}{2}$

(5) △ABH で，BH＝$\dfrac{1}{2}$AB＝3 より，B $(0, 4)$

BE＝2AF＝12 より，点 E の y 座標は，

$4-12＝-8$ なので，E $(0, -8)$

また，前図で，直線 AM と y 軸との交点を J とすると，J $\left(0, -\dfrac{1}{2}\right)$ だから，

JE＝$-\dfrac{1}{2}-(-8)＝\dfrac{15}{2}$

△AJE と△MJE の底辺を JE とすると，

高さが等しいので，

△AJE＝△MJE だから，

△AME＝△AJE＋△MJE＝2△AJE

$＝2×\dfrac{1}{2}×\dfrac{15}{2}×3\sqrt{3}＝\dfrac{45\sqrt{3}}{2}$

(6) 前図で，M から AE に垂線 MK を下ろすと，

△AME を直線 AE を軸として 1 回転させてできる立体は，底面が半径 MK の円で，高さが AK の

円すいと，高さが EK の円すいを合わせたものになる。

△ACE は正三角形より，△EAH は，30°，60° の直角三角形で，AH＝$3\sqrt{3}$ だから，

AE＝2AH＝$6\sqrt{3}$

△AME の面積について，AE を底辺とみると，

$\dfrac{1}{2}×6\sqrt{3}×MK＝\dfrac{45\sqrt{3}}{2}$ が成り立つから，

MK＝$\dfrac{15}{2}$

したがって，求める体積は，

$\dfrac{1}{3}×\pi×\left(\dfrac{15}{2}\right)^2×AK+\dfrac{1}{3}×\pi×\left(\dfrac{15}{2}\right)^2×EK$

$＝\dfrac{1}{3}×\pi×\left(\dfrac{15}{2}\right)^2×(AK+EK)$

$＝\dfrac{1}{3}×\pi×\dfrac{225}{4}×6\sqrt{3}$

$＝\dfrac{225\sqrt{3}}{2}\pi$

答 (1) $3\sqrt{3}$　(2) 6　(3) $-\dfrac{5}{27}$　(4) $y＝\dfrac{\sqrt{3}}{6}x-\dfrac{1}{2}$

(5) $\dfrac{45\sqrt{3}}{2}$　(6) $\dfrac{225\sqrt{3}}{2}\pi$

15 (1) $y＝x^2$ に $x＝2$ を代入して，$y＝2^2＝4$ より，

B $(2, 4)$

点 A は y 軸について点 B と対称な点だから，

点 A の x 座標は -2。

(2) $y＝ax^2$ に点 C の座標を代入して，

$-1＝a×2^2$ より，$a＝-\dfrac{1}{4}$

(3) A $(-2, 4)$ だから，

直線 AC は傾きが，$\dfrac{-1-4}{2-(-2)}＝-\dfrac{5}{4}$

式を $y＝-\dfrac{5}{4}x+b$ とおいて，点 C の座標を代入すると，$-1＝-\dfrac{5}{4}×2+b$ より，$b＝\dfrac{3}{2}$

よって，$y＝-\dfrac{5}{4}x+\dfrac{3}{2}$

(4)① ∠ABC＝90° より，線分 AC は円 O′ の直径となる。

AB＝$2-(-2)＝4$ (cm)，

BC＝$4-(-1)＝5$ (cm)だから，

△ABC で三平方の定理より，

AC＝$\sqrt{4^2+5^2}＝\sqrt{41}$ (cm)

よって，円 O′ の直径は $\sqrt{41}$cm。

② 次図のようになる。

円の中心 O′ は直線 AC の切片だから，

O′ $\left(0, \dfrac{3}{2}\right)$

点 D の x 座標を t $(t>0)$ とすると，

$OO' = \dfrac{3}{2}$ cm, $OD = t$ cm,

$O'D = O'C = \dfrac{1}{2}AC = \dfrac{\sqrt{41}}{2}$ (cm) だから，

$\triangle OO'D$ で，三平方の定理より，

$\left(\dfrac{3}{2}\right)^2 + t^2 = \left(\dfrac{\sqrt{41}}{2}\right)^2$ が成り立つ。

式を整理すると，$t^2 = 8$

$t>0$ より，$t = \sqrt{8} = 2\sqrt{2}$

よって，点 D の x 座標は $2\sqrt{2}$。

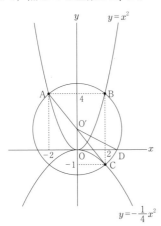

答 (1) -2 (2) $-\dfrac{1}{4}$ (3) $y = -\dfrac{5}{4}x + \dfrac{3}{2}$

(4) ① $\sqrt{41}$ (cm) ② $2\sqrt{2}$

16 (1) 円 A は x 軸と直線 $y=4$ に接しているから，直径は 4。

また，円 A は x 軸と y 軸に接しているから，中心である点 A の x 座標，y 座標は円の半径と等しく，$4÷2=2$ なので，A $(2, 2)$

点 A は放物線 $y=ax^2$ 上の点だから，

$2 = a×2^2$ より，$a = \dfrac{1}{2}$

(2) 円 B は y 軸と接しているから，円の半径と点 B の x 座標の絶対値は等しい。

円 B の半径を r とすると，B $(-r, r+4)$ となり，

放物線 $y = \dfrac{1}{2}x^2$ 上の点だから，

$r+4 = \dfrac{1}{2}×(-r)^2$ が成り立つ。

式を整理して，$r^2 - 2r - 8 = 0$ より，

$(r+2)(r-4) = 0$

よって，$r = -2$, 4 であり，$r>0$ だから，

$r = 4$

したがって，B $(-4, 8)$

直線 AB の傾きは，$\dfrac{8-2}{-4-2} = \dfrac{6}{-6} = -1$ より，

この式は $y = -x + b$ とおける。

点 A の座標の値を代入して，

$2 = -2 + b$ より，$b = 4$

よって，求める直線の式は，$y = -x + 4$

(3) 直線 AB と y 軸との交点を C とすると，

C $(0, 4)$ で，$\triangle OAB = \triangle OAC + \triangle OBC$

$= \dfrac{1}{2}×4×2 + \dfrac{1}{2}×4×4 = 4 + 8 = 12$

(4) PQ の長さが最大となるのは，次図のように，直線 AB と円 A，円 B とのそれぞれ 2 つの交点のうち，y 軸から遠い方を点 P，Q としたときである。

ここで，点 A を通り x 軸に平行な直線と，点 B を通り y 軸に平行な直線の交点を H とすると，

H $(-4, 2)$ より，AH $= 2 - (-4) = 6$，

BH $= 8 - 2 = 6$

よって，$\triangle ABH$ は AH $=$ BH，$\angle AHB = 90°$ の直角二等辺三角形だから，

AB $= \sqrt{2}$ AH $= 6\sqrt{2}$

よって，PQ $=$ PA $+$ AB $+$ BQ $= 2 + 6\sqrt{2} + 4$

$= 6 + 6\sqrt{2}$

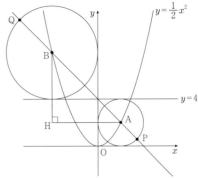

答 (1) $\dfrac{1}{2}$ (2) $y = -x + 4$ (3) 12 (4) $6 + 6\sqrt{2}$

★★★ 発展問題 ★★★ (140 ページ)

1 (1) $y = 2×2 + 4 = 8$ より，B $(2, 8)$

B は $y = ax^2$ 上の点でもあるから，$8 = a×2^2$

よって，$a = 2$

(2) 2 点 A，B の x 座標は，$2x^2 = 2x + 4$ の解となる。

$x^2 - x - 2 = 0$ より，$(x-2)(x+1) = 0$

よって，$x = 2$，-1 だから，A $(-1, 2)$

三平方の定理より，

AB $= \sqrt{\{2 - (-1)\}^2 + (8-2)^2}$

$= \sqrt{3^2 + 6^2} = 3\sqrt{5}$

(3) C $(-2, 8)$ だから，

直線 OC の式は，$y = -4x$

点 P の x 座標は，$2x + 4 = -4x$ の解となるから，

これを解くと，$x = -\dfrac{2}{3}$

よって，$\text{P}\left(-\dfrac{2}{3}, \dfrac{8}{3}\right)$

3点 O，P，C の x 座標より，

$\text{OP} : \text{PC} = \left\{0 - \left(-\dfrac{2}{3}\right)\right\} : \left\{-\dfrac{2}{3} - (-2)\right\}$

$= \dfrac{2}{3} : \dfrac{4}{3} = 1 : 2$ だから，

$\triangle\text{OAB} : \triangle\text{ABD} = 1 : 2$

したがって，直線 AB と y 軸との交点を $\text{Q}\,(0, 4)$ とすると，

$\text{DQ} = 2\text{OQ} = 8$ だから，

次図のように，点 D が点 Q より上にあるとき，

$4 + 8 = 12$ より，$\text{D}\,(0, 12)$

点 D が点 O より下にあるとき，$4 - 8 = -4$ より，

$\text{D}\,(0, -4)$

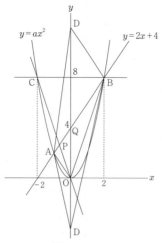

答 (1) 2　(2) $3\sqrt{5}$　(3) $(0, 12)$, $(0, -4)$

2 (1) $y = \dfrac{4}{9} \times 3^2 = 4$ より，$\text{A}\,(3, 4)$

点 A から x 軸に垂線 AH を引くと，

$\text{OH} = 3$，$\text{AH} = 4$ だから，

$\triangle\text{OHA}$ で三平方の定理より，

$\text{OA} = \sqrt{3^2 + 4^2} = 5$

$\triangle\text{OAB}$ と $\triangle\text{OHA}$ において，

$\angle\text{OAB} = \angle\text{OHA} = 90°$，$\angle\text{AOB} = \angle\text{HOA}$ より，

2組の角がそれぞれ等しいから，

$\triangle\text{OAB} \backsim \triangle\text{OHA}$

よって，$\text{OA} : \text{OH} = \text{OB} : \text{OA}$ より，$3\text{OB} = 25$ だから，$\text{OB} = \dfrac{25}{3}$

したがって，点 B の x 座標は $\dfrac{25}{3}$。

(2) 線分 OA の中点を M，直線 ℓ と x 軸との交点を N とすると，

点 M の x 座標は，$\dfrac{0+3}{2} = \dfrac{3}{2}$

y 座標は，$\dfrac{0+4}{2} = 2$ より，$\text{M}\left(\dfrac{3}{2}, 2\right)$

また，MN∥AB，OM：MA＝1：1 より，ON：NB＝1：1 だから，点 N は線分 OB の中点。

よって，点 N の x 座標は，

$\left(0 + \dfrac{25}{3}\right) \div 2 = \dfrac{25}{6}$ より，$\text{N}\left(\dfrac{25}{6}, 0\right)$

2点 M，N の座標より直線 ℓ の式を求めて，

$y = -\dfrac{3}{4}x + \dfrac{25}{8}$

(3) 求める面積は，次図の色のついている部分で，$\triangle\text{OAQ} - \triangle\text{OMP} -$（おうぎ形 MAP）で求められる。

MP∥AQ，OM：MA＝1：1 より，点 P は線分 OQ の中点。

$\text{MP} = \text{MO} = \dfrac{1}{2}\text{OA} = \dfrac{5}{2}$ より，

$\triangle\text{OAP} = \dfrac{1}{2} \times 5 \times \dfrac{5}{2} = \dfrac{25}{4}$ だから，

$\triangle\text{OAQ} = 2\triangle\text{OAP} = \dfrac{25}{2}$

また，$\triangle\text{OMP} = \dfrac{1}{2}\triangle\text{OAP} = \dfrac{25}{8}$

（おうぎ形 MAP）$= \pi \times \left(\dfrac{5}{2}\right)^2 \times \dfrac{90}{360} = \dfrac{25}{16}\pi$

よって，求める面積は，

$\dfrac{25}{2} - \dfrac{25}{8} - \dfrac{25}{16}\pi = \dfrac{75}{8} - \dfrac{25}{16}\pi$

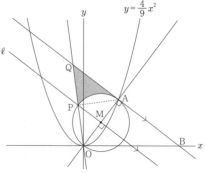

答 (1) $\dfrac{25}{3}$　(2) $y = -\dfrac{3}{4}x + \dfrac{25}{8}$　(3) $\dfrac{75}{8} - \dfrac{25}{16}\pi$

16. 図形の発展内容

§1. 球 (141 ページ)

1 (1) 三平方の定理より, $\sqrt{10^2-6^2}=8$ (cm)

(2) $\dfrac{1}{3}\pi\times6^2\times8=96\pi$ (cm³)

(3) 底面の円の直径と三角錐の頂点を通る面で切断すると, 次図のようになり, 点 O を球の中心として, 半径, OC＝OH＝r とおく。
△ABC∽△AOH より, AB：BC＝AO：OH なので,
10：6＝(8－r)：r から, $10r=48-6r$
よって, $16r=48$ より, $r=3$ だから,
球の体積は, $\dfrac{4}{3}\pi\times3^3=36\pi$ (cm³)

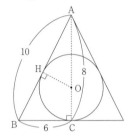

答 (1) 8 (cm) (2) 96π (cm³) (3) 36π (cm³)

2 (1) 半球を取り除く前の円錐の体積は,
$\dfrac{1}{3}\times\pi\times12^2\times16=768\pi$ (cm³)
取り除いた半球の体積は, 3 個で,
$\dfrac{4}{3}\times\pi\times3^3\times\dfrac{1}{2}\times3=54\pi$ (cm³)
よって, この立体の体積は,
$768\pi-54\pi=714\pi$ (cm³)

(2) 三平方の定理より, 円錐の母線の長さは,
$\sqrt{12^2+16^2}=20$ (cm) なので,
底面積が, $\pi\times12^2=144\pi$ (cm²),
側面積が, $\pi\times20^2\times\dfrac{2\pi\times12}{2\pi\times20}=240\pi$ で,
表面積は, $144\pi+240\pi=384\pi$ (cm²)
ここから半球を 3 個取り除くことにより, 底面の平面部分が, $\pi\times3^2\times3=27\pi$ (cm²) 減り, 半球の曲面 3 個分の, $4\times\pi\times3^2\times\dfrac{1}{2}\times3=54\pi$ (cm²) 増えるので, この立体の表面積は,
$384\pi-27\pi+54\pi=411\pi$ (cm²)

答 (1) 714π (cm³) (2) 411π (cm²)

3 (1) 点 I は直線 BH 上の点なので,
平面 HDBF 上にあり, 線分 FI は面 ACF 上の線でもあるので,

直線 FI と面 ABCD との交点を J とすると,
J は AC と BD の交点, つまり正方形 ABCD の対角線の交点と一致するので,
点 I, J の位置は次図 I のようになる。
ここで次図 II の平面 HDBF で,
BI：HI＝BJ：HF＝1：2 だから,
BI：BH＝1：(1＋2)＝1：3
BD＝$\sqrt{2}$ AB＝$\sqrt{2}$ で,
BH＝$\sqrt{BD^2+HD^2}=\sqrt{3}$ だから,
BI＝$\dfrac{1}{3}$ BH＝$\dfrac{1}{3}\times\sqrt{3}=\dfrac{\sqrt{3}}{3}$

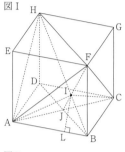

図 I

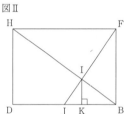

図 II

(2) 図 II のように, I から BD に垂線 IK をひくと,
IK は四面体 ABCI において, 底面を△ABC としたときの高さになる。
IK∥HD より, IK：HD＝BI：BH＝1：3 だから,
IK＝$\dfrac{1}{3}$
よって, 四面体 ABCI の体積は,
$\dfrac{1}{3}\times\left(\dfrac{1}{2}\times1\times1\right)\times\dfrac{1}{3}=\dfrac{1}{18}$

(3) 球の中心を O とすると,
球は四面体 ABCI の 4 つの面すべてに接しているから, 四面体 ABCI は 4 つの三角錐 O—ABC, O—ABI, O—BCI, O—ACI に分けることができ, それぞれの三角錐の底面を△ABC, △ABI, △BCI, △ACI としたときの高さはすべて, 球の半径 r となる。
これより, 四面体 ABCI の体積について,
$\dfrac{1}{3}\times r\times△ABC+\dfrac{1}{3}\times r\times△ABI$
$+\dfrac{1}{3}\times r\times△BCI+\dfrac{1}{3}\times r\times△ACI=\dfrac{1}{18}$ が成り立つ。
両辺を 18 倍して整理すると,

$6r\,(\triangle ABC+\triangle ABI+\triangle BCI+\triangle ACI)=1$ より，

$\dfrac{1}{r}=6\,(\triangle ABC+\triangle ABI+\triangle BCI+\triangle ACI)$

ここで，$\triangle ABC=\dfrac{1}{2}\times1\times1=\dfrac{1}{2}$

$\triangle ABI$ について，図 I で，I から AB に垂線 IL を

ひくと，IL∥HA だから，

IL：HA＝BI：BH＝1：3

HA＝$\sqrt{2}$ だから，IL＝$\dfrac{\sqrt{2}}{3}$

よって，$\triangle ABI=\dfrac{1}{2}\times1\times\dfrac{\sqrt{2}}{3}=\dfrac{\sqrt{2}}{6}$

$\triangle BCI$ は $\triangle ABI$ と合同だから，面積は $\dfrac{\sqrt{2}}{6}$。

$\triangle ACI$ について，図 II で，

IJ：FJ＝IK：FB＝1：3 だから，

$\triangle ACI=\dfrac{1}{3}\triangle ACF$

$\triangle ACF$ は 1 辺の長さが $\sqrt{2}$ の正三角形だから，

その高さは，$\dfrac{\sqrt{3}}{2}\times\sqrt{2}=\dfrac{\sqrt{6}}{2}$

よって，$\triangle ACF=\dfrac{1}{2}\times\sqrt{2}\times\dfrac{\sqrt{6}}{2}=\dfrac{\sqrt{3}}{2}$ だから，

$\triangle ACI=\dfrac{1}{3}\times\dfrac{\sqrt{3}}{2}=\dfrac{\sqrt{3}}{6}$

よって，$\dfrac{1}{r}=6\times\left(\dfrac{1}{2}+\dfrac{\sqrt{2}}{6}+\dfrac{\sqrt{2}}{6}+\dfrac{\sqrt{3}}{6}\right)$

$=3+2\sqrt{2}+\sqrt{3}$

答 (1) $\dfrac{\sqrt{3}}{3}$　(2) $\dfrac{1}{18}$　(3) $3+2\sqrt{2}+\sqrt{3}$

4(2)　次図アの正方形 PQRS で，PQ＝2 cm

$\triangle PQR$ は直角二等辺三角形で，PR＝$2\sqrt{2}$ cm

よって，円の直径は，

$1+2\sqrt{2}+1=2+2\sqrt{2}$ (cm)だから，

半径は，$(2+2\sqrt{2})\times\dfrac{1}{2}=1+\sqrt{2}$ (cm)

図ア

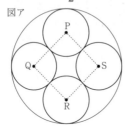

(3)　円柱 A は，底面の半径が $(1+\sqrt{2})$ cm で高さ
は 2 cm だから，

体積は，$\pi\times(1+\sqrt{2})^2\times2=(6+4\sqrt{2})\,\pi\,(\text{cm}^3)$

(4)　次図イのように球の中心を結ぶと，正六角形が
できる。

底面の半径は $3r$ で，

$3r=1+\sqrt{2}$ より，$r=\dfrac{1+\sqrt{2}}{3}$

よって，円柱 B の高さは，

$\dfrac{1+\sqrt{2}}{3}\times2=\dfrac{2+2\sqrt{2}}{3}$ (cm)

求める体積は，

$\pi\times(1+\sqrt{2})^2\times\dfrac{2+2\sqrt{2}}{3}$

$=\dfrac{14+10\sqrt{2}}{3}\,\pi\,(\text{cm}^3)$

図イ

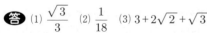

答 (1) イ　(2) $1+\sqrt{2}$ (cm)　(3) エ

(4) (高さ) $\dfrac{2+2\sqrt{2}}{3}$ (cm)

(体積) $\dfrac{14+10\sqrt{2}}{3}\,\pi\,(\text{cm}^3)$

§2. 立体の切断 (143 ページ)

☆☆☆ 標準問題 ☆☆☆ (143 ページ)

1 次図において，OA は球の半径，AH は切り口の断
面である円の半径となる。

$\triangle OAH$ で三平方の定理より，

$AH=\sqrt{10^2-6^2}=8$ (cm)

よって，求める面積は，$\pi\times8^2=64\pi\,(\text{cm}^2)$

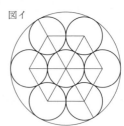

答 $64\pi\,(\text{cm}^2)$

2(1)　次図において，

$AM=\dfrac{1}{2}AC=\dfrac{1}{2}\times4\sqrt{2}=2\sqrt{2}$ (cm)

O と M を結ぶと，OM⊥AC だから，

$\triangle OAM$ において，三平方の定理より，

$OM=\sqrt{(\sqrt{17})^2-(2\sqrt{2})^2}=\sqrt{9}=3$ (cm)

したがって，求める体積は，

$\dfrac{1}{3}\times4^2\times3=16$ (cm^3)

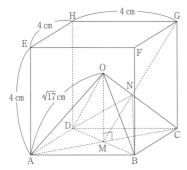

(2) △GMC において，GM $= \sqrt{(2\sqrt{2})^2 + 4^2}$
$= \sqrt{24} = 2\sqrt{6}$ (cm)

(3) GC ∥ OM より，GN : NM = GC : OM = 4 : 3

(4) 切り口は，△NBD になる。
GN : NM = 4 : 3 より，

$NM = GM \times \dfrac{3}{4+3} = 2\sqrt{6} \times \dfrac{3}{7} = \dfrac{6\sqrt{6}}{7}$ (cm)

NM⊥DB より，

$\triangle NBD = \dfrac{1}{2} \times 4\sqrt{2} \times \dfrac{6\sqrt{6}}{7} = \dfrac{24\sqrt{3}}{7}$ (cm^2)

答 (1) 16 (cm^3) (2) $2\sqrt{6}$ (cm) (3) 4 : 3
(4) $\dfrac{24\sqrt{3}}{7}$ (cm^2)

[3] (1) PQ = SR = AD = 10
点 S から辺 AP に下した垂線と辺 AP との交点を
I とすると，
SI = AE = 8，PI = 11 − 5 = 6 より，三平方の定理
から，SP = RQ $= \sqrt{8^2 + 6^2} = 10$
よって，四角形 PQRS は 4 辺の長さが等しく，4
つの角はいずれも 90° なので，正方形。
面積は，$10 \times 10 = 100$

(2) 2 つの立体の底面を台形 APSE と台形 PBFS
とすると，体積の比は底面積の比に等しくなる。
よって，PB = 20 − 11 = 9，SF = 20 − 5 = 15 より，
求める比は，$(11+5) : (9+15) = 2 : 3$

(3) △BFG において，$BG^2 = 8^2 + 10^2 = 164$ だから，
△PBG において，$PG = \sqrt{164 + 9^2} = 7\sqrt{5}$

(4) 次図は，点 T を通り，面 AEFB に平行な面で
この直方体を切断したときの切断面で，この図で
TJ の長さが△TFG の高さとなる。
△KLN∽△TLM で，相似比が，
KL : TL = 2 : 1 より，$TM = \dfrac{1}{2}KN = 4$，

$LM = \dfrac{1}{2}LN = \dfrac{1}{2} \times (11-5) = 3$ なので，
JM = 20 − 5 − 3 = 12
よって，△TMJ において，$TJ = \sqrt{12^2 + 4^2} = 4\sqrt{10}$
なので，

$\triangle TFG = \dfrac{1}{2} \times 10 \times 4\sqrt{10} = 20\sqrt{10}$

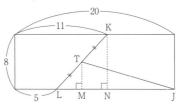

答 (1) (形) ウ （面積) ア (2) 2 : 3 (3) イ
(4) $20\sqrt{10}$

[4] (1) 次図あ のように点 I を通り面 ABFE と平行な
面と BC，FG，EH の交点を P，Q，R，点 J を通
り面 ABFE と平行な面と BC，EH，AD の交点
を S，T，U とおくと，IJ は直方体 IPSU－RQJT
の対角線。

$AI = \dfrac{1}{2} \times 6 = 3$ (cm)，

$AU = FJ = 6 \times \dfrac{1}{1+2} = 2$ (cm) だから，

UI = AI − AU = 3 − 2 = 1 (cm)
よって，$IJ = \sqrt{1^2 + 6^2 + 6^2} = \sqrt{73}$ (cm)

図あ

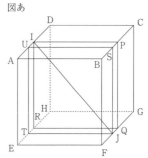

(2)① 直線 HN と直線 MF と，辺 GC の延長は 1 点
で交わるので，
この交点を V とおくと，立体 MCN－FGH =
三角錐 V－HFG − 三角錐 V－NMC
△VMC∽△VFG で，
相似比は，MC : FG = 1 : 2 だから，
VC : (VC + 6) = 1 : 2 より，
2VC = VC + 6 となり，VC = 6 cm
よって，VG = 6 + 6 = 12 (cm)
したがって，求める体積は，

$\dfrac{1}{3} \times \left(\dfrac{1}{2} \times 6 \times 6 \right) \times 12 - \dfrac{1}{3} \times \left(\dfrac{1}{2} \times 3 \times 3 \right) \times 6$

$= 63$ (cm^3)

② △VHG で，三平方の定理より，
$VH = \sqrt{6^2 + 12^2} = \sqrt{180} = 6\sqrt{5}$ (cm)
次図い のように，△VHF で点 V から HF に垂
線をひき，交点を W とおくと，HF $= 6\sqrt{2}$ cm
だから，

$HW = \dfrac{1}{2} \times 6\sqrt{2} = 3\sqrt{2}$ (cm)

$\triangle VHW$ で，$VW = \sqrt{(6\sqrt{5})^2 - (3\sqrt{2})^2}$

$= \sqrt{162} = 9\sqrt{2}$ (cm)

よって，

$\triangle VHF = \dfrac{1}{2} \times 6\sqrt{2} \times 9\sqrt{2} = 54$ (cm^2)

頂点 G から平面 MFHN にひいた垂線の長さを h cm とおくと，三角錐 V—HFG の体積は 72cm^3 で，底面を $\triangle VHF$ とみたときの高さが h だから，

$\dfrac{1}{3} \times 54 \times h = 72$ より，$h = 4$

図い

答 (1) $\sqrt{73}$ (cm)　(2) ① 63 (cm^3)　② 4 (cm)

⑤(1)　球の半径は，$4 \div 2 = 2$ (cm)だから，

その体積は，$\dfrac{4}{3}\pi \times 2^3 = \dfrac{32}{3}\pi$ (cm^3)

(2)　次図アで，$\triangle BCD$ は直角二等辺三角形だから，

$BD = \sqrt{2}\,BC = 4\sqrt{2}$ (cm)

また，$CI = \dfrac{1}{2}CG = 2$ (cm)だから，

$\triangle BCI$ で三平方の定理より，

$BI = \sqrt{4^2 + 2^2} = 2\sqrt{5}$ (cm)

同様に，$DI = 2\sqrt{5}$ cm

$\triangle BDI$ は $BI = DI$ の二等辺三角形だから，点 I から辺 BD に垂線 IL をひくと，

$BL = \dfrac{1}{2}BD = 2\sqrt{2}$ (cm)

$\triangle BIL$ で，$IL = \sqrt{(2\sqrt{5})^2 - (2\sqrt{2})^2}$

$= 2\sqrt{3}$ (cm)

よって，$\triangle BDI = \dfrac{1}{2} \times 4\sqrt{2} \times 2\sqrt{3}$

$= 4\sqrt{6}$ (cm^2)

図ア

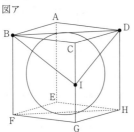

(3)　次図イのように，球 J と線分 BI とのもう 1 つの交点を M とすると，

$JB = JM$ より，$\triangle JBM$ は二等辺三角形である。

切り口の円 K の半径だから，$KB = KM$

したがって，$JK \perp BM$

次に，$JF = IG$ より，四角形 JFGI は長方形となるので，$\angle BJI = 90°$

また，線分 BI は，図アで点 I から線分 BD にひいた垂線 IL の長さに等しいから，$BI = 2\sqrt{3}$ cm

ここで，$\angle JBK = \angle IBJ$（共通の角），$\angle BKJ = \angle BJI = 90°$ で，2 組の角がそれぞれ等しいので，$\triangle BKJ \infty \triangle BJI$

よって，$BK : BJ = BJ : BI$ だから，

$BK : 2 = 2 : 2\sqrt{3}$

よって，$2\sqrt{3}\,BK = 4$ より，$BK = \dfrac{2\sqrt{3}}{3}$ cm

したがって，円 K の面積は，

$\pi \times \left(\dfrac{2\sqrt{3}}{3}\right)^2 = \dfrac{4}{3}\pi$ (cm^2)

図イ

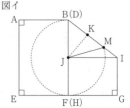

答 (1) $\dfrac{32}{3}\pi$ cm^3　(2) $4\sqrt{6}$ cm^2　(3) $\dfrac{4}{3}\pi$ cm^2

★★★ **発展問題** ★★★（145 ページ）

1(1)　一辺の長さが 1 の正六角形の面積は，一辺の長さが 1 の正三角形の面積の 6 倍である。

一辺の長さが 1 の正三角形の高さは，

$1 \times \dfrac{\sqrt{3}}{2} = \dfrac{\sqrt{3}}{2}$ だから，一辺の長さが 1 の正六角形の面積は，$\dfrac{1}{2} \times 1 \times \dfrac{\sqrt{3}}{2} \times 6 = \dfrac{3\sqrt{3}}{2}$

六角すいの高さは $OH = \sqrt{3}$ だから，

体積は，$\dfrac{1}{3} \times \dfrac{3\sqrt{3}}{2} \times \sqrt{3} = \dfrac{3}{2}$

(2)　立体 V を 3 点 P，Q，D を含む平面で切断したときに，点 C を含む方の立体は，次図 1 の三角すい OBCD である。

三角すい OBCD は底面を $\triangle BCD$ としたときの高さは $\sqrt{3}$ である。

$\triangle BCD$ の面積は次図 2 より，一辺の長さが 1 の正六角形の面積の $\dfrac{1}{6}$ だから，

三角すい OBCD の体積は立体 V の体積の $\dfrac{1}{6}$。

よって，求める立体の体積は，$\dfrac{1}{6} \times \dfrac{3}{2} = \dfrac{1}{4}$

図1

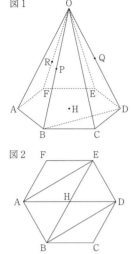

図2

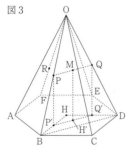

(3) 次図3のように，2点 P，Q から平面 ABCDEF に下ろした垂線の足をそれぞれ P′，Q′ とすると，PP′∥OH で，P は OB の中点だから，P′ は HB の中点になる。

同様に Q′ は HD の中点になる。

また，H′ は P′Q′ の中点になるので，次図4のように，H′ は P′Q′ と HC との交点になる。BD と HC の交点を I とすると，

I は HC の中点だから，$HI = \dfrac{1}{2}HC = \dfrac{1}{2}$

△HBI において，P′H′∥BI で，P′ は HB の中点だから，H′ は HI の中点。

よって，$HH′ = \dfrac{1}{2}HI = \dfrac{1}{4}$

図3

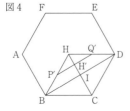

図4

図5

(4) 3点 P，Q，R を含む平面は，次図5の四角形

RPSQ になる。

△RPQ，△PSQ はともに二等辺三角形だから，線分 RS は PQ の中点 M を通る。

これより，次図6のように，3点 O，F，C を通る平面で考える。

M を通り，FC と平行な直線と OF，OH，OC との交点をそれぞれ T，U，V とし，R を通り，FC と平行な直線と OC との交点を W とすると，

UV∥HC で，V は OC の中点だから，

$UV = \dfrac{1}{2}HC = \dfrac{1}{2}$

$UM = HH′ = \dfrac{1}{4}$ だから，$MV = \dfrac{1}{2} - \dfrac{1}{4} = \dfrac{1}{4}$

$RW : FC = OR : OF = 2 : (2+1) = 2 : 3$ で，$FC = 2$ だから，

$RW : 2 = 2 : 3$ より，$RW = \dfrac{4}{3}$

△SWR において，MV∥RW だから，

$SV : SW = MV : RW = \dfrac{1}{4} : \dfrac{4}{3} = 3 : 16$

よって，$SV : VW = 3 : (16 - 3) = 3 : 13$

ここで，直角三角形 OHC において，三平方の定理より，

$OC = \sqrt{OH^2 + HC^2} = \sqrt{(\sqrt{3})^2 + 1^2} = 2$

$OW = OR$ より，$OW = \dfrac{2}{3}OC = \dfrac{4}{3}$，

$OV = \dfrac{1}{2}OC = 1$ だから，

$VW = OW - OV = \dfrac{4}{3} - 1 = \dfrac{1}{3}$

よって，$SV = \dfrac{3}{13}VW = \dfrac{1}{13}$ だから，

$OS = OV - SV = 1 - \dfrac{1}{13} = \dfrac{12}{13}$

図5

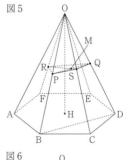

図6

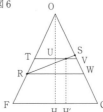

答 (1) $\dfrac{3}{2}$　(2) $\dfrac{1}{4}$　(3) $\dfrac{1}{4}$　(4) $\dfrac{12}{13}$

2 (1)　球が九面体のすべての面に接しているから，球の半径は，$\dfrac{1}{2}AB=\sqrt{3}$

これより，球の中心Oと面ABCDとの距離は，$1+\sqrt{3}-\sqrt{3}=1$

球の断面の円の半径を r とすると，

球の断面の円の半径と，球の半径と，球の中心Oと面ABCDとの距離は次図1のようになるから，三平方の定理より，

$r^2=(\sqrt{3})^2-1^2$ が成り立つ。

これを解くと，$r=\pm\sqrt{2}$

$r>0$ より，$r=\sqrt{2}$

よって，断面積は，$\pi\times(\sqrt{2})^2=2\pi$

図1

(2)　辺AD，EH，FG，BCの中点をそれぞれJ，K，L，Mとする。

次図2のように，立体を3点O，J，Mを通る平面で切断したときの切断面で考えると，円Oは五角形IJKLMのすべての辺と接している。

円Oと辺LMとの接点をP，辺IMとの接点をQとすると，

△OPMは直角三角形で，OPは球の半径だから $\sqrt{3}$，MPは球の中心Oと面ABCDとの距離に等しいから1。

よって，△OPMは30°，60°の直角三角形とわかり，∠POM＝30°

また，OP＝OQ，PM＝QM，OMが共通より，△OPM≡△OQMだから，

∠QOM＝∠POM＝30°

∠IOP＝90°だから，

∠IOQ＝90°－30°－30°＝30°

したがって，△IOQは30°，60°の直角三角形だから，

$OI=\dfrac{2}{\sqrt{3}}OQ=\dfrac{2}{\sqrt{3}}\times\sqrt{3}=2$

図2

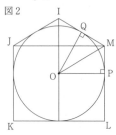

答 (1) 2π　(2) 2

3 (1)　切り口は△PQI。

ここで，△APIはAP＝AI＝2cmの直角二等辺三角形で，△API≡△APQ≡△AIQだから，

△PQIはPI＝PQ＝IQ＝$2\sqrt{2}$cmの正三角形。

よって，周の長さは，$2\sqrt{2}\times3=6\sqrt{2}$（cm）

(2)　同じ平面上の2点を結んだ線分は切り口になるから，点Pと点Q，点Qと点Fを結ぶ。

また，平行に向かい合う面の切り口は平行になるので，

点Fを通りPQと平行な線分はFCだから，点Fと点Cを結ぶ。

最後に点Cと点Pを結ぶと切り口の形は次図1のように，四角形PQFCとなる。

ここで，△PCDで三平方の定理より，

$PC=\sqrt{2^2+4^2}=\sqrt{20}=2\sqrt{5}$（cm）

また，△QFEで，$QF=\sqrt{2^2+4^2}=2\sqrt{5}$（cm）

よって，四角形PQFCはPQ∥CFより，台形で，PC＝QFより等脚台形ともいえる。

$PQ=2\sqrt{2}$cm，$CF=4\sqrt{2}$cm より，周の長さは，

$2\sqrt{2}+4\sqrt{2}+2\sqrt{5}\times2=6\sqrt{2}+4\sqrt{5}$（cm）

図1

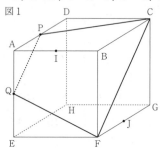

(3)　点Pと点Qを結ぶ。

直線PQと直線HEの交点をKとすると，

点Kと点Jは同じ平面上にあるから，点Kと点Jを結ぶ。

線分JKと辺EFの交点をLとし，点Qと点Lを結ぶ。

ここで，△APQ≡△EKQより，AP＝EK＝2cm

また，△EKL≡△FJLより，EL＝FLだから，点Lは辺EFの中点。

次に，点Jを通り線分PQに平行な直線を引き，辺CGとの交点をMとすると，

Mは辺CGの中点。

さらに，点Mを通り線分LQに平行な直線を引き，辺CDとの交点をNとすると，

Nは辺CDの中点。

最後に点Nと点Pを結ぶと，次図2のようになる。

ここで，

△APQ ≡ △EQL ≡ △FLJ ≡ △GJM ≡ △CMN ≡ △DNP より，

PQ = QL = LJ = JM = MN = NP だから，

切り口の形は正六角形。

正六角形の1辺の長さは $2\sqrt{2}$ cm だから，

周の長さは，$2\sqrt{2} \times 6 = 12\sqrt{2}$ (cm)

図2

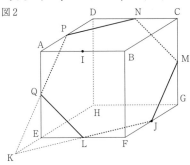

答 (1) (形) 正三角形 （周の長さ） $6\sqrt{2}$ (cm)

　　(2) (形) 台形（または，等脚台形）（周の長さ）

　　　$6\sqrt{2} + 4\sqrt{5}$ (cm)

　　(3) (形) 正六角形 （周の長さ）$12\sqrt{2}$ (cm)

4 (1) 次図のように，切り口は四角形 IFHJ となる。

直線 FI，EA，HJ は一点で交わり，その交点を K とする。

KA = a とすると，△KFE で，IA ∥ FE より，

KA : KE = AI : EF だから，

$a : (a+6) = 2 : 6$

これより，$6a = 2(a+6)$ だから，

これを解くと，$a = 3$

よって，KE = 3 + 6 = 9

ここで，面 AIJ と面 EFH は平行だから，

三角錐 K—AIJ と三角錐 K—EFH は相似で，相似比は，AI : EF = 2 : 6 = 1 : 3

したがって，体積の比は，$1^3 : 3^3 = 1 : 27$ である。

三角錐 K—EFH の体積は，

$\dfrac{1}{3} \times \left(\dfrac{1}{2} \times 6 \times 6\right) \times 9 = 54$ だから，

求める立体 AIJ—EFH の体積は，

$54 \times \dfrac{27-1}{27} = 52$

また，△FGH は直角二等辺三角形だから，

FH = $\sqrt{2}$ FG = $6\sqrt{2}$

△KEF で三平方の定理より，

KF = $\sqrt{9^2 + 6^2} = \sqrt{117} = 3\sqrt{13}$

同様に，△KEH で，KH = $3\sqrt{13}$ だから，

△KFH は KF = KH の二等辺三角形である。

次図で，K から辺 FH に垂線 KL をひくと，

FL = $\dfrac{1}{2}$ FH = $3\sqrt{2}$ だから，

△KFL で，KL$^2 = (3\sqrt{13})^2 - (3\sqrt{2})^2 = 99$ より，

KL = $\sqrt{99} = 3\sqrt{11}$

したがって，△KFH = $\dfrac{1}{2} \times 6\sqrt{2} \times 3\sqrt{11} = 9\sqrt{22}$

△KIJ ∽ △KFH で，相似比は 1 : 3 だから，

面積の比は，$1^2 : 3^2 = 1 : 9$

よって，(四角形 IFHJ) = △KFH $\times \dfrac{9-1}{9} = 8\sqrt{22}$

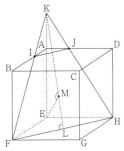

(2) 前図のように，点 E から切り口の平面に垂線 EM を引くと，三角錐 K—EFH の底面を△KFH としたときの高さになるから，体積について，

$\dfrac{1}{3} \times 9\sqrt{22} \times$ EM = 54 が成り立つ。

これを解くと，EM = $\dfrac{9\sqrt{22}}{11}$

答 (1) (順に) 52，$8\sqrt{22}$ (2) $\dfrac{9\sqrt{22}}{11}$

5 (1) 点 Q が点 G に到着したのは，$5 \div 2 = \dfrac{5}{2}$ (秒後)

なので，AP = $\dfrac{5}{2}$ (cm)

△CDP で三平方の定理より，

CP$^2 = \left(\dfrac{5}{2}\right)^2 + 4^2 = \dfrac{89}{4}$

CP ⊥ CQ だから，△CPQ で，

PQ = $\sqrt{\dfrac{89}{4} + 3^2} = \sqrt{\dfrac{125}{4}} = \dfrac{5\sqrt{5}}{2}$ (cm)

(2) 四角錐 P—AEFB と Q—AEFB は底面が同じなので，

高さの比は体積の比と等しく 2 : 3 となる。

2点 P，Q が出発してから x 秒後に2つの四角錐の体積の比が 2 : 3 になるとする。

点 Q が辺 FG 上にあるのは，$0 \leqq x \leqq \dfrac{5}{2}$ のときで，

このとき点 P は辺 AD 上にあり，

四角錐 P—AEFB の高さは AP = x cm，

四角錐 Q—AEFB の高さは FQ = $2x$ cm より，

高さの比は，$x : 2x = 1 : 2$ となり適さない。

次に，点 P が点 D 上に到着するのは，$5 \div 1 = 5$ (秒後)だから，

$\dfrac{5}{2} \leqq x \leqq 5$ のとき，点 P は辺 AD 上，点 Q は辺

GH 上にある。

このとき, 四角錐 P—AEFB の高さは AP $= x$ cm,

四角錐 Q—AEFB の高さは 5 cm より,

$x:5=2:3$ となる x は, $x=\dfrac{10}{3}$

さらに, 点 Q が点 H に到着するのは, $9\div2=\dfrac{9}{2}$

(秒後)だから,

$5\leqq x\leqq\dfrac{9}{2}$ のとき, 点 P は辺 DC 上, 点 Q は辺

GH 上にある。

このとき, 四角錐 P—AEFB, 四角錐 Q—AEFB

の高さは 5 cm で体積は等しくなり適さない。

よって, $\dfrac{10}{3}$ 秒後。

(3) 2 点 P, Q が出発してから 4 秒後に,

AP $=4$ cm, GQ $=2\times4-5=3$ (cm) より,

PD $=5-4=1$ (cm), HQ $=4-3=1$ (cm)

同じ平面にある点を結んだ線分は切り口になるか

ら, 点 P と M, 点 M と Q を結ぶ。

また, 向かい合う面上の切り口は平行になるから,

MP ∥ QR となる点 R を辺 EH 上にとる。

次図 1 のように, 直方体を真上から見たとき, 面

ABCD 上で, MP ∥ QR より,

DR : DP = DQ : DM = 1 : 2 だから,

DR $=\dfrac{1}{2}$ DP $=\dfrac{1}{2}$ (cm)

よって, 直方体 ABCD—EFGH 上で,

HR $=\dfrac{1}{2}$ cm

ここで, 点 P と点 R を結ぶと, 四角形 PMQR が

切断面となる。

次図 2 のように, 辺 DH, 線分 MQ, 線分 PR を

それぞれ延長した線の交点を I とすると,

求める立体の体積は三角錐 I—DPM の体積から

三角錐 I—HRQ の体積を引いた体積である。

三角錐 I—DPM と三角錐 I—HRQ は相似な立体

で, 相似比は, DM : HQ = 2 : 1

よって, IH : ID = 1 : 2 より,

IH = HD = 3 cm だから,

ID $=3+3=6$ (cm)

したがって, 求める立体の体積は,

$\dfrac{1}{3}\times\dfrac{1}{2}\times1\times2\times6-\dfrac{1}{3}\times\dfrac{1}{2}\times\dfrac{1}{2}\times1\times3$

$=2-\dfrac{1}{4}=\dfrac{7}{4}$ (cm³)

図1

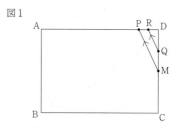

図2

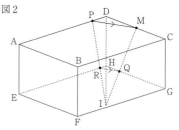

答 (1) $\dfrac{5\sqrt5}{2}$ (cm) (2) $\dfrac{10}{3}$ (秒後) (3) $\dfrac{7}{4}$ (cm³)

6 (1) 出発してから 1 秒後に, 点 P は辺 BF 上にあり,

PF $=1$ だから, △PFJ, △PFI, △IFJ はすべて,

PF = FI = FJ = 1 の直角二等辺三角形になるから,

切り口の△IJP は, 1 辺が $\sqrt2$ の正三角形となる。

この正三角形の高さは, $\sqrt2\times\dfrac{\sqrt3}{2}=\dfrac{\sqrt6}{2}$ だから,

求める面積は, $\dfrac{1}{2}\times\sqrt2\times\dfrac{\sqrt6}{2}=\dfrac{\sqrt3}{2}$

(2) 出発してから 6 秒後に, 点 P は頂点 C 上にある。

よって, 切り口は, 次図 1 のような等脚台形 IJCA

となる。

IJ $=\sqrt2$, AC $=3\sqrt2$ で, △AEI において, 三平

方の定理より,

AI $=\sqrt{3^2+2^2}=\sqrt{13}$ となる。

点 I から線分 AC に垂線 IT を下ろすと,

AT $=(3\sqrt2-\sqrt2)\div2=\sqrt2$ より,

△AIT において, IT $=\sqrt{(\sqrt{13})^2-(\sqrt2)^2}=\sqrt{11}$

したがって,

求める面積は, $\dfrac{1}{2}\times(\sqrt2+3\sqrt2)\times\sqrt{11}=2\sqrt{22}$

図1

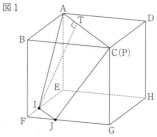

(3) 出発してから 10 秒後に, 点 P は辺 DH 上にあ

り, DP $=1$ となる。

次図2において，線分IJの延長と，辺HE，HGの延長との交点をそれぞれN，Lとし，PNと辺AEの交点をM，PLと辺CGの交点をKとする。切り取った小さい方の立体は，三角すいP—HNLから，合同な2つの三角すいK—GJLとM—ENIを切り取ったものとなる。

ここで，FI∥LGよりIF：LG＝FJ：GJだから，LG＝2

また，KG∥PHよりKG：PH＝LG：LHだから，KG：2＝2：5

よって，5KG＝4より，KG＝$\frac{4}{5}$

したがって，（三角すいP—HNL）

$=\frac{1}{3}×\left(\frac{1}{2}×5×5\right)×2=\frac{25}{3}$，

（三角すいK—GJL）$=\frac{1}{3}×\left(\frac{1}{2}×2×2\right)×\frac{4}{5}$

$=\frac{8}{15}$ だから，

求める体積は，$\frac{25}{3}-\frac{8}{15}×2=\frac{109}{15}$

図2

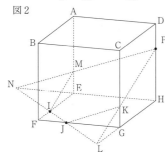

答 (1) $\frac{\sqrt{3}}{2}$　(2) $2\sqrt{22}$　(3) $\frac{109}{15}$

17. 資料の活用・標本調査

（147ページ）

1 (1) 記録の小さい順に並べると，19，21，25，26，27，27で，3人目が25m，4人目が26mなので，

中央値は，$\frac{25+26}{2}=25.5$ (m)

(2) 170cm以上175cm未満の生徒が最も多いので，最頻値は，この階級の階級値で，

$\frac{170+175}{2}=172.5$ (cm)

(3) 中央値は小さい方から4番目と5番目の平均だから，

$(21+23)÷2=22$ (m)

平均値は，$(18+21+30+25+26+12+17+23)÷8=172÷8=21.5$ (m)

(4) $12÷2=6$，$6÷2=3$ より，第1四分位数は少ない方から数えて3番目と4番目の平均値だから，

$\frac{4+6}{2}=5$ (時間)，第3四分位数は，$6+3=9$ (番目)と10番目の平均値で，$\frac{11+13}{2}=12$ (時間)だから，

四分位範囲は，$12-5=7$ (時間)

答 (1) 25.5 (m)　(2) 172.5 (cm)
　　(3)（順に）22，21.5　(4) 7 (時間)

2 (1) 4点が8人で最も多いから，最頻値は4点。

(2) 40人の得点の合計は，

$0×2+1×6+2×5+3×7+4×8+5×2$
$+6×4+7×3+9×2+10×1$
$=152$ (点)

よって，得点の平均値は，$152÷40=3.8$ (点)

(3) $40÷2=20$ より，中央値は得点の低い方から20番目と21番目の平均値。

0点から3点までの累積度数は，

$2+6+5+7=20$ (人)

よって，得点の低い方から20番目が3点，21番目が4点だから，

中央値は，$\frac{3+4}{2}=3.5$ (点)

答 (1) 4 (点)　(2) 3.8 (点)　(3) 3.5 (点)

3 (1) 20分以上30分未満の階級の度数を x とすると，通学時間の合計について，

$5×5+15×8+25×x+35×3$
$=19×(5+8+x+3)$ が成り立つ。

整理して，$25x+250=19x+304$ より，$6x=54$

よって，$x=9$

(2)(ア) 9人のデータの合計は，

$8+3+7+3+10+4+6+4+a=45+a$（点）

$\dfrac{45+a}{9}=6$ より，$45+a=54$

よって，$a=9$

(イ) 9 人のデータを点数の低い順に並べると，3,
3, 4, 4, 6, 7, 8, 9, 10（点）

これより，第 2 四分位数（中央値）は低い方か
ら，$(9+1)\div2=5$（番目）の点数で，6 点，第 3
四分位数は，高い方から，$(5-1)\div2=2$（番目）
と 3 番目の点数の平均で，$\dfrac{8+9}{2}=8.5$（点）

(3) データの総数は 8 個だから，中央値は小さい方
から 4 番目と 5 番目の値の平均である。
ここで，a 以外の 7 個のデータを小さい順に並べ
ると，2, 3, 5, 6, 9, 12, 13 となる。
中央値が 7 になるためには，a は 6 と 9 の間で，
$\dfrac{6+a}{2}=7$ より，$a=8$

(4) 中央値が 11 点だから，$b=11$
第 1 四分位数が 5 点だから，
$\dfrac{4+a}{2}=5$ より，$a=6$
第 3 四分位数が 14 点だから，
$\dfrac{c+14}{2}=14$ より，$c=14$
よって，$a+b+c=6+11+14=31$

答 (1) 9（人）　(2)(ア) 9　(イ) 8.5（点）　(3) 8　(4) 31

4 数学の平均点は，$(4\times2+5\times7+6\times13+7\times5$
$+8\times7+9\times4+10\times2)\div40$
$=268\div40=6.7$（点）で，
中央値は，$(40+1)\div2=20.5$ より，小さい方から 20
番目と 21 番目の平均。
$2+7=9$（人），$9+13=22$（人）より，小さい方から
20 番目と 21 番目はともに 6 点だから，
中央値は 6 点。
最頻値は，13 人の 6 点。
数学と英語の合計点が 10 点以下の生徒は，
$2+1+2=5$（人）で，15 点以上の生徒は，
$2+5+3+3+1=14$（人）だから，
全体の，$\dfrac{14}{40}\times100=35$（%）

答 ア．6.7　イ．6　ウ．6　エ．5　オ．35

5 (2) 階級値から合計時間を求めると，$10\times13+20\times$
$9+30\times7+40\times4+50\times2=780$（分）なので，
平均の登校時間は，$780\div35=22.28\cdots$ より，小数
第 2 位を四捨五入して，22.3 分。

(3) 登校時間が 5 分～15 分までの生徒が 13 人で一
番多い。
45 分までに登校できる生徒は，$13+9+7+4=33$
（人）で，$33\div35=0.94\cdots$ より，9 割以上である。

$15-5=10$，$25-15=10$，…より，階級の幅は 10
分である。
$(1+35)\div2=18$ より，中央値は，登校時間の短い
方から 18 番目の値。
$13+9=22$（人）より，これは 15 分～25 分の間に
ある。
よって，正しくないものは④。

答 (1) ① 13　② 9　③ 7　④ 4　⑤ 2
(2) 22.3（分）　(3) ④

6 (2) 中央値は，少ない方から 10 番目と 11 番目の平
均で，どちらも 8 時間以上 12 時間未満の階級に
入っているから，この階級の階級値で，
$\dfrac{8+12}{2}=10$（時間）

(3) $\dfrac{2\times4+6\times2+10\times6+14\times5+18\times3}{20}$
$=10.2$（時間）

答 (1)(エ)　(2) 10（時間）　(3) 10.2（時間）

7 (1) 箱ひげ図の左端の値が最小値で 3 点，右端の値
が最大値で 18 点となる。

(2) 箱ひげ図の箱の左端の値が第 1 四分位数で 5 点，
右端の値が第 3 四分位数で 11 点，箱の中の中央
値を示す縦線の値が第 2 四分位数で 9 点となる。

(3) 7 人の得点を低い方から順に，①，②，③，④，
⑤，⑥，⑦とすると，
第 2 四分位数（中央値）は④で，第 3 四分位数は
⑥となり，(1)より，それぞれ 9 点と 11 点だから，
⑤は 9 点以上 11 点以下。
ただし，得点はすべて異なる整数だったので，
⑤は 10 点。

(4) 最小値は①で，最大値は⑦，第 1 四分位数は②
で，(1)，(2)より，それぞれ 3 点，18 点，5 点。
したがって，まだ得点がわかっていないのは③
のみ。
これを x 点とすると，平均値が 9 点だから，
7 人の点数の合計について，
$3+5+x+9+10+11+18=9\times7$ が成り立つ。
よって，$56+x=63$ より，$x=7$

答 (1)（最小値）3（点）　（最大値）18（点）
(2)（第 1 四分位数）5（点）
（第 2 四分位数）9（点）
（第 3 四分位数）11（点）
(3) 10（点）　(4) 7（点）

8 (1) 箱ひげ図から，最小値は 16 人，最大値は 53 人
とわかるので，範囲は，$53-16=37$（人）

(2) ウ．平均値を箱ひげ図に表す場合，「＋」の記号
が使われることが多く，箱の中央が平均値を表す
わけではない。

(3) カ．①の第 1 四分位数は 17 人，第 3 四分位数は

51人なので，

四分位範囲は，$51-17=34$（人）

②の第1四分位数は18人，第3四分位数は52人だから，四分位範囲は，$52-18=34$（人）

よって，正しい。

キ．①の最小値は16人，第1四分位数は17人，第2四分位数は25人で，入館者数が18人の日があったかどうかはわからない。

一方，②の第1四分位数は18人で，データの個数が7であることから，小さい方から2番目の値が18人であったことがわかる。

ク．①の箱ひげ図から平均値はわからない。

ケ．②の第2四分位数（中央値）は34人で，これは小さい方から4番目の値である。

したがって，入館者数が40人以下の日は4日以上であることがわかる。

よって，正しい。

コ．箱ひげ図から最頻値があるかどうかはわからない。

答 (1) 37 (2) ウ (3) カ，ケ

9 (1) 学習時間が30分以上90分未満の生徒は，

$8+8+9+8+9+10=52$（人）

データを小さい順に並べたとき，最小値は1番目，第1四分位数は30番目と31番目の平均，中央値は60番目と61番目の平均，第3四分位数は90番目と91番目の平均，最大値は120番目の値である。

Ⅰ図のヒストグラムから，最小値は0分以上10分未満，$7+15=22$，$22+11=33$ より，第1四分位数は20分以上30分未満，$33+8+8+9=58$，$58+8=66$ より，中央値は60分以上70分未満，$66+9+10=85$，$85+10=95$ より，第3四分位数は90分以上100分未満，最大値は110分以上120分未満である。

これらを満たす箱ひげ図は，(ア)である。

(2)(ア) A組の中央値は60分以上70分未満である。

中央値はデータの小さい方から15番目と16番目の値の平均であり，15番目は60分未満，16番目は70分以上の可能性があるため，60分以上70分未満の生徒が1人以上いるとは必ずしもいえない。

(イ) B組の第3四分位数は80分以上である。

第3四分位数は大きい方から8番目の値であるから，80分以上の生徒は8人以上いる。

(ウ) C組の最大値は115分であるが，115分の生徒が1人だけとはかぎらない。

(エ) D組の第1四分位数は40分以上である。

第1四分位数は小さい方から8番目の値であるから，0分以上40分未満の生徒は7人以下で

ある。

また，A，B，C組の第1四分位数はすべて40分未満であるから，0分以上40分未満の生徒は8人以上である。

よって，D組は0分以上40分未満の生徒の人数が最も少ない。

(オ) 四分位範囲は，（第3四分位数）−（第1四分位数）より，最も大きいのはA組。

また，範囲は，（最大値）−（最小値）より，最も小さいのはA組。

答 (1) (ア) (2) (イ)，(オ)

10 (1) 25kgを仮の平均と考えると，平均値は，

$25+(-3-2-1-1-1+0+0+1+4+6+8)\div11$

$=25+11\div11=26$（kg）

また，11人のデータについて，最小値が22kg，最大値が33kg，第2四分位数（中央値）が25kg，第1四分位数が24kg，第3四分位数が29kgだから，箱ひげ図は次図のようになる。

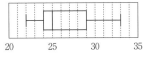

(2) 平均値が下がることから，もう1人の記録は25kg以下。

よって，もう1人の記録がいくらであっても，握力の高い方から3番目の記録が29kg，4番目の記録が26kgになるから，第3四分位数は，

$\dfrac{26+29}{2}=27.5$（kg）

これより，第1四分位数は，$27.5-3.5=24$（kg）となればよい。

ここで，もう1人の記録が23kg以下だと，握力の低い方から3番目の記録が23kg，4番目の記録が24kgになるから，第1四分位数は24kgにならない。

したがって，あてはまるのは，24または25。

答 (1) ア．26 イ．（前図） (2) 24，25

11 (1) 初めに入っていた赤色のビー玉の個数を x 個とする。

無作為に抽出した30個のうち，4個が青色のビー玉なので，

抽出した赤色のビー玉は，$30-4=26$（個）

これより，赤色のビー玉の個数と青色のビー玉の個数について，$x:80=26:4$ が成り立つ。

これを解くと，$x=520$

よって，およそ520個と推定できる。

(2)ア．$5\div120=\dfrac{1}{24}$

イ．魚の総数を x 匹とすると，$x\times\dfrac{1}{24}=100$ が成

り立つから，これを解いて，$x = 2400$

(3) 糖度が 10 度以上 14 度未満の個数は，

$4 + 11 = 15$（個）だから，

その割合は，$\dfrac{15}{50} = \dfrac{3}{10}$

よって，イチジク 1000 個では，およそ，

$1000 \times \dfrac{3}{10} = 300$（個）と推定される。

答 (1) 520（個）　(2) ア．$\dfrac{1}{24}$　イ．2400　(3) ウ